DLCの応用技術
―進化するダイヤモンドライクカーボンの産業応用と未来技術―
Application and Technology of DLC Films
―Evolving Industrial Application and Future Technology of Diamond-Like Carbon―

《普及版／Popular Edition》

監修 大竹尚登

シーエムシー出版

監修にあたって

はしがき

　DLC が注目されている。2 度目のブームとも呼ばれているが，1990 年前後の第 1 次 DLC ブームから約 20 年を経て本格的な市場の拡大が続いている。一昨年辺りから自動車部品への DLC 応用が本格的に始まったことが大きく，研究開発の刺激にもなっている。ブームは日本だけではない。欧米では以前から自動車応用がかなり進んでいるし，韓国でも 1 人で立ち上げたコーティング会社がわずか 8 年でビルを持つまでに成長している。

　成長のバックグラウンドにあるのは地球環境問題と法規制[1]である。つまり，従来のコーティングや流体潤滑にかわる環境負荷の小さい材料として白羽の矢が立てられた。DLC が注目されたのはたまたまではなく，材料として優れた特性を持つからだが，その根底になるのは炭素＝C という IV 族最高位元素が主役の材料だからだと筆者は思っている。IV という中庸の位置を占めているからこそ，ダイヤモンドの四面体構造があってそれが DLC の特性に関わっているし，化学的安定性や生体親和性の高さにも関わってくる。この DLC 技術が環境問題の決め手とまで言うつもりはないが，キーテクノロジーの一つであることは疑う余地がない。毎年熱となって消費される摩擦損失は 20 兆円と言われている。世の中のあらゆる動いているものの摩擦係数を 0.1 下げることが，どれだけエネルギー損失低減になるかは明らかであろう。

　今般本書を纏めた目的は，この DLC をもっと世の中に知ってもらい，もっと使ってもらうことである。そのために厳しい開発競争を続けている電源メーカーから DLC 装置関連，コーティング関連，応用関連に至る第一線の方々に執筆を依頼した。日本の DLC 技術は現在この状態で，こんなこともできるようになっていると理解してもらうためである。さらに，DLC の性格付けと評価についてもページを割いた。応用の多くの割合を占めるトライボ特性についてはプロセストライボロジーの専門家の方々にご執筆頂き，かなり掘り下げた内容となった。

　本書により読者の皆さんに DLC の応用技術についての現状を把握して頂き，新しい応用の姿を発見して頂ければ幸甚である。

DLC の応用事始め

　さて，冒頭に DLC の最近を簡単に説明しよう。ダイヤモンドライクカーボン（Diamond-

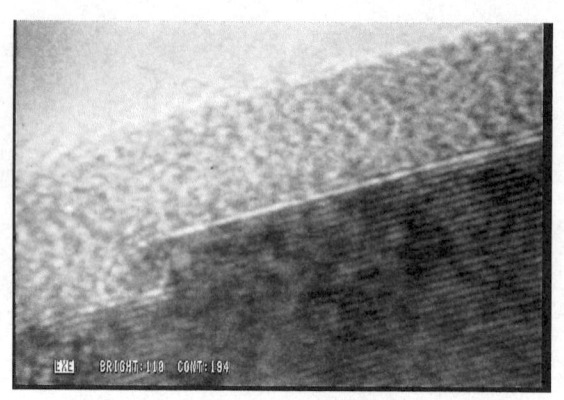

図1 CNT 上に合成した DLC の TEM 写真
DLC の厚さは約 15nm である。東大生研葛巻博士撮影。

Like Carbon, 以下 DLC）膜は，ダイヤモンドの sp^3 結合とグラファイトの sp^2 結合の両者を炭素原子の骨格構造としたアモルファス炭素膜である。DLC の定義については 2006 年度 NEDO の DLC 標準化 PJ の主査を務められた斎藤教授により 1 章 1 節に最新の考え方が纏められているので，是非ご覧頂きたい。

筆者が機械工学出身だからかもしれないが，モノはまず見てみないとその先にゆけない。そこで典型的な DLC の TEM 写真を図 1 に示す。これはカーボンナノチューブ（CNT）上に CVD 法によりアセチレンから合成したものであり，イオン加工は施していない。図を見ると，CNT のグラフェン層がきれいに積層しているのがわかるが，DLC の領域では明確な構造が見られない。sp^2 結合と sp^3 結合がある比率で混在しているのが DLC なのだが，TEM で「ここはダイヤモンド構造で，隣がグラファイト構造」といったように確認できる材料ではないアモルファス構造であることがわかる。ただし，成膜温度が高かったり Si などの他元素が入っていたりすると構造が見える場合もあるようだ。

次に，ダイヤモンドと DLC の物理的性質を比較して表 1 に示してみる[2]。DLC はダイヤモンドの 1/10 〜 1/2 の幅広い物性値をとっていることがわかる。このように DLC の物性値の幅が大きいのは，前述のように水素含有量及び sp^3/sp^2 比により物性値が大きく変化するからである。

表 1 の物性からも理解できるように，DLC 膜は高硬度，高耐摩耗性，低摩擦係数，高絶縁性，高化学安定性，高ガスバリア性，高耐焼き付き性，高生体親和性，高赤外線透過性などの特徴を有し[3]，表面が平坦で 200℃程度の低温で合成できることから，図 2 にまとめたように，電気・電子機器（ハードディスク，ビデオテープ，集積回路など）や切削工具（ドリル，エンドミル，カミソリなど），金型（光学部品，射出成形など），自動車部品[4〜6]（ピストンリング，カム関連部品，クラッチ板，インジェクタなど），光学部品（レンズなど），PET ボトルの酸素バリア膜，

表1 ダイヤモンドとDLCの物理的性質

	ダイヤモンド	DLC
結晶形態	立方晶	アモルファス
結合構造	sp^3	主にsp^3, sp^2
表面形態	結晶面	平坦
密度 [g/cm^3]	3.52	1.2〜3.3
ヤング率 [GPa]	1,050〜1,220	100〜760
ポアソン比	0.2	0.12〜0.3
硬さ [GPa]	90〜100	10〜80
電気伝導率 [Ω・cm]	10^{13}〜10^{16}	10^4〜10^{14}
熱伝導率 [W/m・K]	1,000	0.2〜30
誘電率	5.6	8〜12
光透過性	UV〜IR（225nm〜50μm）	VIS〜IR（約600nm〜50μm）
光学バンドギャップ [eV]	5.47	0.8〜3.0
屈折率	2.41〜2.44	2.0〜2.8
水素含有量 [at.%]	0	0〜40

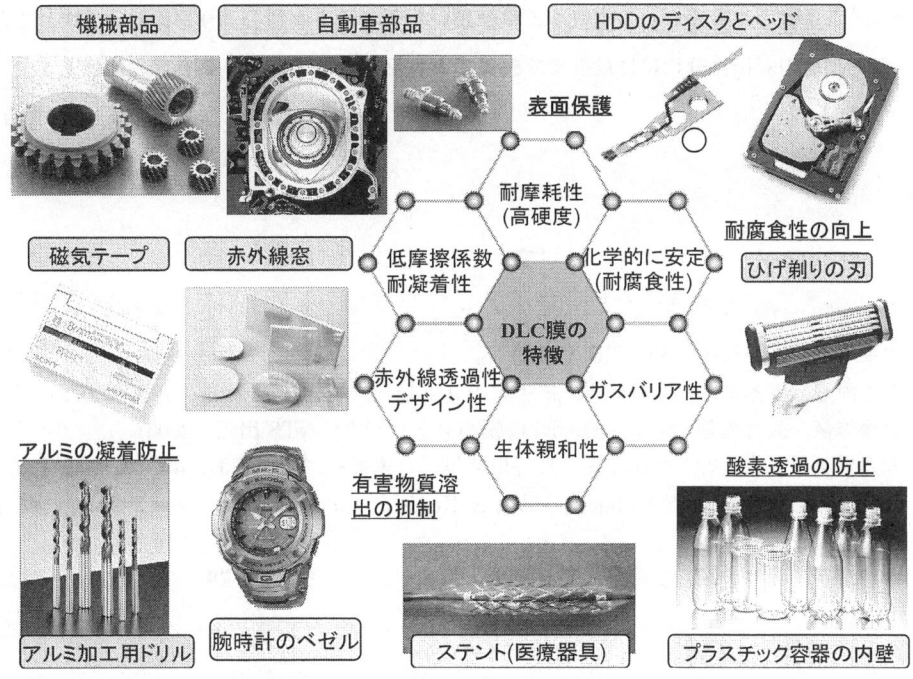

図2 DLCの特徴と用途

衛生機器（水栓），レンズ・窓，装飾品など幅広く応用され始めている[2,3]。とりわけ，各種硬質膜の中でも10GPa以上の高い硬度による優れた耐摩耗性と低い摩擦係数を有することから，機械部品の保護膜として需要が加速度的に増大している。

　DLCの市場規模は2003年の統計で約37.5億円であり，年率30%程度で伸びていると言われているが，これらは表に出ている数字であって，実際にはこの数字よりかなり大きい規模と思われる。DLCコーティングを内製で行っている企業が多いからである。DLCの応用は生体，ガスバリア，電気・電子など新たな特性応用も取り混ぜて将来ますます伸びてゆくと予想されている。

まとめ

　さて，次頁からDLC応用技術の小旅行が始まる。現状の紹介から，将来の応用の核となる技術を特集した最終章の「次世代応用のための先端技術」まで息を吐かせぬ高密度な旅となるだろう。読者にお願いしたいのは，表面を読まないで頂きたいということである。DLC技術はたとえば密着性向上や残留応力の低減などとてもデリケートな部分を有している。簡単に書かれている数行の中に大きい実験努力があったり，図や写真の中にヒントがあったりするので，是非じっくりと手にとってお読み頂きたい。

　最後に，ご多忙中にもかかわらず快くご執筆頂いた著者の方々に心より感謝致します。またシーエムシー出版の荻田直登氏には最後まで編集でお世話になりました。御礼申し上げます。

(2007年12月吉日)

文　献

1) 中東孝浩, 表面技術, **53**, 715 (2002)
2) 大竹尚登, 青木佑一, 近藤好正, ダイヤモンド技術総覧, NGT出版, 125 (2007)
3) 斎藤秀俊, 大竹尚登, 中東孝浩, DLC膜ハンドブック, NTS出版 (2006)
4) 太刀川英男, 森広行, 中西和之, 長谷川英雄, 舟木義行, まてりあ, **44**, 3, 245 (2005)
5) M. Kano, Y. Yasuda, Y.Mabuchi, J. Ye, S. Konishi, *Transient Processes in Tribology*, **43**, 689 (2004)
6) 中谷達行, 岡本圭司, 安藤悟, 鷲見智夫, ニューダイヤモンド, **79**, 36 (2005)

名古屋大学　大学院工学研究科　マテリアル理工学専攻
大竹尚登

普及版の刊行にあたって

　本書は2007年に『DLCの応用技術―進化するダイヤモンドライクカーボンの産業応用と未来技術―』として刊行されました。普及版の刊行にあたり，内容は当時のままであり加筆・訂正などの手は加えておりませんので，ご了承ください。

2013年8月

シーエムシー出版　編集部

執筆者一覧（執筆順）

大竹 尚登	名古屋大学 大学院工学研究科 マテリアル理工学専攻 准教授
斎藤 秀俊	長岡技術科学大学 物質・材料系 教授
片岡 征二	湘南工科大学 機械デザイン工学科 教授
黒田 剛史	名古屋大学 大学院工学研究科 マテリアル理工学専攻
中川 拓	名古屋大学 大学院工学研究科 マテリアル理工学専攻
大石 竜輔	名古屋大学 工学部 物理工学科
高島 舞	名古屋大学 工学部 物理工学科
中東 孝浩	日本アイ・ティ・エフ㈱ 技術部 部長補佐
西口 晃	ナノテック㈱ 常務取締役
河田 一喜	オリエンタルエンヂニアリング㈱ 取締役 研究開発部 部長
赤理 孝一郎	㈱神戸製鋼所 機械エンジニアリングカンパニー産業機械事業部 高機能商品部技術室 次長
寺山 暢之	神港精機㈱ 装置事業部 真空装置技術部 開発課 課長
森 広行	㈱豊田中央研究所 金属材料基盤研究室 研究員
中西 和之	㈱豊田中央研究所 金属材料基盤研究室 主任技師
太刀川 英男	㈱豊田中央研究所 金属材料基盤研究室 主監
熊谷 泰	ナノコート・ティーエス㈱ 代表取締役社長
鈴木 泰雄	㈱プラズマイオンアシスト
齊藤 利幸	㈱ジェイテクト 研究開発センター 材料技術研究部 トライボロジー研究室 主担当
安藤 淳二	㈱ジェイテクト 軸受・駆動事業本部 カップリングシステム技術部 主任
中谷 達行	トーヨーエイテック㈱ 精密部品製造部 主幹
岡本 圭司	トーヨーエイテック㈱ BI室 主事
稲葉 宏	㈱日立製作所 生産技術研究所 生産システム第二研究部 主任研究員
安岡 学	㈱不二越 機械工具事業部 チーフエンジニア
松浦 尚	住友電気工業㈱ 半導体技術研究所 主席
杉野 隆	大阪大学 大学院工学研究科 電気電子情報工学専攻 教授

青木 秀充	大阪大学 大学院工学研究科 電気電子情報工学専攻 准教授
木村 千春	大阪大学 大学院工学研究科 電気電子情報工学専攻 助教
長谷部 光泉	国家公務員共済組合連合会 立川病院 放射線科 医長
鈴木 哲也	慶應義塾大学 大学院理工学研究科 環境・資源・エネルギー科学専修 教授
西 英隆	東京工業大学 大学院機械物理工学専攻
馬場 恒明	長崎県工業技術センター 応用技術部 部長
齊藤 隆雄	日本ガイシ㈱ 製造技術部 主任
平田 敦	東京工業大学 大学院理工学研究科 准教授
大花 継頼	�独産業技術総合研究所 ナノカーボン研究センター 主任研究員
青木 佑一	東京工業大学 大学院工学研究科 機械物理工学専攻
松尾 誠	㈱iMott 代表取締役
岩本 喜直	㈱iMott 取締役
藤本 真司	松下電工㈱ 生産技術研究所
佐々木 信也	東京理科大学 工学部 機械工学科 教授
北村 憲彦	名古屋工業大学 つくり領域 准教授
楊 明	首都大学東京 システムデザイン研究科 教授
大越 康晴	東京電機大学 理工学部 生命理工学系 助手
平栗 健二	東京電機大学 工学部 電気電子工学科 教授
玉置 賀宣	玉置電子工業㈱ 代表取締役社長
滝川 浩史	豊橋技術科学大学 電気・電子工学系 教授
渡部 修一	日本工業大学 工学部 システム工学科 教授
八田 章光	高知工科大学 工学部 電子・光システム工学科 教授
髙﨑 正也	埼玉大学 大学院理工学研究科 准教授
竹内 貞雄	日本工業大学 先端材料技術研究センター 教授
松井 真二	兵庫県立大学 高度産業科学技術研究所 教授

執筆者の所属表記は，2007年当時のものを使用しております．

目 次

第1章 序論

1　DLCとは？ DLC標準化の試み
　　　　　　　　　　……**斎藤秀俊**… 1
　1.1　DLC膜の広がり ……………… 1
　1.2　DLC膜分類の歴史 …………… 2
　1.3　これからのDLC膜の分類 …… 3
　1.4　DLC膜評価プロジェクト …… 4
　1.5　リサーチクラスター事業の成果 … 6
2　プロセストライボロジーにおけるDLC
　の位置づけ ……………**片岡征二**… 10
　2.1　潤滑油に代わるDLC膜への期待 … 10
　2.2　塑性加工工具へ適用するための必要
　　　条件 ………………………………… 10
　2.3　DLC膜の密着性向上への取組み状況
　　　………………………………………… 11
　　2.3.1　密着性評価試験法 ……………… 11
　　2.3.2　トライボ試験による密着性評価
　　　　　試験結果 ……………………………… 11
　2.4　DLCコーテッド工具のドライ絞り加
　　　工への適用 ……………………………… 14
3　DLCのつくり方と評価手法の基礎
　　……**大竹尚登，黒田剛史，中川 拓，**
　　　　　大石竜輔，高島 舞… 19
　3.1　はじめに …………………………… 19
　3.2　DLC合成の流れと必要な機材・材料
　　　………………………………………… 19
　3.3　DLC成膜の条件 ………………… 24
　3.4　DLC膜の評価 …………………… 24

第2章 機械的応用

1　DLCの機械的応用の概観 …**中東孝浩**… 29
　1.1　はじめに ………………………… 29
　1.2　有害化学物質に関連する主な規制 … 29
　1.3　DLCの用途とその機械的要求性能 … 32
　1.4　DLCの摩擦・摩耗特性 ………… 32
　1.5　無潤滑摺動を狙ったDLCコーティン
　　　グ ……………………………………… 33
　1.6　無潤滑切削を狙ったDLCコーティン
　　　グ ……………………………………… 34
　1.7　変形する高分子材料へのDLCコー
　　　ティング ……………………………… 34
　1.8　まとめ ……………………………… 36
2　DLCの応用についての最新動向
　　………………………………**西口 晃**… 37
　2.1　金型への応用 …………………… 37
　2.2　切削工具への応用 ……………… 38
　2.3　機械部品への応用 ……………… 38
　2.4　自動車部品への応用 …………… 38

2.5 医療用部品への応用 ……………… 39	5.4 内面 DLC の皮膜特性 …………… 62
2.6 太陽電池への応用 …………………… 39	5.5 金型への適用 ……………………… 63
2.7 飲料容器への応用 …………………… 39	5.6 まとめ ……………………………… 65
2.8 装飾品への応用 ……………………… 40	6 直流プラズマ CVD 法による DLC-Si 膜
2.9 まとめ ………………………………… 40	のトライボ特性と低摩擦機構
3 パルス DC プラズマ CVD 法による DLC	……森 広行,中西和之,太刀川英男… 67
膜の合成とその応用 ………河田一喜… 41	6.1 はじめに …………………………… 67
3.1 はじめに ……………………………… 41	6.2 直流プラズマ CVD 法による DLC-Si
3.2 量産型パルス DC-PCVD 装置 …… 42	成膜技術 ……………………………… 68
3.3 パルス DC-PCVD 法で作製した DLC	6.3 潤滑油中における低摩擦特性および
膜の特性 ……………………………… 43	その機構 ……………………………… 69
3.4 DLC 膜の応用 ……………………… 48	6.4 おわりに …………………………… 74
3.5 おわりに ……………………………… 49	7 プラズマブースター法による DLC 合成
4 UBMS 法による DLC コーティングの各	とその応用 ………………熊谷 泰… 76
種応用例 ………………赤理孝一郎… 50	7.1 はじめに …………………………… 76
4.1 UBMS 法の原理と特長 …………… 50	7.2 成膜装置とプロセス ……………… 77
4.2 UBMS 法による DLC コーティング	7.3 複合多層 DLC(セルテス DLC)被膜
の特性 ………………………………… 51	の特性 ………………………………… 79
4.2.1 皮膜密着性 ……………………… 51	7.3.1 複合多層構造 …………………… 79
4.2.2 硬度制御性 ……………………… 52	7.3.2 密着力 …………………………… 79
4.2.3 組成制御性 ……………………… 53	7.3.3 硬さとヤング率 ………………… 81
4.3 UBMS 法による DLC コーティング	7.3.4 摩擦係数と耐摩耗性 …………… 82
の応用例 ……………………………… 54	7.3.5 耐焼付性 ………………………… 83
4.3.1 部品分野 ………………………… 54	7.3.6 耐熱性 …………………………… 84
4.3.2 金型・工具分野 ………………… 55	7.3.7 電気的特性・光学的特性 ……… 87
5 ホローカソード放電を利用した穴内面	7.4 おわりに …………………………… 87
への DLC コーティングとその応用	8 PBIID 法による DLC 成膜と各種応用
………………………………寺山暢之… 58	…………………………………鈴木泰雄… 89
5.1 はじめに ……………………………… 58	8.1 はじめに …………………………… 89
5.2 装置開発の経緯 ……………………… 58	8.2 プラズマイオン注入・成膜(PBIID)
5.3 装置構成 ……………………………… 60	技術 …………………………………… 89

  8.2.1　PBIID 技術 …………… 89
  8.2.2　PBIID 動作原理 ………… 90
  8.2.3　PBIID 装置 ……………… 90
  8.2.4　PBIID 技術の特長 ……… 91
 8.3　PBIID 技術による DLC 成膜 …… 92
  8.3.1　PBIID による DLC 成膜プロセス
     ……………………………… 92
  8.3.2　PBIID による DLC 膜の特性
     ……………………………… 93
  8.3.3　DLC 膜の特長 …………… 93
 8.4　各種成膜加工法との比較 ………… 95
 8.5　応用 ………………………………… 95
  8.5.1　自動車部品 ………………… 95
  8.5.2　金型部品 …………………… 96
  8.5.3　機械部品 …………………… 96
 8.6　技術課題 …………………………… 97
 8.7　まとめ ……………………………… 98
9　DLC-Si コーティングの 4WD カップリング用電磁クラッチへの応用
 ……………**齊藤利幸，安藤淳二**… 99
 9.1　はじめに …………………………… 99
 9.2　ITCC の作動原理と要求特性 …… 101
 9.3　電磁クラッチのトライボロジー特性
    ………………………………… 101
  9.3.1　耐シャダー性評価試験 …… 101
  9.3.2　フルード潤滑下における μ–v 特性
     ……………………………… 102
  9.3.3　DLC-Si クラッチの摩耗特性 … 103
 9.4　DLC-Si クラッチの大量処理技術 … 104
 9.5　まとめ ……………………………… 105
10　ロータリーエンジンへの DLC 薄膜合成の応用………**中谷達行，岡本圭司**… 107
 10.1　はじめに …………………………… 107
 10.2　ロータリーエンジンの摩耗問題 … 108
 10.3　DLC 膜の特性 …………………… 108
 10.4　DLC 成膜条件 …………………… 109
 10.5　TOYO-DLC の耐熱性評価 ……… 110
  10.5.1　耐熱特性 …………………… 110
  10.5.2　熱伝導率特性と耐熱特性との関係 ……………………………… 111
 10.6　TOYO-DLC の耐摩耗性評価 …… 112
  10.6.1　硬度 ………………………… 112
  10.6.2　Si 含有量と水素量の関係 … 113
  10.6.3　Si 含有量と I_G/I_D およびヤング率の関係 ……………………… 113
 10.7　ロータリーエンジンへの DLC 適応結果 ……………………………… 115
 10.8　おわりに …………………………… 116
11　FCVA 法による DLC 薄膜の作製と磁気ヘッドへのコーティング …**稲葉　宏**… 117
 11.1　はじめに …………………………… 117
 11.2　FCVA 装置 ………………………… 117
 11.3　ta-C 膜 ……………………………… 118
 11.4　C^+ イオンと ta-C 薄膜 …………… 118
  11.4.1　C^+ イオンエネルギーと sp^3 結合比率 ……………………………… 118
  11.4.2　入射 C^+ イオンの挙動 …… 119
 11.5　FCVA 法における異物対策 ……… 120
  11.5.1　中性異物対策 ……………… 121
  11.5.2　荷電性異物対策 …………… 121
  11.5.3　リアルタイムパーティクルフィルタ ……………………………… 122

11.6 ta-C 薄膜信頼性試験 …………… 123
　11.6.1 耐摩耗性評価 ……………… 123
　11.6.2 耐燃焼性評価 ……………… 123
　11.6.3 耐腐食性評価 ……………… 124
11.7 おわりに ………………………… 125
12 切削工具における環境問題とドライ加工 ……………………**安岡　学**… 127
　12.1 はじめに ……………………… 127
　12.2 ドライ加工用切削工具に適したDLC膜 ……………………………… 128
　12.3 各種被膜とアルミニウム合金の摺動特性 …………………………… 128
　12.4 DLC コーティングドリルの切削事例 ………………………………… 130
　12.5 今後の切削工具用途の膜開発 … 133

第3章　電気的・光学的・化学的応用

1 屈折率変化 a-C:H 膜 ……**松浦　尚**… 134
　1.1 はじめに ………………………… 134
　1.2 回折光学素子 …………………… 134
　1.3 a-C:H 膜の屈折率変化 ………… 135
　1.4 屈折率変調型回折光学素子の設計… 140
　1.5 おわりに ………………………… 141
2 アモルファス炭素系膜の Low-K 膜としての特性
　……**杉野　隆，青木秀充，木村千春**… 142
　2.1 はじめに ………………………… 142
　2.2 低誘電率膜への要求 …………… 143
　2.3 各種カーボン系低誘電率材料 … 144
　　2.3.1 ダイヤモンドライクカーボン（DLC）膜 …………………… 144
　　2.3.2 アモルファスカーボン ……… 145
　　2.3.3 ナノダイヤモンド …………… 145
　　2.3.4 CN_x 膜 ……………………… 145
　　2.3.5 BN，BCN 膜 ………………… 145
　2.4 まとめ …………………………… 150
3 DLC コーティングのカテーテル，ステントへの適用 …**長谷部光泉，鈴木哲也**… 152
　3.1 はじめに ………………………… 152
　3.2 カテーテルおよびガイドワイヤー… 152
　3.3 ステント ………………………… 155
　3.4 おわりに ………………………… 158
4 DLC のガスバリア性とその応用
　………………**大竹尚登，西　英隆**… 160
　4.1 PET ボトルへのガスバリア機能付与技術 …………………………… 160
　4.2 a-C:H 膜の利用 ………………… 161
　4.3 PET フィルムへのアモルファス炭素膜の成膜 ……………………… 162
　4.4 まとめ …………………………… 166

第4章 次世代応用のためのDLC基盤技術

1 PBII法によるマイクロ部材へのDLCコーティング …………**馬場恒明**… 167
 1.1 はじめに ………………………… 167
 1.2 細管内壁用PBII装置の構成 ……… 168
 1.3 細管内壁へのイオン注入とDLC膜作製 ………………………………… 168
 1.4 おわりに ………………………… 171
2 大気圧DLC成膜技術 ……**齊藤隆雄**… 173
3 真空アーク蒸着（VAD）法による低ドロップレットDLC膜の合成と特性評価 ……………………………**平田 敦**… 177
 3.1 はじめに ………………………… 177
 3.2 低ドロップレットDLC膜の合成 … 177
  3.2.1 磁場によるアークプラズマの輸送 ……………………………… 178
  3.2.2 磁場による陰極放電点の操舵 … 179
  3.2.3 物理的・電気的シールドの設置 ……………………………… 180
  3.2.4 アーク放電生成条件の制御 …… 180
 3.3 真空アーク蒸着DLC膜の特性評価 ……………………………… 180
4 Si-DLC膜の水中でのトライボロジー特性 …………………………**大花継頼**… 184
 4.1 はじめに ………………………… 184
 4.2 水中におけるSi-DLC膜のトライボロジー特性 ……………………… 185
 4.3 DLC膜とSi-DLC膜の多層化膜 … 186
 4.4 摩耗面の評価 …………………… 187
 4.5 まとめ …………………………… 190

5 セグメント構造DLC膜の合成と機械部材への応用 …… **大竹尚登，青木佑一，松尾 誠，岩本喜直**… 192
 5.1 はじめに ………………………… 192
 5.2 セグメント構造DLC膜の合成 …… 192
 5.3 セグメント構造DLC膜の評価 …… 195
 5.4 DLCの機能複合化 ……………… 197
 5.5 まとめ …………………………… 199
6 DLC皮膜の機械的性質と原子構造 ……………………………**藤本真司**… 200
 6.1 はじめに ………………………… 200
 6.2 DLC皮膜の機械的性質と原子構造… 201
  6.2.1 皮膜の作製 …………………… 201
  6.2.2 皮膜の構造 …………………… 201
  6.2.3 皮膜中の水素量 ……………… 202
  6.2.4 皮膜の硬度 …………………… 202
  6.2.5 皮膜の摺動特性 ……………… 203
 6.3 おわりに ………………………… 205
7 DLCの耐摩耗性評価法の基礎 ……………………………**佐々木信也**… 207
 7.1 はじめに ………………………… 207
 7.2 摩擦・摩耗メカニズムから見たDLCの特徴 …………………………… 207
  7.2.1 摩擦のメカニズム …………… 207
  7.2.2 摩耗のメカニズム …………… 208
 7.3 摩耗評価方法 …………………… 210
  7.3.1 一般的な摩耗評価方法 ……… 210
  7.3.2 摩耗特性評価試験で注意すべき点 ……………………………… 211

7.3.3 耐摩耗性と密着性 ………………… 212
7.4 おわりに ……………………………… 214
8 プロセス・トライボロジーとしてのDLC膜の適用可能性評価 ……**北村憲彦**… 216
  8.1 塑性加工プロセスにおけるトライボロジー条件 ……………………… 216
  8.2 最近のDLCの適用例 ……………… 217
  8.3 鍛造加工へのDLC工具適用の可能性評価 …………………………… 218
  8.4 ボール通し試験 …………………… 219
  8.5 まとめ ……………………………… 221
9 マイクロ成形加工用金型へのコーティングとその特性評価 ……**楊　明**… 223
  9.1 はじめに …………………………… 223
  9.2 マイクロ金型へのコーティング … 223
  9.3 静押込み荷重試験によるマイクロ領域での密着性評価 ………………… 225
  9.4 マイクロトライボロジー特性評価… 226
  9.5 マイクロ金型に適した多層構造DLC膜 …………………………………… 228
  9.6 まとめ ……………………………… 229
10 DLCおよびその関連物質の水素脱吸着特性 ………………**斎藤秀俊**… 230
  10.1 DLC膜のクラスターモデル ……… 230
  10.2 DLC膜からの水素離脱 …………… 231
  10.3 DLC膜の吸蔵水素 ………………… 232
    10.3.1 吸蔵水素測定法 ……………… 232
    10.3.2 DLCおよび関連物質の水素吸蔵特性 ………………………… 232
11 DLC膜の生体適合性評価 ……**大越康晴，平栗健二**… 236
  11.1 はじめに …………………………… 236
  11.2 生体内留置試験によるDLC膜の病理組織学的評価 …………………… 237
  11.3 生体内留置試験によるDLC膜の安定性評価 ………………………… 239
  11.4 まとめ ……………………………… 241
12 DLC合成用パルス電源 …**玉置賀宣**… 243
  12.1 パルス電源の基礎と特徴 ………… 243
  12.2 パルス電源の方式と特徴 ………… 245
  12.3 DLC合成用パルス電源の現状 … 247

第5章　次世代応用のためのDLC先端技術

1 フィルタードアーク蒸着法によるDLC膜の合成と特性評価 ……**滝川浩史**… 251
  1.1 はじめに …………………………… 251
  1.2 フィルタードアーク蒸着法 ……… 252
  1.3 T-FAD生成のDLC膜 ……………… 256
  1.4 おわりに …………………………… 258
2 DLC系ナノコンポジット膜の合成とそのトライボロジー特性 ……**渡部修一**… 260
  2.1 はじめに …………………………… 260
  2.2 ナノ粒子分散構造膜 ……………… 260
  2.3 ナノ積層構造膜 …………………… 261
  2.4 DLC/硫化物系ナノコンポジット膜 …………………………………… 262
  2.5 まとめ ……………………………… 266

3 DLC薄膜の水素遮断性 ……八田章光… 268
  3.1 はじめに ……………………… 268
  3.2 水素遮断性評価試料の作製 ……… 268
  3.3 透過法による水素遮断性の評価 … 270
  3.4 水素透過量測定結果 ……………… 272
  3.5 拡散方程式による検討 …………… 274
  3.6 まとめ ……………………………… 276
4 セグメント構造DLC膜の超音波モータの摩擦駆動面への応用 ……髙﨑正也… 277
  4.1 はじめに …………………………… 277
  4.2 弾性表面波リニアモータ ………… 277
  4.3 DLC膜の導入 ……………………… 280
  4.4 駆動特性 …………………………… 280
  4.5 おわりに …………………………… 282
5 FIBによる自立体DLC膜の加工と応用 ……………………竹内貞雄… 284
  5.1 はじめに …………………………… 284
  5.2 内部応力を低減したDLC自立体の製作 ……………………………… 284
  5.3 DLC自立体の加工特性 …………… 287
  5.4 FIBによるマイクロギヤの加工と組み立て ………………………………… 289
6 集束イオンビームによる立体ナノ構造形成技術とその応用 ……松井真二… 293
  6.1 はじめに …………………………… 293
  6.2 立体ナノ構造形成方法 …………… 294
  6.3 ナノエレクトロメカニクスへの応用 ………………………………………… 295
    6.3.1 空中配線の作製と評価 ………… 295
    6.3.2 静電ナノマニピュレータ ……… 297
    6.3.3 ナノスプリング ………………… 298
  6.4 ナノオプティクス（自然生物の擬似ナノ構造作製とその光学的評価）… 299
  6.5 ナノバイオへの応用 ……………… 301
  6.6 まとめ ……………………………… 302

第6章　総括　　大竹尚登

1 DLCの未来 ……………………………… 305

第1章 序論

1 DLCとは？ DLC標準化の試み

斎藤秀俊*

1.1 DLC膜の広がり

　過去の何度かのブームをこなしながら，DLC膜の市場が着実に広がっている。わが国で実施されているDLC膜に関係する受託加工と内製を合わせると，2002年度には26億円程度であった市場規模が，毎年前年比30～40%の割合で増加して，2008年度予測では70億円に達すると見込まれている。ここで重要なことは市場の質であり，DLC膜の応用先が先端分野で世界の科学技術を牽引する分野ばかりではなくて，技術の裾野を広げるような分野へも浸透しつつあることが目を引く。

　先端分野では，摩擦の激しいエンジン部品への表面コーティングが最近になって発表されるなど，輸送用機器部材へのコーティングが着実に拡大している。2005年の内訳では一般産業機械部品と自動車・二輪車部品へのコーティングだけで市場全体の半分以上を占めるようになった。

　輸送用機器産業のような大きな産業で用いられる一方，剃刀の刃などのような小物に対するコーティング産業も芽生え時期にある。各都道府県の公設工業技術センターなどでは地元企業を集めた講演会や技術支援事業を開催しており，さまざまな地場製品にDLC膜をコーティングすることで試作品を作っている。あるセンターでは，定期的に勉強会を開催して，センターにある装置を使って県内生産品へのDLC膜コーティングを行い，性能のチェックを繰り返している。そのセンターだけで10社程度の参加があるという。地場産業参加型の裾野の広さもDLC膜市場の特徴である。

　今後の10年を見据えると，中小企業によるDLC膜コーティングが広がりをみせ，DLC膜が輸送用機器や医療器具の部品になくてはならない存在になっているであろう。あるエンジン部品へのDLCコーティングだけで自動車の燃料消費率が1%程度向上するというようにエネルギー削減に貢献するばかりでなく，DLCコートされた埋め込み型部品が生体に与える影響を小さくするなど，DLC膜がわれわれの安全・安心・快適な生活環境を守るイノベーションの基盤材料になることは間違いない。

　そのような背景の中で，DLC膜の用途に応じてさまざまなタイプのDLC膜が提案されている。

＊ Hidetoshi Saitoh　長岡技術科学大学　物質・材料系　教授

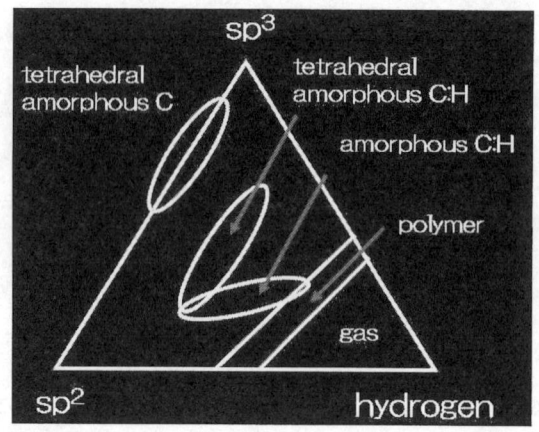

図1 DLCを説明するためによく用いられる三角形の例（筆者による作品）
創作された三角形がいたるところで紹介されている。

潤滑性のよいDLC，硬質なDLC，生体適合性のよいDLC，ガスバリア性のよいDLCなどで，性能が分類されれば，もちろん構造も分類されるはずで，今まさにDLC膜に分類があるという認識ができつつある。

1.2 DLC膜分類の歴史

DLC膜あるいはアモルファス炭素膜を分類するために利用されている有名な三角形がある。sp^2炭素（黒鉛成分），sp^3炭素（ダイヤモンド成分），水素の各組成からなる水素化炭素膜の3元状態図である。模式的な図を図1に示す。つまり，DLC膜はこれらの混在物であると理解されている。

もともとはマックスプランク研究所のJacobとMollerが1993年に提案した図で，"On the structure of thin hydrocarbon films"というタイトルの論文[1]の中で紹介されている。Jacobらは図1に示す三角形の中に具体的なプロットを入れることでアモルファス水素化炭素膜の構造を分類しようとしている。図の詳細については著作権の問題もあることなので，参考文献[1]を参照してほしい。sp^2炭素とsp^3炭素の組成については赤外線吸収スペクトル法と核磁気共鳴法の結果によって求めており，さらに水素組成についてはイオンビーム法と燃焼法によって得ている。その結果として，アモルファス水素化炭素膜がいくつかのグループに分けられることを見出している。たとえば水素を含まずにsp^2炭素比率が0.1～0.2程度となる比較的ダイヤモンド成分の多いグループ，sp^2炭素の比率が0.5程度でsp^3が増えると水素組成も増えるグループ，sp^2炭素の比率が0.7～0.8程度で比較的グラファイト成分の多いグループからなっている。赤外線吸収スペクトルでsp^2炭素とsp^3炭素の組成が直接判断できるか，など疑問の点がいくつかあり，こ

の定量データの正確性はそれほど高くはないが，このような形で分類しようとする試みはたいへんすばらしい。

その後2002年にはケンブリッジ大のRobertsonらがJacobらの図を参考にしながら，水素化炭素膜の3元状態図を提案している[2]。彼らはDLC膜を，四面体アモルファス炭素（ta-C），水素化四面体アモルファス炭素（ta-C:H），スパッタ炭素とアモルファス水素化炭素に分けており，その合成条件を状態図の中で楕円を使って示している。ta-C:Hは水素組成が0.2～0.3にあり，sp^2炭素とsp^3炭素の比率が広い範囲で変わるとしている。具体的なプロットがないので，一見するだけで何を言おうとしているのかわかりやすく，そのためさまざまな研究者によって参考にされている。

最近，Robertsonらが提案した図を模倣して描かれたsp^2炭素，sp^3炭素，水素の各組成からなる水素化炭素膜の3元状態図が図1に示すような形で解説のための資料として使われる例を散見する。筆者の自省をこめて語るとすれば，Robertsonらの図を見真似で描き，なんとなくアモルファス水素化炭素の組成を表した振りをしている。特にDLC膜の定義について定性的に解説するようなときには決まって創作されて，でてくる。硬質膜の範囲を示すsp^2炭素とsp^3炭素の比率（境界線）はかなり曖昧で，これはさまざまな模倣者によっても位置が異なるから面白い。独自の評価結果に基づき作成されたわけではなく，気分的に引かれた線のようにも感じる。簡単に確認しただけでも6種類くらい印刷され公表されている。大勢の努力によって少なくともDLC膜の定義は曖昧であるという認識が固くなってきたところにきて，このような創作を行い公表していることに少なくとも筆者はたいへん申し訳ないことをしているように感じていた。

1.3 これからのDLC膜の分類

DLC膜が工業的に役に立っていて，稼いでいるからこそ，きちんと分類されてチガイがわかるようになっているDLC膜を提供していかなくてはならない。DLC膜の分類とはいったいなにか，どのような数字を使って分類上のチガイを定量化するのか，そしてその数字に有意な差を持たせるためにはどういった精度で測定したらよいのか，このような課題を克服しながら，より正確な三角形を創製していかなければならない。

正確に分類できる三角形を作るためには，次の2点を工夫するべきである。第1に，sp^2炭素（黒鉛成分），sp^3炭素（ダイヤモンド成分），水素の各組成をより正確に知るための手法を新たに選択することである。第2に，できるだけ多くの手法により合成されたDLC膜すなわちアモルファス炭素膜やアモルファス水素化炭素膜などのアモルファス炭素系膜を集め，測定することである。

評価手法について解説しよう。sp^2炭素とsp^3炭素の比率が直接的に定量できる方法と間接的

にわかるかもしれないという方法とを信憑性の有無は別の問題として並べて挙げてみると，赤外吸収分光法，ラマン散乱分光法，オージエ電子分光法，X線光電子分光法，電子エネルギー損失分光（EELS）法，吸収端近傍X線吸収微細構造（NEXAFS）法などがある。近年，この中でもEELS法とNEXAFS法がよく用いられるようになってきた。特に後者はもっとも確かなsp^2炭素とsp^3炭素の比率が得られる。一方，水素組成を調べるためには，薄膜解析に限定すれば2次イオン質量分析法と弾性反跳（ERDA）法とがある。1at%，2at%といったチガイを明らかにするためには，ERDA法がよい。

最近の研究により，sp^2炭素，sp^3炭素，水素の各組成をより正確に知るだけではチガイがわからないことがわかってきた。自由体積，すなわち原子レベルの余計な隙間の存在を考えなければならないのである。そのため，膜の密度をきちんと計測することも求められている。膜の密度を測定するのに，直接膜の質量を測定する方法，ラザフォード後方散乱（RBS）法，X線反射率（XRR）法がある。この中で，XRR法はナノメーターレベルの薄膜の密度が求められる画期的な方法である。

合成方法に関しては，化学気相析出（CVD）法と物理気相析出（PVD）法に大まかに分けられる。CVD法は原料ガスをプラズマなどによって分解し，炭素膜を基板に析出させる手法で，PVD法では固体原料をスパッタリング現象などで気化し，それをさまざまな反応プロセスを用いて再度基板上で固化させる。最近では，CVDプロセスにPVDプロセスを組み合わせたり，PVDプロセスに化学反応を積極的に導入したりして，明確にCVD，PVDと分けられる合成法ばかりでなくなってきている。ある意味，そのようにさまざまな工夫をすることによってさまざまな種類のDLC膜を創製しているともいえる。ひとつでも多くの種類の合成法で得た様々なDLC膜を集めて評価することが肝要である。

1.4　DLC膜評価プロジェクト

精度のよい測定を行うということは，お金がかかることを指す。専門的で高度な知識を必要とするばかりでなく，きわめて高価な測定装置を複数種類そろえないといけない。このような仕事はもはや一企業や一大学でやることではなく，国力としてどうするかという分野の仕事になる。

アモルファス炭素系薄膜の工業的な価値が見出されてしっかり研究されるようになってから，すでに30年以上経過した。当初の硬質膜としての利用から，最近では低摩擦膜やガスバリア膜などへの利用に広がりを見せ，研究分野も幅広くなった。そのような中で，この分野で活発に活動している研究者の研究スタイルが変化しはじめている。従来の研究スタイルは，自分の研究室で薄膜試料を作り，手持ちの装置で構造の評価を行い，工夫を重ねて簡単な応用製品を作り，それを公開することで共同研究先を見つけ，共同研究先とともに最終製品を完成するというもので

第1章 序論

あった。要するに全部自分の力でがんばるといったスタイルである。それが，自分の研究室で作った試料を他の大学・研究機関に送り，手持ちの装置で自分の試料ばかりでなく他の大学・研究機関の試料の評価も行い，応用先に応じて専門の大学・研究機関に試作を依頼して，もっとも適した共同研究先とパートナーとなる，という方向（リサーチクラスター）に動き出している。このような流れがしっかりしてくると，アモルファス炭素系薄膜をいろいろな専門性から科学の目で捉え，大学・研究機関がより正しい理解を得て，それを社会に還元する流れになると期待できる。まさに大学・研究機関が選択すべき本来の社会貢献の姿である。

　リサーチクラスターは，リサーチグループというほど小さくはないし，リサーチネットワークというほど薄い印象を与えるものではない。またリサーチセンターというように組織と建物がひとつ与えられて運営されるものでもない。共同研究といえばそれまでだが，少なくとも国内・国外の研究者からみて魅力的な組織でなくてはならない。現在日本国内ではアモルファス炭素系薄膜をキーワードとして集合した国内研究者が，アモルファス炭素系薄膜を科学するためのリサーチクラスターを構成している。リサーチクラスターは，平成16年度日本学術振興会科学研究費補助金基盤研究C（企画調査）「アモルファス炭素系薄膜の科学」で発足した研究会を出発点として，ひとつの組織ではないけれどもリサーチセンターのごとく仕事を回す，組織的科学手法を特徴とする集団である。

　平成16年度企画調査「アモルファス炭素系薄膜の科学」で，アモルファス炭素系薄膜，いわゆるDLC膜の素性を科学的に明らかにするための方針（POLICY 2004）を得た。いわゆるDLC膜は科学で定義されていない。科学的に十分議論されずに産業応用されたため硬くても軟らかくても"ダイヤモンドライク"で通じている面を持つ。国際的な学術論文誌への投稿原稿にDLCという単語を安易に使うと，分野によってはレフリーから「定義を明確にせよ」とかなりきついコメントが返ってくることもある。近年，DLC膜が産業としても重要な意味を持つようになってきて，そろそろDLC膜を科学的に定義するガイドラインを世界的規模で策定する時期にきた。平成16年度企画調査研究の成果として，POLICY 2004では「合成班の試料を構造班，特性班，性能班の複数の設備で評価する，組織的科学手法を模索する」ことを求めている。

　平成17年度には，POLICY 2004をもとにした行動計画がPLAN 2005として提案された。
(1) リサーチクラスターに参加するほぼすべての研究者がアモルファス炭素系薄膜を合成する装置を所有していることから，所有する装置を駆使して幅広い試料を合成する。
(2) その試料群を各研究者の持つ設備・知識により構造・特性・性能面で評価する。
(3) その結果を会議に持ちより，組織的科学手法が機能するのか評価する。
(4) 複数の代表者が国際的学術雑誌・国際会議・国内学術集会で組織的科学手法「DLCリサーチクラスター」構想を世界に発信する。

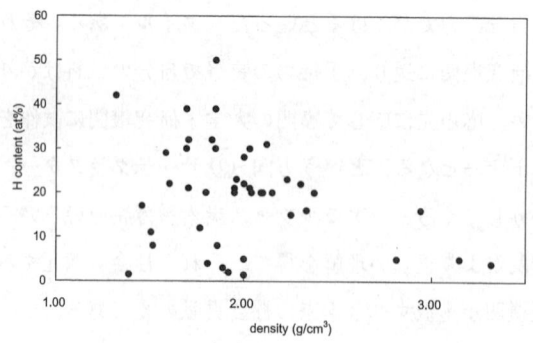

図2　各種DLC膜の密度に対する水素組成

平成18年度には，PLAN 2005がACTION 2006として本格的に実施された。ACTION 2006の目的は，平成22年（2010年）までにDLCを科学的に定義する，GUIDELINES 2010を策定することである。それを実現するための手法がリサーチクラスターである。平成18年度NEDO公募プロジェクトである，「DLCの特性とその測定・評価技術の標準化に関する調査」に企業14社，公試等5箇所，大学12学で参加し，58種類のアモルファス炭素系膜について20項目程度の評価を行った。NEXAFS，ERDA，XRRなど相当高度な知識，学術，技術を駆使し，高価な施設を利用しながら行う測定に，比較的容易に実施することができるラマン散乱分光分析，エリプソメトリー，トライボロジー，電気的測定などを組み合わせ，さらに細胞増殖性といった材料分野ではかなり新しい領域の評価を組み合わせた。

1.5　リサーチクラスター事業の成果

平成18年度NEDO公募プロジェクト，「DLCの特性とその測定・評価技術の標準化に関する調査」によって得た成果の一部を紹介する。図2はDLC膜の密度を横軸にして，水素組成を縦軸にとった。密度はXRR法で測定している。X線照射面積はおおよそ5mm×5mmであるため，この範囲内の平均的な膜の密度が得られていると考えてよい。さらにXRRで得られる密度は真密度であり，物質に空隙などのマクロ欠陥があった場合，それは密度に算入されない（算入されるとかさ密度と呼ばれる）。一方水素組成はERDA法で測定されている。ほぼ1mmの範囲に高速Heイオンを衝撃させて，その範囲から水素を得て，それを計測している。水素組成は炭素に対する相対値となっているので，炭素以外の元素が含有されている場合には，この値より低くなることに気をつけなければならない。

一般的な傾向として水素組成が増加すると自由体積が増えて，密度が減少する。このグラフの中の一部はその傾向にしたがっているが，密度が$2g/cm^3$をきると，水素組成が小さくてしかも

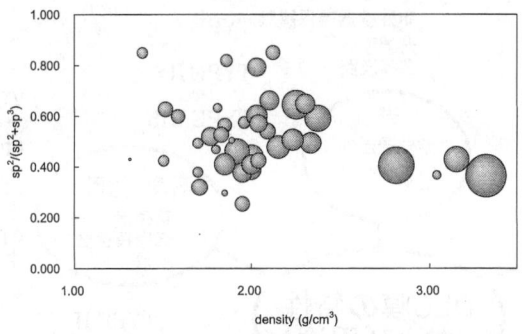

図3　各種DLC膜の密度に対する $sp^2/(sp^2+sp^3)$
円の大きさは相対的な硬さを示す。

密度の低い膜が存在する。この領域の膜は sp^2 の成分が多いと水素組成が小さく，sp^3 の成分が多いと水素組成が大きくなる傾向にどちらかというとある。また，密度が 2.4 〜 2.8g/cm³ の領域に入る膜が存在しないのも面白い。つまり DLC 膜というのは比較的高い密度のところで，構造的な不連続を持つということになり，このことが DLC 膜を分類できる根拠ともなる。同様な現象は水素組成でもみられ，水素組成 20at% の膜と 30at% の膜が特異的に存在する。

図3はDLC膜の密度を横軸にして，sp^2 炭素と sp^3 炭素の比率 $sp^2/(sp^2+sp^3)$ を縦軸にとった。$sp^2/(sp^2+sp^3)$ は分子科学研究機構の放射光設備 UVSOR を利用し，UVSOR の放射光を試料に照射して，sp^2 結合と sp^3 結合に関与する電子を試料外に放出させて，そのときの電流によって sp^2 結合と sp^3 結合の比率を計測する。図3ではさらにプロットの円の大きさで硬さの相対値を表現した。硬さは微小領域のインデントにより計測している。密度が高い膜で $sp^2/(sp^2+sp^3)$ が小さくなり，sp^3 成分が多くなる傾向にあり，さらに硬さも硬くなる傾向にあることがわかる。また $sp^2/(sp^2+sp^3)$ では多くの膜が 0.4 〜 0.6 程度の範囲に入ることがわかった。

図2や図3以外でも多数のデータを得ており，それを総合的にみて新しい知見を得ている。中でもっとも代表的な知見は，密度と水素組成の組み合わせにおいて，硬さに着目すると DLC 膜が次のような種類にタイプ分けできることである。

TYPE I　密度おおよそ 2.6g/cm³ 以上，硬度おおよそ 50GPa 以上，水素組成数 at% 程度
TYPE II　密度おおよそ 1.8 〜 2.6g/cm³，硬度おおよそ 40GPa 以上
　　TYPE IIa　水素組成 20at% 前後
　　TYPE IIb　水素組成 30at% 前後
TYPE III　密度おおよそ 1.8 g/cm³ 以下，硬度おおよそ 40GPa 以下
　　TYPE IIIa　水素組成 10at% 程度以下

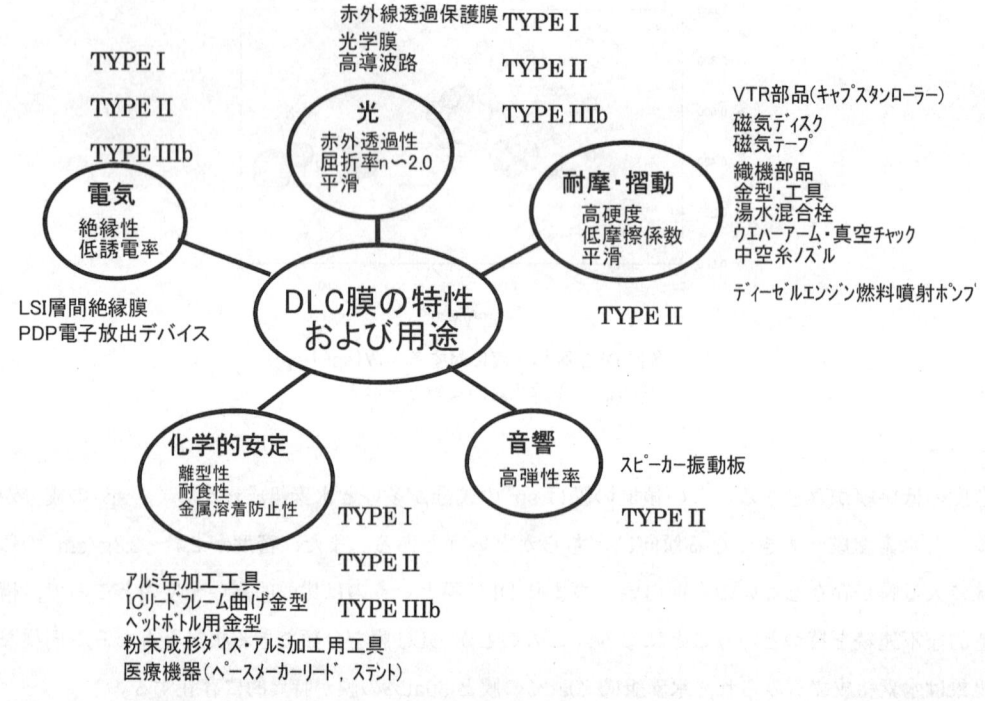

図4　DLC膜の種類とその用途

TYPE IIIb　水素組成 40at%程度以上

　実際の工業利用との関係をみていくと，図4に示すように，磁気テープ表面，湯水混合栓などの耐磨耗用途にはTYPE IIがよく使われて，アルミ缶加工工具，医療用機器など溶着防止や耐食性の必要な部位にはTYPE I，TYPE IIまたはTYPE IIIbが用いられるなど，対応をとることが可能であることがわかった。

　DLCは自動車のエンジン部品にまで入り込んできている。ここまでくると，DCLは曖昧な材料である，ということではすまされない。日本産業をリードする大企業ばかりでなく，それをコーティングサービスや装置製造でしっかりと支えている中小企業の全体がDLCをよく理解し，適切なDLCを選択して製造・利用することで，安全・安心・快適な社会作りを実現するイノベーションに貢献することが可能になる。

　今回のプロジェクトでは，試料提供機関のDLC製造条件がさまざま異なり，真の意味で膜がそろえられていたわけではない。さらに評価装置にも製造会社の独特の癖があり，評価方法を標準化しないとタイプ分けが大きく変わる危険性がある。たった半年のプロジェクトではやりきれないことがたくさんあり，引き続きプロジェクトを組んで実施していく必要がある。

第1章 序論

文　献

1) W. Jacob, W. Muller, *Appt. Phys. Lett.,* **63**, 1771 (1993)
2) J. Robertson, *Mate. Sci. Eng.,* **37**, 129 (2002)

2 プロセストライボロジーにおける DLC の位置づけ

片岡征二*

2.1 潤滑油に代わる DLC 膜への期待

　塑性加工において潤滑油を使用する主な目的は，金型と被加工材との間の摩擦を低減させることにある。摩擦の低減は加工力の低減，加工限界の向上，工程数の削減，焼付き・かじりの防止，金型寿命の延長，製品表面性状の向上等，いわゆる加工の成否や省エネルギーに直接的に結びつくものであり大変重要である。

　さて，塑性加工中の工具表面は，高面圧を受けながら被加工材がすべるのでトライボロジー的には厳しい状況にある。さらに，被加工材が加工中に大きく変形することによって摩擦界面で新生面が露出しやすく，また，かなりの発熱も伴うこともある。このような過酷な条件下においても正常に加工を続行するためには，どうしても潤滑油に頼らざるを得ず，塑性加工の現場においては大量の潤滑油が消費される。

　しかしながら，近年の環境負荷低減に対する意識の高まりから，これまで使用されてきたような潤滑油，さらにはその使用方法が問題視される状況となっている。塑性加工における潤滑油は，繰り返して何度も使われることはなく，たった1回の加工後には洗浄され，最終的には洗浄剤共々廃棄，焼却処分という経路をたどる。環境への負荷は大きなものがあるといえる。このような状況を踏まえ，潤滑油を極力使用しないで加工する試みや無潤滑で加工しようとする試み，すなわち，セミドライ加工，あるいはドライ加工実現の試みが活発になりつつある。ドライ加工は環境負荷を大幅に低減させ得るものであるが，塑性加工のように面圧が高い厳しい加工条件においてはすぐに実現されるのは至難のわざと言わざるを得ない[1～3]。すなわち，この問題をブレークスルーするためには新たな技術開発が必要となる。

　そのブレークスルーを可能にする技術として注目されるのが，DLC 膜の塑性加工用金型への適用技術である。DLC 膜と一般的な金属との摩擦係数は無潤滑，すなわちドライ摩擦の条件でも 0.1～0.15 程度であり，一方，一般的な塑性加工において正常に加工が行われているときの摩擦係数はせいぜい 0.1 をわずかにきる程度である。この両者の摩擦係数のレベルからして，DLC 膜を塑性加工用金型に適用すれば，ある程度のドライ加工が可能であろうということが容易に予測され，大きな期待が寄せられている。

2.2 塑性加工工具へ適用するための必要条件

　DLC 膜は硬度が高いとともに表面がなめらかである。また，多くの金属材料に対して大気中

＊ Seiji Kataoka 　湘南工科大学　機械デザイン工学科　教授

では凝着が小さく，無潤滑下でも低い摩擦係数を示す等，優れたトライボ特性が認められている。このようなことから，これまでにも塑性加工用工具へ適用するためのいろいろな研究が行われているが，DLC膜は優れたトライボ特性を有する反面，高面圧の条件下では基材表面から剥離してしまうという致命的ともいえる問題がある。すなわち，現状のDLCコーティング法によって成膜された膜では，残念ながら塑性加工のような高い面圧のかかる摺動条件には耐えられることができないと判断される。この膜の剥離問題が解決されない限り，DLC膜コーテッド工具の塑性加工用工具としての実用化は難しい。

2.3 DLC膜の密着性向上への取組み状況
2.3.1 密着性評価試験法

DLC膜の密着性の向上を云々するという前の段階で，そもそも，塑性加工のような高面圧条件におけるDLC膜の耐剥離性を評価し得るような適切な方法が存在しないという問題に突き当たる。スクラッチ試験，ボール押し込み試験等いろいろ検討されているが，DLC膜の密着性を評価するための適切な評価法とはいいがたい[4]。

一方，DLC膜の密着性評価，およびその摩擦挙動を詳細に調査する方法として，高面圧付加が可能なボールオンディスク型基礎摩擦試験機による評価法が提案されている。本法においては三つのボールとディスクとの摩擦面に最高1,000Nの垂直荷重を負荷することができる。焼入れした1/4インチSUJボールを使用するが，この時のボール1個あたりのヘルツ応力を換算すると約$6,500N/mm^2$に達する。この値は塑性加工でも強加工時の面圧を遙かに超えるものであり，1,000Nまで剥離しなければ，実際の加工においても十分な耐剥離性が得られると判断される。

実際の実験では，摩擦試験機の垂直荷重を100，200，400，600，800，1,000Nの6段階に変化させ，DLC膜の剥離したときの荷重によって耐剥離性を評価する。この場合，垂直荷重は最も小さい100Nから摺動実験を始め，剥離が発生しなければ10分ごとに順次垂直荷重を増加させる。剥離の発生は摩擦係数の急激な上昇によって感知可能であるが，最終的には摩擦後のディスク表面を顕微鏡で観察することによって確認できる。

本評価法によって，DLC膜の密着性評価について検討した結果を以下に示す。

2.3.2 トライボ試験による密着性評価試験結果
（1）密着性に及ぼす基材材質および基材表面粗さの影響

DLC膜をコーティングする場合，基材表面はこれまでラッピングによる鏡面仕上げが最良とされ，それが半ば常識となっている。しかし，DLC膜のコーティングにおいては，基材材質の影響とともに，その表面粗さが密着性に大きな影響を及ぼすことは十分予測できることである。そこで，ラッピング，研削，ショットブラスト仕上げによって表面粗さを種々変化させてその影

DLC の応用技術

表1 DLC膜のコーティング条件

前処理	150℃ 60min ベーキング Arボンバード（50min）
使用ガス	C_6H_6（2cc/min）
蒸着方法	直流イオンプレーティング
基板電圧	2kV, 50mA
真空度	1.5×10^{-3}Pa
基板温度	149〜168℃
成膜時間	150min

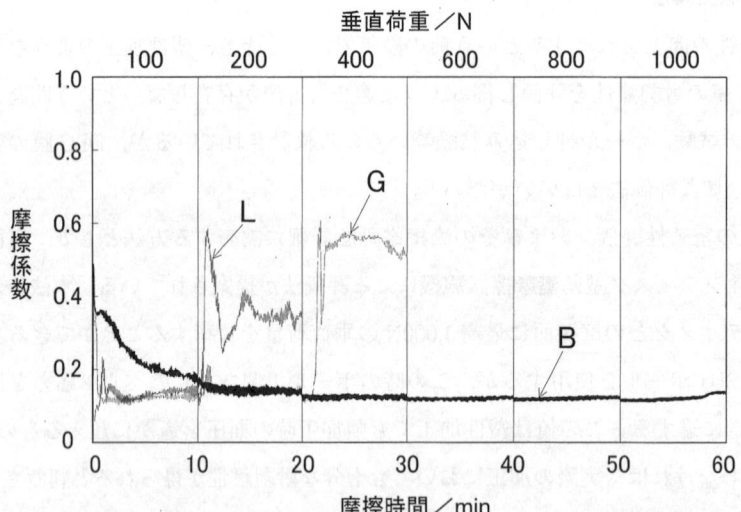

L：ラッピング（0.05μmRz），G：研削（0.5μmRz），B：ショットブラスト（2.3μmRz）

図1 トライボ試験による密着性評価結果（基材材質：超硬合金）

響について調査した実験結果を紹介しよう[5,6]。

基材材質としては超硬合金K20（JIS B 4104）を主とし，比較材としてダイス鋼SKD11a，SKD11b，粉末ハイスSKHa，SKHbを使用している。ここで，SKD11aは炭化物の偏在したいわゆる一般的なダイス鋼で，SKD11bはその炭化物を均一分散させたものである。また，SKHaはCoを含まない粉末ハイスで，SKHbはCoを8%含有するものである。DLC膜のコーティング条件を表1に示す。

まず，超硬合金を基材とし，その表面を鏡面から種々の粗さに変化させ，密着性を評価したトライボ試験結果の一例を図1に示す。摩擦速度はいずれの場合も31.4mm/sとし，大気中で無潤

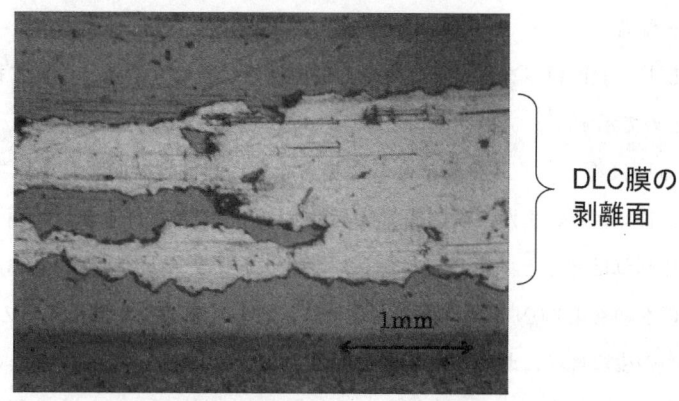

図2　ラッピング面における DLC 膜の剥離状況

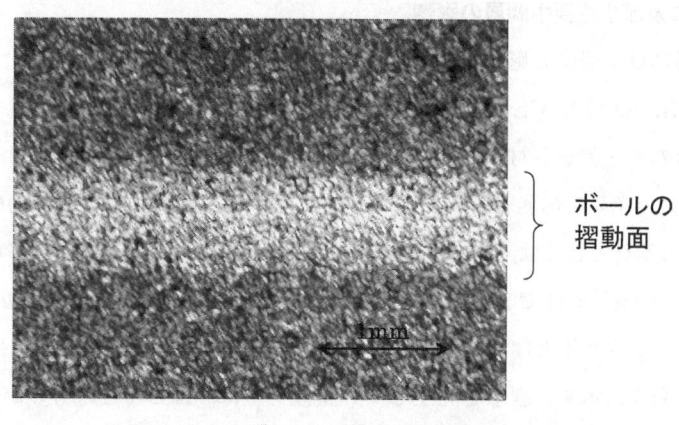

図3　サンドブラスト面における摩擦後の状況

滑の条件で摺動実験を行っている。なお，ディスクとボールの表面は実験する前にアセトンにより十分脱脂し，乾燥させてから実験に供している。図にはラッピング面（L），研削面（G），ショットブラスト面（B）の結果を併記してあるが，まず，ラッピング面では 200N の垂直荷重で摩擦係数が急激に上昇し，この時点ですでに剥離を発生したことがわかる。そのときの顕微鏡写真を図2に示すが，明らかに DLC 膜の剥離が確認できる。

一方，表面粗さが $0.5\mu mRz$ の研削面においては，ラッピング面に比べて密着性が向上するのが確認できる。さらに，表面粗さが $2.3\mu mRz$ のショットブラスト面の場合には，1,000N の垂直荷重でも剥離は発生しない。また，摩擦係数も垂直荷重 1,000N に至るまで安定した 0.1〜0.2 程度の小さな値を示す。表面粗さが $2.3\mu mRz$ のショットブラスト面の場合における，1,000N での摩擦試験後のディスク表面の顕微鏡写真を図3に示す。写真ではショットブラストによる凹凸の凸部がボールの摺動によって平坦化され白く見えるが，SEM で分析した結果でも DLC 膜が剥

離していないのを確認している。

　基材材質および基材表面粗さを種々変化させ，耐剥離性に及ぼす影響について検討した結果を表2，表3にまとめて示す。

　ダイス鋼，あるいは粉末ハイスを基材とした場合にも，超硬合金の場合と同様にラッピング面では密着性は著しく劣る。また，研削面では密着性は若干改善されるが，超硬合金のショットブラスト処理に比べれば劣るといえる。しかし，ショットブラストで1.0μmRz以上に仕上げるだけで，いずれのものも1,000Nまで剥離が発生せず，著しく密着性が向上するのが確認できる。このことは，実際の生産現場において，超硬合金の金型がコスト的に使用できないような場合には，ダイス鋼，あるいは粉末ハイスの表面粗さを制御することによって，ある程度対応できることを示唆しているといえよう。

(2) 密着性に及ぼす各種中間層の影響

　DLCの密着性には中間層も影響することは良く知られたところである。ここでの中間層としては，SiC，SiCH，SiCOH，Cr，Ti，Alについて検討した。イオンプレーティング装置内で，各中間層成膜用のターゲット材に，ArでRF（高周波）スパッタリングして中間層を成膜し，そのまま引き続いてイオン化蒸着法により，C_6H_6ガスを用いてDLC膜を連続的にコーティングした。この場合の基材としては，すべてラッピング仕上げした超硬合金を用いている。なお，いずれの場合も同一の成膜条件で2個ずつ試料を作成し，膜の厚さはいずれも約1μmとしている。

　基材としてラッピング仕上げの超硬合金を用い，各種の中間層を成膜した条件における実験結果をまとめて表4に示す。剥離を発生しない垂直荷重は，ほとんどのものがわずか200N以下までであり，それを越えると剥離が発生する。しかし注目されるのが，SiCの中間層であり，1,000Nの垂直荷重でも剥離を発生しなかった。他の中間層に比べ，ずば抜けた密着性が確認できる。

　なお，SiCが密着性が優れているのは，セラミックスSiCの上にDLC膜をコーティングし，同様な実験を行った結果においても，同じ結果が得られており，また，超硬合金のラッピング面でこのような密着性が確保できたことから，超硬合金の中間層としてのSiCの実用化に期待が持てる。

2.4　DLCコーテッド工具のドライ絞り加工への適用

　密着性評価試験の結果から，DLC膜の最も密着性の高い条件を選んでドライ絞り加工用金型への適用を試みた。まず，金型の表面をショットブラストによって3.2μmRzに仕上げ，その後中間層としてSiCをコーティングし，さらにその上にDLC膜をコーティングした。金型材質は超硬合金K20を用いている。

第1章 序論

表2 DLC膜の耐剥離性試験結果（基材材質：超硬合金）

○：剥離せず ×：剥離発生

表面仕上げ	表面粗さ /μmRz	垂直荷重／N					
		100	200	400	600	800	1000
ラッピング	0.04	○×	××				
研削	0.5	○○	○○	○×	××		
	3.0	○○	○○	○○	○○	○○	○○
ブラスト	1.0	○○	○○	○○	○○	○○	○○
	2.3	○○	○○	○○	○○	○○	○○
	4.4	○○	○○	○○	○○	○○	○○

表3 DLC膜の耐剥離性試験結果

○：剥離せず ×：剥離発生

材質	表面仕上げ	表面粗さ /μmRz	垂直荷重／N					
			100	200	400	600	800	1000
SKD11 a	ラッピング	0.05	××	××				
	研削	2.5	○○	○○	○×	××		
	ブラスト	1.0	○○	○○	○○	○○	○○	○○
		3.0	○○	○○	○○	○○	○○	○○
		5.0	○○	○○	○○	○○	○○	○○
SKD11 b	ラッピング	0.05	○○	○○	○×	××		
	研削	1.5	○○	○○	○×	○×	××	
	ブラスト	1.0	○○	○○	○○	○○	○○	○○
		3.0	○○	○○	○○	○○	○○	○○
		5.0	○○	○○	○○	○○	○○	○○
SKH a	ラッピング	0.05	○○	○○	○×	○×	○×	○×
	研削	1.2	○○	○○	○○	○○	○×	××
	ブラスト	1.0	○○	○○	○○	○○	○○	○○
		3.0	○○	○○	○○	○○	○○	○○
		5.0	○○	○○	○○	○○	○○	○○
SKH b	ラッピング	0.05	○○	○×	○×	××		
	研削	1.7	××					
	ブラスト	1.0	○○	○○	○○	○○	○○	○○
		3.0	○○	○○	○○	○○	○○	○○
		5.0	○○	○○	○○	○○	○○	○○

表4 DLC膜の耐剥離性に及ぼす中間層の結果（基材材質：超硬合金，ラッピング面）

○：剥離せず ×：剥離発生

中間層	垂直荷重／N					
	100	200	400	600	800	1000
SiC	○○	○○	○○	○○	○○	○○
SiCH	○○	○×	××			
SiCOH	○○	○○	××			
Cr	○○	○○	××			
Ti	××					
Al	○×	××				

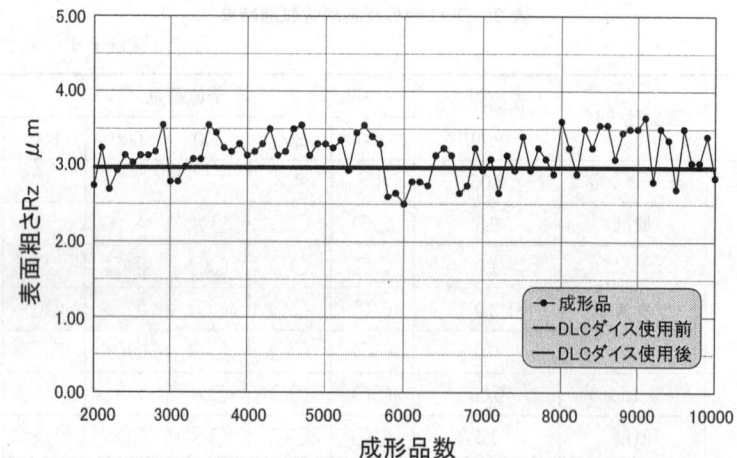

図4 アルミニウムのドライ絞り加工における成形品の表面粗さの推移

金型は抜き絞り方式とし，金型条件はダイス内径 26.8mm，ダイス肩半径 3mm，パンチ直径 25mm，パンチ肩半径 4mm とし，絞り比は 1.85 とした。被加工材は純アルミニウム板 A1100P-O，板厚 0.6mm のものを使用した。加工速度は 267mm/s である。

無潤滑の条件で連続 10,000 回の絞り加工を行い，100 回絞り加工毎の成形品の表面粗さを測定した結果を図4に示す。なお，2,000 回の絞り回数までは安定せず，時々破断を発生するものもあり，データはカットした。これは，なじみの問題と考えられるが，実際の加工に際しては，DLC 膜コーティング後に表面の若干のラッピングも必要になると思われる。表面粗さは，成形品側壁部を円周方向に測定している。

図には，DLC コーテッドダイスのダイス肩半径部付近における，使用前後の表面粗さを測定

第1章 序論

した結果も直線として併記してある。なお，未使用のダイスの表面粗さは 2.98 μmRz であり，10,000 回使用後の表面粗さは 3.00 μmRz となり，使用前後でダイスの表面粗さはほとんど変化していない。すなわち，10,000 回のドライ絞り加工後にも DLC 膜の摩耗や剥離が発生しないことが確認できる。

さて，DLC 膜コーテッド金型を用いたドライ絞り加工後の成形品の表面粗さであるが，使用した DLC コーテッド絞りダイスの表面粗さを中心に推移することがわかる。すなわち，10,000 回使用後にも表面に焼付による肌荒れはほとんど発生せず，DLC 膜コーテッドダイスの表面性状がそのまま転写されることが確認される。ただし，部分的な凝着の発生が観察された。これは，表面粗さが粗いために，その表面の凹凸の凸部で削られたアルミニウムの一部が凹部に堆積し，加工中にこれらと被加工材が凝着するものと考えられる。しかし，焼付に至るようなものではなく，わずかな引っかき傷が観察される程度である。

一方，参考のために DLC 膜をコーティングしていない超硬合金ダイスを用いてドライ絞り加工を行ったが，わずか 5 枚のドライ絞り加工後には破断を発生し，そのときの成形品の表面粗さは 4.45 μmRz となった。超硬合金ダイスの未使用の状態での表面粗さは 0.20 μmRz のラッピング仕上げであることを考慮すると，無潤滑の絞り加工の条件では，たった 5 回の絞り加工でも加工中に激しい凝着が発生したことが伺われる。

以上の DLC 膜コーテッドダイスを用いたアルミニウム板材のドライ絞り加工の実験結果から，無潤滑での絞り加工の実用化が十分可能と判断される。

なお，野口ら[7]はステンレス鋼（SUS304）のドライ絞り加工にチャレンジしており，ステンレス鋼の場合にも，サンドブラストで金型表面を荒らすことによって 20,000 枚以上のドライ絞り加工が可能ということを確認している。また，山陽プレス工業㈱は，名刺入（カードケース）をドライ加工によって成形することにチャレンジし，10,000 個の実用化に成功した[8]。DLC コーテッド工具によるドライプレス加工は，今後さらに拡大するものと期待できよう。

文　　　献

1) 片岡征二, トライボロジスト, **46** (7), 7-13 (2001)
2) 片岡征二, 塑性と加工, **43** (492), 3-10 (2002)
3) 片岡征二, 塑性と加工, **46** (528), 4-10 (2005)
4) 片岡征二, 小西純, 月刊トライボロジー, **203**, 16-18 (2004)

5) 片岡征二ほか, 塑性と加工, **46** (532), 412-416 (2005)
6) 玉置賢次, 片岡征二ほか, 材料試験技術, **51** (2), 60-64 (2006)
7) 野口裕之, 村川正夫, 片岡征二, 平17塑加春講論, 51-52 (2005)
8) 片岡征二, 塑性と加工, **47** (546), 569-573 (2006)

3 DLCのつくり方と評価手法の基礎

大竹尚登[*1], 黒田剛史[*2], 中川 拓[*3], 大石竜輔[*4], 高島 舞[*5]

3.1 はじめに

　DLCは多くの分野で興味を持たれており，実際に自分の大学や社内で合成を試してみようとする例が増えている。そこで本節では，DLCをこれまでに成膜したことがなく，真空装置の経験もあまりないという読者のために，どうしたらDLCコーティングの装置をつくることが出来るのか，どのような物が必要なのかを出来るだけわかりやすく解説する。従って，目標は試作用としてのCVD法によるDLC成膜装置とし，コストやタクトタイムを問題とする量産装置を対象とはしない。

　DLCの合成で特徴的なのは，プラスの炭素・炭化水素イオンを使うことである。従ってCVD法では，DLCをコーティングしたい基材を負に帯電させ，正イオンをDLCコーティングしたい基板上に供給する。これを常に頭に持って読んでいただきたい。イオンを生成して基板上に到達させる必要があるので，通常DLCのCVDは真空装置を用いて，圧力1～50Paで行われる。

3.2 DLC合成の流れと必要な機材・材料

　まずDLCを合成する流れを見てみよう。表1に示すように，まず基板を洗浄し，真空装置内に入れ，前処理とDLC合成を行う。その後必要に応じて物性をチェックする。ここでは鉄鋼材料を基材に想定する。

　基板の洗浄はとても重要で，鉄鋼材料の場合には油にどぶ漬けになっていたり防蝕紙にくるまれていたりしているので，油を綺麗に取り除く必要がある。わずかでも油が残っていると正常なDLCコーティングは出来ない。従って，アセトンまたはエタノールによる超音波洗浄機は必須で，場合によってはショットピーニング等を併用する場合もある。超音波洗浄はドラフトチャンバー内で行うことが必須なので，簡易でも良いからドラフトを用意する。超音波洗浄の時間はステンレスなら20min程度で良いだろう。油にどぶ漬けになっている場合には溶液を変えて数回の処理が必要になる。合成時にはモニター用に単結晶Siの基板も同時に置いておくと良い。膜厚測定等に用いることが出来るし，うまく合成出来なかったときに，基板の影響なのか，プロセスが

---

* [*1] Naoto Ohtake 名古屋大学 大学院工学研究科 マテリアル理工学専攻 准教授
* [*2] Tsuyoshi Kuroda 名古屋大学 大学院工学研究科 マテリアル理工学専攻
* [*3] Taku Nakagawa 名古屋大学 大学院工学研究科 マテリアル理工学専攻
* [*4] Ryusuke Ohishi 名古屋大学 工学部 物理工学科
* [*5] Mai Takashima 名古屋大学 工学部 物理工学科

DLCの応用技術

表1 DLCの標準的合成手順と必要な機材・材料

合成手順	必要な機材と材料
1. 基板の洗浄	超音波洗浄機，アセトン，エタノール，ドラフトチャンバー
2. 前処理とDLC合成	真空チャンバ マスフローコントローラ（最低2台） ロータリーポンプ，ターボ分子ポンプ 配管，真空計 排気ガス浄化装置，可燃ガス警報器 アセチレンまたはメタン，アルゴン 中間層をつける場合にはテトラメチルシラン
3. 検査	ラマン分光分析装置，XPS，FTIR ナノインデンタ，ボールオンディスク装置，スクラッチテスタ

図1 DLC合成用真空チャンバの例（名古屋大学）

問題なのかがわかる。

さて，次はいよいよ真空プロセスである。真空チャンバの大きさに悩むところと思うが，ここでは直径約300mm，高さ300mmの円筒状で内容積が約20Lのチャンバとする。チャンバの外観を図1に示す。実際この大きさのチャンバは試作に適している。写真を見ると色々なフランジがあるが，単純に機能で分ければ

① ガスを導入するための配管　ふつう1/4インチ（ϕ6.35mm）の配管を用いる。上流側（ガスボンベ側）にはマスフローコントローラがある。

② ガスを排気するための配管　このチャンバでは6インチの配管で，ゲートバルブを経由してTMPに繋がっている。この配管が太くないと排気損失が大きくなってしまう。

③ 電源導入のための配線　電源の種類によって大きく異なる。RFでは表面積を大きくするために銅の帯板を使う。直流や直流パルスの場合には耐電圧と流れる電流に注意して選定すれば良

第1章　序論

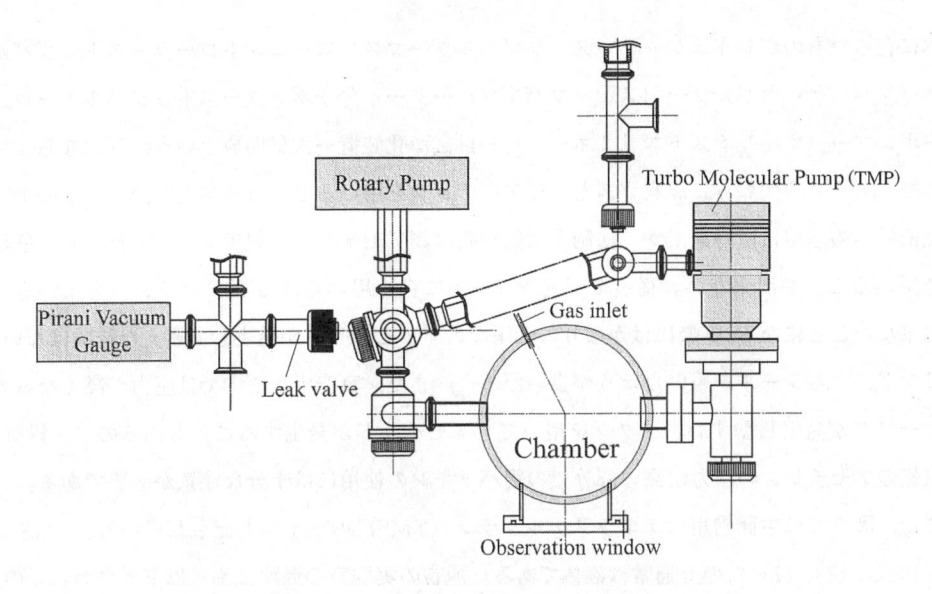

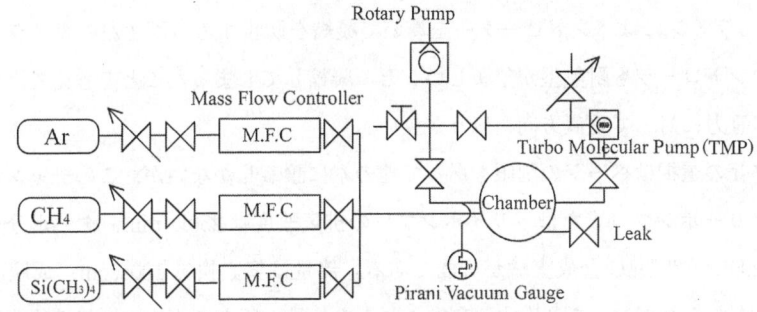

図2　DLC合成装置の概略図
上は装置を模式的に表しており，下は配管図である。矢印のついている
バルブは，ON/OFFではなく開度可変であることを表している。

い。
④　真空計を導入するポート　ゲージポートは標準の大きさがある。ピラニー真空計があれば合成実験は出来る。到達圧力はピラニーでは測定出来ないので，別に電離真空計が必要になる。
⑤　観察するための窓　通常は石英ガラスが用いられる。プラズマがちゃんと発生しているかは目視で行う。シャッターがないと内側に膜がついてすぐに曇る。
となる。これら5つは必須である。また，チャンバをアースに落としておく必要がある。

さて，チャンバは，ガス吸排気系が一緒になってはじめて真空チャンバとして稼働する。まず全体のガス系統図（図2）を見てみよう。ガスは流量を一定に制御するためのマスフローコントローラを介してチャンバに導入される。Arはスパッタエッチ用のガスで，DLCの最近の原料はこの場合メタンとしている。メタンの代わりにアセチレンを用いても良い。ガスから見れば，ボ

ンベに在ったものがレギュレータ→ストップバルブ→マスフローコントローラ→ストップバルブ→チャンバ→ゲートバルブ→（ストップバルブ）→ターボ分子ポンプ→ストップバルブ→ロータリーポンプ→（オイルミストエリミネータ）→排気浄化装置→大気開放という流れになる。

さて，メタンの代わりに原料ガスとしてアセチレンを用いると，合成速度が速くなるので特に機械部材への応用には好適だが，法制上は銅や銀は銅アセチリド，銀アセチリドを生じて危険なので用いることが出来ない。従って，真空シールに良く用いられるICFフランジを用いることが出来ないことになる。実際にはかなりの低圧なのでアセチリドが発生して燃えた経験はないが，Oリングによるシールを用いたほうが良いだろう。また，真空ポンプ内では圧力が高くなるのでアセチリドが発生しやすい。メタンを用いてもアセチリドが発生することもあるので，排気側，吸気側のアセチレンの圧力が高い部分での銅パッキンの使用には十分な注意が必要である。

また，図2では中間層用のテトラメチルシラン（TMS）のラインも記されている。TMSは融点-102℃，沸点27℃なので通常は液体である。通常の実験室の温度は沸点以下と思われるので，TMSの流れるラインにはバンドヒーターを巻いて凝縮を防止する（図1左のガスライン参照）。マスフローコントローラも耐熱型が望ましい。万一凝縮してしまったことを考えて，マスフローは縦に置く（重力に対して垂直方向）ほうが良い。

真空ポンプ等の選択はページの制限もあって他の本に譲るしかないが，このチャンバの容量であればロータリーポンプ（またはドライポンプ）の排気速度は250L/min，ターボ分子ポンプの排気速度は200L/sでDLC合成実験が可能である。流量は窒素換算100sccm，成膜圧力は3〜6Paとする。きちんとポンプを選定するにはこれらの流量，圧力を決めて排気性能曲線を見る必要がある。この際，ロータリーポンプの排気速度が小さいとターボ分子ポンプが動かないので，ターボの背圧が何Pa以下なら良いのかに十分注意する。また，チャンバの到達真空度は重要である。大きいリーク（もれ）があると酸素と水分が入るのでDLCが成膜出来ない。

配管ではチャンバからロータリーポンプで直接真空を引くバイパスラインを設けること，またチャンバからターボ分子ポンプを経由してロータリーポンプにゆく主排気ラインを設けることが必須となる。主排気ラインには流量の調整可能なバルブが必要になる。主排気ラインのターボ分子ポンプまでは排気損失を小さくするために太い配管になるので，このバルブは大きい物になる。真空と吸排気系はこれで準備完了である。

さて，次に電源である。高周波，直流，直流パルス，高周波+パルスと色々選択肢がある。ここでは高周波電源，直流パルス電源を例にとろう。高周波電源は最も多く用いられている電源で絶縁体にもDLCを付けることが出来る特徴がある。パルス電源は取り扱いが簡単で基材の温度を上げにくく，複雑形状でもコーティングしやすいのが特徴である。

この試作装置で高周波電源を用いる場合には13.56MHzの周波数で1kWの出力で良い。マッ

第1章 序論

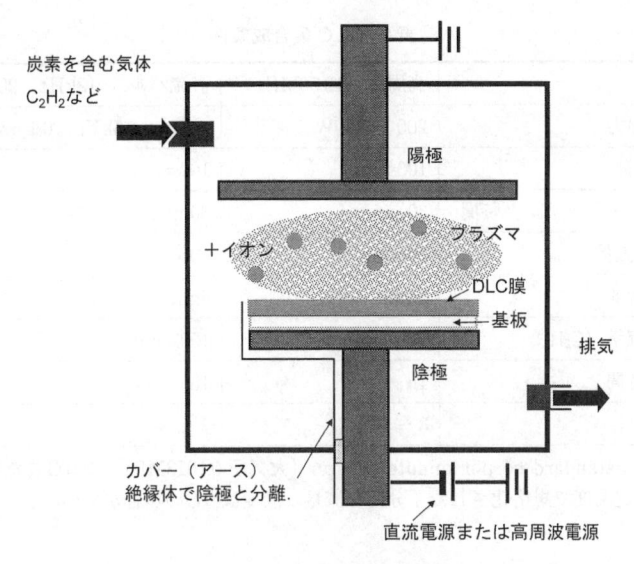

図3 DLC合成装置の概念図

チングボックスはオートが望ましい。実際には300Wの出力までしか用いないと思われる。高周波は電波が漏れるとマスフローコントローラなどの制御系を狂わせるので金網等で厳重に囲っておく処置が必要となる。出力の高い場合には窓にシールドを設ける場合もある。高周波では基板に負の自己バイアスを生成させてイオンを引っ張るので，そのバイアス値（通常 V_{dc} と呼ばれる）を測定出来るようにしておくと良い。放電は容量結合型のグロー放電なので，平行平板の電極を設置する（ワークの形状が極端にこの平行平板の形態を崩すような場合にはうまく合成出来ないので注意）。概念図としては図3のようになる。V_{dc} を−150V程度にするには，電極サイズを直径180mm程度の陰極と250mm程度の陽極程度に設計することになるだろう。陰極と陽極との距離は100mm程度とする。陽極はもとよりアースであって，電気的にはチャンバと繋がっていて良い。基板は陰極にしっかり固定する。陰極にヒーターを付加したり回転させたりすることも行われるが，まずは付加せずに進めたほうが却って安定な放電が得られやすくて良い。

　パルス電源を用いる場合には負の単パルスが標準である。パルス電源については4章11節に記述があるが，この装置の場合にはピーク値で−10kV，1A程度の電源で良い。基板との界面でイオンミキシングを行う場合には，−20kV以上の電圧が欲しくなる。パルス幅は10us程度で良いだろう。繰り返し数を10kHzとすると，duty比（単位時間中にどの程度の割合電圧が印加されているか）は10％である。RFの場合と同様に電流導入端子を経て電源を陰極に接続するが，電極は特に平行平板の必要はなく，極端に言えば針金で基材を吊すだけで良い。またRFの場合と異なり，陽極は通常特に設置せずにチャンバ壁を陽極とする場合が多い。

表2 DLCの合成条件

	高周波（13.56MHz）	直流パルス（2kHz, 20us）
電源出力	200〜300W	−5〜−15kVp, 0.1〜1Ap
Ar流量	100sccm*	100sccm
スパッタエッチング時間	30min.	30min.
TMS流量	70sccm	70sccm
成膜時間	5min.	5min.
ガス流量（C_2H_2）	150sccm	100sccm
成膜時間	1h	1h
圧力	3〜6Pa	3〜6Pa

* sccm：standard cc per minute：1 atm（大気圧0.1013MPa）で0℃または25℃など一定温度で規格化された1分間の流量。温度は0℃の場合が多い。

最後に安全関係だが，可燃ガスを用いるのでシリンダーキャビネット，可燃ガスセンサ，可燃ガス検知による配管遮断バルブ，排気ガス浄化装置が必要となる。これらの設備を揃えて初めて合成実験が可能となる。大学ではこの安全装置を設置することに努力を要するが，安全装置なしでは実験出来ないので，実験を遂行するために予算を投ずる価値はあると思う。

3.3 DLC成膜の条件

装置が出来上がったとして，いよいよ実験を始めよう。前節で述べたように基板を良く洗浄し，その後陰極に取り付けて真空を引く。到達真空度を少なくとも10^{-2}Pa以下に設定する。その後Arのスパッタエッチングを行い，続けてDLC成膜に移る。合成条件をRFの場合とパルスの場合を合わせて表2に示す。

3.4 DLC膜の評価

DLCの評価としては1章1節で説明されているようにsp^3比と水素濃度が本来の姿と思われるが，両者とも測定は簡単でなく，代表例として測定することはあってもプロセス管理に利用するのは困難で応用上は利用しにくい。ここでは応用サイドに立ってどのようにDLCを評価するかを考えてみたい。

DLC膜の評価として最も良く用いられるのは可視ラマン分光分析である。図4に示すように，1580cm^{-1}付近に中心周波数を有するGバンド（Graphitic band）と1360cm^{-1}付近に中心周波数を有するDバンド（Disorder band）が組み合わさっていびつな1つのピークに見えるのがDLCの特徴である。2つ山になっていたり，蛍光が強かったりする（ベースラインが斜めに

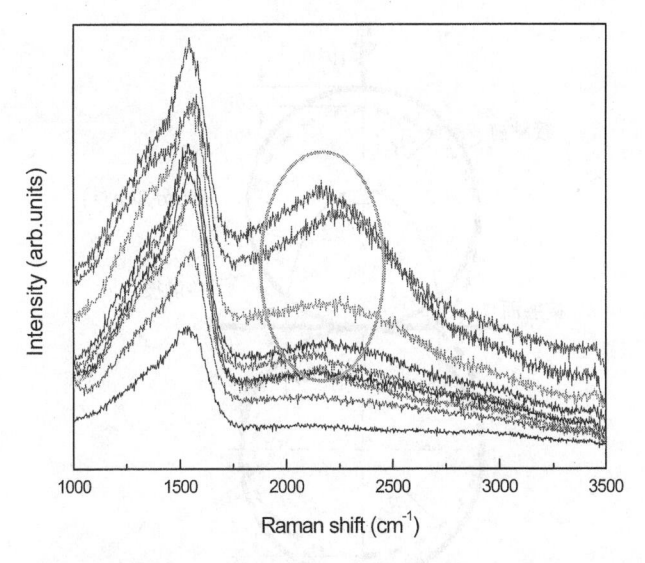

図4 DLC膜の1000cm^{-1}から3500cm^{-1}のラマンスペクトル
10本のラインは合成条件の違いである。励起波長にも依るがGバンド，Dバンドに加えて2000〜2500cm^{-1}にブロードなピークの存在する場合のあることがわかる。本測定装置のレーザー波長は532nm。

なっている）場合にはDLCと呼べるほど硬度のある膜でない場合が多い。DLCのラマンスペクトルの扱いについては現在でも議論のあるところで，一義的に説明するのは困難だが，上述の点までは問題のない所である。参考までに筆者らが注目しているのは実はGピークでもDピークでもなく，2500cm^{-1}付近にブロードに現れるピークである。これを仮にPピークと呼ぶと，Pピークが顕著な膜は同じI_D/I_G比でも硬度が小さく，機械的特性に劣る。ここで，I_D及びI_Gは，DLCのラマンスペクトルをDピークとGピークの2つのガウス分布を有するピークの重ね合わせで表現出来るとして分離したときの面積強度比で良く用いられる。生産管理に用いる場合には，I_D/I_G比，I_p/I_G比，Gピーク位置のシフトを見ることが良いと思われる。

　硬さ測定は機械的特性評価として重要である。DLCのように1μmと薄い膜厚の場合には押し込み深さを膜厚の1/10にとるとして荷重10mN程度，押し込み深さ100nm程度になってしまうので，通常のマイクロビッカース硬度計で測定するのは困難であり，薄膜専用の測定装置を用いる必要がある。硬度測定専用の装置もあるし，AFMにダイヤモンド圧子を取り付けるものもある。最近は膜厚方向の硬さを測定出来るようになっており，また同時にヤング率の測定も出来る。ただし，硬さ測定についてDLCは標準化されておらず，異なる硬度測定専用装置で測定すると若干数字が異なる。また，弾性的な硬さ（マルテンス硬さ）をとるか塑性硬さをとるかで数字は大きく変わってくるので注意を要する。筆者は自身の研究ではDLCという言葉をおよそ

図5 ヘルツ接触

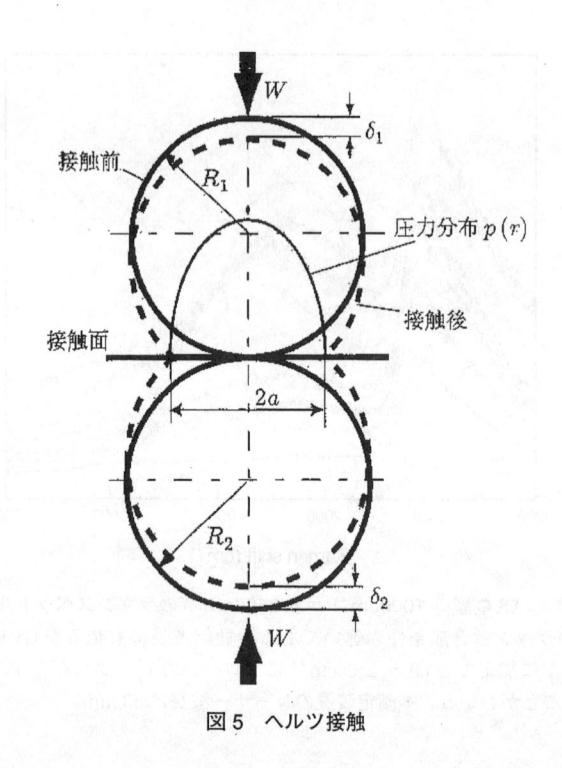

10GPa以上の硬さを有するときに用いるが，このときの硬さ値はビッカース圧子を用いて測定した塑性硬さでHV換算では約1000となる。

　DLCの性能として最も期待されることの多いのは耐摩耗性であり，硬さも有る程度その指標となるものであるが，実際の応用においては耐摩耗性の試験が欠かせない。耐摩耗性の試験についてはJISで多くの方法が定められているが，DLCコーティングの汎用的な評価ではボールオンディスク試験，ボールオンプレート試験，転がり摩擦試験，リング摺動試験が主に用いられる。用途が特殊な場合にはそれに応じた独自の評価法の必要な場合も多い。4章7節でトライボロジー評価の基礎について詳細が記載されているので，DLC膜の付着力測定についても併せて是非ご参照いただきたい。

　さて，良くDLC応用の条件で出てくるのがヘルツ応力である。この応力について以下に説明する。球を平面に押し付けるとき，球は平面と1点で接触しているわけではなく，面で接触している。これは，球が押し付けられることによって球が弾性変形するためである（図5）。ここで問題なのは，荷重が変わるとそれに従って接触面積も変化する点である。つまり，この変形はフックの法則 $W = k\delta$（W：荷重，δ：弾性変形量）が使えないのである。そこで，ヘルツの公式（H. R. Hertz 1881）を用いると，球と球を荷重Wで押し付けた場合には，2球の中心を結んだ直線に対して垂直に半径aの接触円が出来る。

第1章 序論

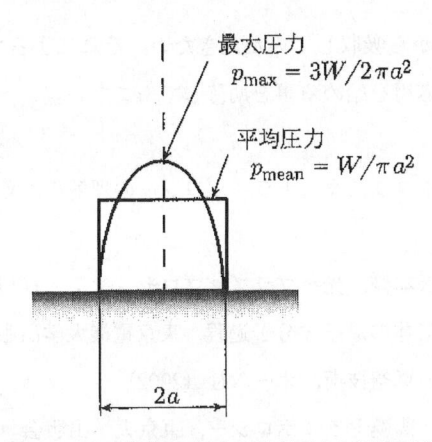

図6 ヘルツ接触における最大圧力と平均圧力

この接触円内での接触圧力 $p(r)$ は次式で表される。

$$p(r) = \frac{3W}{2\pi a^3}\sqrt{a^2 - r^2} \qquad (1)$$

$$a = \left(\frac{RW}{K}\right)^{\frac{1}{3}} \qquad (2) \qquad\qquad \frac{1}{R} = \frac{1}{R_1} + \frac{1}{R_2} \qquad (4)$$

$$\frac{1}{K} = \frac{3}{4}\left(\frac{1-\nu_1^2}{E_1} + \frac{1-\nu_2^2}{E_2}\right) \qquad (3) \qquad \frac{1}{E'} = \frac{1-\nu_1^2}{E_1} + \frac{1-\nu_2^2}{E_2} \qquad (5)$$

E_1, E_2；2つの表面材料の弾性係数,

ν_1, ν_2；2つの表面材料のポアソン比, 　　　R_1, R_2；2つの球の半径

式(1)の圧力は $r=0$ (中心線上) で最大であり (図6)

$$p_{\max} = p(0) = \frac{3W}{2\pi a^2} = \frac{3}{2}\bar{p}$$

$\bar{p}$；平均圧力

$$\bar{p} = \frac{1}{\pi}\left(\frac{4}{3}\right)^{\frac{2}{3}}\left(\frac{E}{R}\right)^{\frac{2}{3}} W^{\frac{1}{3}}$$

$\bar{p}$ のことをヘルツ応力という。

また,球 (半径 R_1) と平面 (半径∞) の接触の場合には $R=R_1$ と考えれば良い。通常のCVD法で作製したDLC膜では2GPa程度のヘルツ応力が耐えられる最大であると言って良い。

以上のようにDLCの合成と応用の研究開発は半導体等と比べると敷居が低く,とりつきやすい内容である。実際には付着力の向上やピンホールの低減などの課題も出てくるが,本稿で記した内容で進めれば鉄鋼材料で50MPa程度のヘルツ応力下の応用であればクリア出来る。この節

以上の情報は，本書等の中から吸収していただきたい。それによって多くの研究開発者がDLCをご自身で成膜し，検討・応用を始める事を期待してやまない。

　以下は参考のために真空やプラズマ，トライボロジーの理解のために便利と思われる入門書を列記したものである。

1)　明石和夫，服部秀三，松本修，光・プラズマプロセシング，日刊工業新聞社（1986）
2)　J. S. チャンほか，電離気体の原子・分子過程，東京電機大学出版局（1982）
3)　小宮宗治，わかりやすい真空技術，オーム社（2002）
4)　榎本祐嗣，三宅正二郎，薄膜トライボロジー，東京大学出版会（1994）
5)　加藤孝久，益子正文，トライボロジーの基礎，培風館（2004）

第2章　機械的応用

1　DLCの機械的応用の概観

中東孝浩*

1.1　はじめに

摺動部品には，一般的に耐摩耗，低摩擦を得るため，オイルやグリースが多用されている。しかし，近年，環境汚染問題から，PRTR法（Pollutant Release and Transfer Register：化学物質排出把握管理促進法）が施行され，摺動部品や切削時に使用されるオイルやグリースに含まれる局圧添加剤（MoS_2，Zn等），これらの部品を洗浄するときに用いる溶剤，Crメッキ廃液から発生する六価クロム等の汚染物質をなくす方向で検討が進められている。しかし，これらの環境汚染物質をなくす，あるいは，究極のオイルレス化は，摺動部品および部品加工の刃物等に対してきわめて厳しい使用環境になることが予想される。また，耐摩耗，低摩擦，防食等を目的として機械部品に多用されているCrメッキは，安価な部品の寿命を大幅に伸ばしてきたが，このCrメッキで発生する環境汚染物質が，環境汚染を起こさないように廃液プラントを準備する必要からコスト増加が懸念され，この回避としてCrに変わるメッキの検討がなされている。

本稿では，これらの問題を解決するため注目を集めているDLC（Diamond Like-Carbon）の機械的応用の概観について解説する。

1.2　有害化学物質に関連する主な規制

表1に各国の有害化学物質に関連する主な規制を示す。日本国内では，PRTR法が施行され，この法規制に抵触する材料については，MSDS（Material Safety Data Sheet）を添付する義務がある。特に，大企業がグリーン調達を始めたため，納入業者に対して，部品納入時にMSDSを添付するように要請を出している。昨年始まったECのRoHS（Restriction of Hazardous Substances），今春スタートした中国版RoHS，今年から来年にかけて始まるREACH（Registration, Evaluation, Authorisation of Chemicals）と各企業はこれらの規制対応に振り回されている。これらのこともあり，部品加工，摺動用途では，現在この規制対象に上がっている物質を含む油，油中の重金属，メッキ廃液をどのように環境に優しいプロセス，材料に変えていくのかがコスト低減も考慮しながら模索されている。これに対して，無潤滑摺動，無潤滑切削，

＊　Takahiro Nakahigashi　日本アイ・ティ・エフ㈱　技術部　部長補佐

DLC の応用技術

表 1　有害化学物質に関連する主な規制

地域	規制名称	対象	規制名称	発効(施行)時期
日本	PRTR法	全般	有害性のある多種多様な化学物質が，どのような発生源から，どれくらい環境中に排出されたか，あるいは廃棄物に含まれて事業所の外に運び出されたかというデータを把握し，集計し，公表する仕組み	2001年4月1日
	MSDS制度	全般	対象化学物質を含有する製品を他の事業者に譲渡又は提供する際には，その化学物質の性状及び取扱いに関する情報を事前に提供する	2001年1月1日
欧州	WEEE指令	電気電子機器	10種類の指定適用対象製品の廃棄物につき，その量と有害性の低減を目的に回収リサイクルを義務付ける	2005年8月13日
	RoHS指令	電気電子機器	EU（欧州連合）が輸入するに含まれる有害6物質 Pb, Cd, Hg, Cr6+, PBB, PBDEの使用禁止	2006年7月1日
	ELV指令	自動車	使用済車両のリサイクル及び環境負荷物質　鉛，水銀，カドミウム，6価クロムの原則使用禁止	2003年7月1日
	REACH指令	全般：新化学品規制	3万物質中1400-3900物質が対象になる模様　自動車関連は，IMDS（MSDSの世界版）による独自管理が必要	2007-2008年
米国	SB20	CRT付電子機器	「鉛を含むCRTを持つ有害電子機器」の回収・リサイクル強化，有害物質を使用禁止するカリフォルニア州法	2007年1月1日
	SULEV規制	自動車	欧州ELV規制に，硫化物を加えさらに厳しくしたカリフォルニア州法	未定
	Proposition65	約800種の危険物質	有害化学物質管理に関するカリフォルニア州法。発がん性や生殖障害などで詳細リスク評価を行う	毎年見直し実施
中国	電子情報産品生産汚染防治管理弁法	電気電子機器	WEEE&RoHS指令を参照して策定。2006年7月以降に販売する電子情報産品に有害6物質の含有を禁止	2007年3月1日

PRTR：Pollutant Release and Transfer Register：化学物質排出把握管理促進法
MSDS：Material Safety Data Sheet
WEEE：Waste Electrical and Electric Equipment：
RoHS：Restriction of the Use of Certain Hazardous Substance in Electrical and Electronic Equipment
ELV：End-of Life Vehicles
REACH：Registration, Evaluation and Authorization of Chemicals
PBB：ポリ臭素化ビフェニル
PBDE：ポリ臭素化ジフェニルエーテル

第2章 機械的応用

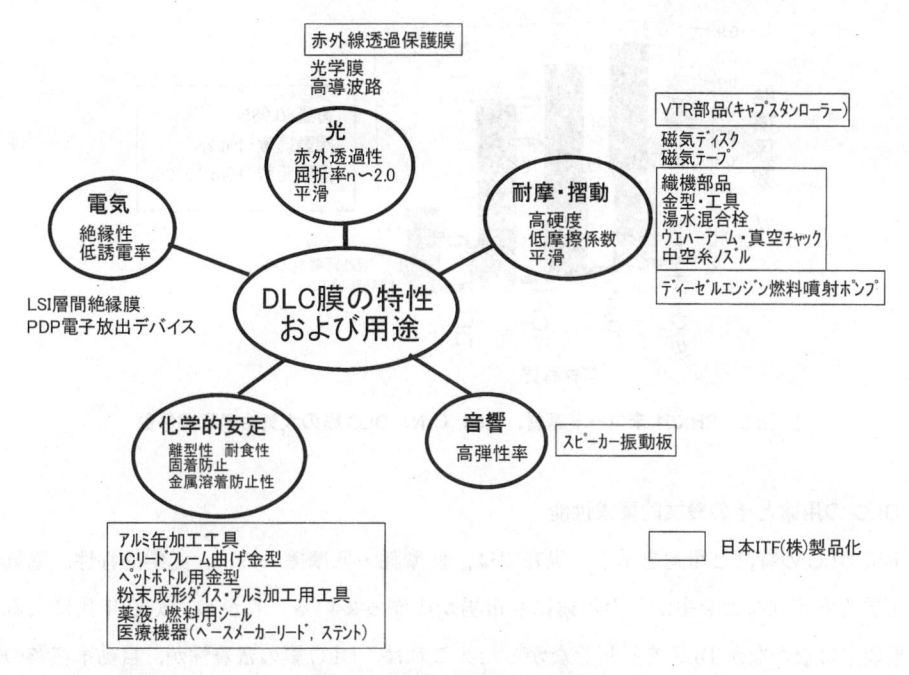

図1 DLC膜の特徴および用途

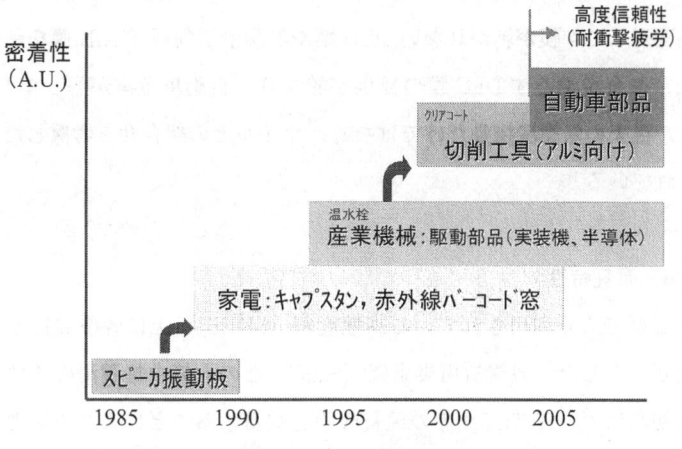

図2 DLC膜の密着力と適用製品の年次推移

脱クロムメッキの3つのキーワードを挙げることができる。21世紀に入り，これらのキーワードとDLCコーティングがマッチし，DLCコーティングの市場は，年率約2割の勢いで増加している。

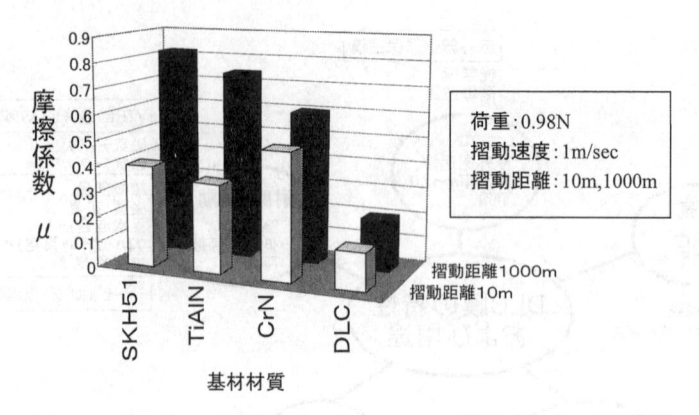

図3 SHK51未コート基材，TiN，CrN，DLC膜の大気中の摩擦係数

1.3 DLCの用途とその機械的要求性能

図1にDLCの特徴と用途を示す。現在では，低摩耗・低摩擦以外に，光学的特性，電気的特性，化学的安定性などを生かした用途にも市場が広がっている。しかし，2000年代に入るまで自動車産業はなかなかDLCを採用しなかった。これは，DLC膜の密着性が，自動車産業の求める要求に到達するまでに時間を要したためである。図2に当社のDLC膜の密着力と適用製品の年次推移を示す。DLC適用分野が広がるにつれ，顧客からの密着性要求も高くなり，最近では，金属母材が塑性変形しても膜が剥がれないDLC膜や無潤滑切削用TiAlN膜を超える高硬度膜が要求され，また，これを満たすDLC膜の提供が始まり，自動車産業が挙ってDLC膜の適用を開始した。また，従来の無潤滑摺動だけではなく，オイルとの組合せを考慮した油中摺動での低摩擦化も進められている[1]。

1.4 DLCの摩擦・摩耗特性

図3に工具や金型で広く利用されている高速度鋼（SKH51）上に各種硬質セラミックを被覆した材料と摺動ピンとした一般構造用炭素鋼（S25C）との大気中無潤滑の条件での摺動試験結果を示す。摺動初期においてTiAlN等の硬質薄膜を被覆することにより未処理の状態よりさらに摩擦係数が低減することがわかる。CrNを被覆した材料では摩擦係数が基材より増加しているが，これは膜形成による表面の荒れによるものと考えられる。さらに摺動試験を継続すると，比較的初期（数十m）の段階において，未処理（コーティングなし）基材で摺動相手材の凝着が生じ始めたために摩擦係数が上昇し，摺動試験後期ではセラミックコート処理基材（TiAlN，CrN）においても凝着が生じて摩擦係数が0.7程度にまで上昇することがわかる。一方，DLC膜を被覆した材料では摺動初期の段階から最も低い摩擦計数値（μ=約0.2）を示し，摺動距離が増加しても顕著な変化は認められず安定した摺動特性が維持されることがわかる。また，摺動相

第2章　機械的応用

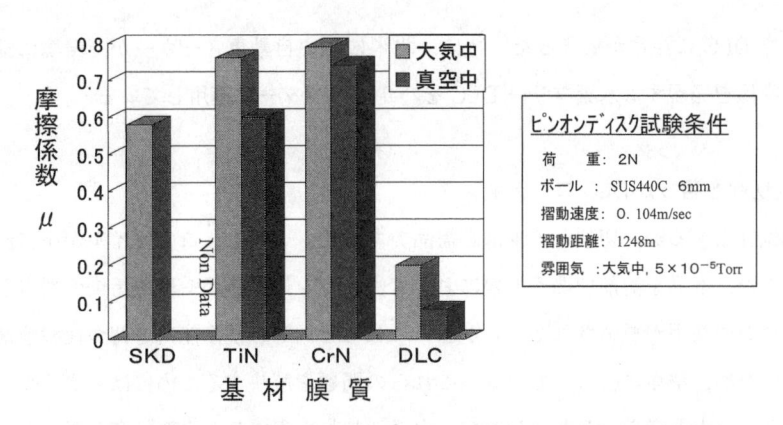

図4　SKD未コート基材，TiN，CrN，DLC膜の大気，真空中の摩擦係数

手材（ボール）の摩耗高さを測定すると，未処理基材やTiAlN膜を被覆した試料では高さ0.06～0.07mmまで摩耗しているのに対し，DLC膜を被覆した試料では0.01mm程度の摩耗高さであった。図4に部品で広く利用されている鋼（SKD11）上に各種硬質セラミックを被覆した材料とSUS440Cとの大気中，真空中の無潤滑条件での摺動試験結果を示す。真空中のDLCは，大気中よりもさらに低い摩擦係数を示した。このため，宇宙産業は，MoS_2の代わりにDLC膜が使えるのではないかと精力的に研究・開発が進められている。

1.5　無潤滑摺動を狙ったDLCコーティング

部品同士の低摩擦や低摩耗を目的に，従来，オイルやグリースが用いられていた。しかし，80年代後半に，炊事場や洗面所で使う水洗金具内や注射器の針やシリンジ内のメディカル向けで用いていたシリコングリースの発ガン性が懸念され，米国の材料メーカーがその生産を中止した。そのため，大手水洗機器メーカーは，シリコングリースレスを達成するため，低摩擦セラミックスコートの代表であるDLCを採用した。この湯水混合栓は，1994年に発売され，既に700万台が出荷された[2]。90年代後半は，環境汚染物質のクローズアップ，オゾン層を破壊するフロンの使用規制や機械の生産性・寿命を伸ばすため，メンテナンスフリーということばが業界を駆け回った。特に，低摺動材料としてもてはやされたMoS_2等が，ここに来て環境汚染物質として使用を見合わせる動きが出てきた。たとえば，宇宙で稼動する衛星の摺動部には，一般のグリースが使えないため，MoS_2が多用されているが，地球の周りは宇宙のゴミ箱といわれ，これらの物質が宇宙空間を汚染すると考えられている。また，半導体の高集積化が進み，この半導体製造装置で用いられるオイルやグリースが，デバイスの不良を生むとの観点から，摺動部でのグリースレスに拍車がかかった。また，ガソリン中のSや自動車用オイル中のMoS_2等の極圧添加剤も同様に低減すべきとの米国の州規制が動き出した。これらの動きから，油が無くても低摩擦低摩耗

で摺動可能なDLCに注目が集まった。特に、北米に強い自動車メーカーが、環境に優しい極圧添加剤で低摩擦を発現する水素フリーDLCをバルブリフターに適用している[1]。

1.6 無潤滑切削を狙ったDLCコーティング

部品を機械加工する際、切削オイルは必需品であった。しかし、このオイルが床に流れ土壌汚染を招き、また、部品を溶剤で洗う工程において、オゾン層の破壊や環境汚染の観点から、トリクレンやフロンの使用が規制された。しかし、これらと同等の洗浄能力を持つ代替溶剤がなかなか出てこないため、洗浄に苦労している。これらの問題を解決するためには、オイルを使わず切削加工ができないかと考えられた。しかし、水系切削材を用いると、熱伝導が悪いため刃先の温度が上昇する、焼きつく等の問題が発生する。そのため、刃先にセラミックスコーティングを施すことでこれらの問題を解決し、水系切削、ドライ切削が可能となった。特に、従来のTiNに変えてより耐熱性の高いTiAlN、TiSiN、CrAlN等が使われだしている。また、部品・金型の材質は、軽量化、金型の温度制御性からアルミ材への移行が急激に進んでいる。さらに、生産性の向上から高速切削や環境汚染を防止するために無潤滑切削が求められている。しかし、未コートの刃物は、アルミの凝着による折損がおきやすく、ダイヤモンドコーティングの刃物は、処理温度が1000℃以上と母材に超硬しか使えないため非常に高価であり、再コートはできなかった。また、刃先が太り、面粗さが大きくなるため、切れ味や仕上がりの面粗度が悪くなる。これらの問題から、1990年代にDLCを刃物に成膜する試みがなされた[3]。しかし、刃物に要求される膜の硬さ（Hv3000以上）や密着性（ロックウェルCスケールで剥離なし）が、なかなか達成できなかった。高硬度・高密着のDLCを達成するため、アーク法を用いて、水素フリーの膜を形成することで、膜硬度を大幅に改善した報告がなされている[4]。また、膜厚を薄くすることで鋭い刃先を保ち、良好な切れ味から、切粉が小さくなり、平滑な浅い切削が可能になった。また、最近多用されるようになったADC12に対しても良好な切削特性が得られている。このコートは、200℃程度で成膜が可能なことから、安価なハイス鋼を用いることができ、また除膜再コートも可能であることからランニングコストの大幅な低減が見込める。

1.7 変形する高分子材料へのDLCコーティング

ゴム・樹脂といった高分子材料の表面潤滑性を改善するには、従来、油脂を塗布・添加していた。当然、油脂がきれると、次第に摩擦係数が大きくなるなどの弊害が出てくる。また、シールパッキンを金属部品等に組み込む場合、固着して導入しにくい、固着して初期動作に大きなトルクが必要等の問題を抱えていた。従来は、この部分にグリースが多用されてきたが、ここに来て、ゼロエミッションの取り組みから、このグリース中の成分に対するMSDS要求と何グラム持ち

第2章　機械的応用

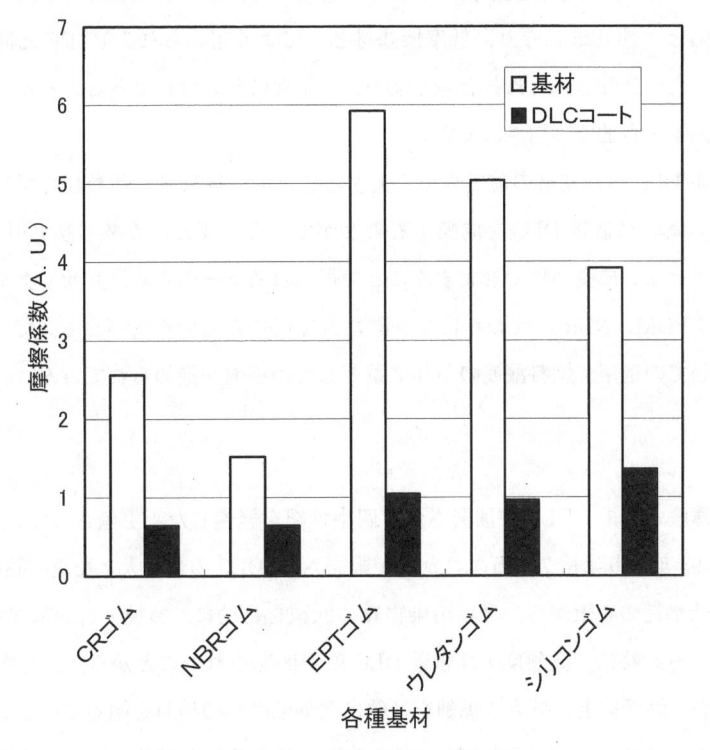

Weight:10g
Scan Speed:2cm/sec
Pin:Al

図5　ゴム上での摩擦係数の基材依存性

込んだかの申告を要求される。そのため，組立て時にアルコール等をかけてシールパッキンをはめ込むことでグリースレスを達成している製品も多いが，一方でシールパッキンの変形，亀裂発生で生産効率が良いとはいえない。また，PTFEコートは，焼きつけ温度が高くシリコンやフッ素ゴム等の耐熱性シールにしかコートができず，また，リサイクルの方法が十分確立されているとは言いがたい。そこで，60℃以下の低温でコートが可能なフレキシブルDLCが注目されている[5〜7]。

　摺動用に開発された膜厚100ÅのフレキシブルDLCの表面には，数10μmの割れが形成されており，この部分で基材の伸縮を吸収する。膜厚が薄いと割れ目から基材が見えるが，厚膜化することで，この問題は解決される。このフレキシブルDLCの基材に対する摩擦係数の依存性を図5に示す。ゴム・樹脂等の柔らかい高分子基材表面の摩擦係数を測定することは難しい。ここでは，10gの低荷重で基材を大きく変形させないように測定した。一般的な摩擦係数と比較するため，高分子基材以外にガラス基材も測定した。その結果，今回用いた縦軸の約4程度が，一般に用いられる摩擦係数の1に相当することがわかった。未処理の高分子基材の摩擦係数は，基材

により1から6の値を示した．これに対して，コーティング後の摩擦係数を測定したところ，すべての基材で摩擦係数が1を下回り，ほぼ同じ数値を示した．この数値は，前段の一般的な摩擦係数に換算すると，約0.25になり，低摩擦基材としてよく用いられるPTFEと同じレベルにあることがわかった．PTFEは，摩擦係数が約0.2と非常に低い材料であることから，摺動部品の摩擦係数を低減する目的で利用されている．

フレキシブルDLCは，基材の前処理を工夫することで，従来良く使われたプライマー層が不要となり，ゴム基材に直接DLCを成膜することができる．また，ガスバリア用DLC膜は，膜に割れを発生させない成膜条件で形成することで得られる．そのため，リサイクルで材料選定に注意を要するEPDM，NBRの代わりにフッ素ゴムを用いた自動車用パッキンでMoS_2に代わる固着防止材としての適用，燃料漏洩のバリア膜としての検討が進められている．

1.8 まとめ

炭素系硬質薄膜として，DLCが開発されて四半世紀を経過した．生産されている製品の中で，湯水混合栓は，94年より累積700万ユニットが販売され，DLCの最も大きな適応製品に成長した．この低摩擦・低摩耗の特徴から，環境汚染物質の低減を目的に，機械・自動車部品へのDLC適用が広がっている．特に，高硬度・高密着DLC膜が開発されたことから，最も大きな産業である自動車産業が，燃費向上，排ガス規制を目的に摺動部品への検討を始めている．従来コーティングが難しいとされていた高分子材料へのDLC膜が開発され，産業機器・自動車用パッキン等への適応も始まった．摺動以外の用途も広がっており，DLCの更なるマーケット拡大が予想され，今後更なる高機能化の必要性が高まるものと思われる．

文　　献

1) 加納真，トライボロジスト，**52** (3)，186 (2007)
2) 桑山健太，トライボロジスト，**42** (6)，436 (1997)
3) 関口徹，日本機械学会，**104** (995)，(2001)
4) 津田圭一，福井治世，森良克，砥粒加工学会，**46**，21 (2002)
5) 中東孝浩，表面技術，**53** (11)，715 (2002)
6) 中東孝浩，井浦重美，駒村秀幸，石橋義行，日本トライボロジー学会　春季講演会予稿，109 (2002)
7) T. Nakahigashi, Y. Tanaka, K. Miyake, H. Oohara, *Tribology International,* **37**, 907 (2004)

2 DLCの応用についての最新動向

西口　晃*

2.1 金型への応用

　DLCは，その表面平滑性，低摩擦係数，高硬度によって，TiNなどの硬質薄膜では軟質金属加工など十分に改善効果が得られない分野で著しい効果を上げている。表1に加工方法により分類した金型・治工具への応用例を示す[1〜3]。

　電子部品に関連する曲げや切断する金型部品（フォーミングダイ（図1）やタイバーカットパンチなど）や治工具類（パイロットピン（銅合金の付着防止及びリードフレームの接触時の摩擦係数低減））に応用されているが，搬送ガイド（図2）やスライダーなど（滞留防止・錆防止（ク

表1　DLCの金型・治工具への応用例

加工種類	被加工材	適用製品例
曲げ加工	アルミニウム・ハンダメッキ・リン青銅	リードフレーム・端子
スピニング加工	アルミニウム	アルミ缶・スプレー缶・コンデンサーケース
引抜き加工	アルミニウム・銅	感光ドラム・ラジエータパイプ
深絞り加工	アルミニウム	アルミニウム容器
打抜き・せん断加工	アルミニウム・リン青銅・銀銅Ni合金	印刷板・部品・接点材料
粉末成形加工	アルミナ・フェライト・超硬合金・	セラミックス部品・コア・スローアウェイチップ
モールド成形加工	ガラス プラスチック	非球面レンズ 小型コネクター・CD-R,DVD-R

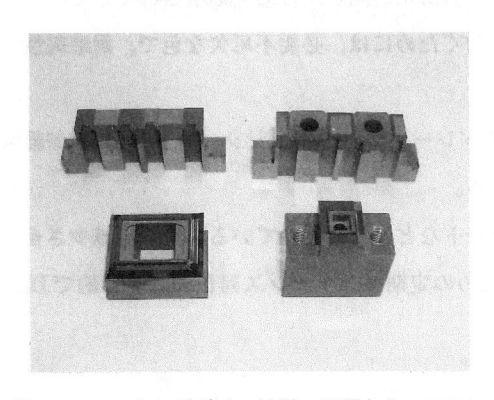

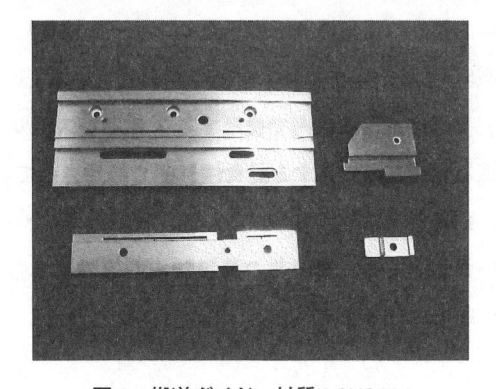

図1　フォーミングダイ　材質：超硬合金・SKD11

図2　搬送ガイド　材質：SUS304

＊　Akira Nishiguchi　ナノテック㈱　常務取締役

ロムめっきの代替)) 搬送機構のすべてに DLC を処理するようになっている。

また，DLC は溶融ガラスとの離型性が非常に良く，非球面ガラスレンズの成型に応用されている。携帯電話に付属するデジタルカメラの画素数が 200 万画素以上になり，プラスチックレンズからガラスレンズへの切り替えが行われ，ガラスレンズの生産数が大幅に増加し，DLC 処理量も増加している。

2.2 切削工具への応用

DLC の中でも，アークタイプで作成する高硬度の DLC が軟質金属（特にアルミ合金）の加工用エンドミルに応用されている。エアーのみの無潤滑加工時には，工具の刃先温度が上昇するため DLC の劣化が起きる。その対策として，DLC の中へ金属を添加させ，耐熱性を高めた（大気中 500℃）DLC も開発され，加工条件により使い分けられている。

シャープエッジが必要な断裁刃やスリッター刃などは，軟質金属の凝着防止目的のため，硬さより低摩擦係数と良好な面粗度が要求される。アルミニウム製印刷感光板の DLC 断裁刃は，日本国内だけではなく，ヨーロッパやアメリカなどの世界各地の工場で使用されている。また，チタン製理・美容用すきばさみにも，髪の毛の引っ掛かりが無いため，DLC が応用され，美容師の憧れともなっている。

2.3 機械部品への応用

DLC は耐摩耗目的で，IC チップを真空吸着で吸い付け，基板へ移動させる実装機に使用されているノズルやコレットに応用され，そのノズルが組み込まれている高速駆動タイプのシャフトには，低摩擦，耐摩耗性及び位置決め光センサー反射防止（黒色）目的で応用されている。黒色は，製品の位置決めを行う光センサーの誤作動を防ぐためには，必要不可欠な色で，耐摩耗性が高い DLC が画像認識の分野で拡大している。

半導体製造機械内で使用するステンレス製ガイドレールやボールネジシャフトに DLC が低摩擦と腐食ガスに対する耐食性目的で応用されている。

食品や紙を扱う業界では，加工機械のギアやボルトなどに使用されている潤滑剤を減少させたい要望がある。潤滑剤の飛散防止やその補充のための定期メンテナンス回数の減少目的で DLC が応用されてきている。

2.4 自動車部品への応用

バルブリフターへのコーティングは，従来 CrN や TiN（PVD）が使われていた。エンジンオイル内の添加剤の変更により，摩擦低減・燃費向上のため，DLC が採用されるようになった。

第 2 章　機械的応用

図 3　DLC 太陽電池用インライン装置
チャンバーサイズ　330 角× 530（mm）　4 式

同時に，チタン製バルブへの応用も進んでいる。他にも，ピストンリングやローカーアームなど応用できる部品は多々あるが，クロムめっきからの置き換え品が多く，コーティング価格の問題が課題となっている。

スポーツタイプのバイクのフロントフォークにも，低摩擦係数と耐摩耗目的で応用され，処理量が増加している。

2.5　医療用部品への応用

DLC は，生体適合性や抗血栓性（血小板の接着性が低い）があるため，血管内ステントや血管内カテーテルなどに応用が検討されている[4]。特に，日本人の体格に合わせた小型人工心臓への応用は大いに期待されている。

2.6　太陽電池への応用

現在広く一般に使用されている太陽電池はシリコン（Si）を主原料としたものが主流となっている。しかし，アモルファス Si 太陽電池は，毒性の高いシラン，ジボラン等のガスを使用するため特殊な排気設備が必要であり，装置コストや製造コストがかかる。

DLC 薄膜太陽電池は，安全で安価なガスとして，炭化水素系のドーピングガスと原料ガスを使用し，特殊な排気設備無しでも DLC 太陽電池を製造（DLC 製造装置，図 3）できる。DLC は Si に比べ格段の耐久性を持っている。各種ドーピング制御により，p 型と n 型の制御を行い発電が可能であることが示され，今後製品化のため，モジュール化の試作が検討されている。

2.7　飲料容器への応用

DLC は酸素を遮断する性能があり，ペットボトルの内面にコーティングし，飲料の酸化防止

目的で採用されている。国内では，ホットタイプのお茶のペットボトルへの応用が最初だが，ビールのガラスビンからペットボトルへの切り替えが検討されており，DLC が候補に上がっている。醤油など液体食品や薬品用容器への検討も行われている。

2.8 装飾品への応用

チタン製の装飾品への応用が多く，腕時計・指輪やバングル（腕輪）にコーティングされている。艶のある黒色が受けているが，耐摩擦性や皮膚アレルギー防止でも優れた性能を出している。腕時計に関しては，国内時計メーカーでほぼ，採用されており，下地に硬化処理を施し，その上に DLC 処理する二層構造のものもある。

2.9 まとめ

DLC は，低摩擦係数と耐摩耗性目的での応用が多いが，今後，絶縁性と耐摩耗性が必要な用途や光学特性と低摩擦係数が必要な用途など，DLC の特性を組み合わせた用途が更に拡大していくであろう。

文　　献

1) 鈴木秀人，池永勝，事例で学ぶ DLC 成膜技術，日刊工業新聞社，p.54-70（2003）
2) 西口晃，日本工業新聞社主催「DLC 成膜技術の最新動向」セミナー（2002）
3) 熊谷泰，トライボロジスト，**41**（9），p.766-771（1996）
4) 長谷部光泉，鈴木哲也，最先端表面処理技術のすべて，関東学院大学表面工学研究所編，工業調査会，p.224-229（2006）

3 パルス DC プラズマ CVD 法による DLC 膜の合成とその応用

河田一喜*

3.1 はじめに

　DLC（Diamond Like Carbon）膜は各種の成膜方法により作製されているが，炭化水素ガスを原料として DLC 膜を作製するプラズマ CVD 法は，他のプロセスに比べて，蒸着速度が速く，表面が滑らかな膜を作製できる。プラズマ CVD 法の中でも，パルス DC-PCVD 法（Pulsed DC Plasma-Enhanced Chemical Vapor Deposition）[1,2] は，表1にその特徴を示すように DC-PCVD 法（直流 PCVD 法），RF-PCVD 法（高周波 PCVD 法）および MW-PCVD 法（マイクロ波 PCVD 法）に比べて異常放電のない安定したプラズマを複雑形状品に発生できるため量産処理に最も適している。ここでは，自社独自で開発，製造した量産型パルス DC-PCVD 装置の概要と，その装置で作製した DLC 膜の特性と応用について紹介する。

表1　プラズマ CVD 法の種類と特徴

プラズマ CVD 法の種類	特　徴
・パルス DC-PCVD 法	・3次元立体複雑形状品への処理が可能。 ・パルス放電のため，絶縁物の被覆や低温処理が可能。 ・パルス放電のため，異常放電のない安定したプラズマを複雑形状品に発生可能。 ・デューティを 0～100% に可変できるため DC-PCVD 法の範囲を完全カバーできる。 ・処理品表面積，形状によってマッチングをとる必要がない。 ・同一装置で（窒化等の拡散硬化処理＋硬質皮膜）複合処理が可能。 ・印加電圧を上げると3次元イオン注入も可能。 ・装置をスケールアップしやすい。 ・装置価格が比較的安い。
・DC-PCVD 法（直流 PCVD 法）	・装置価格が安い。 ・連続してプラズマが発生するため処理温度が高い。 ・絶縁物への被覆が困難。 ・異常放電が発生しやすいため処理品にダメージを与えやすく，また，処理品形状や荷姿によっては安定処理が困難。
・RF-PCVD 法（高周波 PCVD 法） ・MW-PCVD 法（マイクロ波 PCVD 法）	・絶縁物への被覆が可能。 ・処理品表面積，形状によってマッチングをとる必要がある。 ・深穴，スリット等のある3次元立体複雑形状品への処理が困難。 ・装置価格が高く，装置のスケールアップが困難。

---

*　Kazuki Kawata　オリエンタルエンヂニアリング㈱　取締役　研究開発部　部長

DLC の応用技術

写真1　量産型パルス DC-PCVD 装置外観

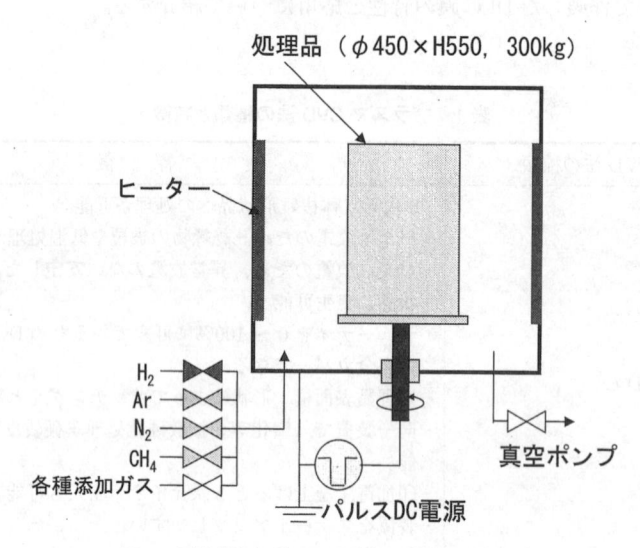

図1　量産型パルス DC-PCVD 装置概略図[1]

3.2 量産型パルス DC-PCVD 装置

写真1に量産型パルス DC-PCVD 装置外観を示す。また，図1にその概略図[1]を示す。本装置は，真空容器，内部ヒーター，処理品回転機構，真空排気系，パルス DC 電源，各種ガス供給系，コンピューター制御系より構成されている。有効処理寸法は，$\phi 450 \times H550$mm で，最大処理重量は 300kg である。そのため，大重量の金型や小物部品の大量処理が可能である。処理温度は，処理品の用途に応じ，室温から約 500℃ まで対応できる構造になっている。処理の種類としては，DLC 膜，セラミックスコーティング等の各種硬質皮膜被覆処理，窒化，浸炭，浸炭窒化等の拡散硬化処理，イオン注入処理およびそれらの複合処理があり，各種の用途に対応できるようにな

第 2 章　機械的応用

表 2　パルス DC-PCVD 法により作製した DLC 膜の特性

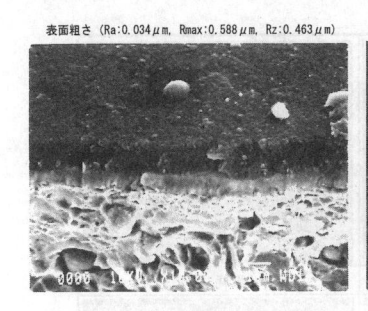

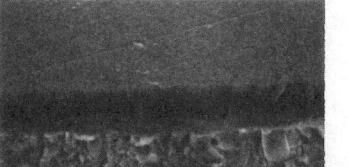

	DLC	TiN
コーティング温度（℃）	≦ 200	400 〜 550
硬さ（HV）	1000 〜 5000	2000 〜 2300
色	ブラック	ゴールド
膜構造	アモルファス	結晶質（柱状晶）
最高使用温度（℃）	500	600
膜厚（μm）	0.1 〜 10	1 〜 5
摩擦係数	0.02 〜 0.2	0.1 〜 0.5

図 2　PVD 法とパルス DC-PCVD 法により作製した DLC 膜の表面および破断面 SEM 像

っている。

3.3　パルス DC-PCVD 法で作製した DLC 膜の特性

　パルス DC-PCVD 法により作製した DLC 膜の特性を表 2 に示す。

　PVD 法は，固体のグラファイトを原料とするため，ドロップレット（マクロパーティクル）やピンホールのような欠陥が発生しやすいが，パルス DC-PCVD 法は炭化水素ガスを原料とするため，表面粗度が小さく，しかも断面組織の緻密な DLC 膜が作製できる。図 2 に PVD 法とパルス DC-PCVD 法により作製した DLC 膜の表面および破断面 SEM 像を示す。

　一般的に，DLC 膜は鉄鋼基板との密着性が TiN 膜等の他のセラミックスコーティングと比べて低いため高負荷のかかるプレス・鍛造金型等への応用は少ない。パルス DC-PCVD 法により 100℃という低温で SCM420 材（浸炭焼入れ＋焼戻し，HRC：59）と SKD11 材（焼入れ＋焼戻し，HRC：61）に DLC 膜を約 1μm 被覆した場合のスクラッチ試験結果[3]を図 3 に示す。パルス DC-PCVD 法は低温においても，SCM420 材，SKD11 材ともに 70N 以上の臨界荷重値を示し

DLCの応用技術

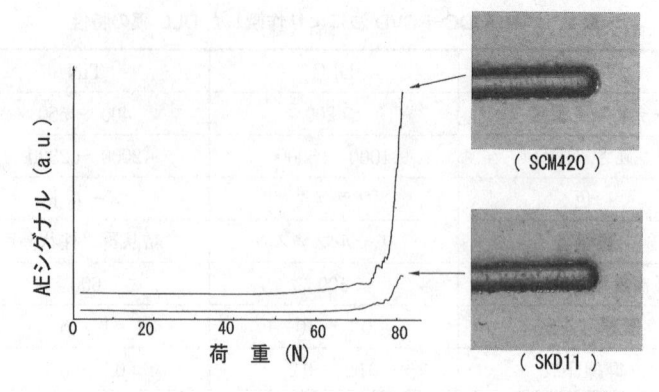

図3 パルスDC-PCVD法によるDLC膜のスクラッチ試験結果[3]

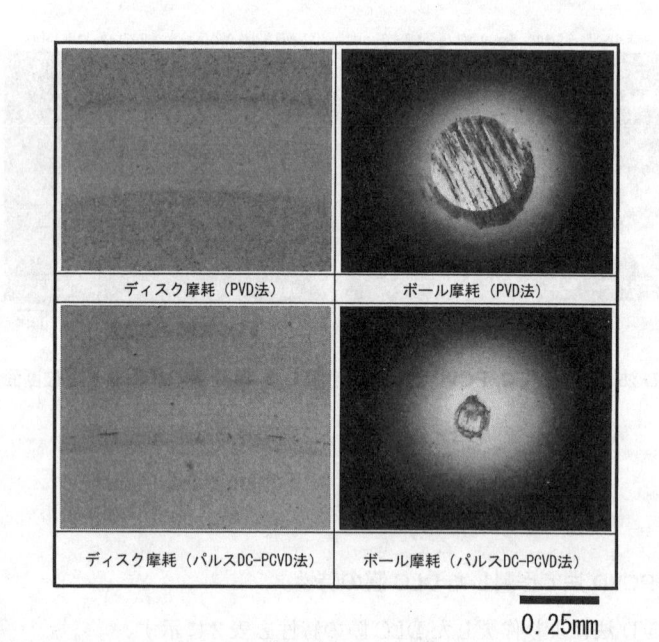

図4 PVD法とパルスDC-PCVD法により作製したDLC膜の摩擦摩耗試験後の摩耗痕
(荷重：5N，摩擦速度：100mm/s，摩擦距離：500m，ボール：SUJ2，大気中無潤滑)

ており，密着性に優れていることがわかる。また，パルスDC-PCVD法は以下に示すような母材への拡散硬化処理や他のセラミックスコーティングとの複合によりDLC膜の密着性をさらに増すことができる。

ボール・オン・ディスク型摩擦摩耗試験機によりPVD法とパルスDC-PCVD法により作製したDLC膜を評価した。その結果，パルスDC-PCVD法によるDLC膜はPVD法によるDLC膜に比べて摩擦係数が0.08と低く，図4に示すようにディスク上の膜摩耗が少なく，しかも相手

第2章　機械的応用

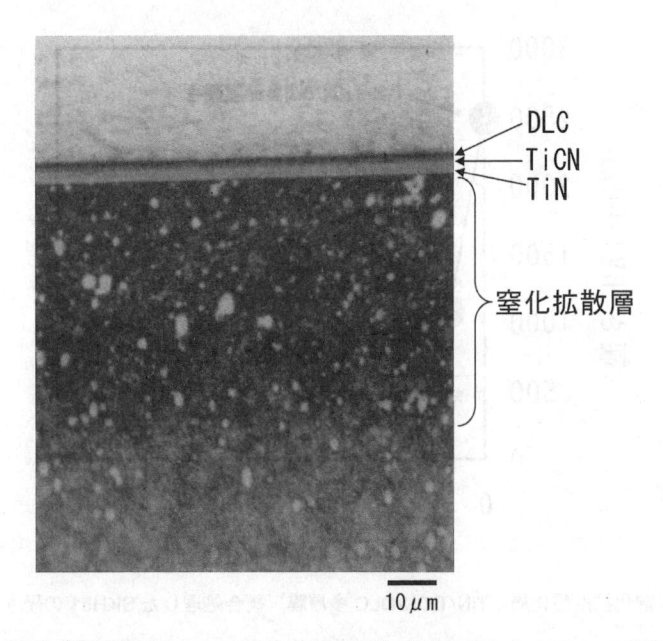

図5　（窒化拡散硬化層＋TiN/TiCN/DLC 多層膜）複合処理した SKH51 の断面組織 [4]

材への攻撃性が少ないことがわかる。

　冷間プレス金型の無潤滑加工の可能性を調査するために，パルス DC-PCVD 法により SKH51 材に（窒化拡散硬化層＋TiN/TiCN/DLC 多層膜）複合処理を施した。図5にその試料の光学顕微鏡による断面組織 [4] を，図6に断面硬さ分布 [4] をそれぞれ示す。この場合，窒化傾斜拡散硬化層は母材の強化と膜との密着性を増し，上層の膜構造は TiN，TiCN，DLC を多層化することにより，それぞれの膜間の密着性を確保している。

　つぎに，図7に各試料の摩擦係数と摩擦距離との関係 [4] を示す。パルス DC-PCVD 法による窒化拡散硬化層＋TiN/TiCN/DLC 多層膜被覆品は摩擦係数が試験片の中で約 0.08 と最も低く，また，ディスクおよびボール摩耗量も最も少なかった。そのため，この膜は今後，冷間プレスにおける無潤滑加工の可能性を大きく開く膜として期待される。

　また，アルミ合金の熱間鍛造用金型へは，耐熱性を改善した DLC 膜を他のセラミックスコーティングと組み合せた窒化拡散硬化層＋TiN/TiAlN/DLC 多層膜が，かじりに対して抜群の効果を発揮している。図8にパルス DC-PCVD 法による窒化拡散硬化層＋TiN/TiAlN/DLC 多層膜の断面 SEM 像 [3] を示す。

　DLC 膜の耐焼付き性に関しては，ファビリー摩擦摩耗試験により評価した結果 [5] を図9に示す。ガス浸炭品は約 500kg の荷重で焼付き，また，ガス軟窒化品は約 600kg の荷重で焼付いている。それに対し，パルス DC-PCVD 法による DLC 膜は約 1850kg の荷重においても摩擦係数が低く

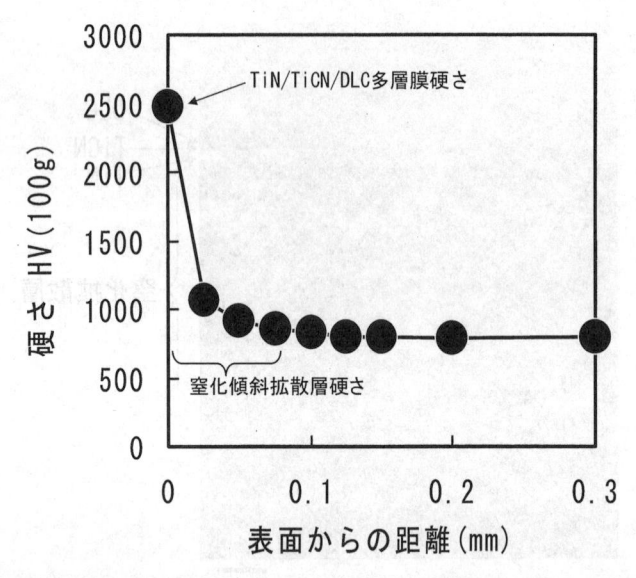

図6 (窒化拡散硬化層＋TiN/TiCN/DLC多層膜) 複合処理したSKH51の硬さ分布 [4]

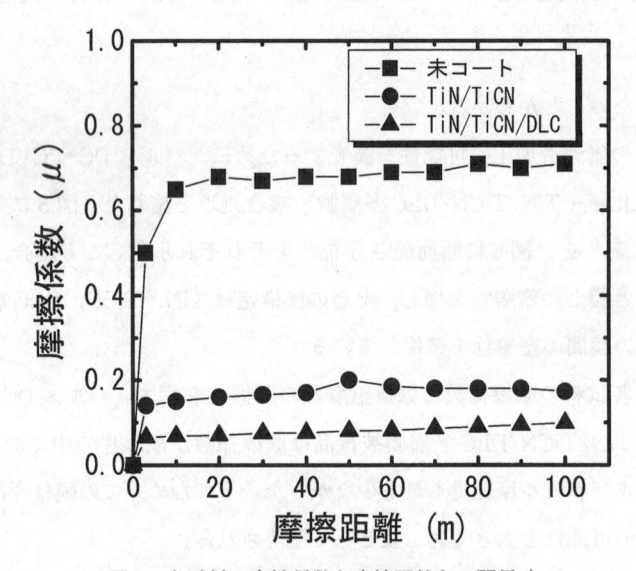

図7 各試料の摩擦係数と摩擦距離との関係 [4]
（荷重：1N，摩擦速度：30mm/s，ボール：SUJ2，大気中無潤滑）

焼付きが発生していない。

　以上のように，密着性を改善しDLC膜の本来の潤滑性を発揮させるためには，母材の強化と他の硬質皮膜との多層化・傾斜組成化が最も効果があり，TiAlSiCNO系ナノコンポジット膜 [5] との複合化のテストも進行している。

第2章　機械的応用

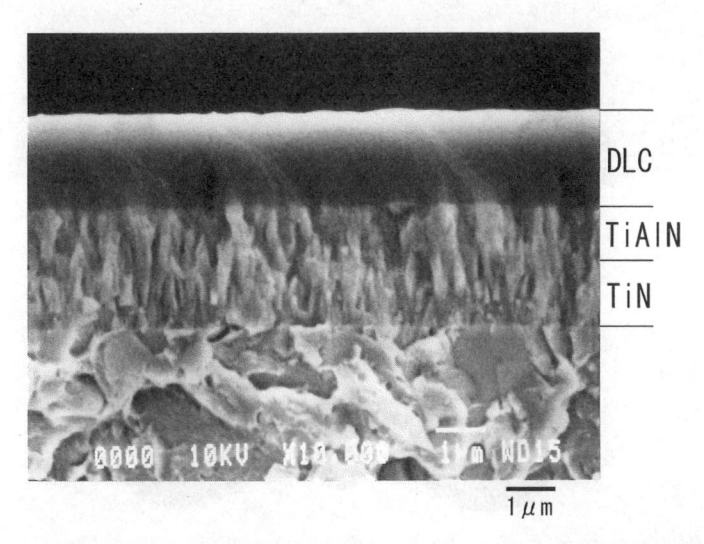

図8　パルス DC-PCVD 法による窒化拡散硬化層＋TiN/TiAlN/DLC 多層膜の断面 SEM 像[3]

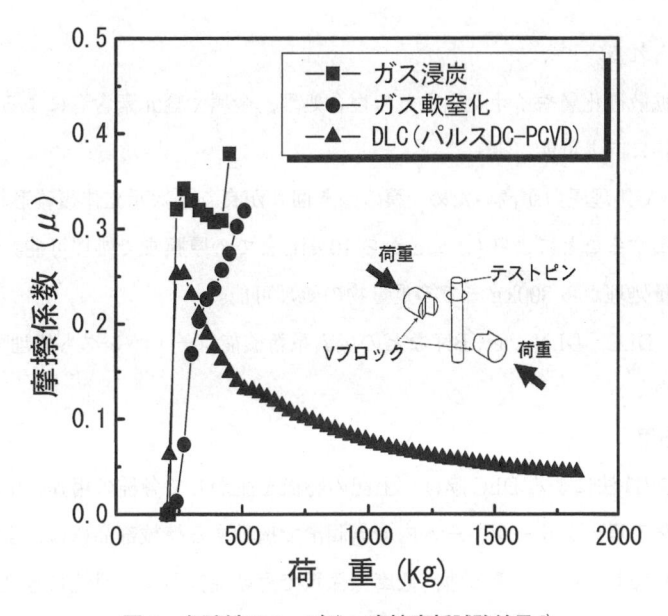

図9　各試料のファビリー摩擦摩耗試験結果[5]
(ピン，V ブロック：SCM415 浸炭焼入れ焼戻し，表面硬さ：60HRC，
摩擦速度：100mm/s，大気中無潤滑)

パルス DC プラズマ CVD 法による DLC 膜の特徴をまとめると，つぎのようになる。

① 他のプロセスで作製した DLC 膜に比べて表面粗度が最も小さい。

② 100℃以下の低温処理可能。

③ (拡散硬化層＋硬質皮膜) という複合処理を1つの装置で真空を破らずに1回の工程で行うた

写真2 パルスDC-PCVD法によりDLC膜を被覆した各種冷間加工用金型

め高負荷に耐えられる。
④中間層，各種拡散硬化層やイオン注入との複合処理，金属や軽元素含有による膜内応力緩和により密着性が大幅に向上可能。
⑤PVD法と違って処理圧力が高いため，膜のつき回りが良く3次元立体複雑形状品に応用可能。
⑥膜内応力を制御することにより0.1μmから10μmまでの厚膜まで処理可能。
⑦小物部品の大量処理から300kgまでの重量物の処理可能。
⑧a-C：N，Me-DLC，DLN，a-CBNなどの炭素系新機能コーティングも処理可能。

3.4 DLC膜の応用

パルスDC-PCVD法によるDLC膜は，上記の特徴を生かして各種の用途に応用されている。

たとえば半導体工場のクリーンルーム内で無潤滑で摺動する機械部品には，上記の特性がマッチングし効果を発揮している。その他，低摩擦係数で耐摩耗性および耐焼付き性に優れているため各種の摺動部品に応用されている。

（拡散硬化層＋セラミックスコーティング＋DLC）という複合処理は，各種金型に応用されている。写真2にパルスDC-PCVD法によりDLC膜を被覆した各種冷間加工用金型を示す。また，前述したようにDLC膜の耐熱性を改善することと窒化拡散硬化層との複合化により熱間加工用金型への応用も拡大してきている。

さらに，プラスチック，ゴム金型や金属，セラミックス圧粉金型へはDLC膜が離型性，かじりに対し効果を発揮している。

第2章 機械的応用

DLC 膜の応用可能なその他の金型および部品について以下に示す。
・精密プラスチック，ゴム金型　・自動車，繊維機械部品　・紙，非鉄金属用切削工具　・コンピューター，VTR 駆動部品　・バイオ，医療機器部品　・マイクロマシーン部品　・半導体関連金型，機械部品　・金属，セラミックス圧粉金型　・Al 加工用金型，工具　・無潤滑部品　・ロボット部品　・Al，Ti 合金製摺動部品　・各種装飾品　・CO_2 レーザ，赤外線窓　・光学製品　・ゴム製品　・その他各種ハイテク産業部品

3.5 おわりに

パルス DC-PCVD 法は，シンプルな装置構成で3次元立体複雑形状品に均一に DLC 膜をコーティングできる。また，単なる薄膜処理でなく，(拡散硬化層＋硬質皮膜) という複合処理を1つの装置で真空を破らずに1回の工程で行うこともできる。そのため，パルス DC-PCVD 法による DLC 膜は，各種の金型や機能性部品に幅広く応用できるものと思われる。

文　　献

1) 河田一喜，エレクトロヒート，**115**，11 (2001)
2) 河田一喜，表面技術，**53** (11)，28 (2002)
3) 河田一喜，第62回日本熱処理技術協会講演大会講演概要集，41 (2006)
4) 河田一喜，型技術，**18** (12)，30 (2003)
5) 河田一喜，型技術，**43** (4)，53 (2005)

4　UBMS法によるDLCコーティングの各種応用例

赤理孝一郎*

4.1　UBMS法の原理と特長

　スパッタ法は，固体状の皮膜材料（以下，ターゲットと呼ぶ）を真空もしくはガス中で蒸発させて薄膜を形成する，PVD（物理的蒸着）法と呼ばれるコーティング法の1種である。スパッタ法では固体表面にイオンを衝突させた時に固体を形成する粒子が弾き飛ばされる，"スパッタ"現象を利用して，ターゲット材料を気化する。スパッタ法では，高融点金属や複雑な多成分の合金など他の形成法では形成しにくい物質でも薄膜化でき，さらにターゲット材料と窒素ガス等の反応性スパッタにより化合物薄膜を形成することも容易である。このように非常に多様な皮膜形成に対応可能である点が，半導体・電子機能部品分野から装飾用コーティングまで広範囲の産業分野でスパッタ法が利用されている理由である。一方，スパッタ法の弱点は皮膜形成粒子のエネルギーが平均10eV前後と低く，また電気的にほぼ中性であるため，電界による後からのエネルギー付与も効果がない点である。このため，強固な密着性や耐摩耗性が要求されるハードコーティング分野では従来スパッタ法は不向きと考えられ，より高エネルギーのイオンを用いて皮膜を形成するイオンプレーティング法の適用が盛んである。

　そこで，スパッタ法においてもより積極的にイオン照射を導入する試みがなされ，その一つとして提案されたのが，UBMS（UnBalanced Magnetron Sputtering：アンバランスドマグネトロンスパッタ）法である。UBMS法で使用するスパッタ源の構成図を図1に示す。従来からスパ

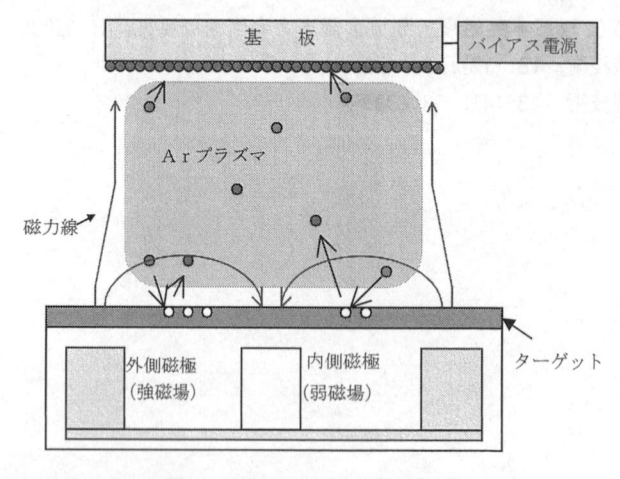

図1　UBM型スパッタ源の構成

---

*　Koichiro Akari　㈱神戸製鋼所　機械エンジニアリングカンパニー産業機械事業部　高機能商品部技術室　次長

ッタ法ではターゲット裏面に配置した永久磁石による磁場を利用した、マグネトロンスパッタ源が採用されている。UBMスパッタ源では、外側磁極と内側磁極のバランスを意図的に崩すこと（非平衡磁場にする）で、外側磁極からの磁力線の一部が基材側まで伸び、プラズマの一部が磁力線に沿って基材近傍まで拡散しやすくなり、皮膜形成中に基材に照射されるArイオン量を増大させることが可能である。皮膜形成中のイオンアシスト効果を増大させることで、皮膜の各種特性（組成、構造、密着性、表面性状など）が制御可能となり、用途に応じた高品質皮膜を形成可能である。

4.2 UBMS法によるDLCコーティングの特性

DLC膜の形成法としては、CVD法、イオン化蒸着法、アーク蒸着法、スパッタ法、パルスレーザ蒸着法など様々なプロセスが用いられている。大きくは、CVD法のように炭化水素ガスを原料として水素化DLCを作るプロセスと、スパッタ法のように固体ターゲットを用いて水素化DLCから水素フリーDLCまでできるプロセスの2つに分けられる。歴史的には炭化水素ガスを原料としたプロセスが先行し、1990年代半ばから水素を含まない高硬度DLC膜が注目されるにつれ、スパッタ法やアーク蒸着法が発達してきた。いずれのプロセスでも高硬度DLC膜の形成にはイオン照射等によるエネルギー付与が重要であるが、イオンアシスト効果を積極的に利用し、皮膜特性を制御可能なUBMS法は、DLC膜形成に非常に適した方法の一つと言える。以下に、UBMS法により形成したDLC膜の代表的な特性を紹介する。

4.2.1 皮膜密着性

DLC膜の実用化における最大の問題の一つが基材との密着性であり、特に信頼性が重視される自動車・機械部品分野等では、大きな壁となってきた。しかし、DLC膜の密着性が悪いことは、DLC膜が硬いことや異種材料と凝着しにくいという、本来は長所となる特性に起因するもので、本質的な課題である。DLC膜の密着性改善策としては、界面の強化や内部応力の低減、基材剛性の改善等の検討がなされてきたが、基材へのDLC膜のダイレクトな形成は信頼性の確保が難しいため、中間層の形成が最も有効である。但し、中間層の形成は皮膜中に新たな界面を増やすことになり、その材質や構造について慎重な膜設計を行わないと狙った密着性改善効果が得られない。UBMS法によるDLC膜形成では、多様な皮膜形成が可能で中間層材質選択の自由度が大きく、混合組成層の形成が容易で、イオンアシスト効果で基材との界面も強固となるというプロセスの特性を生かして、基材上に金属材料による第1層形成後、金属／炭素の傾斜組成層を形成してDLC層に繋げる、中間層構成を基本としている。特に、自動車部品等に用いられる鉄系基材に対する中間層としては、図2に示すように、Cr及びWを使用した複合型中間層が最適である。Crは鉄系基材との密着性を確保すると共に、Wは炭素との傾斜組成層において脆性な化合

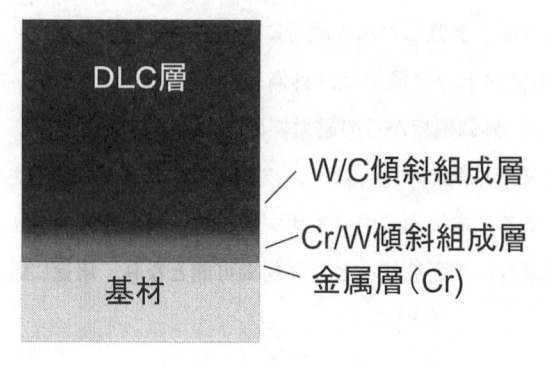

図2 DLC膜の皮膜構成

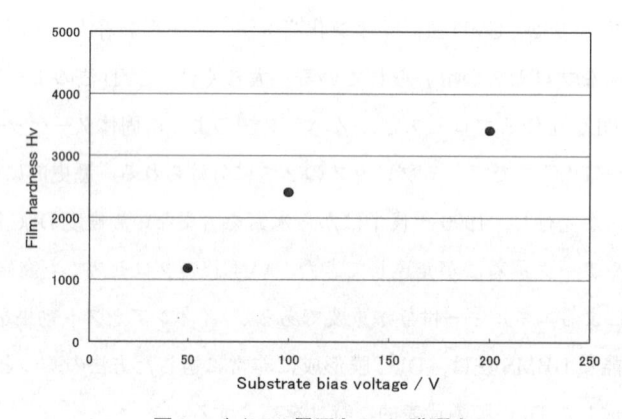

図3 バイアス電圧とDLC膜硬度

物層を形成せずに非晶質構造をとり，明確な界面の形成や応力集中を避けた皮膜構成が可能となる。複合型中間層により，高速度工具鋼や合金鋼に対して，スクラッチテストにおける臨界荷重80N以上と，従来の窒化物系硬質皮膜と同等以上の密着性が得られている。

4.2.2 硬度制御性

UBMS法ではArイオンのアシスト効果を利用して，基板バイアス電圧によりDLC膜の硬度を制御可能である。図3に示すように，バイアス電圧を−50Vから−200Vに変化させると，約Hv1000〜3500の間で硬度は変化し，高バイアス電圧条件にて高硬度のDLC膜が形成できる。RBS分析による密度測定の結果，硬度の増大に対応してDLC膜の密度が増大していることが確認され，UBMS法におけるDLC膜の高硬度化は，Arイオン照射効果によるアモルファス構造の変化に起因していると考えられる[1]。

また，基板バイアス電圧による硬度制御を利用すると，低硬度DLC膜と高硬度DLC膜をナノオーダの厚さで積層にしたナノ積層型DLC膜の形成も容易である[2]。一般的に高硬度と低摩

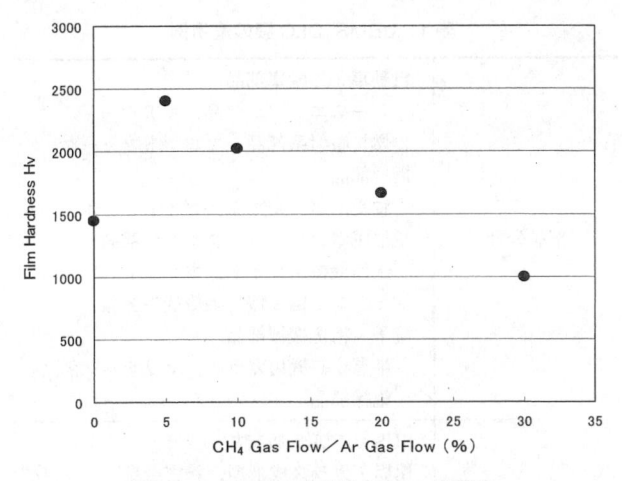

図4 メタンガス流量比とDLC膜硬度

擦係数を併せ持つと言われるDLC膜だが，厳密には低摩擦係数を示すグラファイト的な低硬度DLC膜と高硬度を示すダイヤモンド的なDLC膜はトレードオフの関係にある。すなわち，非常に高度なレベルで低摩擦特性と耐摩耗性が要求される場合，1種類のDLC膜では対応が難しいことになるが，ナノ積層膜では低摩擦係数と耐摩耗性の両立が可能である。さらにナノ積層化は膜靱性の向上による耐衝撃性や耐クラック性の改善にも効果がある。

4.2.3 組成制御性

固体ターゲットからDLC膜を形成するUBMS法では，Arガスによるスパッタプロセス中にメタン等の炭化物ガスを導入し，その量を制御することで，水素フリーDLC膜から水素化DLC膜まで，水素含有量を制御することができ，それによってDLC膜の特性を変化させることが可能である。まず，DLC膜の硬度は水素含有量によっても変化し，一般的に水素含有量の減少に伴い，硬度は上昇する傾向を示す。但し，UBMS法では図4に示すように，Arガスに混合するメタンガス流量比5％付近をピークとし，メタン混合比0％（水素フリー）条件では再度硬度が低下する傾向を示す。これは過度のArイオン照射エネルギーによりDLC膜の再グラファイト化が進行してしまうためと考えられる。また，水素含有量はDLC膜の摺動特性にも影響を与えることが知られている。自動車部品への適用を考える場合，エンジンオイル中の流体潤滑～境界潤滑条件下での摺動特性が問題となるが，極圧添加剤を含有したオイルに対してPVD法による水素フリーDLC膜による摩擦係数低減[3]が注目されており，UBMS法による水素フリーDLC膜についてもオイル中の摺動特性が期待されている。また，エンジンオイル中の低摩擦化に対しては，金属ドープ型DLC膜の効果も報告されている[4]が，UBMS法でもTi-DLC膜による摩擦係数の低下が確認されている[5]。金属ドープを行う場合，オイル成分を考慮した最適元素の選

表1　UBMS-DLC膜の適用例

分野	適用例
部品分野	自動車・二輪車部品 　レースエンジン部品，ギア 　燃料噴射系部品，フロントフォーク 機械部品 　軸受，ボールネジ，ガイドレール 　油圧ポンプ，コンプレッサ部品 　工作機械用ガイド，コレット 　ミシン，編み機，繊維機械部品 電子・精密機械部品 　半導体装置用ガラス，セラミック部品 　絶縁部品
工具・金型分野	SUS／アルミ板打抜パンチ 樹脂・ガラス成形型，精密金型 アルミ加工用切削工具 　（ドリル，エンドミル，チップ，タップ） アルミ／銅用メタルソー，スリッター 剃刀刃，カッター刃，ペティナイフ 銅管加工工具
その他	ゴルフドライバーヘッド，装飾品 帯電防止膜，音響部品 光学部品

択や，耐摩耗性（硬度）を考慮したドープ量，膜構造の検討が必要であるが，非常に幅広い金属をカーボンターゲットと同時に放電させることでドープ元素を選択でき，その量を正確に制御できるUBMS法は金属ドープ型DLC膜の形成において最も適したプロセスと言える。

4.3　UBMS法によるDLCコーティングの応用例

UBMS法によるDLC膜は既に多岐に渡る用途に展開されているが，主な用途を表1に示す。前述したUBMS法の特長を生かした高硬度・高密着性DLC膜やナノ積層膜，水素量制御DLC膜や金属ドープDLC膜等の非常に多彩なラインナップの中から，用途に応じて異なる要求特性に対して，最も合致したDLC膜を選択することで適用分野を拡大している。この中で，代表的な適用例について以下紹介する。

4.3.1　部品分野

（1）エンジン部品

UBMS法によるDLC膜のエンジン部品への適用は，高面圧下における耐焼付き性や耐摩耗性が要求されるレース用エンジン部品で先行して展開されている。レース用エンジン部品では軽量

化，高出力化が進むにつれ，摺動部品には非常に高い耐久性が要求され，DLC膜コーティングが必須となっているが，その依存度が上がるほど，DLC膜の剥離や摩耗等の損傷はエンジンの致命傷となるため，DLC膜には高い信頼性が要求される。UBMS-DLC膜は最適化した中間層により高い密着性を確保した結果，非常に高硬度なDLC膜を厚く形成することが可能となり，レースエンジン部品で要求される高度な特性を満足している。今後はレース用での安定した使用実績をベースに，量産車用エンジン部品への展開も検討中である。

(2) ディーゼル燃料噴射システム部品

ディーゼル燃料噴射システムでは排ガス規制対応や燃費向上の要求から高圧化が進行し，既に200MPaを超えるシステムも開発されている。高圧化に伴い，摺動条件は過酷となり，ほぼ無潤滑に近い摺動環境も生じる中，従来の窒化物系皮膜に代わる材料としてDLC膜が注目されている。高い信頼性が要求される量産自動車部品へのDLC適用上の最大の課題は密着性確保であったが，スパッタ法による傾斜組成中間層により十分な密着性が得られ，コモンレールシステム用インジェクタ部品で実用化されている[6]。

(3) 二輪車フロントフォーク

二輪車前輪のサスペンションとなるフロントフォークのインナーチューブにスパッタ法によるDLCコーティングが採用され，量産展開されている[7]。本用途ではスパッタ法によるDLC膜の高密着性をベースに，DLC膜の硬度制御と後処理による表面仕上げの組み合わせによって，フロントフォークの摩擦特性を制御し，ライダーが感じる作動性の向上を実現している。

4.3.2 金型・工具分野

金型分野では，従来からアルミや銅などの軟質材料の加工工程で，耐凝着性に優れたDLC膜が広く適用されているが，密着性と硬度制御性に優れるUBMS法によるDLC膜は，特に耐衝撃性が要求される穴あけ用パンチへ適用されている。図5にステンレス板への穴あけ加工時の効果を示すが，高速度工具鋼（SKH材）未処理パンチに比べ，ナノ積層型DLC膜を形成したパンチでは，約9倍程度の寿命改善効果が得られている。従来パンチへのDLC適用では，先端エッジ部での膜が欠損で早期に無くなりコーティングの効果が得られなかったが，ナノ積層型DLC膜では低硬度／高硬度DLC膜の多層積層型構造のため，膜応力が緩和され，かつ膜厚方向にクラックが進展しにくい作用によると考えられる。同様の効果が，エアコンの熱交換器用アルミフィン材への穴あけパンチでも確認されている。その他，銅管加工用工具でも図6に示すようなDLC膜による寿命改善効果が得られているが，この場合は耐凝着性と共に耐摩耗性も要求されるため，高硬度DLC膜を形成している。

以上，UBMS法によるDLC膜の特性と代表的適用例を紹介したが，UBMS法によるDLC膜

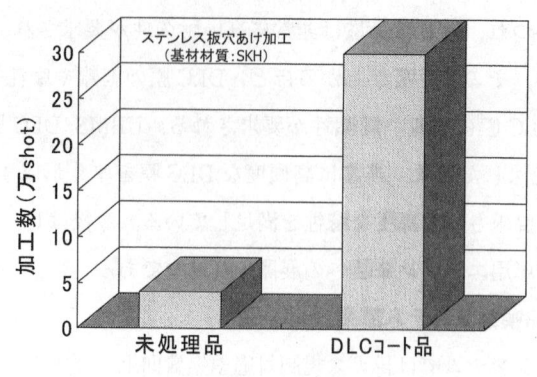

図5 パンチでの適用効果

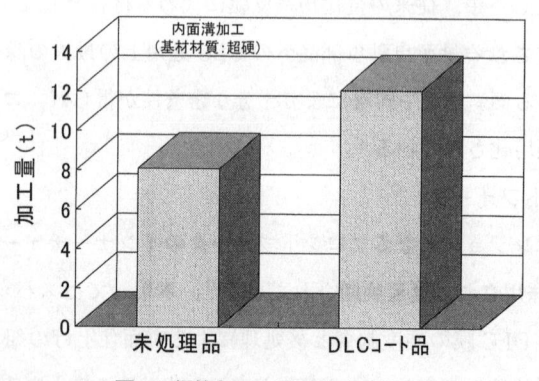

図6 銅管加工工具での適用効果

の最大の特長は，硬度，摺動・摩擦特性及び密着性のバランスに優れていることであり，特に信頼性が要求される自動車・機械部品分野に適用する上で大きなポテンシャルを有していると考えられ，今後もその展開がより加速していくものと考えられる．

文　　　献

1) 岩村栄治ほか，日本機械学会 No.00-3 材料力学部門分科会・研究会合同シンポジウム資料 A-43（2000）
2) E. Iwamura, Processing Mater. for Properties, Sanfrancisco, p.263（2000）
3) Y. Yasuda *et al.*, *SAE Paper* 2003-01-1101（2003）

第 2 章　機械的応用

4) 斉藤喬士ほか，トライボロジー会議予稿集，東京，2000-5，p.63（2002）
5) 赤理孝一郎ほか，日本機械学会材料力学部門分科会 2003 春シンポジウム資料（2003）
6) 越智文夫ほか，自動車技術会学術講演会前刷集，No.97-26,p.23（2006）
7) 斎藤秀俊，DLC 膜ハンドブック，エヌ・ティー・エス p.161（2006）

5 ホローカソード放電を利用した穴内面へのDLCコーティングとその応用

寺山暢之*

5.1 はじめに

摺動部品への適用が広がりつつあるDLC膜は，低摩擦，耐摩耗，耐凝着性，低相手攻撃性，耐食性などの優れた性質を有している。DLCの鋼に対する摩擦係数は無潤滑環境下で$\mu = 0.1 \sim 0.2$程度である。我々は低電圧大電流放電を特長とするPIG（Penning Ionization Gauge）タイプのプラズマガンを開発し，CVD装置に応用することで，$3\mu m/h$の高速成膜でしかも200℃程度の処理温度でシリコン含有DLCを形成できることを報告してきた[1~3]。本方式はPIGプラズマCVD装置として商品化され，自動車部品へのDLCコーティングに使用されている。しかし，コーティングは圧力0.05～1Paで処理するため，DLC成膜箇所は基材の外周部であり，パイプ内面へのコーティングには適さない。

特殊な摺動部品や金型では内面へのコーティング要求があり，これに適した装置開発を進めてきた。基材にDCパルスを印加し，圧力を10～100Paと高くすることでパイプ内面に高密度のホローカソード放電（Hollow Cathode Discharge）を形成して，DLCコーティングができることがわかり，DCパルスプラズマCVD装置として商品化に取り組んでいる[4,5]。本稿ではDCパルスプラズマCVD装置の原理と成膜特性について報告する。

5.2 装置開発の経緯

摺動部品に求められるDLCの性能は，剥がれないことは勿論であるが，低摩擦と高耐摩耗そして相手材を削らないことである。図1にPIGプラズマCVD法で作製したシリコン含有DLCの摩擦係数と比摩耗量の関係を示す。C_2H_2とTMS（テトラメチルシラン）の流量を制御してSi含有量が0～4at%のDLCをSCM415基材に形成し，1/4インチSUJ2ボールで往復摺動試験を行った。組成がCとHで構成されたDLCの摩擦係数μは0.2，比摩耗量Wsは5E-8mm^3/Nmに対して，4at%のSiを含有したDLCのμは0.04，比摩耗量Wsは3.5E-7mm^3/Nmである。DLCにSiを添加することで摩擦係数の低減効果はあるが，比摩耗量は7倍も大きくなり，耐摩耗性は劣ってしまう。組成がCとHのDLCは高耐摩耗であるが摩擦係数が高い。一方，シリコン含有DLCは低摩擦であるが耐摩耗性がDLCよりも劣り，過酷な摺動部品（無潤滑で面圧が高い部品）への適用が難しい。

そこで低摩擦と耐摩耗性の両立を成しえる手段の1つとして，DLC同士の摺動を検討した結果，非常に良好なトライボロジー特性が得られた。表1はDLCコーティングされたプレート

---

* Nobuyuki Terayama 神港精機㈱ 装置事業部 真空装置技術部 開発課 課長

第 2 章　機械的応用

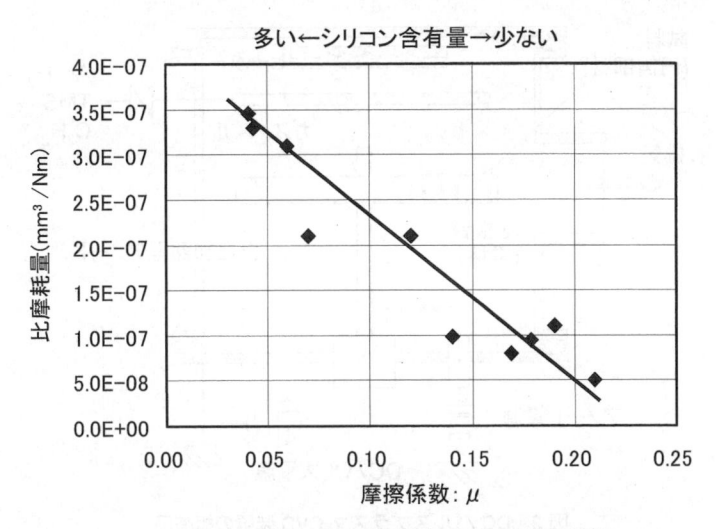

図1　シリコン含有 DLC の摩擦係数と比摩耗量の関係

表1　DLC と各種ボールの摺動結果

	摩擦係数	摩耗深さ（μm)		
		DLC プレート	ボール	DLC プレート＋ボール
SUJ2 ボール	0.184	0.30	1.69	1.99
Si-DLC ボール	0.056	0.25	1.32	1.57
DLC ボール	0.043	0.04	0.81	0.85

に SUJ2 ボール，Si-DLC ボール（SUJ2 ボールにシリコン含有 DLC をコーティングしたもの），DLC ボール（SUJ2 ボールに DLC をコーティングしたもの）をそれぞれ往復摺動させ，摩擦係数と DLC の摩耗深さ，ボールの摩耗深さを調べた結果を示している。DLC プレートと SUJ2 ボールの組み合わせでは，μ = 0.184，DLC プレートの摩耗深さが 0.3μm である。一方，DLC プレートと DLC ボールの組み合わせでは，μ = 0.053，DLC プレートの摩耗深さが 0.04μm であり，摩擦係数は 1/3 に低減でき，摩耗深さは 1/8 に抑えることができる。しかもボール側の摩耗深さをみると，SUJ2 ボールでは 1.69μm 摩耗したのに対して DLC ボールでは 0.81μm であり，およそ 50％に下がっている。これらの結果から DLC 同士の摺動は低摩擦であり，かつ高耐摩耗を実現できる。

　摺動部品の構成をみると，シャフトとスリーブ（軸受け）の組み合わせが多い。シャフトへの DLC 成膜は外周部になるのでコーティングは比較的容易である。一方，スリーブに対しては内周部に成膜が必要であり，実用化されている事例が少ない。我々は簡単な構造で高密度プラズ

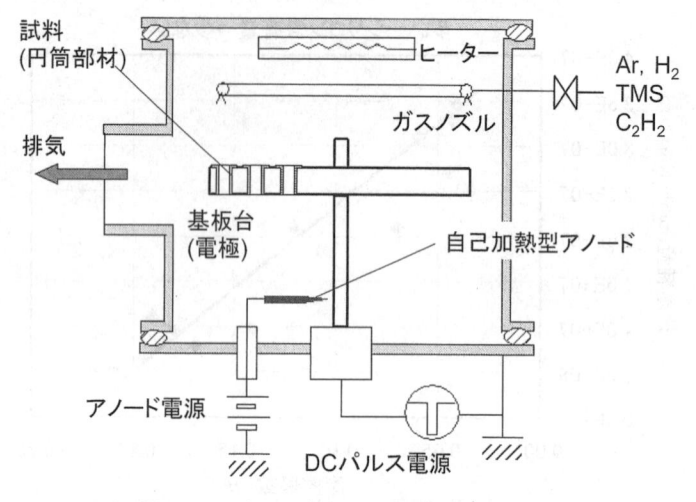

図2　DCパルスプラズマCVD装置の概略図

マが得られる中空陰極放電（Hollow Cathode Discharge：HCD）に着目し，円筒部材の内面にHCDプラズマを安定に形成することでDLCコーティングができないかを検討した。

5.3　装置構成

図2はDCパルスプラズマCVD装置の概略を示す。基板台に周波数100kHzの非対称バイポーラパルスDCを印加し，グロー放電を形成して成膜を行う。試料（円筒部材）は基板台にあけられた穴に挿入する。ガスはAr，H_2，C_2H_2，TMS（テトラメチルシラン）を使用した。チャンバー圧力を調整することで，円筒部材の内面に高密度のHCDプラズマが形成され，DLCが効率よく成膜される。

DLC成膜を行うと，チャンバー内壁にも絶縁性のカーボン膜が堆積し，アースが消失してグロー放電が維持できなくなる問題がある。そこで我々は自己加熱型アノードを設けることでこれを解決した。アースに対して50～80Vの正電圧を針状アノードに印加することで，基板パルス電流の80％がアノードに流れ込み，基板とチャンバーの放電から基板とアノードの放電に移行する。アノードの先端は高融点金属で構成されている。アノードに流入する電子電流はアノードを加熱し，カーボン膜が付着しても常に導電性が維持できる。そのため，チャンバー内壁が絶縁膜に覆われてもアノードは消失することがないため，長期間の放電が維持でき，コーティングプロセスの安定化が図れる。

図3はDLCの成膜状況を示す。基板台に内径Φ9mm長さ20mmのSUS304パイプを挿入し，圧力は70Paとした。パイプ内面にHCDプラズマが一様に形成されている様子がうかがえる。

図3　DLC成膜状況

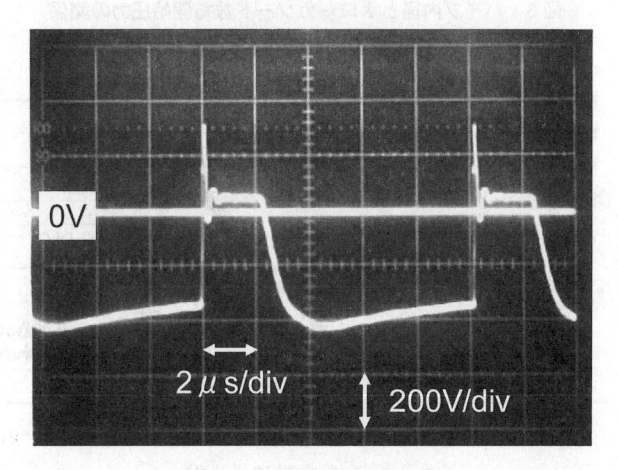

図4　基板電圧波形

　図4はDLC成膜時の基板電圧波形を示す。基板は接地電位に対して正電圧が2μsの期間印加され，負電圧が8μsの期間印加される。基板電位が負のとき，ArおよびC₂H₂イオンが基板に加速される。基板電位が正のとき，プラズマ電子が膜成長面に加速され，成膜面に滞在しているイオンと衝突することで電荷中和が起きる。このような電荷中和プロセスにより，正電荷蓄積によるチャージアップを防止して，イオンを安定に膜成長表面に加速，輸送することができ，絶縁性で高硬度のDLCを安定に成膜できる。

　図5はパイプ内径とHCDプラズマが発生する圧力の関係を調べたものである。ガスの種類にも依存するが，パイプ内径が小さくなればなるほど，HCDプラズマが形成できる圧力は高くなる。本装置ではパイプの内径をd (mm)，コーティング時の圧力をP (Pa) とした場合，$P = k \cdot d^{-2}$（k：係数）の範囲で圧力を調整してDLCコーティングを行う。

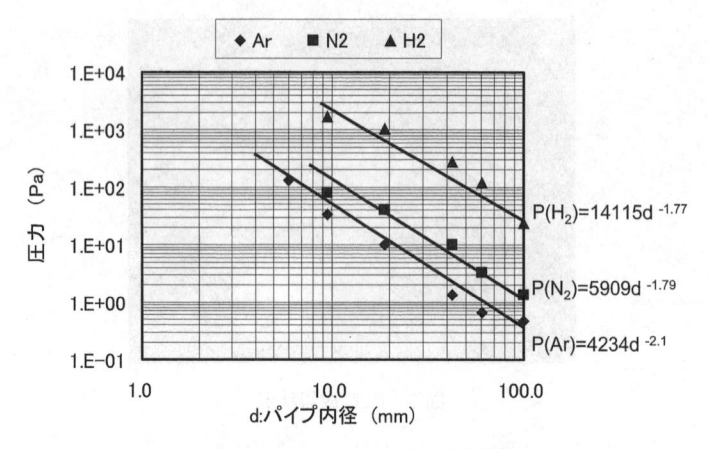

図5 パイプ内径とホローカソード放電開始圧力の関係

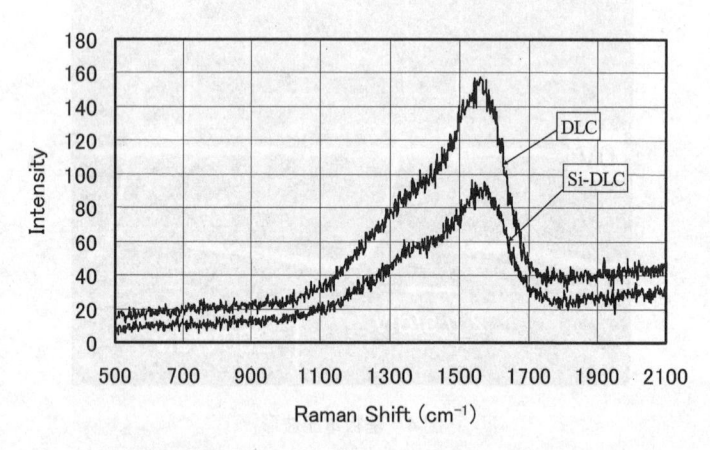

図6 内面コーティングDLCのラマンスペクトル

5.4 内面DLCの皮膜特性

Φ200基板台に内径Φ9mm×長さ20mmのSUS304パイプを67個セットし，その皮膜特性を調べた。成膜はAr-H₂による放電洗浄を行い，TMSを用いてSiC中間層，C_2H_2を用いてDLC層を順次形成した。コーティング時間は60分とし，処理温度200℃以下で約4μmの膜厚を得た。トライボロジー評価は往復摺動摩耗試験機を用い，Φ1/4インチSUS440Cボールに荷重9.8Nをかけ，10000サイクル摺動させて摩擦係数と摩耗深さを測定した。

図6は得られた皮膜のラマンスペクトルを示す。一般的なDLC膜に特有な1550cm⁻¹付近に主ピークを持ち，1400cm⁻¹付近にショルダーバンドを有する非対称なスペクトルであった。

パイプ単体の膜厚分布および硬度分布を長さ20mmの範囲で調べた。膜厚分布±6.5%を有するDLCがパイプ内面に成膜できている。硬度は1350HK（25g荷重）で一様であった。図7は

第 2 章　機械的応用

図7　パイプ内面のコーティング状況

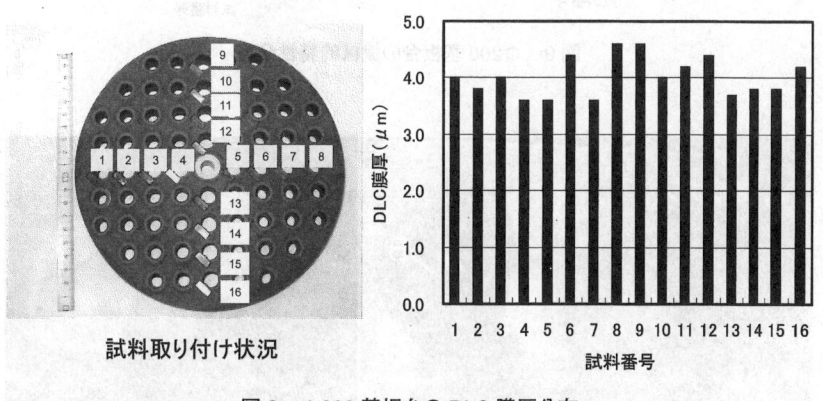

試料取り付け状況

図8　Φ200 基板台の DLC 膜厚分布

DLC コーティング後にパイプを切断した試料を示す。内面は黒々しており，剥離もなく均一に成膜されている。

　図8はΦ200 基板台の膜厚分布を示す。膜厚測定箇所はパイプ中央（開口上部から 10mm）である。分布は 4μm ± 12% であり，実用上問題ないレベルに達している。

　図9はパイプ取り付け位置による機械的特性の分布を示している。硬度，摩擦係数，摩耗深さともほぼ一様なことが確かめられた。

5.5　金型への適用

　溶着しやすいアルミニウムやステンレスの絞り加工においては，潤滑油を用いて加工力の低減，製品表面性状の向上，離型性向上を図っている。しかし潤滑油に含まれる塩素や硫黄等の環境負荷物質が問題視されている。そこで近年，潤滑性と非溶着性に優れる DLC を金型表面にコーティングを行い，潤滑油を一切使用しないドライ加工が検討されている。DLC コーティング金型を使用することで，加工後の洗浄工程が不要となり，また潤滑油や油煙などの環境負荷物質の低

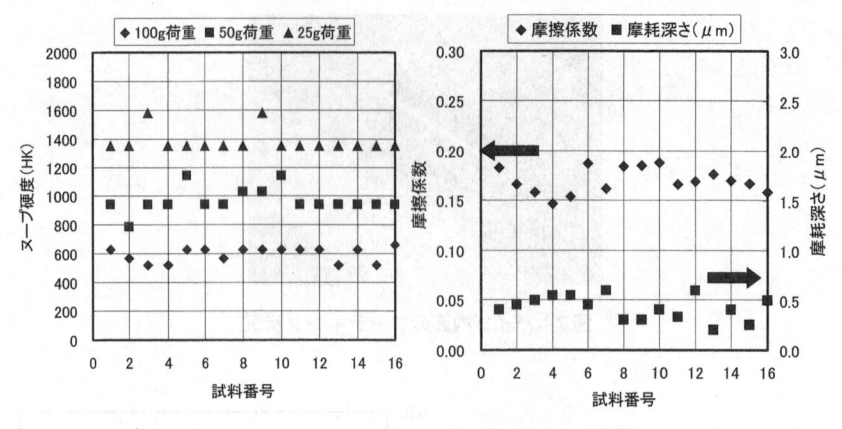

図9 Φ200基板台の機械的特性分布

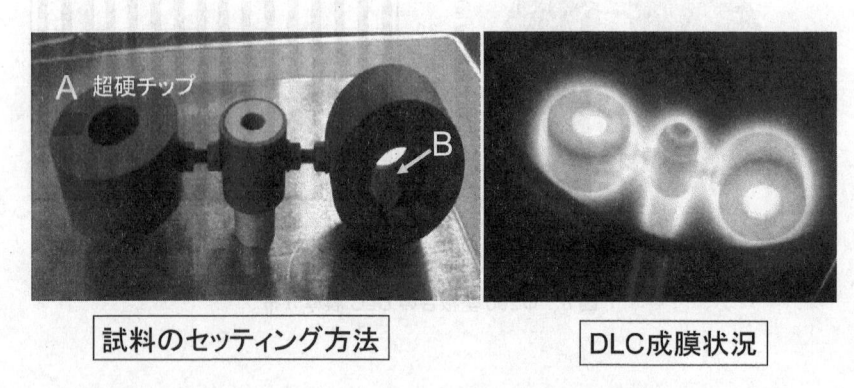

図10 試料のセッティング方法とDLC成膜状況

減にもつながる。

　DCパルスプラズマCVD法により形成されたDLCが金型に適用可能かどうかの検討を行った。外径Φ60×内径Φ25×厚み30mmの模擬金型を作製し，金型外面（A）と内面（B）に超硬チップを挿入し，機械的特性を調べた。硬度およびヤング率はナノインデンターを用い，密着力はスクラッチ試験機を用いて評価した。図10は試料のセッティング状況とDLC成膜状況を示す。材料ガスとしてC_2H_2とCH_4を用い，それぞれの特性を比較した。

　表2はDLCの機械的特性を示す。密着力は金型外面（A部）でLc = 100N，金型内面（B部）で60Nレベルが得られており，高い密着力を有している。C_2H_2ガスで形成したDLCは硬度が1300HVと低いが，CH_4ガスで形成したDLCは2400HVであり，CH_4ガスを用いた方が硬い皮膜が形成できる。摩擦係数および比摩耗量についてはガス種に依存せず，ほぼ同レベルである。また金型外面と内面に形成されたDLCは膜厚と密着力が異なるだけで，硬度，ヤング率，摩擦

第 2 章　機械的応用

表 2　DLC の機械的特性

	C₂H₂-DLC		CH₄-DLC	
	試料 A	試料 B	試料 A	試料 B
膜厚（μm）	3.2	5.0	1.3	1.9
硬度（HV）	1290	1280	2410	2430
ヤング率（GPa）	99.4	92.8	209.0	170.0
密着力 Lc（N）	100	61	100	56
摩擦係数 μ	0.128	0.144	0.118	0.136
比摩耗量（mm³/N・m）	1.63E-07	1.79E-07	2.10E-07	1.44E-07

図 11　製品の一例（名刺ケース）

係数，比摩耗量に大差がない。DC パルスプラズマ CVD 法で金型に DLC コーティングを行った場合，金型外面と内面に形成された皮膜の機械的特性はほぼ同じである。

　高密着力の DLC が内面にコーティングができたので，その効果を確認するために実機評価を行った。厚み 0.6mm の A1050 の丸絞り実験では，完全ドライで 5 万個以上の加工ができており，現在も継続中である。また，アルミ製名刺ケースは 10 万ショットまで耐えており，実用化された。図 11 に DLC コーティング金型で加工された名刺ケースの一例を示す。

5.6　まとめ

　DC パルスプラズマ CVD 法はホローカソード放電を利用することで，円筒部材の内面に高密着の DLC が効率よく形成できる。また内面だけではなく外周部についても DLC が形成でき，ドライ加工金型への展開が進みつつある。本技術が広く産業界に使われていくよう，装置メーカ

ーとして更なるハード改善とソフト構築を進めてゆき，社会貢献ができればと願っている。

文　　献

1) 寺山暢之，巽由佳，中曽根正美，真空，**38**，653（1995）
2) 鈴木秀人，池永勝，"事例で学ぶDLC成膜技術"，日刊工業新聞社，125-147（2003）
3) 斉藤秀俊，大竹尚登，中東孝浩，"DLC膜ハンドブック"，エヌ・ティー・エス，80-91（2006）
4) 寺山暢之，清水信行，第113回講演大会要旨集，表面技術協会，255-256（2006）
5) 寺山暢之，「第8回トライボコーティングの現状と将来」シンポジウム予稿集，トライボコーティング技術研究会，29-35（2006）

6 直流プラズマ CVD 法による DLC-Si 膜のトライボ特性と低摩擦機構

森　広行[*1], 中西和之[*2], 太刀川英男[*3]

6.1 はじめに

ダイヤモンドライクカーボン（DLC）は，優れた耐摩耗性，耐凝着性および低い摩擦係数によって，TiN や CrN 等の従来の硬質膜では十分に対応できなかった応用分野への利用が始まっている。自動車産業においても，DLC は優れたトライボ特性のために注目され，摺動部品等への応用研究がなされてきた。しかし，DLC 膜の処理コストが高く，膜の密着性が不足しているなどの理由から，実用化が遅れていた。

著者らは，DLC 成膜技術の開発を進めていく中で，直流プラズマ CVD 法[1]に着目した。この方法に着目した理由は，DLC 膜の原料にすべてガスを用いることと，プラズマシースが被覆する部材に沿って均一に形成されるため，膜の付きまわり性に優れることから，DLC 成膜技術の中で最も低コストで大量処理が可能な方法になることが予想されたためである。

そして，直流プラズマ CVD 法を用いて，Si 系のガスおよび CH_4 等の炭化水素系ガスの混合ガスを原料として使用することで Si 含有 DLC 膜[2]（以下 DLC-Si 膜と呼ぶ）の合成に成功した。得られた DLC-Si 膜は，各種 DLC 膜の中でも大気中において低い摩擦係数を示すことが判明し，機械部品等の摩擦低減を実現できる DLC 膜として期待されている。当初，このような優れた摩擦特性を示す DLC-Si 膜も基材との密着性が十分ではなく，自動車用摺動部品や生産用金型などに適用することは困難であったが，それを解決する方法として，基材をナノスケールでエッチングする微細凹凸化技術[3]を開発することにより，膜の高密着化に成功した。

現在，開発した DLC-Si 成膜技術[1~4]は，日本電子工業㈱へライセンスされ，受託加工および装置販売を行っている。図1の(1)に示す装置は，炉体 $\phi 800 \times 1500mm$ の大きさであり，自動車部品を初めとした量産処理部品や金型工具等の重量物への成膜も可能である。

生産用の金型・工具への実用化の例を以下に挙げる。現在，車体の軽量化の観点から，高張力鋼板やアルミニウム合金板が多用されることにより，上記の成型型のかじりや焼付きが問題となっている。これらの対策として，せん断型[5]，プレス型等への DLC-Si 膜の適用が挙げられる。例えば，アルミニウム合金のせん断型には，従来の TiN などの硬質膜では，十分な耐焼付き性が得られなかったが，DLC-Si 膜の適用により凝着を低減し，型寿命を大幅に向上させている。

次に，自動車摺動部品への応用例としては，4輪駆動車用電子制御カップリング ITCC

[*1]　Hiroyuki Mori　㈱豊田中央研究所　金属材料基盤研究室　研究員
[*2]　Kazuyuki Nakanishi　㈱豊田中央研究所　金属材料基盤研究室　主任技師
[*3]　Hideo Tachikawa　㈱豊田中央研究所　金属材料基盤研究室　主監

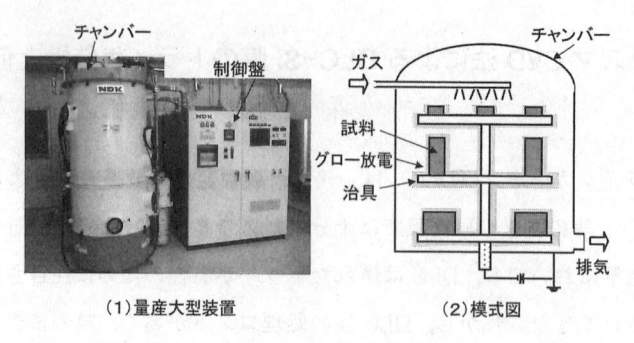

図1 直流プラズマCVD法の量産大型装置およびその模式図

(Intelligent Torque Controlled Coupling) クラッチ[6]やポンプ部品への適用が挙げられる。いずれも高密着処理したDLC-Si膜により，高面圧下での作動が可能となり，ITCCクラッチにおいては，耐久性を8倍以上に向上させることができた。この部品に関する適用例は，実用例の項目として詳細に説明されているので，割愛する。

また，前述したように大気中で低い摩擦係数を示すDLC-Si膜は，摺動部の摩擦低減により機械部品の高効率化や自動車の低燃費化に貢献することが期待されている。この分野に関しては，自動車業界だけでなく，機械部品等を使用する多くの産業界においても注目されており，今後，さらに適用の拡大が期待される。

本稿では，著者らが開発した直流プラズマCVD法によるDLC-Si成膜技術の特徴について紹介するとともに，DLC-Si膜のトライボ特性およびその低摩擦発現機構について述べる。

6.2 直流プラズマCVD法によるDLC-Si成膜技術

図1の(2)にDLC-Si膜の成膜装置の概略図を示す。チャンバー外壁を陽極に，試料テーブルを陰極にし，数100Paの圧力下で直流グロー放電により，成膜処理を行う。始めに，試料をテーブル上に設置し，真空排気を行った後，ガス導入孔から所定量のガスを供給し，一定のガス圧力下で放電加熱により試料を所定温度に加熱する。その後，後述するイオンエッチングによる高密着化前処理を行い，Si系のガスおよびCH_4等の炭化水素系ガスの混合ガスを成膜ガスとして，直流プラズマCVD法によりDLC-Si成膜を行う。

従来，DLC膜は，基材との密着性の不足により，摺動部の負荷荷重が低い条件でも膜の剥離が生じ，自動車部品への適用が進まなかった。そのため，これまでDLC膜の密着性向上方法の研究が盛んに進められてきた。著者らは，従来，密着性改善に使用されているCr，SiC等の中間層を用いずに，図1に示した装置内でイオンエッチングを利用し，基材表面を微細凹凸処理[3]することによりDLC-Si膜の高密着化を試みた。微細凹凸処理した鋼基材上のDLC-Si膜の密着

第2章　機械的応用

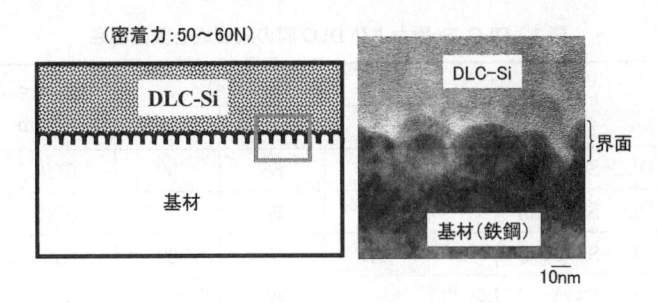

図2　DLC-Si膜の密着性向上方法

力は，市販されているDLC膜と比べ，スクラッチ試験において50N以上と高い値を示した。この値は，現在，工具等で使用されているTiN膜（密着力：約50～60N）とほぼ同等の密着力である。図2に高密着化したDLC-Si膜／基材界面のTEM写真および断面模式図を示す。膜／基材界面は，AES分析やTEM分析において反応層の生成は認められず，数10nmの微細凹凸処理された基材表面にDLC-Si膜が入り込み，膜と基材が結合されている。このような数10nmの微細な凹凸であれば，DLC膜が持つ平滑性を維持することができるため，後加工せずに摺動部品として使用できる。

図1の(1)に示す量産大型装置は，炉体（φ800mm×1500mm），ガス供給系および操作盤から構成されている。処理能力としては，処理重量が最大300kgまで可能であり，炉内の有効処理容積がφ600mm×1100mmである。この装置を用い，φ6mm×55mmの棒状試験片を850本設置し，DLC-Si処理し，量産性の基礎評価を行った。本装置によるDLC-Si膜の膜厚分布は，$2.4±0.3\mu m$であり，均一性に優れていることが確認されている[4]。前述したように直流プラズマCVD法は，原料にすべてガスを用いることから，複雑形状や円筒内面への処理も可能である。この処理方法は，膜厚の均一性を確保するために通常のPVD法などの成膜で用いられる回転機構や複数のターゲットを配置することは必要なく，設備費が安価で大量に均一成膜できることから，量産処理性に優れた低コストな成膜方法といえる。

6.3　潤滑油中における低摩擦特性およびその機構

自動車摺動部品は，無潤滑下の使用よりも油潤滑下で使用される場合が多く，潤滑油中での摩擦特性が重要となる。エンジン油等の実用油では，各種添加剤が配合されているため，摩擦特性はそれらの添加剤の影響を受けたものとなる。実用油使用時の摩擦特性を検討する上で，基本となる添加剤を含まない無添加鉱油中におけるDLC-Si膜の摩擦特性を把握した上で，添加剤を含有した実用油を評価・解析することは有益と考えられる。

そこで，Si量の異なるDLC-Si膜を作製し，無添加鉱油中における摩擦特性を調査するとと

DLC の応用技術

表1 DLC-Si 膜および DLC 膜の膜組成と表面粗さ

試料名	膜組成（at%）			表面粗さ Ra/μm
	Si	C	H	
DLC-Si（4Si）	4	66	30	0.094
DLC-Si（12Si）	12	56	32	0.098
DLC-Si（17Si）	17	55	29	0.136
DLC（スパッタリング）	–	85	15	0.017

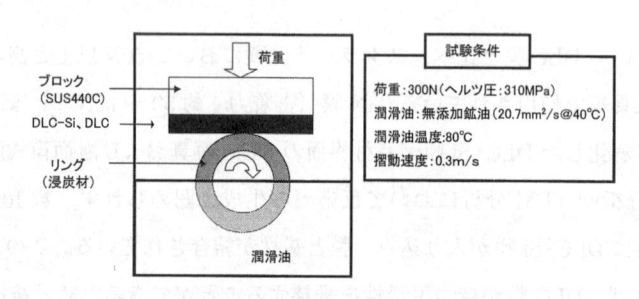

図3 ブロック・オン・リング試験

もに，摺動面の観察および分析を行い，さらに Si を含有しない DLC 膜と比較し，低摩擦発現の要因についても考察することにした。表1に Si 量の異なる DLC-Si 膜の組成および表面粗さを示す。また，比較材として，マグネトロンスパッタ法で作製した Si を含有しない DLC 膜を用いた。なお，DLC-Si および DLC の膜厚は，それぞれ 3μm および 1.5μm とした。摩擦試験には，図3に示すブロック・オン・リング試験機を用いた。DLC-Si を被覆したブロック試験片（SUS440C 鋼，表面粗さ Ra：0.007μm）ならびに相手材として SAE4620（浸炭材）リングを供した。試験条件は，荷重 300N，摺動速度 0.3m/s，摺動時間 30 分，油温 80℃で行い，試験終了時の摩擦係数および DLC-Si 膜の摩耗深さを測定した。試料油には無添加鉱油（20.7mm²/s @ 40℃）を用いた。

図4に Si 量の異なる DLC-Si 膜における摩擦係数と摩耗深さを示す。なお，比較材として DLC 膜および SUS440C 鋼材を用いた。SUS440C 鋼材における摩擦係数は，0.12 と高い値を示したが，Si を含まない DLC 膜では 0.08 と低く，さらに Si を含有した DLC-Si 膜では 0.03 と最も低い値を示した。また，Si 量が 4～17at%と広い組成領域において，摩擦係数は約 0.03 と低い値を示した。摩耗深さについては，膜中の Si 量の減少とともに小さくなり，耐摩耗性の向上が認められた。Si 量の少ない 4at%の膜の摩耗深さは，DLC 膜よりも小さく，評価材の中で最も耐摩耗性に優れていた。潤滑油中における DLC-Si 膜の低摩擦発現の要因を調べることを目的とし，以下，摺動面の表面形態，膜表面構造および膜表面分析を進めることとした。

第2章 機械的応用

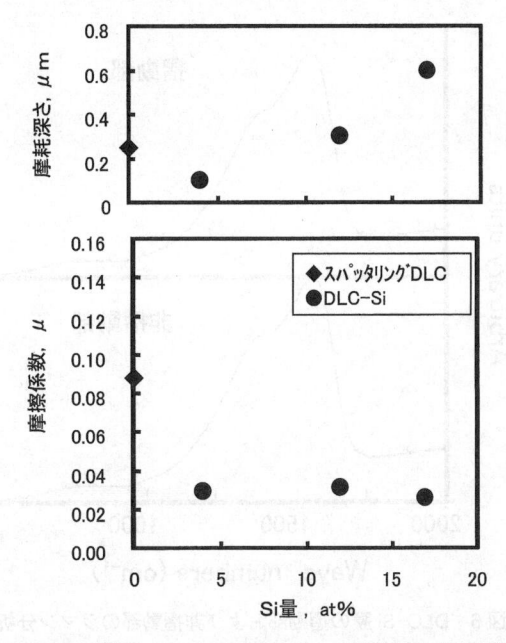

図4 Si量の異なるDLC-Si膜における摩擦係数と摩耗深さ

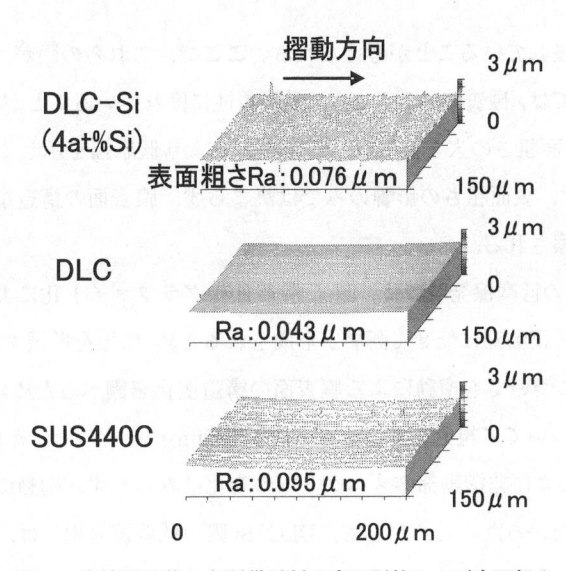

図5 摩擦試験後の各種供試材の表面形状および表面粗さ

図5に摩擦試験後の試片の表面形状および表面粗さを示す。SUS440C鋼材では，表面粗さが大きいのに対して，DLC-Si膜およびDLC膜では，平滑な表面状態を呈している。したがって，DLC-Si膜およびDLC膜が鋼材よりも低摩擦を示した主な要因としては，摺動面が平滑である

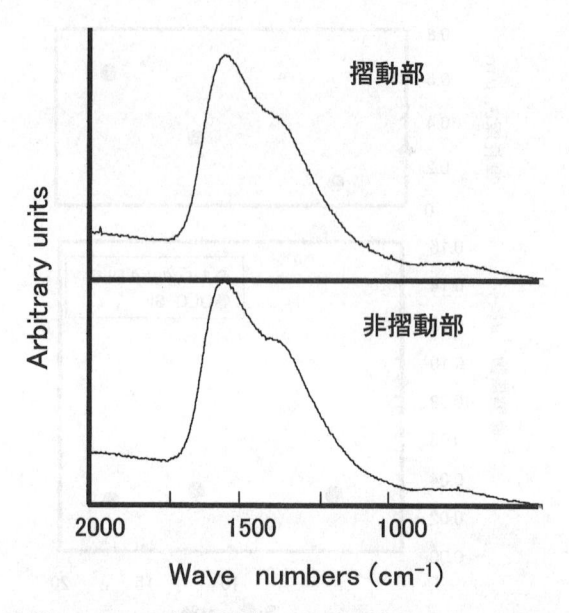

図6 DLC-Si膜の摺動部および非摺動部のラマン分析

ため，油膜形成能に優れていることが考えられる。ここで，これらの膜が，初期の平滑な表面を維持可能な理由としては，硬質であることと，耐凝着性に優れていることが挙げられる。さらに，DLC膜に比べると表面粗さの大きなDLC-Si膜の方がより低摩擦を示していることから，DLC-Si膜の低摩擦特性は，表面粗さの影響のみでは決まらず，膜表面の構造ないし組成等の他の要因にもよるものと推察される。

ところで，DLC膜の低摩擦発現には，DLC膜表面のグラファイト化により摩擦低減するとの報告[7]がある。つまり，摺動部に低せん断層が形成されるため，摩擦を低減すると考察されている。そこで，DLC-Si膜についても摺動による膜表面の構造変化を調べるために，DLC-Si膜の摺動部および非摺動部について可視光ラマン分析（波長532nm）を行った。その結果を図6に示す。DLC-Si膜の摺動部および非摺動部のスペクトルの変化はみられず，摺動による顕著な膜表面の構造変化は認められなかった。したがって，DLC-Si膜の低摩擦発現には，膜ないし膜表面の組成の影響によるものと推察される。

著者らは，大気中無潤滑下におけるDLC-Si膜の低摩擦発現には，膜表面のSiと大気中に存在する水分とが反応し，Si-OH基の生成，およびその表面に存在する吸着水が関与していることを報告している[8]。無添加鉱油中において，同様の現象が起こることの可能性を探るため，無添加鉱油の水分量をカールフィッシャ電量滴定法で測定した。その結果，18ppmの水分を確認した。これにより，無添加鉱油中においても，大気中と同様の現象が生じる可能性のあることが

第 2 章　機械的応用

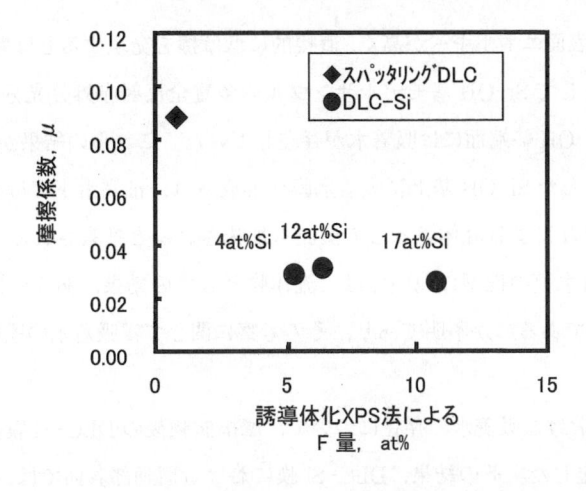

図 7　DLC-Si 膜表面の Si-OH 基の生成量と摩擦係数

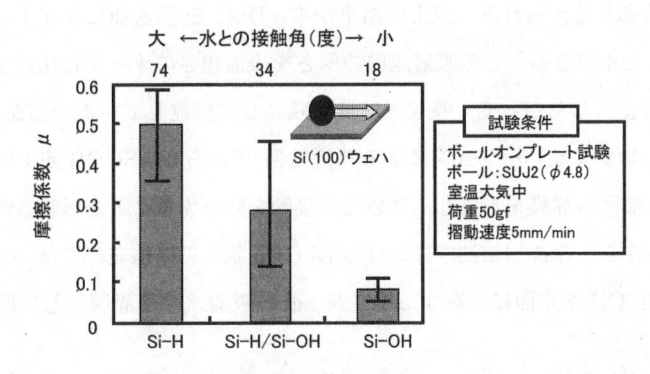

図 8　Si-OH，Si-H およびその混合されたモデルサンプルの摩擦係数

示唆されているのではないかと考えている。

　そこで，無添加鉱油中で摺動した DLC-Si 膜表面における Si-OH 基の生成について，誘導体化 XPS 法[9]を用いて調べた。Si-OH 基の分析は，F を含む誘導体化試薬と反応させ，XPS 分析を用いて F を定量することにより間接的に検出する方法である。図 7 に DLC-Si 膜表面に生成した Si-OH 基の生成量と摩擦係数との関係を示す。低い摩擦係数を示した DLC-Si 膜表面からは，いずれも相当量の Si-OH 基が確認されていることが報告されている[10]。

　次に，Si-OH 基が低摩擦特性を示すかを検証するために，モデルサンプルとして Si（100）ウェハを用い，H 終端面，OH 終端面および中間終端面（H と OH が混在した面）を持つ 3 種類を作製した。図 8 にそれらの摩擦特性を評価した結果を示す。Si-OH 終端面の摩擦係数は 0.1 以下と最も低い値を示し，Si-OH 終端面が低摩擦を示すことが検証された。しかしながら，Si-OH

基は親水性であり，表面エネルギーが高く，直接的に低摩擦を発現するとは考えにくい。そこで，さらなる表面解析としてSi-OH基モデルサンプルの多重全反射赤外分光分析（ATR-IR）を実施し，その結果，Si-OH終端面には吸着水が存在していた。これらの結果から，DLC-Si膜においても，表面に生成したSi-OH基上に吸着水膜が形成され，油潤滑下ではさらにその上層に潤滑油層が存在し，それによる流体膜として機能も加味されると推察されることが報告されている[10]。ここで，吸着水膜の役割については，流体膜としての効果，あるいは吸着水自身による境界膜としての効果であるのか不明であり，その考察に関しては吸着水の膜厚が重要となると考えられる。

DLC-Si膜表面における吸着水の存在について，摩擦試験後のDLC-Si膜表面を分光エリプソメータ[10]により測定した。その結果，DLC-Si膜における摺動部表面では，約4nmの吸着水膜の存在を示す結果が得られた。摺動部表面では，表面粗さや摩耗部の形状等の影響から，モデルフィッティングによる理想的な解析結果とはいえないものの，非摺動部での結果から鑑みて，概ね妥当な解析結果と考えられる。以上の結果から，DLC-Si膜表面に存在する吸着膜の厚さは数nmとみなすことができる。この吸着水膜の厚さを表面粗さのオーダと比較すると，吸着水膜＜＜表面粗さである。したがって，吸着水は境界膜として機能しているのが妥当である。また，鷲津らの分子動力学シミュレーションによる解析結果[11]からも，Si-OH基上に強固な水層が存在し，この吸着水層が境界膜を形成し，固体間の接触を防止することが示唆されている。

以上の検討結果から，無添加鉱油中におけるDLC-Si膜の低摩擦発現には，平滑な摺動面の維持，および生成Si-OH基表面に存在する厚さ数nmの吸着水が境界膜として機能することによると推察される。

今回の報告は，添加剤を含まない潤滑油の結果であり，エンジン油，駆動系油等の実用潤滑油では，多くの添加剤を含み，それら添加剤との吸着・反応によりDLC-Si膜の摩擦係数は大きく変化する。さらに，潤滑油種の選択や表面粗さの最適化[6]によりDLC-Si膜の摩擦係数は，低摩擦特性から所望の摩擦係数まで変化させることが可能であることから，部品に応じた摩擦制御材料としての応用も期待される。

6.4 おわりに

開発した直流プラズマCVD法によるDLC-Si成膜技術は，低コストな大量成膜技術と高密着化技術を確立することで，自動車部品から金型・治工具と広い応用分野に適用できる技術となった。

自動車摺動部品では，さらなる高性能化および効率向上の観点から，摺動部の優れた耐摩耗性や低摩擦特性が必要とされている。特に，燃費向上の観点から，DLC膜の摩擦低減効果が期待

されており，DLC-Si 膜の潤滑油中における低摩擦特性は有用である．また，これらの DLC-Si 膜の低摩擦発現には，摺動面の平滑性の維持，および生成 Si-OH 基表面に存在する吸着水の境界膜としての機構，を提示した．

今後，自動車の低燃費化に貢献する材料として，DLC-Si 膜を含む DLC 膜が最も有力な候補材のひとつとして期待され，これらの応用分野への適用がますます増加していくものと確信している．

謝辞

本研究を遂行するに当たってのトヨタ自動車㈱第 1 材料技術部のご協力に謝意を表します．また，本研究開発においてご協力頂いた日本電子工業㈱の関係者および，本研究に対して分析・解析頂いた㈱豊田中央研究所トライボロジ研究室，分析計測部の関係者のご協力には厚く御礼申し上げます．

文　　献

1) 太刀川，森，中西，長谷川，舟木，まてりあ，**44**，245（2005）
2) K. Oguri, T.Arai, *J. Mater.Res.*, **6**, 1313（1992）
3) H. Mori, H.Tachikawa, *Surf. Coat. Technol.*, **149**, 225（2002）
4) K. Nakanishi, H. Mori, H. Tachikawa, *Surf. Coat. Technol.*, **200**, 4277（2006）
5) 齋藤ほか，トライボロジ会議予稿集　東京，299（2004-5）
6) 安藤ほか，トライボロジ会議予稿集　東京，469（2005-11）
7) Y. Liu, A. Erdemir, E. I. Meletis, *Surf. Coat. Technol.*, **82**, 48-56（1996）
8) H. Mori *et al.*, SAE Paper, 2007-01-1015
9) 高橋，森，木本，大森，村瀬，表面科学，**26**，52（2005）
10) 森ほか，トライボロジ会議予稿集　東京，161（2007-5）
11) 鷲津ほか，トライボロジ会議予稿集　東京，163（2007-5）

7 プラズマブースター法によるDLC合成とその応用

熊谷　泰*

7.1　はじめに

　1980年代から実用化が始まったDLCコーティングは，その後20余年の間に被膜構造の解明とプロセスの進化により飛躍的に応用分野を広げ，硬質薄膜の中での重要度を増している。図1にDLC被膜の進化の様子を示す。単層DLCの第1世代から始まり，課題であった密着力の改善，厚膜化，金属元素添加による特性最適化により，現在では第4世代のDLCまでが実用されている。

　硬質薄膜は切削工具・金型等の寿命向上のみならず，さまざまの機械要素部品（軸受，歯車，ピストン等）のトライボロジー特性を改善し，産業機械の信頼性向上に寄与している。特にDLC被膜は多くの材料との摩擦係数が低く耐摩耗性・耐焼付性に優れているためトライボロジー特性向上に最適の被膜である[1]。

　こうした摺動部品へトライボコーティング（トライボロジー特性を向上させる硬質薄膜）を適用する際に，特に注意しなければいけない点として以下の項目があげられる。

・母材が切削工具・金型と比較して焼戻し温度が低いことが多いので，低いプロセス温度が寸法

世代	名称	被膜構成と膜厚		組成	硬さ (GPa)	応用分野
第4世代	複合多層DLC	全体膜厚 1～5μm	DLC膜 ～3μm 傾斜組成層 ～3μm 中間層 0.2～3μm 基板	Me-C:H/a-C:H Si Ti Cr　≦10 at.% W …	10 - 25	高面圧の塑性加工金型（SUS絞り等） 動弁系自動車エンジン部品 燃料噴射ポンプ 歯車，軸受 ポンプスクリュー・ベーン ピストンリング，ピストン 人工関節 プラスチック射出成形金型 各種摺動部品，治工具
	水素フリーDLC	全体膜厚 0.1～2μm	DLC膜 ～2μm 中間層 ～0.2μm 基板	Me/ta-C (tetrahedral amorphous) Ti Cr	50 - 80	切削工具（アルミ加工） レンズ成形金型 動弁系自動車エンジン部品
第3世代	多層膜 Me-DLC	全体膜厚 1～5μm	DLC多層膜 ～3μm (～0.05μm×n回) 中間層 ～0.2μm 基板	(Me-C:H/a-C:H)$_n$ n：積層回数 W Si Ti Cr　≦10 at.%	10 - 25	動弁系自動車エンジン部品 燃料噴射ポンプ 歯車，軸受 ポンプスクリュー・ベーン ピストンリング，ピストン 人工関節 プラスチック射出成形金型 各種摺動部品，治工具
第2世代	中間層付 DLC	全体膜厚 ～2μm	DLC膜 ～2μm 中間層 ～0.2μm 基板	Me/a-C:H Si SiC Cr/Ti Cr Nb …	15 - 50	低面圧の塑性加工金型（アルミ薄板絞り） プラスチック射出成形金型 ひげそり刃，弱電機器部品 各種摺動部品，治工具 装飾部品
第1世代	単層DLC	全体膜厚 ～2μm	DLC膜 50Å～2μm 基板	a-C:H	15 - 50	塑性加工金型（主に超硬合金製） ガラス成形金型，断裁刃物，摺動部品，治工具，切削工具，装飾部品，精密測定器部品

図1　DLC被膜の進化

＊Tai Kumagai　ナノコート・ティーエス㈱　代表取締役社長

変化や組織変化の観点から望まれること
・コーティング膜自身が耐摩耗性に優れているだけではなく，摺動相手材への攻撃性が低いこと
・摺り合わせやなじみ運転が必要な場合が多いので，比較的厚い膜が要求されること
・はめあいや寸法公差を守るため，膜厚の均一性，制御性が優れていることが望ましい
・部品であるため絶対剥離しない密着力の信頼性が要求される

　一方これまで多く工具・金型に利用されてきた単層DLC被膜の欠点として以下があげられる。
・被膜の圧縮残留応力が大きいため膜厚が$1～2\mu m$程度に制限される
・被膜が硬く脆性のため超硬合金母材では良いが鋼母材での密着力が不十分で剥離の危険がある

　こうした欠点を改善する方法として被膜の多層化，複合化の試みが多く提案され，図1に示す第4世代の複合多層DLC被膜として注目されている。以下にプラズマブースター法による複合多層DLCの合成と応用例を紹介する。

　プラズマブースター法はフランスのHEFグループが開発したプロセスで，プラズマブースタースパッタリング（PBS）とDCプラズマCVD法を組み合わせて従来のDLCの欠点を克服する複合多層DLC被膜を成膜するハイブリッドプロセスである。スパッタリングは半導体集積回路や電子部品における薄膜形成方法として広く利用されており，膜厚の均一性，制御性において極めて信頼性が高く，また他と比較して低温プロセスが可能である。従って上述した機械要素部品へのトライボコーティングの手法として適していると考えられる。

7.2　成膜装置とプロセス

　図2にPBS/DCプラズマCVDハイブリッド成膜装置（フランスHEF社製 型式TSD400）の模式図を示す。ターゲットは長方形の平板で，複合多層DLC被膜を成膜する場合，Crターゲットを使用すれば下地層にCrN層，Tiターゲットを用いればTiN層を成膜できる。ブースター電極により形成される直流プラズマが反応ガスのイオン化を促進し反応性を高め，負のバイアス電圧を印加された基板上に緻密で化学量論比の窒化物薄膜が形成される。試料取付空間はおよそ$\phi 270 \times 400mm$である。チャンバー内には$\phi 100mm$の自公転軸が4式あり，試料は自公転軸に取り付けられる。大型装置ではターゲットとブースター電極が複数個チャンバーに取り付けられ長さ960mmのターゲットを2式用いた装置では試料取付空間は$\phi 650 \times 900mm$である。表1にハイブリッドプロセスDLC成膜装置の主な仕様を，図3に生産用装置の外観を示す。複合多層DLC（セルテス®RDLC）成膜プロセスの概要は以下の通りである。

(1) 製品を超音波洗浄後，治具に取付け真空チャンバー内にセットする
(2) チャンバー内の真空引きと製品の予備加熱をおこなう
(3) Arガスを導入しブースター電極により形成される直流プラズマを利用して製品のイオンボン

DLCの応用技術

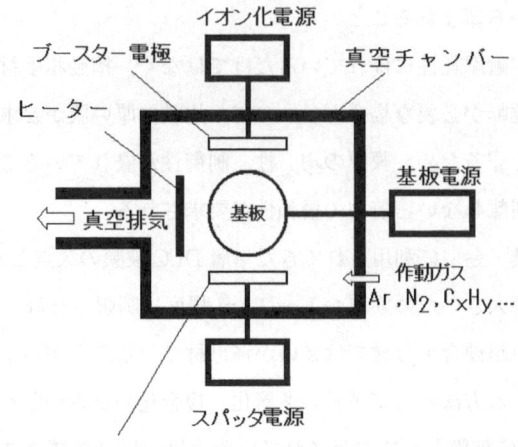

図2 ハイブリッドプロセスDLC成膜装置の模式図

表1 ハイブリッドプロセスDLC成膜装置の仕様

型式	試料取付空間	処理能力例 ($\phi 20 \times 120mm$ シャフト処理本数)
TSD 400	$\phi 270 \times 400mm$	96本
TSD 550	$\phi 350 \times 500mm$	120本
TSD 800	$\phi 650 \times 400mm$	360本
TSD 800H	$\phi 650 \times 900mm$	720本

図3 ハイブリッドプロセスDLC成膜用生産装置外観

バード洗浄をおこなう

(4) 直流マグネトロンスパッタリングとブースター電極の併用により CrN，TiN 等の下地層の成膜をおこなう

(5) DC プラズマ CVD モードに切り替え炭化水素ガスを導入し DLC 層の成膜をおこなう

(6) 基板（製品）の冷却をおこなう

(7) 真空チャンバーをリークし製品を取り出す

7.3 複合多層 DLC（セルテス DLC）被膜の特性

7.3.1 複合多層構造

　ハイブリッドプロセスによる複合多層 DLC 被膜の被膜構成例を説明する。下地層には TiN や CrN など従来から切削工具等で多く実用され鋼母材への強固な密着力が実証されている硬質薄膜が用いられる。下地層の役割は母材材質との強固な密着力を達成することと同時に，硬さ 1800～2000HV の高硬度の下地層が数 μm 存在することにより下地母材が強化され薄膜に負荷荷重がかかった時に最表面の DLC 層の変形が押さえられ DLC 被膜の剥離が起きにくくなることである。従って母材の硬さおよび負荷荷重条件によって下地層の材質，硬さ，膜厚を適切に設定することは大変重要なことである。その後下地層の上にトライボロジー特性に優れた DLC 層が形成される。下地層と DLC 層の間の密着力を確保するため傾斜組成構造などが利用される。また DLC の成膜条件の選定や C，H に加えて第3元素の導入により被膜硬さや電気的特性などを制御することができる。

　複合多層膜の膜厚測定には回転鋼球によるダイヤモンド砥粒研磨法（カロテスト法）が短時間で測定ができ，積層状態が簡単に観察できるため大変に便利である。図4にカロテスト法による複合多層膜の測定原理と複合多層 DLC 被膜のカロテスト研磨痕の例を示す。

7.3.2 密着力

　密着力の評価法としてはスクラッチ試験[2]およびロックウェル圧痕試験[3]が一般的に用いられ規格化されている。いずれの場合も母材硬さや表面粗さが変われば見かけの測定値が変わることに注意しなければならない[4]。図5に SCM 浸炭鋼（表面硬さ 650HV）上のセルテス DLC 被膜（全体膜厚 3.6μm）および単層 DLC 被膜のロックウェル C スケール圧子による 150kgf 押し込み試験後の圧痕写真を示す。単層 DLC 被膜では圧痕周囲に剥離が見られる（VDI 規格による密着水準 HF6）のに対し，セルテス DLC 被膜ではまったく剥離が起きていない（VDI 規格による密着水準 HF1）。図6にはやはり SCM 浸炭鋼上のセルテス DLC 被膜（全体膜厚 2.5μm）のスクラッチ試験による臨界荷重 Lc 値のグラフを示す。AE（アコースティックエミッション）による臨界荷重 LcAE 値 26N は，硬い DLC 層の脆性破壊（クラック発生）に対応し，摩擦力の

DLC の応用技術

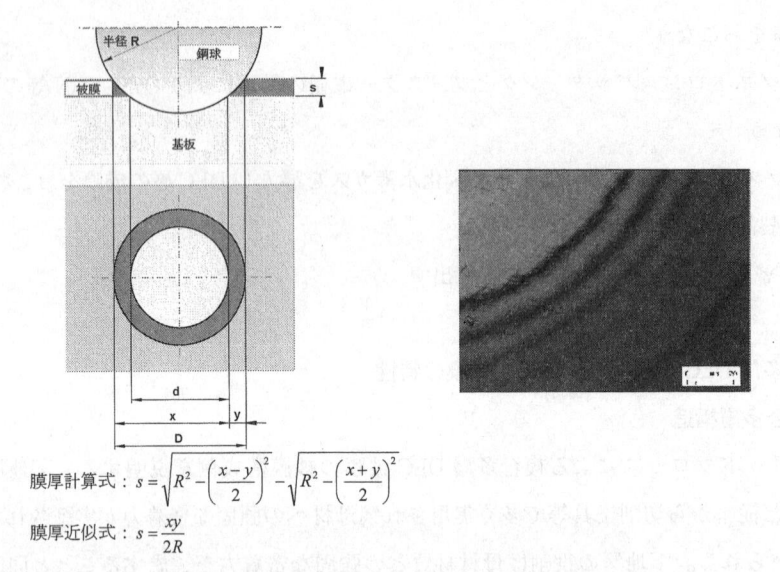

膜厚計算式： $s = \sqrt{R^2 - \left(\dfrac{x-y}{2}\right)^2} - \sqrt{R^2 - \left(\dfrac{x+y}{2}\right)^2}$

膜厚近似式： $s = \dfrac{xy}{2R}$

図4　カロテストによる複合多層膜の測定原理（左）と複合多層 DLC 被膜のカロテスト研磨痕の例（右）

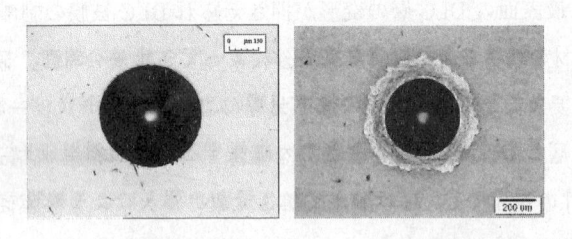

図5　DLC 被膜のロックウェル C スケール 150kgf 押込み試験圧痕
（左：セルテス DLC 膜厚 3.6μm，右：単層 DLC 膜厚 1μm）

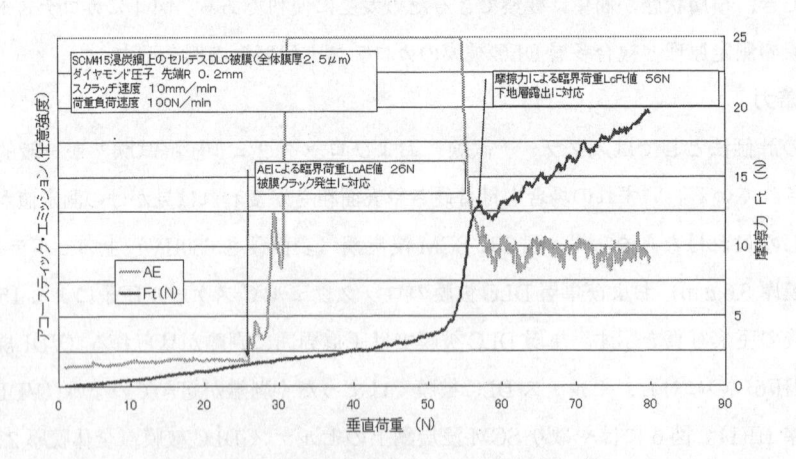

図6　セルテス DLC 被膜のスクラッチ試験データ

第2章　機械的応用

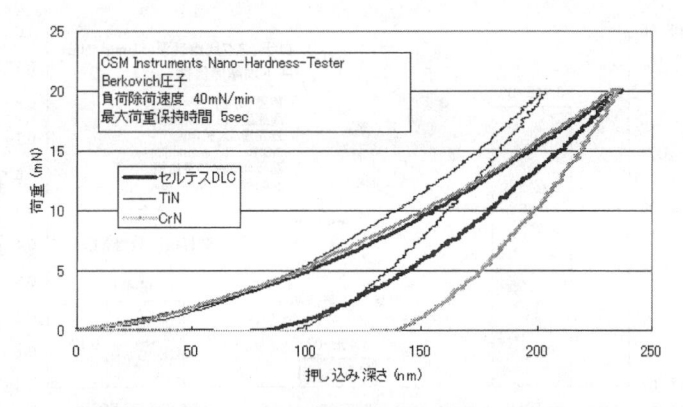

被膜種類	セルテス DLC	TiN（セルテス Ti）	CrN（セルテス N）
母材	SCM415	SCM415	SCM415
膜厚	2.9μm	2.4μm	3.2μm
硬さ H_{IT} (GPa)	28.3	34.3	22.3
ヤング率 E_{IT} (GPa)	228	360	327
H/E	0.124	0.095	0.068

図7　ナノインデンテーションによる複合多層 DLC 被膜と TiN, CrN 被膜の硬さ・ヤング率比較
（Oliver&Pharr 理論による）

変化による臨界荷重 LcFt 値 56N は鋼下地の露出に対応する。スクラッチ試験のダイヤモンド圧子の先端形状および臨界荷重における摩擦力と押し込み深さ測定から求められる，各臨界荷重値における水平方向の臨界圧縮応力は，LcAE 26N で 410 MPa，LcFt 56N で 2300 MPa となり，スクラッチ試験において圧子進行方向に加わる高圧縮応力に耐えることがわかる。

7.3.3　硬さとヤング率

最近では硬質薄膜の硬さおよびヤング率の評価方法としてナノインデンテーション技術に基づく荷重-押し込み深さ曲線から硬さおよびヤング率を算出する試験機が一般的となっており国際規格化されている[5]。特に DLC 被膜のように硬さに比してヤング率が小さい弾性変形能の大きい被膜では従来の古典的な除荷後の圧痕の大きさを測定するマイクロビッカースやヌープ硬さでは圧痕が小さすぎて正確な測定ができないためナノインデンテーション法が通常用いられる。試験条件は規格化されているものの，硬さの算出式に種々の理論があるため異なる試験機でのデータの比較は注意を要する。図7に鏡面仕上げした SCM 浸炭鋼基板上に成膜したセルテス DLC 被膜（全体膜厚 2.9μm）とセルテス Ti（TiN）被膜（2.4μm），セルテス N（CrN）被膜（3.2μm）の比較を示す。DLC 被膜の弾性回復量が他の TiN, CrN と比較して大きいのが明瞭である。一方同じ試料の摩擦摩耗試験による SiC ボールに対する比摩耗量の比較を図8に示す。これらを見ると硬さが耐摩耗性の指標になっていないことが明らかである。DLC のような摩擦係数の低い薄膜材料では同じ DLC 被膜の中では硬さと耐摩耗性の相関関係は見られるが，TiN など摩擦係数の高い異種材料とでは硬さだけで耐摩耗性の比較はできないので注意を要する。

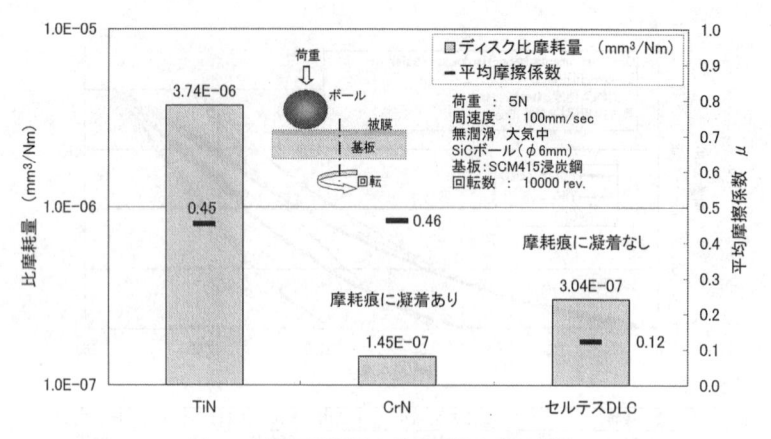

図8 各種硬質薄膜の比摩耗量と摩擦係数

ナノインデンテーション法では硬さとヤング率が同時に求められるので硬さをヤング率で除したH/Eをトライボロジー特性の指標として使うことが提唱されている。Rabinowiczによれば，小さいヤング率Eを持つ材料は変形エネルギーを弾性的に蓄積できるため，硬さHは大きいが弾性ひずみ限度が小さい材料よりもアブレシブ摩耗に対してよい摩擦摩耗特性を示すという[6]。またH/Eは真実接触点における材料の接触状態（弾性接触または塑性接触）をあらわす塑性指数Ψにかかわる因子である[7]。$\Psi > 1$で塑性接触となり$\Psi < 0.6$で弾性接触する。H/Eが大きくなるとΨは小さくなり弾性接触に近づく。

$$\Psi = \frac{E}{H}\sqrt{\frac{\sigma}{R}}$$

Ψ：塑性指数

σ：突起高さの標準偏差

R：突起先端の平均曲率半径

DLCは図7に示す通りH/Eが0.12とTiNやCrNと比べ大きく摺動における接触形態からもアブレシブ摩耗に対して優れた特性を有すると考えられる。

7.3.4 摩擦係数と耐摩耗性

図8に示すように，DLC被膜は代表的な硬質薄膜であるTiNやCrNと比較してSiCに対して摩擦係数が0.12と低く比摩耗量は10^{-7} mm^3/NmオーダーとTiNの約10分の1と耐摩耗性，摺動特性に優れている。また相手材の比摩耗量も小さく相手材に対する攻撃性も低いのが特徴である。これはSiCだけでなくほとんどの金属材料，セラミック材料との摺動においてあてはまる。

こうした優れたトライボロジー特性を利用して，DLC は自動車用エンジンの動弁系摺動部品，実装機部品，各種治工具などの摩擦低減，精度向上，寿命向上に多く採用されている。

一方 DLC 被膜は非晶質構造であるため使用温度が上昇すると特性が変化することが懸念される。SUS440C と SiC に対する DLC 被膜の摩擦係数と比摩耗量の温度依存性を，図9に示す。どちらの材料に対しても温度が上がるに従い摩擦係数が上昇し，比摩耗量が増加し相手材の比摩耗量も増加する傾向が見られた。加熱試験後の硬さ測定およびラマン分光分析では，350℃までは硬さに変化がなく結晶構造にも大きな変化がないことが確認された。従って加熱による摩擦係数および比摩耗量の変化は，DLC 被膜の構造の変化によるものではなく，摺動界面の反応生成物の変化によるものと推測される。後述する Mg 合金との摺動では加熱による摩擦係数の上昇はみられず，原因について検討中である。

DLC 被膜は，はんだ（Sn-Pb 合金）や銀などの軟質金属に対しても摩擦係数が低く相手材の凝着を防ぐため，半導体リードフレームのフォーミング加工金型に古くから広く使用されている。同様に Mg 合金の温間絞り加工において金型表面への凝着による製品の破断を防ぎ金型の保守頻度の低減のために複合多層 DLC 被膜が実用されている[8]。図10に Mg 合金に対する摩擦係数の温度依存性を示す。250℃加熱において，無処理超硬合金では Mg 合金の著しい凝着により摩擦係数が 0.8 となるのに対し，DLC コーティングでは凝着をおこさないため 0.15～0.2 の低い摩擦係数を維持している[9]。

7.3.5 耐焼付性

ファビリ摩擦摩耗試験は，浸硫窒化等の表面改質層の焼付き限界荷重を評価するのによく用いられる迅速簡便な試験法である。直径 6.5mm のピンを開口角 90 度の V ブロックで挟み込み，ピンを 330rpm で回転させ回転トルクを測定する。徐々に V ブロックの締付け荷重を増加し，回転トルクが急激に増加する荷重を焼付き限界荷重とする。図11にファビリ試験機の模式図を示す。

試験試料は，SCM415 浸炭焼入れ品（研削仕上げ）母材に PBS により成膜したセルテス DLC 被膜，CrN 被膜，硬質 Cr めっき被膜等を比較した。試験環境はドライ（アセトン脱脂）および潤滑（パラフィン系）の2通りでおこなった。図12にドライおよび潤滑環境における締付け荷重増加による回転トルクから求めた動摩擦係数の推移を示す。

ドライ（アセトン脱脂）での試験では，ピンにセルテス DLC コートを施したものが焼付き限界荷重が 2000kgf ともっとも高く（ヘルツ応力で約 4000MPa に相当）平均動摩擦係数が小さかった。パラフィン油潤滑での試験では，Cr_xN_y（セルテス X）コートピンおよびセルテス DLC コートピンと無処理 V ブロックの組み合わせとが，試験機の荷重限界 2500kgf（ヘルツ応力で約 4200MPa に相当）まで焼付きをおこさなかった。複合多層 DLC 被膜は無潤滑下でも潤滑下でも

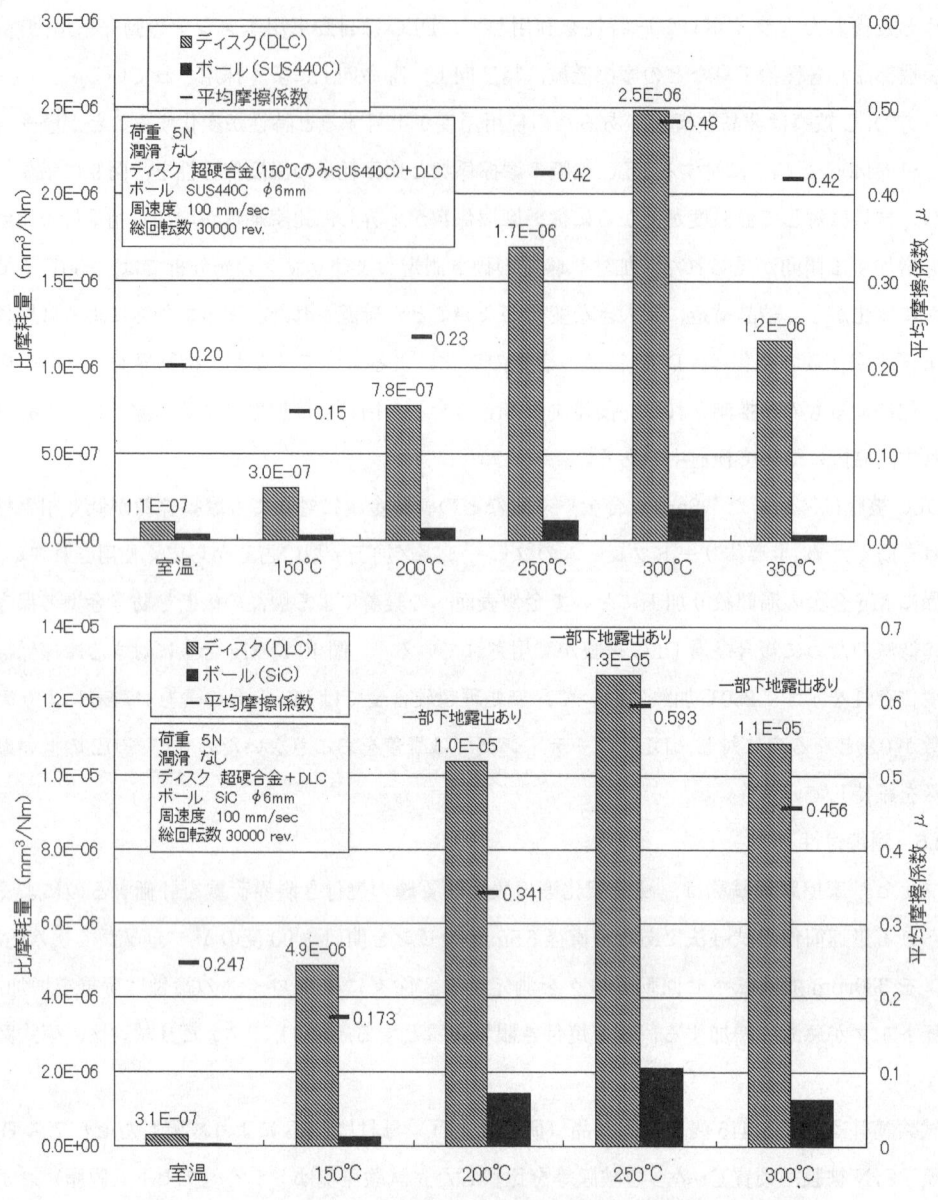

図 9 SUS440C と SiC に対する DLC 被膜の摩擦係数と比摩耗量の温度依存性
(上：SUS440C，下：SiC)

優れた耐焼付性を示している。

7.3.6 耐熱性

DLC 被膜は一般的に成膜温度が 200℃ 前後であり非晶質構造であるため熱的には不安定であるといわれている。マグネシウム合金等の温間加工の金型への利用のためにセルテス DLC 被膜

第 2 章　機械的応用

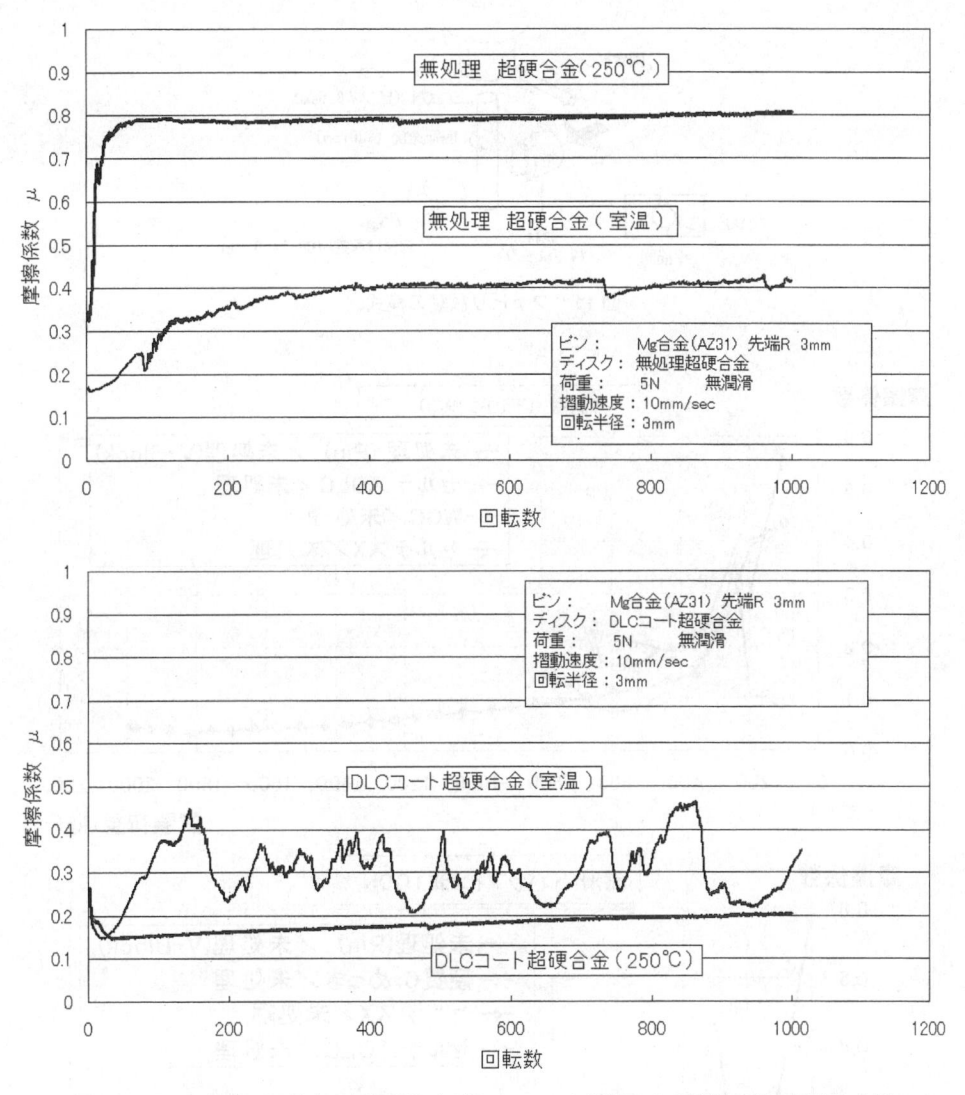

図 10　Mg 合金ピンに対する無処理および DLC コート超硬合金の摩擦係数の温度依存性
（上：無処理，下：DLC コート）

成膜後加熱をおこなった試料について結晶構造をラマン分光分析で測定した結果，300℃加熱までは構造に変化がないことが確認された。また硬さ試験についても 350℃加熱した試料において硬さの変化は見られなかった。

またガラスレンズ成形金型において DLC 被膜は非酸化雰囲気中で 500℃以上の温度で使用されており被膜の構造変化がおこったとしても離型性などの効果は十分発揮している。

注意しなければならないのは DLC 被膜の低摩擦係数は大気中での表面吸着層やトライボ生成物が関与しており，7.3.4 項に述べたように，温度を上げてゆくと相手材によっては摩擦係数が

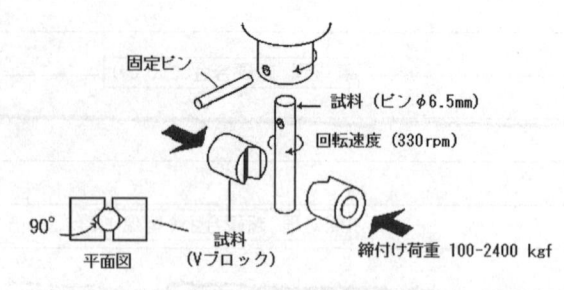

図11 ファビリ試験の模式図

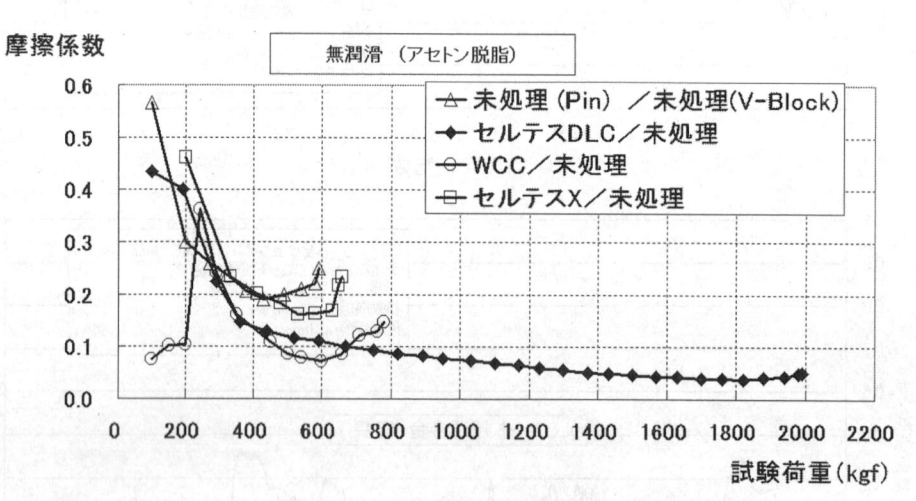

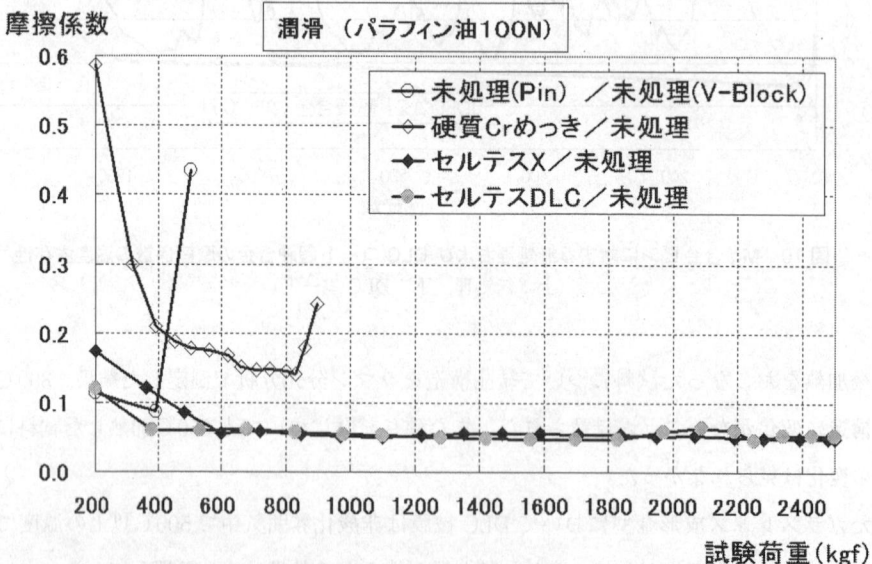

図12 ファビリ試験による焼付き限界荷重試験
（上：無潤滑，下：パラフィン油潤滑）

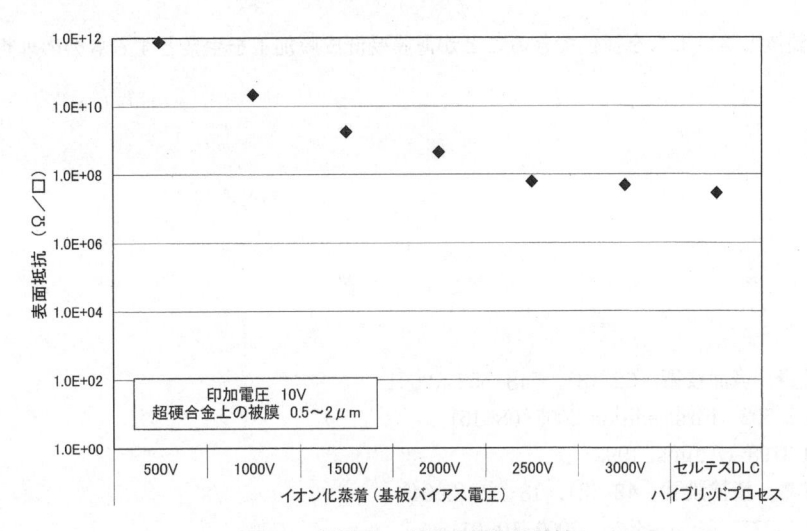

図13 各種DLC被膜の電気的特性

7.3.7 電気的特性・光学的特性

DLC被膜の電気的特性は主に被膜中に含まれる水素の量と相関があると考えられる。イオン化蒸着法により成膜時の基板バイアス電圧を変えた超硬合金上のDLC被膜の表面抵抗値測定では，基板バイアス電圧を上げるほど被膜中の水素量が減少し表面抵抗値は小さくなる。同時に赤外域での透過率も低下する。イオン化蒸着ではバイアス電圧－1000V以下において赤外域でかなり透明である。図13に各種条件で成膜したDLC被膜の表面抵抗の比較を示す。また電気的特性は成膜時の基板温度にも依存する。成膜時の基板温度を300℃以上にするとDLC被膜のラマン分光分析では無秩序グラファイト成分が増加し表面抵抗値も$10^6 \Omega/\square$以下に低下する。

7.4 おわりに

プラズマブースタースパッタリングとDCプラズマCVDを組み合わせたハイブリッドプロセスによる複合多層DLC膜は，切削工具や金型に長く使用されているTiNやCrN等の窒化物セラミック系硬質薄膜の技術蓄積を利用することによって，DLCの応用分野を飛躍的に拡大する可能性を持っている。またプロセスの自由度が高く，広い範囲で複合多層DLC膜の機械的特性を制御することができる。

近年のナノ技術による薄膜の機械的特性評価試験技術の進展により，光学薄膜設計なみの正確な母材－界面－薄膜材料設計技術の確立も近い将来可能であろう。その時，さまざまな使用環境，負荷条件，母材条件，表面粗さにおいてもっとも適した複合多層DLC被膜を提案でき，成

膜可能な装置とプロセスを提供できることが薄膜受託成膜加工を生業とするものの理想と責務である。

文　　献

1) 熊谷泰，表面技術，**52**（8），548-552（2001）
2) ISO 20502（First edition 2005-08-15）
3) VDI 3198（August 1992）
4) 熊谷泰，機械設計，**48**（8），18-22（2004）
5) ISO 14577（First edition 2002-10-01）
6) E. Rabinowicz, Friction and Wear of Materials. Wiley, New York, (1966) 2nd printing
7) 榎本祐嗣，三宅正二郎，薄膜トライボロジー，8，東京大学出版会（1994）
8) 笹谷純子，南雲信介，中山明，熊谷泰，白川信彦，岡原治男，東健司，素形材，**47**（5）20-25（2006）
9) T. Kumagai, K. Shimamura, H. Okahara, Y. Takigawa, K. Higashi, *Material Transaction*, **47**（4），1008-1012（2006）

8 PBIID 法による DLC 成膜と各種応用

鈴木泰雄*

8.1 はじめに

プラズマイオン注入・成膜技術は米国で開発され広く欧州，日本でも研究が行われてきた。産業レベルで研究開発が行われ一部実用化レベルに達している。我々はウエットメッキに代わる技術としてドライコーティングが可能で，かつ耐摩耗性，摺動性，腐食性に優れた DLC を基材に室温で高密着に成膜出来るプラズマイオン注入・成膜技術に注目し，産業基盤技術として日本に根付かせることを念願して実用化研究を行ってきた。特に省エネルギー，燃費の向上から材料の軽量化（アルミ，樹脂，ゴム化）が叫ばれ，かつ摩擦抵抗の低減が急務で，軽量材料の耐摩耗性，摺動性向上は室温プロセスであるプラズマイオン注入・成膜技術で図られる。ここにプラズマイオン注入・成膜技術を紹介すると同時に新規に開発された誘導型（ICP）正負プラズマイオン注入・成膜技術を用いた DLC 成膜加工による自動車部品，微細金型部品，機械摺動部品，ゴム・プラスチック部品への応用を記す。

8.2 プラズマイオン注入・成膜（PBIID）技術

半導体等で使用されるイオン注入技術は二次元（平面形状）基板へのイオン注入による材料の表面改質の基礎研究として利用されてきた。産業部品の多くは三次元（立体形状）を有しており，三次元イオン注入技術の開発が待たれた。1986 年米国のウイスコンシン大学のコンラッド博士によって PSII（Plasma Source Ion Implantation）が開発された。これが三次元イオン注入技術で学術的にはプラズマベースドイオン注入（PBII：Plasma Based Ion Implantation）技術と呼ばれる。PBII 技術とは RF 電源により真空容器内にガスプラズマを生成して，次の瞬間に基材に高電圧の負のパルス電圧を印加することにより，プラズマ中のイオンを基材に加速し，基材に高エネルギーでイオン注入する技術のことである。PBII 手法を用いての成膜技術として新たにプラズマイオン注入・成膜（PBIID：Plasma Based Ion Implantation and Deposition）技術が開発された。

8.2.1 PBIID 技術

表面改質したい基材（部品）に直接ないしは ICP（Induction Coupling Plasma）コイルに高周波電圧をかけて基材の周辺にプラズマを生成させる。次に負ないし正負の高電圧パルスを基材に印加し，基材の周囲に出来たプラズマの密度を高めると共に，プラズマ中のイオンを高エネルギー加速注入し，密着性向上のためのミキシング層（混合層）を形成し，成膜開始の時点で低エ

---

* Yasuo Suzuki ㈱プラズマイオンアシスト

DLC の応用技術

高周波　　　　　高電圧パルス	高周波　　　　　　正負高電圧パルス
RF13.56MHz	RF13.56MHz

a　静電容量型プラズマ　　　　　　　b　誘導型プラズマ

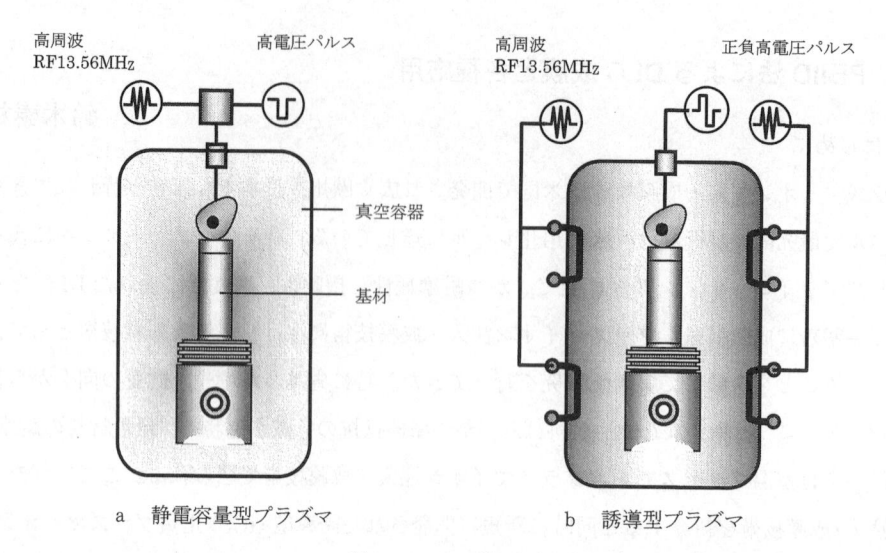

図1　PBIID の概念

ネルギーにして膜を形成する。図1a，bに基材に直接高周波電圧をかける静電容量型プラズマと外部にICPコイルを設け，ICPに高周波電圧をかける誘導型プラズマのPBIID装置の概念を示す。装置は真空容器，高周波電源，パルス電源，ガス供給制御盤から構成される。正パルス電圧を精密金型，マイクロ金型に印加するとプラズマが生成し難い凹溝にプラズマが生成される。図1aの特長は基材に均一にプラズマが生成されるので複雑形状を有した基材に対し均一注入・成膜が出来る。図1bの特長はICPプラズマなのでプラズマ密度が図1aに比較して10倍高いので高速成膜が可能になり生産性が向上する。

8.2.2　PBIID の動作原理

　PBIIDの動作原理を図1aの場合で説明する。図2に示すよう最初基材に高周波（RF）電圧をかけて，基材をアンテナにして基材周辺にプラズマを生成させる。次の瞬間に同じ基材に負の高電圧パルスを印加すると，マイナスの電子は基材の外部に追いやられ，プラズマシース（基材に対向したイオンと電子が共存するプラズマ面をシースという）が基材から数センチのところに出来，シースと基材間に電圧がかかるようになる。シースと基材間に存在するイオン（図2の白い部分）が基材に引き寄せられるように加速し，高エネルギーで注入，低エネルギーで成膜される。図3にプラズマのイメージを示す。

8.2.3　PBIID 装置

　図4にハイブリッド型のPBIID装置の概念図を示す。RFとパルス重畳方式，ICPとパルス，金属アーク／スパッター（ここには示していない）とパルスの組み合わせがある。
　必要に応じてこれらを全て組み合わせたハイブリッド型PBIIDは高密着，厚膜，機能膜を実

第 2 章　機械的応用

プラズマイオン注入の動作原理

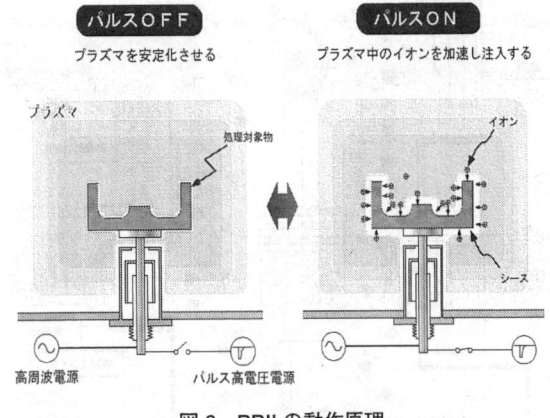

パルスOFF
プラズマを安定化させる

パルスON
プラズマ中のイオンを加速し注入する

図 2　PBII の動作原理

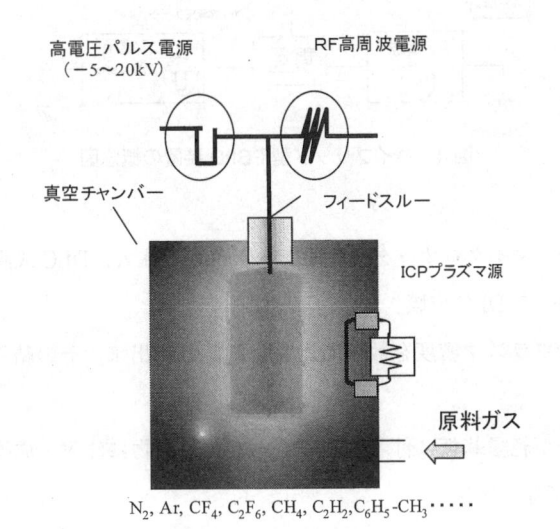

図 3　プラズマのイメージ

現する上で欠かせない技術である。

8.2.4　PBIID 技術の特長

(1) 三次元形状（立体形状）物への均一成膜

(2) イオン注入によるミキシング効果による高密着，厚膜成膜

(3) イオン注入・成膜プロセスによる室温成膜

(4) パルス技術なので，絶縁物（ゴム，プラスチック，セラミック）にチャージされた電荷はパルス電圧が印加されていない時にプラズマ中に拡散するので絶縁物に DLC が成膜出来る

DLC の応用技術

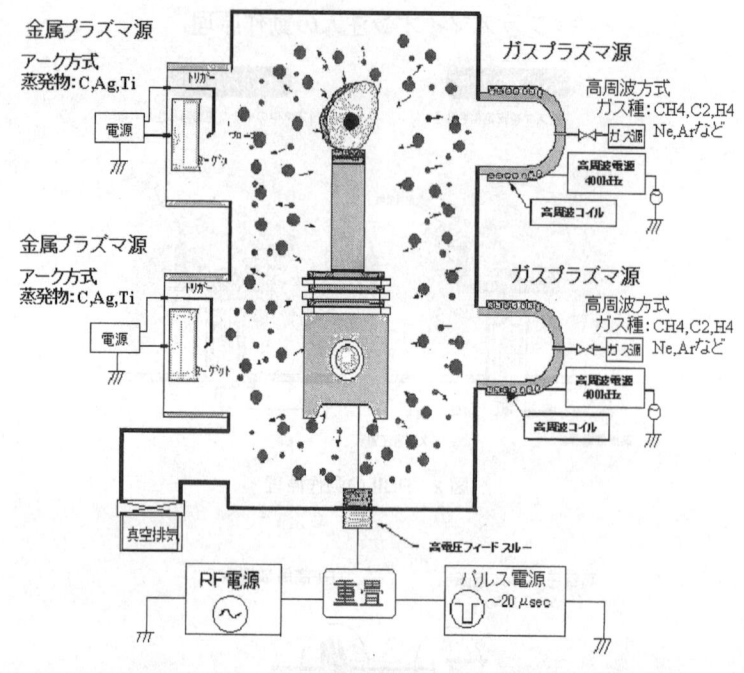

図4 ハイブリッド型 PBIID 装置の概念図

(5) ミリオーダーからマイクロオーダーの凹溝へのイオン注入，DLC 成膜

(6) 細いパイプ内面への DLC 成膜

(7) 正パルスによりプラズマ密度を数倍向上させることが出来，その結果成膜速度が3倍向上する

(8) 正パルスで電子が絶縁基板に付着するので，立体絶縁物に注入・成膜が可能となり，かつ金属並みの成膜速度が得られる

8.3 PBIID 技術による DLC 成膜

PBIID による DLC 膜は水素を含むので従来の DLC より硬度は低いが，圧縮応力が一桁低いこと，イオン注入ミキシング効果により $20\mu m$ に及ぶ厚膜が出来る。

8.3.1 PBIID による DLC 成膜プロセス

図5に基材への DLC 成膜プロセスを示す。基材はアルミの場合で，先ずアルミの表面の酸化膜をアルゴン（Ar）でスパッターさせ，表面をクリーニングする。次にアルミにシリコン（Si）を高エネルギー注入し，アルミと化合物を作る。次に高エネルギーで例えばメタン（CH_4），アセチレン（C_2H_2）プラズマ中のカーボンイオン（C^+）を加速注入してアルミ中に SiC を形成させる。最後に低エネルギーで C^+ イオンをデポジションし，SiC を核にして柱状成長させ高密着

第2章　機械的応用

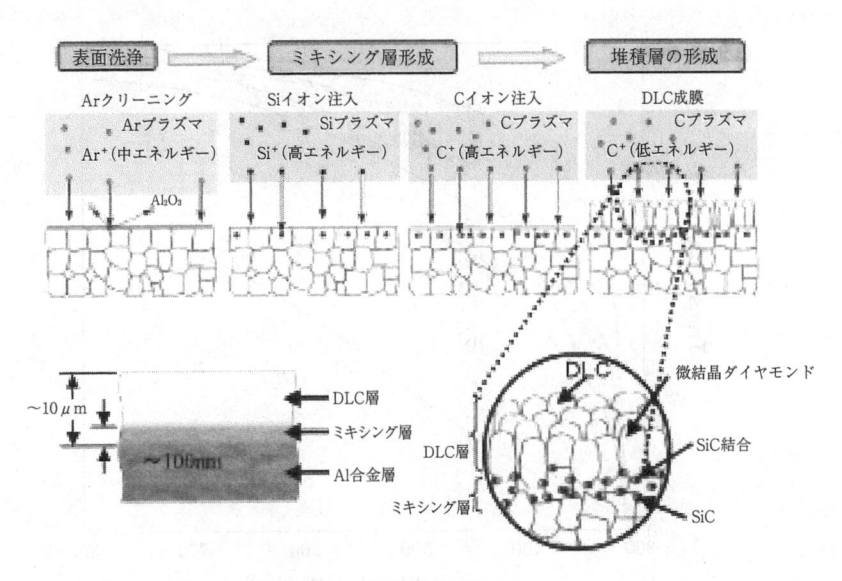

図5　DLC成膜プロセス

のDLCを成膜させる。

8.3.2　PBIIDによるDLC膜の特性

(1) 機械的特性

　　硬度（Hv）　　　：500～2,000kg/cm^2

　　圧縮応力　　　　：0.2～1Gpa

　　摩擦係数　　　　：0.1～0.2（湿度に依存）

　　表面粗さ　　　　：0.01～1μm（膜厚に依存）

(2) 科学的特性

　　耐熱性　　　　　：350～400℃

　　水素濃度　　　　：30～40at.%

　　ドーパント元素　：N，F，Si，Cr，Ti，etc.

(3) その他

　　電気抵抗　　　　：10^6～10^{12}Ωcm

（DLCの特性は，成膜プロセス，使用原料，成膜条件などによって変化する）

8.3.3　DLC膜の特長

厚膜により信頼出来る耐摩耗性，摺動性，耐食性が期待される。

(1) 耐摩耗性

　　従来の方法では高硬度のため圧縮応力が高く，厚膜が出来なかった。せいぜい3μm程度

〈透過率〉

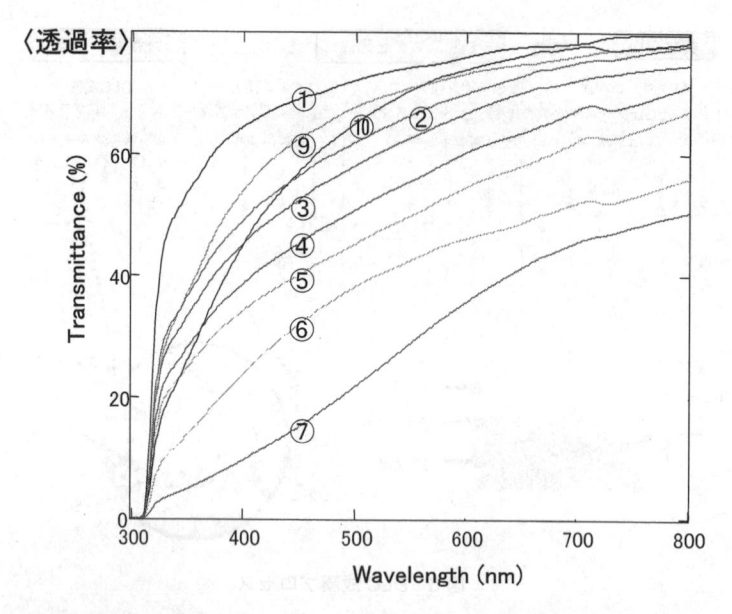

	サンプル名		
①	PET 75μmオリジナル	⑥	PET + DLC (100nm)
②	PET + DLC (5nm)	⑦	PET + DLC (200nm)
③	PET + DLC (10nm)	⑧	PET + DLC (400nm)
④	PET + DLC (20nm)	⑨	PET + T-DLC (100nm)
⑤	PET + DLC (50nm)	⑩	PET + T-DLC (390nm)

〈硬度〉

	サンプル名	硬度(GPa)	ヤング率(GPa)
⑩	PET + T-DLC (390nm)	4.3	41.5
⑧	PET + DLC (400nm)	8.3	72.4

（Si基板モニター）

図6　DLCの光透過率と硬度

であった。この程度の厚みでは砂利等の粉塵混入で剥離が生じ信頼性に劣っていた。PBIIDのDLCは比較的低硬度であるが5～20μm厚膜にすることが出来るので基材の硬度の影響を受けず，DLCが自立膜として存在するので砂利等の粉塵混入によるキズも生じることなく，信頼性を向上させる事が出来る。

(2) 摺動性（潤滑性）

　水素の含有量を調整，又はフッ素，シリコンをドープすることにより更に潤滑性を向上させる事が出来る。

第2章　機械的応用

(3) 耐食性

　原子及び分子クラスターによる成膜なので緻密な膜が出来る。若干ポーラスは存在するが，ポーラスの連続性の無くなる5μmの厚膜で耐食性が得られる。

(4) 撥水性

　DLCにフッ素をドーピングすればテフロン並の撥水性が得られる。樹脂の離形性にも優れる。

(5) 耐固着性

　ゴム等の粘着に対しDLC成膜することにより固着が防止出来る。

(6) ガスバリア性

　ゴム，樹脂等において水蒸気，酸素，炭酸ガス，エチレンにおいて一桁以上のガスバリアが得られる。

(7) 絶縁性

　窒素ドープにより絶縁抵抗を変化させることが出来る。$10^6 \sim 10^{12} \Omega$cm

(8) 装飾性，透明性

　DLCは薄いときは透明性を有し虹の如く干渉色になる。厚くなると黒みを帯びるが海岸の黒砂利の如く深みのある黒色になる。装飾として釣りのリール，ゴルフクラブのドライバーヘッドに一部採用されている。また透明DLCも可能である。透明でガスバリア性，耐摩耗性に優れたDLCは自動車のウィンドウガラス，タッチパネル，バイク用ヘルメット，太陽電池の防塵窓，ペットボトルに採用の可能性がある。

8.4　各種成膜加工法との比較

表1に各種成膜加工法との比較を示す。PBIIDは潜在的に優れた技術である。

8.5　応用

応用の代表例として車部品が挙げられる。車部品の軽量化，摩擦抵抗低減による燃費向上（省エネ，炭酸ガス削減）を図るため軽量化部品（非鉄金属，ゴム，樹脂）の耐摩耗性向上，摩擦抵抗の低減が必要である。

8.5.1　自動車部品

エンジンに代表されるピストン材料に軽量化のため，アルミが一部採用されている。鉄からアルミに全面変更されるためには耐摩耗性，潤滑性の向上が必要である。DLCの膜厚が$5 \sim 20\mu$m要求される。アルミに厚膜で高密着なDLC成膜はPBIIDで達成された。エンジンの周辺部品に軽量化のため樹脂，ゴムが採用されつつある。樹脂，ゴムの耐摩耗，潤滑性向上のためDLC

DLC の応用技術

表1 各種成膜プロセスの比較

優位性を示す

	P-CVD	PDV（アーク）	UBMS	PBIID
媒体	ガス	金属	金属／セラミック	ガス／有機金属
プロセス反応	熱／プラズマ	アーク・プラズマ	スパッタ	プラズマ・イオン
基板温度	～800℃	～400℃	室温～350℃	室温
膜種	窒化膜 酸化膜 DLC	窒化膜 DLC	窒化膜 酸化膜 DLC	窒化膜 酸化膜 DLC
膜厚	数ミクロン	数ミクロン	数ミクロン	～20ミクロン
膜質	ポーラス	ポーラス ドロップレット	ポーラス	緻密
密着強度	～20N	～60N	～40N	～40N
形状	立体（静止）	立体（自公転）	立体（自公転）	複雑，立体（静止）
基材	金属材料 セラミック	金属材料	金属材料 セラミック 樹脂	金属材料 樹脂 ゴム
コスト	中	中	中	安

成膜が期待されている（表2）。

8.5.2 金型部品

樹脂射出成型金型には耐摩耗性と樹脂離形性が要求される。フッ素をドープしたDLCはいずれの要求も満足させる。最近 mm から μm の微細金型の新規需要が開拓されている。このニーズに正負パルスを使ったPBIIDは十分に応える事が出来る。

8.5.3 機械部品

機械の摺動部品に優れた耐摩耗性，耐食性と潤滑性が要求される。高速可動で油切れにも焼き付きを起こさないことが評価されている。電気機器では最近メンテナンスフリーにするため油を必要としない又は油切れに対応出来る摺動部品が要求される。DLC 成膜は有望である。

(1) 軸受け部品

モーターに代表される軸受けの耐摩耗性と潤滑性にDLCは有望である。軸受けの内面にDLC成膜することは難しい。正負パルスPBIIDによって解決される。

パイプ内径5，8，10mmϕ，長さ20，50mmL の成膜厚さを図7に示す。正負パルスの場合細くて長いパイプ内面にDLC成膜する事が出来る。

(2) スライド部品

精密スライド部品の摺動性向上にDLC膜が採用されつつある。油切れにもDLCは対応出来ることが評価されている。

第2章　機械的応用

表2　自動車部品への応用

対象部品		材料	目的	課題
エンジン	ピストン　ピストン	ピストン	アルミ合金	軽量化，低摩擦，耐磨耗	厚膜DLC
		ピストンリング	ステンレス	低摩擦，耐磨耗	高温厚膜DLC
		シリンダーボア	アルミ合金	軽量化，低摩擦，耐磨耗	厚膜DLC
	クランク	コンロッド	チタン合金	軽量化，低摩擦，耐磨耗	厚膜DLC
		ブッシュ	S45C	低摩擦，耐磨耗	厚膜DLC
		ベアリング	銅合金	低摩擦，耐磨耗	厚膜DLC
	動弁系	カムフォロワ	浸炭焼入れ鋼	低摩擦，耐磨耗	厚膜DLC
		バルブ	チタン合金	軽量化，低摩擦，耐磨耗	厚膜DLC
		ガイド	アルミ合金	軽量化，低摩擦，耐磨耗	厚膜DLC
エンジン廻り		バルブ1	樹脂	軽量化，低摩擦，耐磨耗	厚膜DLC
		バルブ2	アルミとゴム複合品	軽量化，低摩擦，耐磨耗	厚膜DLC
		バルブ3	アルミ合金	軽量化，低摩擦，耐磨耗	厚膜DLC
		バルブ4	銅合金	低摩擦，耐磨耗	厚膜DLC
外装品		ワイパー	ゴム	低摩擦，耐磨耗	厚膜DLC
		モーター軸受け	ステンレス，銅合金	低摩擦，耐磨耗	内面DLC
		サイドミラー	ガラス	耐防曇	F-DLC
		天井ウィンドー	樹脂	軽量化，紫外線カット	厚膜DLC
		リアウィンドー	樹脂	軽量化，紫外線カット	厚膜準透明DLC
		カーナビタッチパネル	樹脂	軽量化，耐キズ	透明厚膜DLC
		ガソリンタンク	樹脂	ガスバリア	厚膜DLC
		水素貯蔵タンク	エンジニアリング樹脂	ガスバリア	厚膜DLC
その他		タイヤ金型	アルミ	耐磨耗，離形性	F-厚膜DLC
		プラグ抵抗体	カーボン	高電圧，大電流	低抵抗厚膜DLC
		パイプ	ステンレス，銅，ゴム	耐磨耗，潤滑，ガスバリア	内面厚膜DLC
		クロムメッキ対策	6価クロム	耐磨耗	3価クロムにN注入

8.6　技術課題

　PBIID技術をメッキに代替出来る産業基盤技術として定着させるためには成膜コストを低減させる必要がある。現在の成膜速度1μm/時間を10倍の10μm/時間にするにはプラズマ密度を現在の10倍可能なICP（Induction Coupling Plasma）プラズマ電源と大容量半導体方式正負パルス電源の開発が急務である。現在国のプロジェクトの委託を受け鋭意開発中である。PBIID技術が量産，品質，コストに対応出来るか否かが基盤技術に成りえるかのカギである。

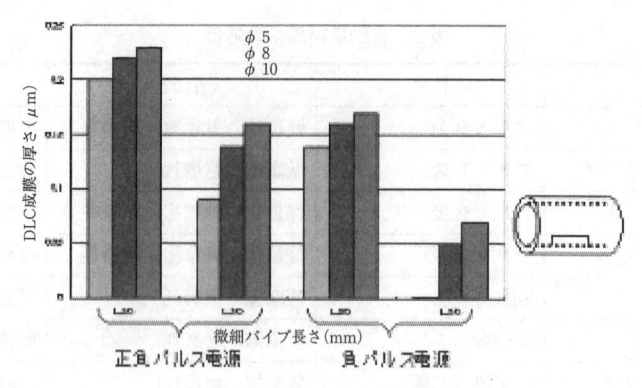

図7 パイプ内面へのDLC膜厚

8.7 まとめ

プラズマイオン注入・成膜（PBIID）技術でもって初めて複雑な三次元形状を有する基材に均一に厚膜 DLC，立体形状を有する樹脂，ゴムにも，金属同様高速に DLC 成膜が可能になった。また室温成膜技術で金属を初め，非鉄金属，セラミック，ゴム，樹脂，紙にDLC成膜が可能になった。産業のあらゆる分野にこの技術が浸透することを切に望むものである。

文　献

1) J. R.Conrad, J. L. Radtke, R. A. Dodd, F. J. Worzala, Ngoc C. Tran, "Plasma Source Ion Implantation Technique for Surface Modification of Materials", *J. Appl. Phys.,* **62** (11), 4591-4596 (1987)
2) Y. Suzuki, K. Yukimura, "High Energy Ion Implantation on the Surface of Complicated 3-Dimensional Substrates", *Journal of IEE of Japan,* **118** (3), 147-150 (1998-3)
3) Y. Suzuki, "Surface Modification of a Solid Body Using 3-Dimensional Ion Implantation Technology", OYO BUTURI, **67** (6), 663-667 (1998)
4) Y. Suzuki et al., "Functional and New Material Films by Plasma-Based Ion Implantation and Thin Film Formation", JIEED Japan, **45** (2), 30-35 (2002)
5) Y. Suzuki, "DLC Film Formation Technologies by Applying Plus-Minus Pulse Voltage Coupled with RF Voltage and Industrial Application", JIEED Japan, **49** (2), 41-46 (2006)
6) Y. Suzuki, "DLC Film Formation Technologies by Applying Pulse Voltage Coupled with RF Voltage to Complicated 3-dimentional Substrates and Industrial Application"

9　DLC-Si コーティングの 4WD カップリング用電磁クラッチへの応用

齊藤利幸[*1]，安藤淳二[*2]

9.1　はじめに

近年，SUV（Sports Utility Vehicle）等の 4WD 車の拡販が進み，駆動系自動車部品の小型・高容量・低コスト化に対応した製品開発の需要が増している。4WD 車用電子制御カップリング ITCC[1]（Intelligent Torque Controlled Coupling）では，使用環境の過酷化によるしゅう動部材の負荷増加や，グローバル化にともなうコスト競争の激化があり，特にコストパフォーマンスに優れた技術開発が重要となっている。

図1[1]に ITCC の車両搭載例を示す。ITCC ではリヤデフに内蔵された電磁クラッチへの電流を，各種センサからの情報に基づき制御することで，さまざまな条件に応じた最適なトルクを後輪へ伝達することができる[2]。ITCC の構造を図2[1]に示すが，ITCC 内には多板構造の鉄系電磁クラッチがあり，フルード潤滑下でしゅう動する。電磁クラッチの小型・高容量・低コスト化に対して，従来は微細表面油溝形状や特殊ガス軟窒化等の技術を適用してきたが，さらなる小型・高容量・低コスト化に対しては，これらの技術では対応が難しい。

この課題を解決する手法のひとつとして，コーティング技術がある。電磁クラッチのコーティ

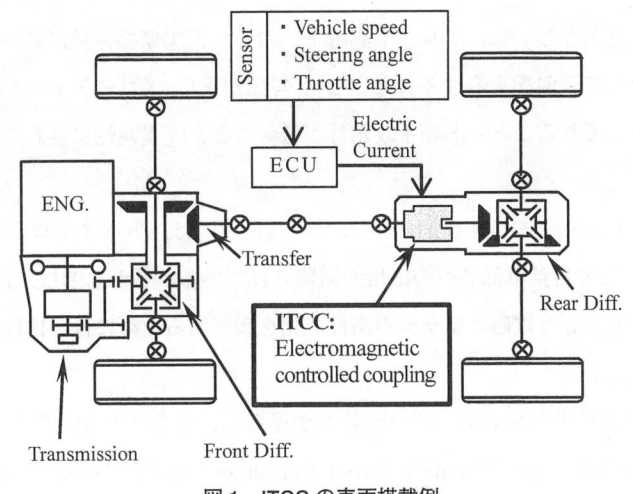

図1　ITCC の車両搭載例

---

*1　Toshiyuki Saito　㈱ジェイテクト　研究開発センター　材料技術研究部　トライボロジー研究室　主担当

*2　Junji Ando　㈱ジェイテクト　軸受・駆動事業本部　カップリングシステム技術部　主任

図2 ITCCの構造

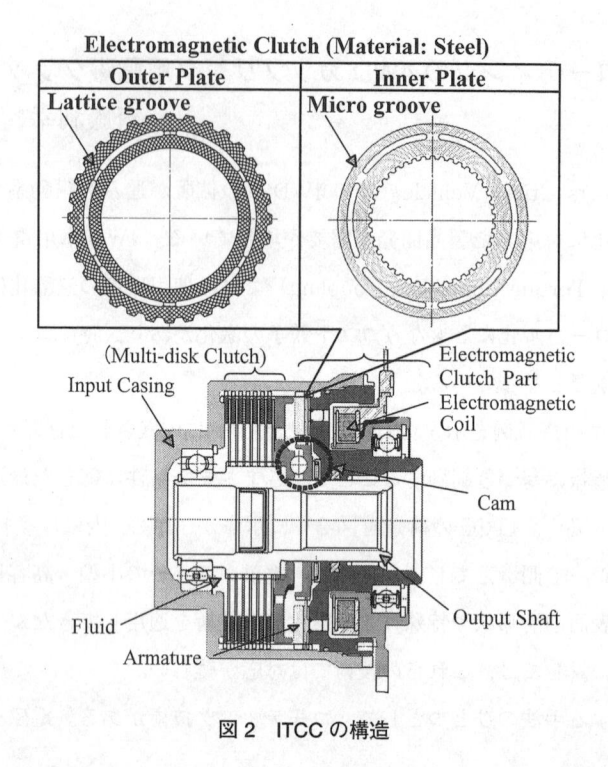

ングに要求される性能としては，フルード潤滑下において，①摩擦係数が高いこと，②摩擦係数がすべり速度に対して正勾配を有すること（μ-v勾配が正），③コーティング膜の密着力が高いこと，④耐摩耗性に優れること，⑤相手攻撃性が低いこと，⑥量産性に優れることなどが挙げられる。

ここで，DLC（Diamond-Like Carbon）などの硬質薄膜は，トライボロジー特性に優れるコーティング[3〜6]として自動車部品への応用が期待されている。しかしDLCは膜の密着力や量産性に課題があり，上述した電磁クラッチの高性能化を満足するためには，信頼性と量産性の飛躍的な向上が必須となる。

これらの要求を満足するために，高い密着力が得られ，つきまわり性に優れた成膜手法として，直流方式のプラズマCVD（Chemical Vapor Deposition：化学蒸着）法によるDLC-Si（Silicon containing Diamond-Like Carbon）コーティング技術[7〜9]に着目し，開発を進めた。その結果，これまで不可能であったクラッチ枚数の削減を実現し，4WDカップリングITCCの小型・高容量・低コスト化を達成した。

第 2 章　機械的応用

表 1　供試品

No.	Surface treatment	Technical method	Vickers hardness (Hv)	Surface roughness (Rz$_{JIS}$)	Adhesive strength (N)
1	Nitriding (Conventional)	Special gas nitrocarburizing	600〜1000	3〜4	−
2	CrN	Ion plating	1800	3〜4	60
3	DLC-Si	DC-PACVD*1	2000	3〜4	15
4	DLC-Si + High adhesion process	DC-PACVD*1	2000	3〜4	50

*1 Direct Current Plasma-Assisted Chemical Vapor Deposition

9.2　ITCC の作動原理と要求特性

図 2[1] に示すとおり ITCC は大きく分けて，電磁クラッチ部，カム機構部，トルク伝達部で構成される。ITCC のソレノイドへの電流を変化させることにより，アーマチュアに電流に比例した吸引力が作用し，電磁クラッチに摩擦トルクが発生する。これをトルク増幅カムにより軸方向への力に変換することで，電流に比例した摩擦トルクを発生させる。

この時，ITCC には耐シャダー性能が求められる。シャダーとはスティックスリップによる自励振動で，車両では振動騒音問題につながる。一般的にスティックスリップは摩擦係数のすべり速度に対する勾配（μ-v 勾配）が負であると発生することが知られているが[10]，ITCC においても μ-v 勾配を如何に正勾配とするかが重要である。ITCC の μ-v 勾配は，その構造から電磁クラッチとメインクラッチの μ-v 勾配の複合である。ここでメインクラッチに使用しているペーパ摩擦材は AT（Automatic Transmission）等に広く使われており，耐シャダー性能は優れている。一方，磁力を作用させる電磁クラッチでは，メインクラッチのようにペーパ摩擦材を使用することはできず，鉄系のクラッチでありながら μ-v 勾配を正にする技術開発が必要となる。本研究では，実機ユニットを用いた耐シャダー寿命の評価を実施し，電磁クラッチに最適なコーティングを検討した。

9.3　電磁クラッチのトライボロジー特性

9.3.1　耐シャダー性評価試験

電磁クラッチしゅう動面において，所定の負荷エネルギ 7.5kW にてクラッチスリップ試験を行い，μ-v 勾配の経時変化を測定した。試験開始から μ-v 勾配が負となるまでのサイクル数を耐シャダー寿命とした。インナプレートの表面処理は窒化とし，アウタプレートの表面処理は表 1 の組み合わせとする。フルードには，全ての供試品で同一の駆動系潤滑油とした。

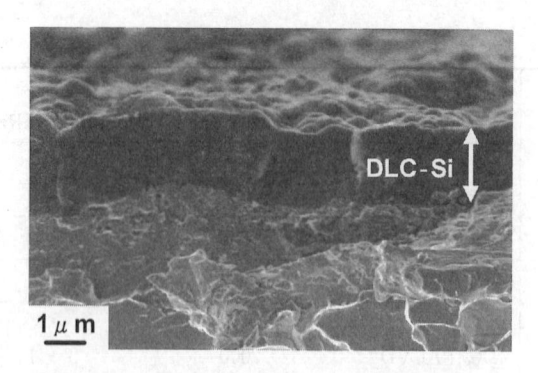

図3　DLC-Si被覆アウタプレートの破断面SEM像

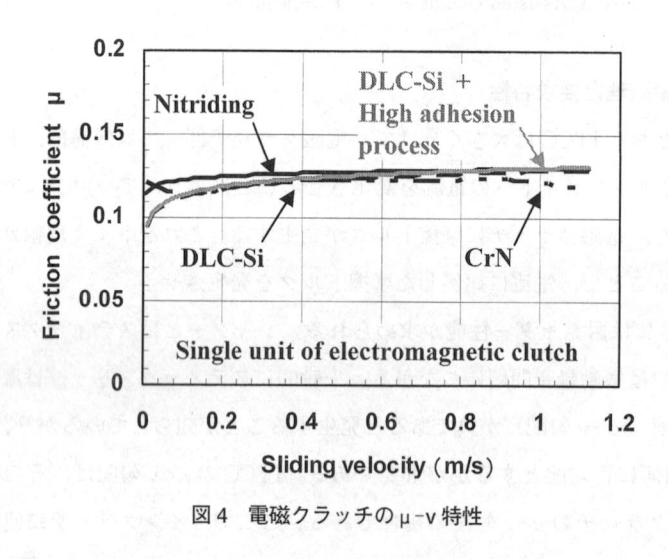

図4　電磁クラッチのμ-v特性

図3[11]に本試験で供試したDLC-Si被覆アウタプレートの破断面SEM（Scanning Electron Microscopy：走査型電子顕微鏡）像を示す。直流プラズマCVD法では，母材の表面粗さに沿ってDLC-Si膜が成膜される。そのため母材表面粗さの調整により，しゅう動部の表面粗さの制御を容易に行うことができる。

9.3.2　フルード潤滑下におけるμ-v特性

図4[12]に電磁クラッチ単体の窒化とCrN膜，DLC-Si膜及び高密着化処理を施したDLC-Si膜のμ-v特性を示す。この際，クラッチ押し付け荷重は，1500Nで一定とした。DLC-Si膜は，大気中においては$\mu = 0.06$程度の極めて低い摩擦係数を示す[8,13]が，フルード潤滑下においては，電磁クラッチの微細油溝構造としゅう動面の数μmの凹凸により境界摩擦を維持し，かつ材料特性との効果によって，窒化と同等で十分な摩擦係数（$\mu = 0.12$）を確保している。さらに，DLC-Si膜は低すべり領域（0.01m/s）の摩擦係数を低下させ，耐シャダー性に優れるμ-v特性

第2章　機械的応用

図5　μ-v勾配の経時変化

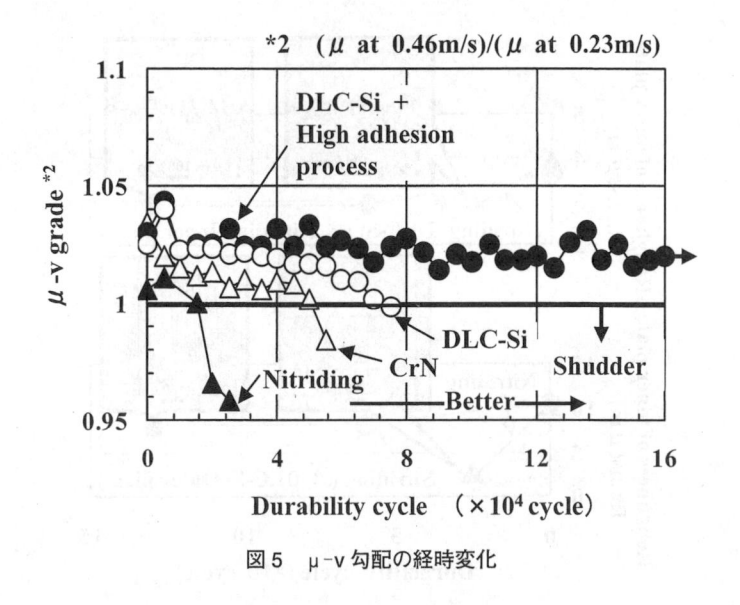

を実現している。一方でCrN膜は，低・高すべり速度下で負勾配領域が存在する。

図5[12]に実機耐久試験による，各供試品のμ-v勾配の経時変化を示す。縦軸は，0.46m/s時の摩擦係数を0.23m/s時の摩擦係数で除した値であり，この値が1以上であれば摩擦係数は正の速度依存性を有し，耐シャダー性に優れる。この結果から，高密着化処理を施したDLC-Si膜は，従来品の窒化と比較して耐シャダー寿命が8倍以上に向上する。さらに，試験は16×10^4サイクルにて評価完了しているが，それ以降も継続使用可能である。また，CrN膜は相手攻撃性が高く5.5×10^4サイクルで，高密着化処理を施していないDLC-Siにおいては膜の剥離がみとめられ，7.5×10^4サイクルでシャダーが発生する。

9.3.3　DLC-Siクラッチの摩耗特性

次に，窒化と高密着化処理を施したDLC-Si膜しゅう動面の微細粗さについて示す。図6[12]に耐久試験にともなう電磁クラッチ面粗度（10点平均粗さ）の経時変化と耐久試験後のしゅう動面のSEM像を示す。電磁クラッチがフルード潤滑下で良好なトライボロジー特性を発現するためには，微細油溝構造としゅう動面の数μmの凹凸が重要であるが，これらの微細凹凸には高い耐摩耗性が要求される。またこれらの凹凸は互いのしゅう動面を摩耗させ，電磁クラッチの耐久性を低下させる原因ともなる。

しかし図6から明らかなように，DLC-Si処理を施したアウタプレートは窒化処理を施したアウタプレートと比較して，インナプレートの微細油溝部の摩耗を抑制しており，相手攻撃性が極めて低い。

これらの高密着処理を施したDLC-Si膜の優れたトライボロジー特性により，電磁クラッチの

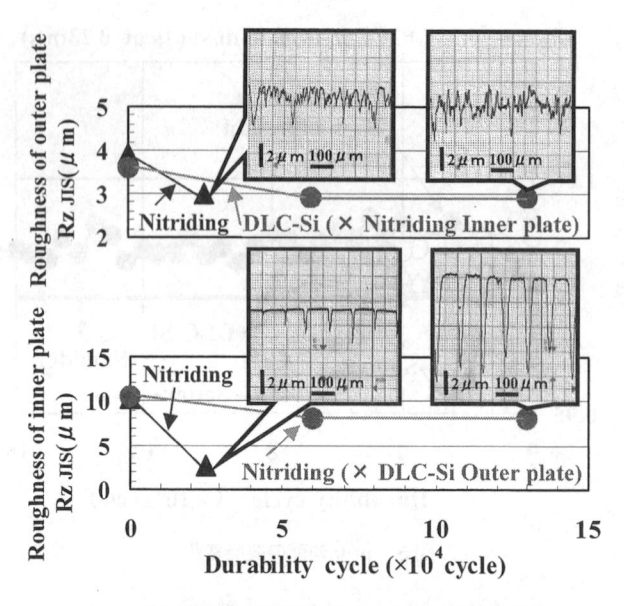

図6 耐久試験にともなうクラッチ板の面粗度変化

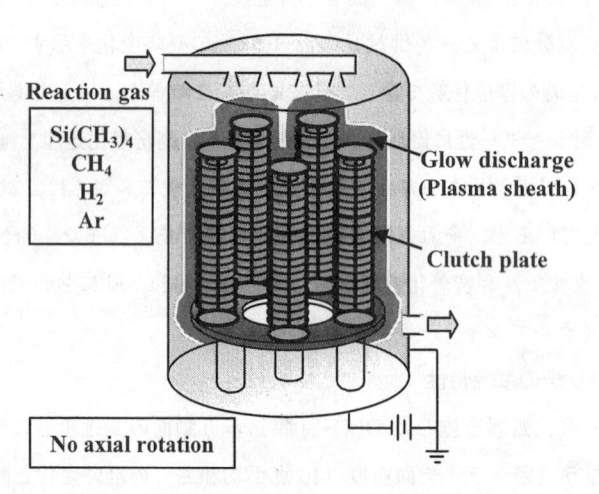

図7 直流プラズマ CVD 法によるクラッチ板の装填状況イメージ

高面圧化が可能となり，カップリング1台当たりのクラッチ枚数の削減が可能となった。

9.4 DLC-Si クラッチの大量処理技術

DLC-Si 処理の低コスト化のために，より多くのクラッチ板を炉内に装填できる高密度処理を検討した。図7[12)] に直流プラズマ CVD 法によるクラッチ板の装填状況を示す。直流プラズマ CVD 法はつきまわり性に優れ，クラッチ板を厚さ方向に積層することで，量産性の優れた大量

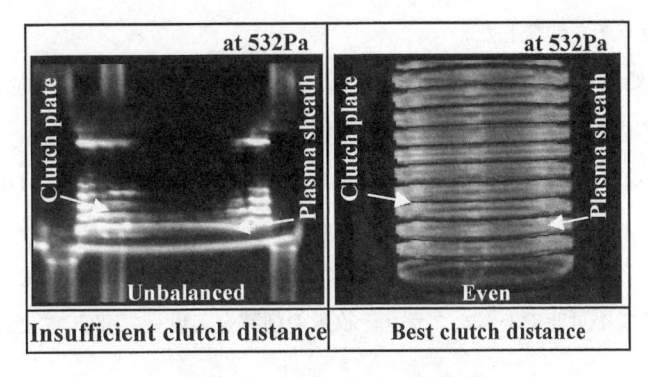

図8 クラッチ板のグロー放電状況

処理技術を確立できる。

処理温度500℃で,導入ガスをテトラメチルシラン(TMS：Si(CH$_3$)$_4$),メタン(CH$_4$),水素(H$_2$),アルゴン(Ar)として成膜した。このクラッチ板を高密度に装填する場合においては,プラズマシースの制御が非常に重要となる。プラズマシースの過剰な重なりは,不安定な放電を誘発するために成膜の障害となる。

図8[12]に所定のガス圧下で,クラッチ板の間隔を変化させた場合のグロー放電状況を示す。クラッチ板表面を覆うプラズマシースの幅が,隣接する2枚のクラッチ板の対向面間隔以下となるように処理条件を調整し,最適なクラッチ間隔を検討した。クラッチ間隔が不十分であるとグロー放電が不安定となるが,クラッチ間隔を最適化することで安定したグロー放電が得られ,好適な装填条件を見出すことができた。

さらに種々の処理条件(クラッチ間隔・電流条件・処理温度・ガス圧・ガス供給量・ガス供給方法等)を最適化することによって,均一なプラズマシースを形成し,高性能なDLC-Si膜を成膜することが可能となった。

このように,DLC-Si膜の大量処理技術の確立によって成膜コストを大きく低減し,さらにDLC-Si膜の優れたトライボロジー特性を生かすことで,ITCCの小型・高容量と低コスト化を達成した。その結果,DLC-Si被覆電磁クラッチを採用したITCCは,従来適用が容易でなかったより高面圧下で作動する3000ccを超えるクラスの車種にも搭載され,国内外自動車メーカ向けに展開されている。

9.5 まとめ

(1)DLC-Si膜が,フルード潤滑下で駆動力伝達装置に要求される十分な摩擦係数を確保することを見出し,クラッチしゅう動面の微細粗さと材料特性との効果により,耐シャダー性に優れた

高容量の電磁クラッチを開発した。

(2) 洗浄を含む前処理と表面活性化処理技術により，膜の密着性を飛躍的に向上させ，エンジン動力を伝達するクラッチでも剥離がない高密着化技術を確立した。

(3) 直流プラズマ CVD 法によるクラッチ板の成膜処理条件の最適化により，DLC-Si の大量成膜技術を確立した。

(4) DLC-Si 膜の ITCC 電磁クラッチへの採用により，クラッチ板の耐久性を飛躍的に向上させることで，これまで不可能であったクラッチ枚数の削減を実現し，ITCC の小型・高容量・低コスト化を達成した。

文　　献

1) 宅野博ほか，自動車技術会学術講演会前刷集，No.75-98 (1998)
2) 尾崎桂治，最新の 4WD 機構，GP 企画センター，p.170-176 (2003)
3) A. Grill, Wear, **168**, p.143 (1993)
4) C. Donnet, *Surf. Coat. Technol.,* **100-101**, p.180 (1998)
5) 加納眞，トライボロジスト，**47**(11)，p.23-28 (2002)
6) 林田一徳，トライボロジスト，**47**(11)，p.48-53 (2002)
7) K. Oguri, T. Arai, *Surf. Coat. Technol.,* **47**, p.710 (1991)
8) K. Oguri, T. Arai, *J. Mater, Res,* 7(6), **6**, p.1313 (1992)
9) H. Mori, H. Tachikawa, *Surf. Coat. Technol.,* **149**, p.225-230 (2002)
10) 山本雄二，兼田楨宏，トライボロジー，理工学社，p.46-48 (1998)
11) 安藤淳二ほか，トライボロジー会議予稿集，p.469-470 (2005)
12) 安藤淳二ほか，自動車技術会論文集，**36**，p.157-162 (2005)
13) 森広行ほか，トライボロジー会議予稿集，p.85-86 (2004)

10　ロータリーエンジンへの DLC 薄膜合成の応用

中谷達行[*1]，岡本圭司[*2]

10.1　はじめに

　今世界中で最も注目されている問題は環境問題であろう。その中でも特に，石油に関するエネルギー問題は深刻である。自動車業界もその煽りを受け，燃費改善をはじめとし，ハイブリッドカーや燃料電池車，さらに次世代自動車へと続く開発が各社で進められている。写真1にロータリーエンジン内のロータリーハウジングとおむすび型ローターの外観を示す。もともと楕円状のロータハウジング内に三角形のおむすび型ローターを配し，ローターの回転を直接利用するその特異な構造から，軽量コンパクト，低振動・低騒音，さらに高出力というレシプロエンジンを凌駕する性能を持つロータリーエンジンである。その理想とも言えるエンジンがさらなる進化を遂げたものが，現在の RX-8 に搭載される最新型ロータリーエンジン「RENESIS（レネシス）」である。レネシスの開発に至っては，さらなる燃費の向上と長寿命エンジン化を目指し，設計の見直しから全ての部品に至るまで厳しい条件が課せられた。例えばサイド排気ポートシステムの採用をはじめとする革新的技術の採用により，さらなる高出力化を実現すると同時に，燃費や排出ガスのクリーン化についても従来のロータリーエンジンと比較して大きく改善した。ここでは，

写真1　ロータリーハウジングとローター

[*1]　Tatsuyuki Nakatani　トーヨーエイテック㈱　精密部品製造部　主幹
[*2]　Keishi Okamoto　トーヨーエイテック㈱　BI室　主事

DLC の応用技術

写真2 コーナーシール

長寿命化対策として写真2に示すコーナーシールに Diamond-Like Carbon（DLC）を適用した実際の事例を紹介する。

10.2 ロータリーエンジンの摩耗問題

　ロータリーエンジンの摩耗に関して最もネックとなるパーツはガスシールであるアペックスシール，サイドシール，そしてコーナーシールである。アペックスシール，サイドシールは，ローターとロータハウジングが接触する3辺，6辺に装備されているもので，これらが直接ロータハウジング，サイドハウジングと接触し，燃焼室を密閉する。つまりこれらが摩耗すると，ガス漏れによる不完全燃焼が起こり燃費の悪化につながる。接触による衝撃を吸収するためにある程度の自由度が与えられているコーナーシールはアペックスシールの両端に装備され，アペックスシールを保護する。アペックスシールの動きに合わせてコーナーシールも動き，ローター本体と摺動しお互いが摩耗する。従来，コーナーシールには硬質 Cr メッキ処理が施されていた。しかし，長寿命化のためにはコーナーシールの硬質 Cr メッキ処理だけでは不充分であるため，高い摺動特性を持つ DLC 膜をコーティングする事を提案した。これは硬質 Cr メッキの摩擦係数が 0.42 であるのに対して，DLC の摩擦係数が 0.1 である事からも明らかであり，相手材であるローター本体の摩耗も低減可能となる。硬質 Cr メッキに変えて DLC を単膜でコーティングする案もあったが，保険のために従来の硬質 Cr メッキの寿命に DLC の寿命を加えるという意味で，硬質 Cr メッキ上に DLC をコーティングするという積層濃度傾斜型耐熱 DLC 膜案が採用された[1,2]。

10.3 DLC 膜の特性

　DLC はここ 10 年余りの間に飛躍的に実用化が進んだ。冠状動脈薬剤溶出ステントなどの高度管理医療機器[3]や家庭用水栓金具の使用をはじめ，音響機器，半導体製造用工具から，切削工具，各種成型金型まで，身近な所を含めて幅広い所で使用されている。また優れた摺動特性から自動

車エンジン内部の摺動部品への DLC の適用も期待されており，ディーゼル用燃料噴射ポンプの噴射ノズル等に DLC が適用されている[4]。

DLC はダイヤモンドと同じ炭素原子からできているため，一般的に他の硬質薄膜コーティングに比べ高硬度で，ダイヤモンドが約 50～100〔GPa〕のナノインデンター硬度を示すのに対し，DLC は 25～50〔GPa〕の硬さを示す。これは硬質 Cr メッキ（10～13〔GPa〕）の 3 倍以上の硬度である。また DLC は長距離秩序を持たない非晶質（amorphous）構造にダイヤモンドが持つ sp^3 混成軌道とグラファイトが持つ sp^2 混成軌道を含むものと考えられており[5]，その構成比と水素濃度により DLC の基本特性は決定される。さらに，他の元素を添加した DLC も作成する事が可能で，添加元素の種類やその量により，様々な性質を持つ DLC が作成可能である。一般的に DLC と称されるものは，このような組成や添加元素の違うものを含めて，かなり広い物質の範囲のものを指す。また，「相手材の摩耗」や「相手材の焼付き」を抑えるという，優れた摺動特性をも示す[6]。

10.4 DLC 成膜条件

DLC の成膜方法については種々の方法が開発されており，作成方法によりその性質や特性は異なる場合が多い。そのため用途や目的に応じて作成方法は使い分ける必要がある。工業的に多く用いられている方法は高周波プラズマ CVD 法[5]やイオン化蒸着法[7]である。コーナーシールへの DLC の適用に際しては，イオン化蒸着法を用いた。イオン化蒸着装置は真空チャンバーの内部に設けられたフィラメントから得られる熱電子によるプラズマ源に，イオン源である Ar 並びにベンゼン（C_6H_6）等の炭化水素ガスを導入することにより発生させたプラズマを，負電圧に印加した試料に衝突させることにより試料の上に DLC 成膜する一般的なイオン化蒸着装置である。この方法の特徴は，イオン化した炭化水素を DC バイアスで加速するため，膜中から水素がたたき出され，膜が硬くなるという利点がある。コーナーシールへの DLC の成膜条件は，C_6H_6，C_2H_2 等の炭化水素およびテトラメチルシラン（$Si(CH_3)_4$）等のガスを用い，処理温度は 200℃ 以下，バイアス電圧は 1.0〔kV〕以上，炉中の真空度は 0.1〔Pa〕前後の圧力で成膜し，1μm/h の成膜速度を得た。コーナーシールへの DLC 炉内処理中イメージを図 1 に示す。また，DLC と母材との密着性を上げるため，硬質 Cr メッキ面との界面近傍を低ヤング率領域層とした濃度勾配を有する Si 含有の DLC 膜を形成した。これは急激な材質変化に起因した異種材料間での界面の形成や応力集中を避けるためである。コーナーシール上の積層濃度傾斜型の耐熱性 DLC の膜厚は 1μm，膜表面の硬度は 29〔GPa〕を得た。

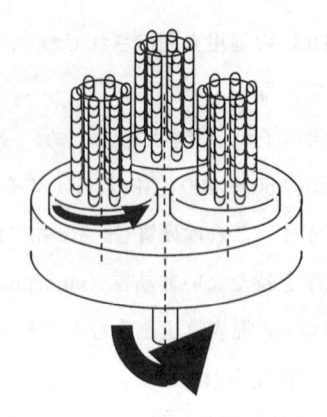

図1 コーナーシールの DLC 処理イメージ

10.5 TOYO-DLC の耐熱性評価

ロータリーエンジンの内部に DLC を適用する際に問題となることの一つとして，熱の問題が上げられる。DLC 膜は温度を上げていくとアモルファス構造がグラファイト的構造に移行していくため，高温下での使用にはあまり適していない[8]。一般的に DLC の耐熱温度は 300～400℃前後であり，これはロータリーエンジンに限って言えることではないが，エンジン内部に DLC を適用すると，点火プラグ近傍では 1000℃近くまで温度が上がり，熱による DLC の劣化が起こる。この熱による劣化を防ぐため，著者らは耐熱性に優れる Si 含有濃度傾斜型 DLC を開発した。

評価方法としては DLC 膜表面の Si 含有量をそれぞれ①0%，②3%，③19%，④26.8%に調整した4種類の試料で検証を行った。DLC 膜中の Si 含有量の測定には，RBS（Rutherford Backscattering Spectrometry）および ERDA（Elastic Recoil Detection Analysis）法を用いた。一般的に ERDA は DLC 膜中の水素量の測定に使用するが，Si と水素含有量の関係を議論する為に，Si と水素含有量は ERDA を用いて同時に測定した。装置は RBS は CE&A 社製 RBS エンドステーション（RBS-400）を，ERDA は NEC 社製ペレトロン型 1MV タンデム加速器を使用した。また，Si 含有量の測定には，クロスチェックのために PHISICAL ELECTRONICS 社製のオージェ電子分光分析法を用いて，平均的・全体的な構造の評価を行った。

10.5.1 耐熱特性

上記①～④の膜処理を施した，4つの超硬試料（12×12×6mm）を使用し，耐熱テストを行った。テスト方法としては，真空炉内で温度変化（500℃，3時間保持）をさせ，真空炉内に入れる前の状態（処理前）と，入れた後の状態（処理後）を比較した。

処理前と処理後において，レーザー顕微鏡による Si 含有量とクラック発生状態の違いを写真3に示す。レーザー顕微鏡には，ピンホール共焦点（コンフォーカル）顕微鏡方式を用いた。表

第 2 章　機械的応用

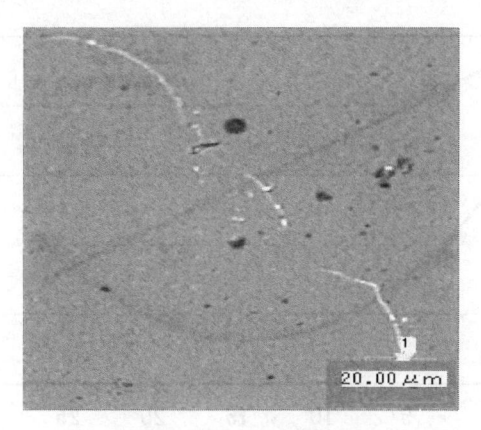

写真 3　クラック顕微鏡写真
(① 0% Si 上のクラック)

表 1　クラック発生評価（写真，① 0% Si 上のクラック）

	① 0%-Si	② 3.0%-Si	③ 19.0%-Si	④ 26.8%-Si
評価	×	△	○	○
クラック発生個数（500℃）	10 箇所以上	1 箇所	発生なし	発生なし
クラック発生個数（600℃）	10 箇所以上	数箇所	発生なし	発生なし

カウントしたクラックは，1.2 × 1.2 (mm) テストピース上において
連続的に 0.2μm 程度以上のクラックが発生しているもの。

1 にクラック発生評価結果を示す。① 0%-Si は完全に 500℃の熱により劣化している事が分かる。それと比較し，③ 19.0%-Si，④ 26.8%-Si ではクラックの発生は観察されず，また処理前，処理後の大きな表面変化も観察する事はできなかった。同様の実験を，炉内保持温度を 500 度から 600 度に上げて行った。② 3.0%-Si で多少クラックが多く見られたが，③ 19.0%-Si，④ 26.8%-Si では，クラックの発生は観察されなかった。この結果より，Si 含有量が多いほど，熱に対して劣化していない，すなわち耐熱性が高いと言うことができる。

10.5.2　熱伝導率特性と耐熱特性との関係

　熱伝導とは，高温側から低温側へ熱が伝わる（移動する）ことであり，これはフォノン（格子振動）および伝導電子が担う。金属においては伝導電子が熱伝導の主な担い手になる。世の中で最も熱伝導に優れた物質は熱伝導率が 1,000w/m・K 程度のダイヤモンドであり，これは主にフォノンにより熱の伝導が行われ，規則正しい結晶配列のおかげで熱の振動をほとんど減衰することなく伝えることができる。逆に熱伝導率の低い物質は非金属かつ格子配列の乱れた物質である。DLC は非金属かつアモルファス構造をとるため，ダイヤモンドに近い物質ながら著しく低

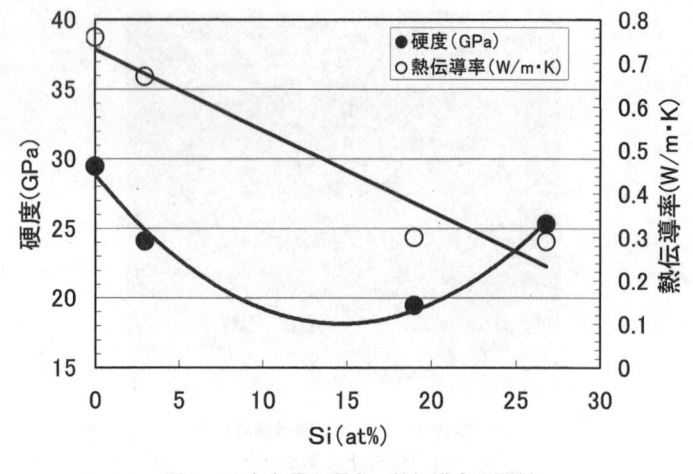

図2 Si含有量と硬度，熱伝導率の関係

い0.7w/m・K程度の熱伝導率を示すことから断熱効果による耐熱向上が期待できる[9,10]。

①0%-Si，②3%-Si，④26.8%-Siの熱伝導率の比較測定を行った。測定はスキャニングレーザー加熱AC法を用いた[11]。各試料の膜の厚さは0.5μm，体積比熱はガラス基材の体積比熱（1.8Jcm-3K-1）に等しいと仮定して熱伝導方程式により熱伝導率を求めた。また，それぞれに対して3回測定し，平均値を取った。それによる熱伝導率とSi含有率の関係を図2に示す。Si含有量が多いほど，熱伝導率が低いことが分かる。また10.5.1よりSi含有量が多いほど耐熱性が高いことが分かっているので，これらより，熱伝導率と耐熱性の相関を取ることができ，熱伝導率が小さいほど耐熱性が高いという結果を得た。

10.6 TOYO-DLCの耐摩耗性評価

次に，ローターの摩耗問題に関連して，①～④の膜の硬度や靱性，また密着力についてSi含有量から評価していく。

10.6.1 硬度

①～④までの硬度の測定を行った。各種DLC膜表面の硬度測定にはHysitron社製の高感度（0.0004nm，3nN）センサーを搭載したナノインデンテーションにより，90度三角錐のダイヤモンド圧子を用いて行った。測定条件は，100μNの精度でダイヤモンド圧子を制御しながら試料に押し込み，荷重-変異曲線の解析から硬さや弾性率などの力学的性質を定量した。圧子の押し込み時間は5秒間とし，また引抜き時間も5秒間に設定して測定を行った。硬度測定の結果とSi含有率の関係を図2に示す。これより硬度とSi含有率との間にはSi量10～20%に硬度低下の極値があり，その後硬度は上がっていることが分かる。このことはDLC膜中のSi含有率が硬

第 2 章　機械的応用

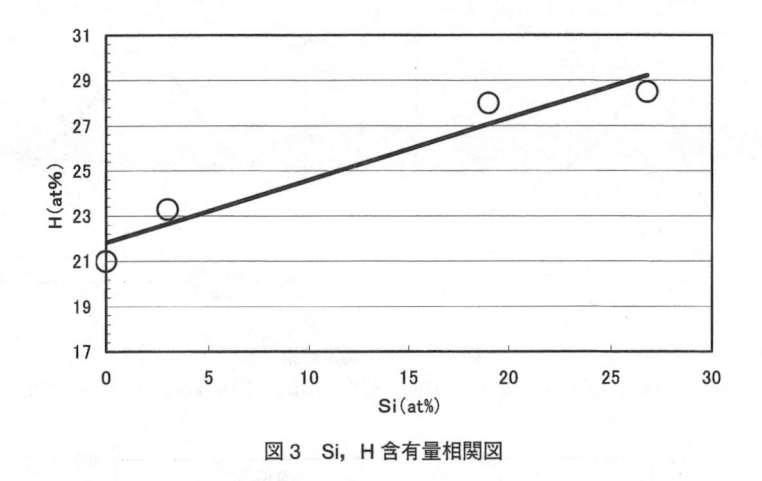

図 3　Si，H 含有量相関図

度および熱伝導率の制御を可能とすることを示している。

10.6.2　Si 含有量と水素量の関係

①〜④の膜についてそれぞれの膜に含有される水素量を測定した。測定には ERDA を用い，Si の含有量測定と同時に行った。その結果と，①〜④までの膜の Si 含有量の関係を示したものを図 3 に示す。これより，膜中の水素量と Si 量には相関関係があることが分かり，Si 量が多いほど，含有される水素量も多いことが分かる。膜中の水素量が増えると，共有結合すべき箇所が水素との結合により少なくなってしまうので，水素含有量の増加と共に膜の硬度は一般的には低下する。だが，図 2 と図 3 より①〜④までの膜硬度は水素量のみに依存していないことは明らかである。これは，Si 量が増えると Si-C 結合が増えてくることから，Si-C 結合が強固な結合状態にあるのではないかと考えられる。結果として，DLC 膜硬度は Si の含有量にも依存している，と考える事ができる。

10.6.3　Si 含有量と I_G/I_D およびヤング率の関係

DLC の結晶構造は，X 線回折および電子回折的にはアモルファスであり，基本的に，軟質グラファイト成分（sp^2 結合成分）と硬質カーボン成分（sp^3 結合成分）とが混合した膜である。ラマン分光は，スペクトルの積分強度の比（I_G/I_D）は，sp^2/sp^3 の結合比と関連づけられていることもあり[12]，DLC の化学構造を評価するにあたり，有効な手段である。①〜④の膜について，ラマン散乱分光分析を行った。これは，結晶構造の違いによってラマンスペクトルに違いが生じるため，スペクトルの解析によって結晶格子サイズを評価することができる。sp^2 軌道と sp^3 軌道から構成される DLC 膜を，ラマン分析したスペクトルからカーブフィットによって分離できる G-band ピークと D-band ピークの面積比と，Si 含有量およびヤング率との関係を評価した。ここでは DLC 表面は日本分光㈱製（NRS-3200 型顕微レーザーラマン分光光度計）によって分

113

DLC の応用技術

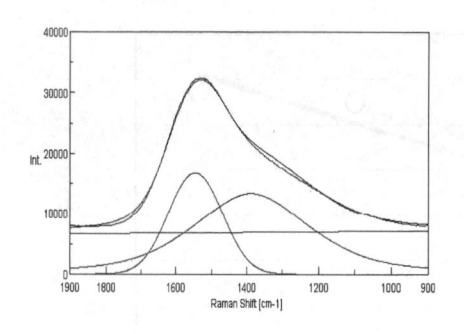

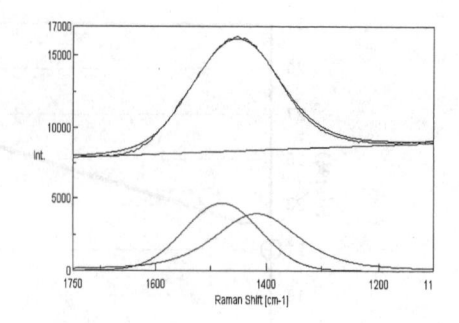

図4 ラマン測定結果
(左：① DLC (0% Si), I_G/I_D = 0.46　右：④ DLC (26.8% Si), I_G/I_D = 1.13)

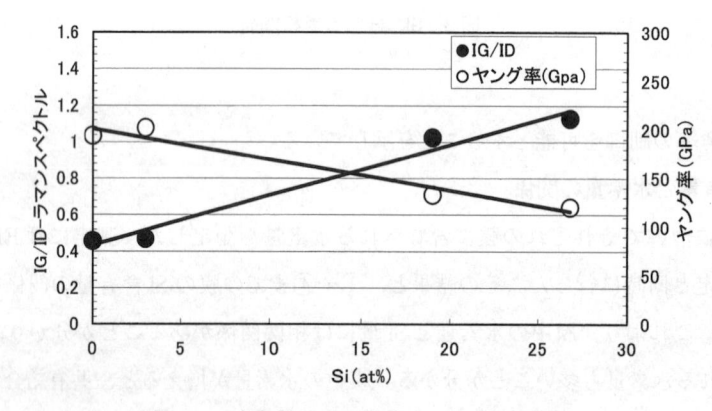

図5 Si 含有量と I_G/I_D 比率，ヤング率の関係

析した。測定スペクトルにはカーブフィッティング処理（バンド分解）を行い，I_G/I_D 比率を求めた。①と④の測定結果を図4に示す。これより，膜中の Si 量が多いほどラマンスペクトルの積分強度の比（I_G/I_D）が大きいことが分かる。

①～④膜の I_G/I_D 比と Si 含有率，またナノインデンター硬度測定により得られたヤング率との関係を図5に示す。これより，I_G が相対的に I_D よりも大きくなると，膜のグラファイト化が進み膜自体が弾性を持ったものとなる。ナノインデンターにより得られたヤング率のデータからもその事は言うことができ，Si 含有率が多くなるとヤング率は低下しているので，一定応力に対してひずみ量は大きくなる，つまり弾性を持った膜になっているということが分かる。

一般的には，DLC 膜は膜内の sp^2 結合成分の形成が大きくなれば，膜のグラファイト化が進むことによりヤング率が低下して弾性膜になる。また，スペクトルの積分強度の比（I_G/I_D）は，sp^2/sp^3 の結合比と関連づけられてもいる[12]。

一方で，可視光領域のラマン分光で I_G/I_D 比と sp^2/sp^3 の結合比を評価することは困難を要することは周知であるが，結果として，図5から明らかなように，I_G/I_D 比とヤング率は DLC 膜中

第 2 章　機械的応用

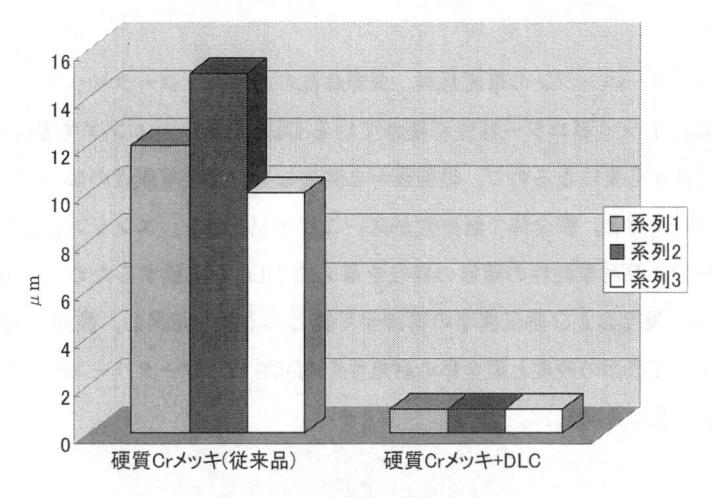

図 6　耐久試験後の摩耗量比較

の Si 含有率と相関があり，I_G/I_D 比の増加と共に DLC 膜内の sp^2 結合成分の形成が大きくなったと考える事ができる。

10.7　ロータリーエンジンへの DLC 適応結果

耐摩耗性と耐熱性という観点から，ロータリーエンジンに DLC を適用することを考えると，耐摩耗性は DLC 表面で必要になるので，膜表面では硬い膜が必要になる。熱は主に基材側から DLC 膜に伝わるので，耐熱性は膜の基材側で必要となる。ただし，ロータ―内全般で温度が高いことを考えると，耐熱性は膜内全てで高いことが望まれる。そこで，Si 含有量と耐熱性の関係から，Si 量を基材側から膜表面に向かって暫減させていくことにより，耐熱性に関してはベストなものを得る事ができる。この Si 量暫減による，膜表面で Si 量がほとんどない状態により膜表面で高硬度を得る事ができ，また基材側で Si 量が多いことから，Si-C 結合による高硬度膜を得ることができる。さらに基材側で sp^2 軌道割合が多く，つまり膜のグラファイト化によって高い弾性を得られる事から，密着性の向上にもつなげる事ができる。これらの結果から成膜条件の最適化を図り濃度傾斜型 DLC とすることで，より耐熱性に優れた DLC 膜を得ることができた。

コーナーシールの摩耗対策は DLC をコーティングする事で大幅な改善をする事ができた。まず，硬質 Cr メッキのみとその上に DLC をコーティングした積層 DLC 膜との，各種耐久試験後の平均摩耗量を比較した結果を図 6 に示す。濃度傾斜型耐熱 DLC をコーティングしたものはしていないものと比べ，摩耗量が 1/10 以下という結果が出た。これにより，最新型ロータリーエンジン「RENESIS（レネシス）」の開発と RX-8 の市場導入が可能となった。

10.8 おわりに

　自動車用ロータリーエンジンの摩耗低減，長寿命化のために，ロータリーエンジン部品（コーナーシール）に，トライボロジー特性に優れているDLCをコーティングすることを提案した。表面では耐摩耗性が必要になるので，硬質膜が必要となり，燃焼室直近の部品であるため温度が高くなることを考えると，膜全体で耐熱性が高いことが望まれる。エンジン部品に要求される耐熱性と，密着性および耐摩耗性の複数の特性を備えたDLCを成膜するために，著者らは膜中のSi含有率によって硬度および熱伝導率の制御が可能となる事を見出し，膜内でSi含有量を傾斜させることによって表面の硬度と膜全体の耐熱性を両立させ，ロータリーエンジン部品（コーナーシール）の実用化に成功した。

文　　献

1) 中谷達行ほか, *NEW DIAMOND*, **21** (4), pp.36-37 (2005)
2) T. Nakatani et al., *New Diamond and Frontier Carbon Technology*, **16** (4), pp.187-200 (2006)
3) T. Nakatani et al., *Journal of Photopolymer Science and Technology*, **20** (2), pp.221-228 (2007)
4) 大原久典, 第4回クリーントライボ研究会, 第20回イオン工学シンポジウム (2005)
5) A. C. Ferrari and J. Robertson, *PHYSICAL REVIEW B*, **61** (20), p.14095 (2000)
6) C. Weissmantel et al., *Thin Solid Films*, **96**, 31 (1996)
7) 今井修, *NEW DIAMOND*, **56**, p.9 (2000)
8) 高井治, 第73回プラズマ材料科学153委員会研究会, 日本学術振興会, pp.1-6 (2005)
9) 中谷達行, イオンプラズマフォーラム 第5回クリーントライボ研究会 (2006)
10) 岡本圭司ほか, 科学と工業, **80** (11), pp.525-529 (2006)
11) R. Kato, A. Maesono and R. P. Tye, *International Journal of Thermophysics*, **22** (2), 617 (2001)
12) D. Beeman, J. Silverman, R. Lynds and M. R. Anderson, *Phys. Rev. B*, **30**, p.870 (1984)

11 FCVA法によるDLC薄膜の作製と磁気ヘッドへのコーティング

稲葉　宏*

11.1 はじめに

近年,パーソナルコンピュータで利用される情報量の増大や映像記録機器,カーナビゲーションシステム等への用途拡大により,磁気ディスク装置は,大容量化・高性能化が急激に加速している。その背景には,垂直磁気記録ディスク,高感度磁気ヘッド素子の採用とともに,基幹部材である磁気ヘッドと磁気ディスクの隙間狭小化(ナノスペーシング化)が大きく貢献している。このナノスペーシング化には,磁気ヘッドを構成する磁気素子を機械的,化学的に保護するABS(Air-Bearing-Surface)保護膜の膜厚低減が不可欠である。従来,ABS保護膜はRFマグネトロンスパッタリングによりアモルファスシリコンを形成した後,CVD法等によりDLC膜を形成する方法が一般的であった[1]。しかしながら,薄膜化を推進するには耐摺動性・耐腐食性向上のために,より緻密で硬く,被覆性が良い高強度DLC薄膜を形成することが望まれていた。本節では,この高強度DLC薄膜としてta-C(tetrahedral amorphous-Carbon)膜を適用するために,その形成手段の一つであるフィルタ付低圧アーク放電(Filtered Cathodic Vacuum Arc, FCVA)法[2]を用いたta-C薄膜の作製と評価結果について解説する。

11.2 FCVA装置

FCVA法では,図1に示すようにカソードとなるターゲット部分に,アノード電極を機械的

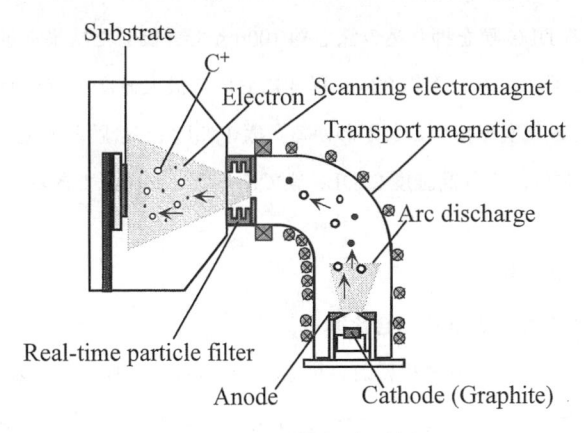

図1　FCVA装置の概略図

---

*　Hiroshi Inaba　㈱日立製作所　生産技術研究所　生産システム第二研究部　主任研究員

に接触させることによって数十アンペアのアーク電流を流入させ，ガス圧が10^{-4}Pa以下の真空中でアーク放電を生じさせる。ターゲットは，グラファイトで構成されており，C^+を主成分とするカーボンイオン及び電子を生成する。アーク電圧は，アーク電流によらずターゲットの融点で決定され，グラファイトでは約-25Vである。そして，これらのカーボンイオンや電子を約45mTの輸送用磁場ダクトを用いて効率的にプロセスチャンバーに導き，プラズマビーム走査用電磁石を用いて均一に基板へ照射しta-C膜の形成を行う。なお，図1には後述するReal-time Particle Filterを取り付けている。本実験では，アーク電流を20A，基板を浮動電位（Vf）として実験を行った。なお，輸送用磁場ダクト通過後のプラズマビームをラングミューアプローブによって測定した結果によれば，プラズマ電位Vsは約30V，浮動電位（Vf）は約-5Vであった。従って，基板に到達するC^+のエネルギーは，少なくとも35eVであると推定される。

11.3 ta-C膜

炭化水素を原料としたCVD法による一般的なDLC膜は，水素化アモルファスカーボン（a-C:H）と呼ばれ，水素原子を35%程度含有し，sp^3結合比率が40%程度である。一方，ta-C膜は水素原子を含まずにsp^3結合比率70%程度となる高密度，高硬度な薄膜である。以下，本実験によって得られたta-C膜に関してa-C:H膜との比較を行い説明する。

HFS（Hydrogen Forward Scattering）法，RBS（Rutherford Back Scattering）法によって膜厚50nmのDLC膜中水素含有量と炭素原子密度を測定した結果によれば，ta-C膜は水素をほとんど含まず膜密度は約$3.0g/cm^3$であるのに対し，a-C:H膜では水素を約35%程度含有し，膜密度は約$1.9g/cm^3$であった。図2はMTS社Nano Indenter XPを用いて，Siウエハ上に形成した膜厚50nmであるDLC膜を押し込み深さ約100nmで評価した結果を示す。ここでta-C膜及びa-C:H膜ともに押し込み深さ約20nm程度において最大硬度を持つが，ta-C膜はa-C:H膜に比較して約1.5倍の硬度を持つことがわかる。表1にはta-C膜とa-C:H膜の薄膜特性比較結果を示すが，ta-C膜は，より高強度なDLC膜であることが確認できる[3]。

11.4 C^+イオンとta-C薄膜

11.4.1 C^+イオンエネルギーとsp^3結合比率

FVCA法によるta-C薄膜形成過程においてC^+を，あるエネルギーで基板に入射させ，表層下に侵入させるプロセスは，サブプランテーションと呼ばれ，sp^3結合比率の高いDLC薄膜の作製に有効であるといわれている。Robertsonの計算結果では，約50eVの入射エネルギーが，C^+の侵入で局所的密度を最も高め，ta-C膜のsp^3構造を成長させる最適な条件として予測されている[4]。一方，実験結果として，McKenzieらは約30eV，Shiらは約80eVが最適な条件であ

第 2 章　機械的応用

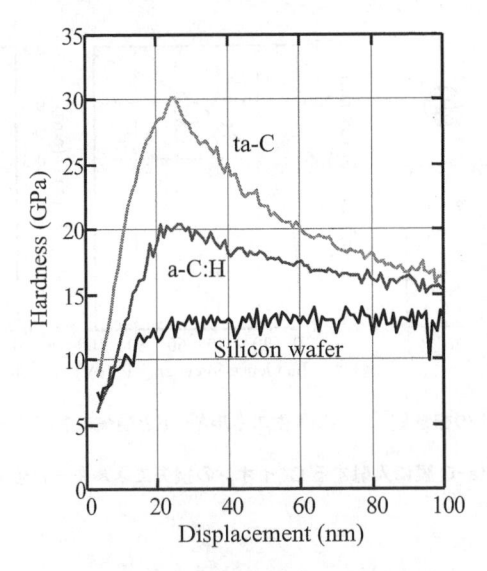

図 2　薄膜硬度測定結果

表 1　DLC 薄膜特性の比較

	a-C：H	ta-C
Refractive index	2.0	2.5
Carbon density（g/cm³）	1.9	3.0
Hydrogen content（atomic%）	30 〜 40	0 〜 3
Thin-film stress（-GPa）	3.0 〜 3.5	2.5 〜 6.0
Thin-film hardness（arb. units）	16.6	23.0 〜 30.0
Resistivity（Ωcm）	$10^8 \sim 10^{11}$	10^8
sp³ content（%）	< 50	> 70

ると報告[2, 4]しており，今後も議論が必要である。

11.4.2　入射 C⁺イオンの挙動

　基板に入射する C^+ のエネルギー E_i とその挙動について検討してみる。ここでは，基板に入射したイオンが減速過程で固体を構成する原子にエネルギーを与えるモデルを考える。この減速過程における遮蔽クーロンポテンシャルを，トーマス・フェルミポテンシャルと仮定すれば[5]，カーボン膜に入射するイオンの阻止能（入射イオンからカーボン膜へ付与される平均エネルギー）と侵入深さの関係は以下のようになる。

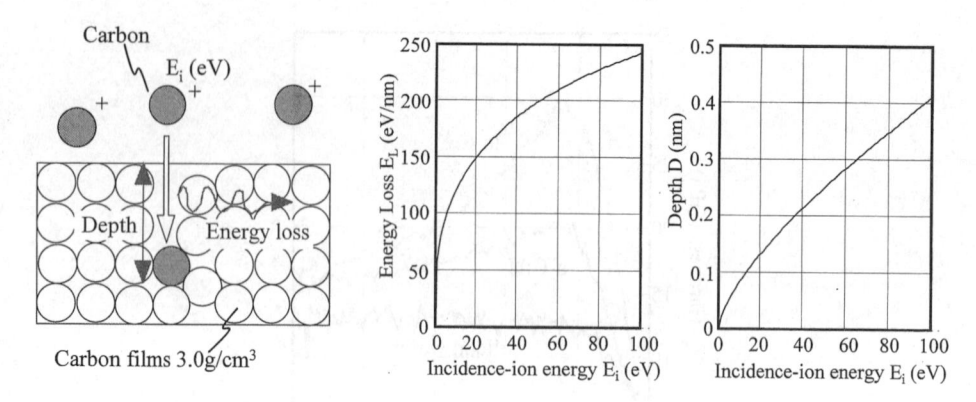

(a) C⁺の侵入モデルの概念図　　(b) 入射エネルギーE_iと損失エネルギーE_L及び侵入深さD

図3　ta-C膜に入射するC⁺イオンの損失エネルギーと侵入深さ

$$\frac{dE}{dx} = N\sigma_n = 4\pi a N Z_1 Z_2 C_0 e^2 \frac{M_1}{M_1+M_2} s(\varepsilon) \quad (J/m) \quad (1)$$

σ_n：核衝突断面積，$a = \dfrac{0.885 a_0}{(Z_1^{1/2}+Z_2^{1/2})^{2/3}}$：トーマス・フェルミ半径，$C_0 = \dfrac{1}{4\pi\varepsilon_0}$，

$s(\varepsilon) = \dfrac{d\varepsilon}{d\gamma}$：無次元阻止能（$\varepsilon$換算エネルギー），$N = \dfrac{N_a \rho}{M}$：原子積密度

M_1, M_2：入射粒子と標的粒子の質量，Z_1, Z_2：入射粒子と標的粒子の原子番号

　ここで，入射粒子はC⁺, 標的粒子はta-C膜（ρ = 3.0g/cm³, 1原子層厚さa = 1.88 Å）を想定し，Z_1 = 6, M_1 = 12, Z_2 = 6, M_2 = 12として計算を行った．図3はC⁺の侵入モデルの概念図と，計算結果となる入射エネルギーE_iと損失エネルギーE_L及び侵入深さDの関係を示している．計算結果によれば，サブプランテーションモデル最適値E_i = 50eVではE_Lは約200eV/nm（20eV/Å），Dは約0.25nmとなる．一方，本実験条件であるE_i = 35eVでは，E_Lは約180eV/nm（18eV/Å），Dは約0.2nmに相当する．

11.5　FCVA法における異物対策

　低圧アーク放電によってプラズマを発生させる際，イオンや電子以外にも異物が多量に発生し，これらが薄膜の形成やエッチング等の処理を阻害するという大きな問題がある．本実験に用いたFCVA装置では，この問題を解決する手段として輸送用磁場ダクトの部分に2つ以上の曲率を3次元的に有した形状，磁場ダクト内壁部分への逆テーパリング状トラップ機構等を採用しているが[2)]，光学顕微鏡で観察可能な異物の除去に対して効果はあるものの，粒径が1～5μmサイズの微小な異物の除去が困難であった．これらの異物は，顕微Raman分析及びEDS分析を行っ

第 2 章　機械的応用

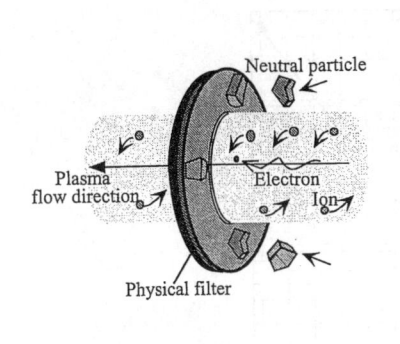

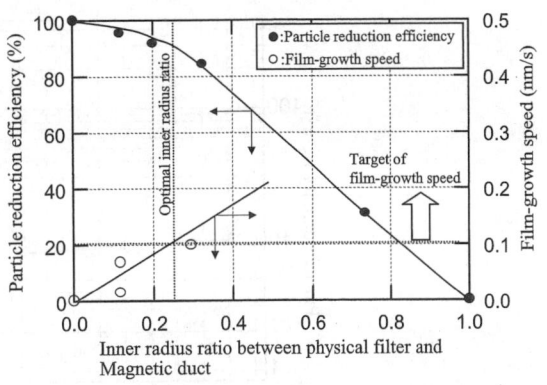

(a) プラズマビームと防着フィルタ　　　(b) 防着フィルタ貫通穴径の最適化

図 4　防着フィルタの異物除去効果

た結果，グラファイト成分と若干のアモルファス成分も含んでいるカーボンのみで構成されていた。そこで異物の生成機構については，以下の 2 つのモデルを推定し対策を行った[6]。
(1)　中性異物（ターゲット表面でスパッタされ物理的衝突を繰り返し飛来する異物）
(2)　荷電性異物（中性異物がプラズマ中に取り込まれ負に帯電して輸送される異物）

11.5.1　中性異物対策

　磁場ダクト中心線付近における磁場強度は約 45mT 程度であり，これにより見積もられる電子のサイクロトロン半径は約 0.4×10^{-4}m である。従って，C^+ の運動は，磁場ダクト中心線付近に生成される電子流に，大きく律則され輸送されていると考えられる。そこで，イオンの輸送効率を下げずに，電子流に律速されていない中性異物を除去するため，図 4 (a) に示すようなプラズマビーム経路中に貫通穴を持つ防着フィルタを取り付け，その穴径を変更する実験を行った。図 4 (b) に示す結果によれば，磁場ダクト径に対する防着フィルタの貫通穴径比を 0.24 とすることで，成膜速度 0.1nm/sec において基板上の異物数を約 1/10 程度にすることが可能となった。

11.5.2　荷電性異物対策

　負に帯電した荷電性異物の存在を明らかにするために，基板を搭載する電極に直流電圧を印加することによって，基板上異物数の増減を測定した。図 5 にその結果を示すが，基板バイアス＋40V 以上において急激に異物数が増加することより，負に帯電した荷電性異物の存在が推測できる。基板バイアス 0 ～＋40V において異物数に変化がみられないのは，プラズマポテンシャル V_s（約＋30V）によってトラップされている負の荷電性異物をプラズマから引き抜くために必要なポテンシャルに関係すると考える。以上の結果をもとに，プラズマビームの輸送経路中に電場

121

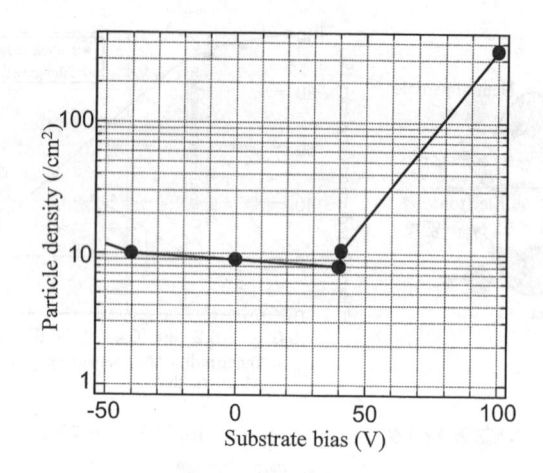

図5　異物数と基板バイアスの関係

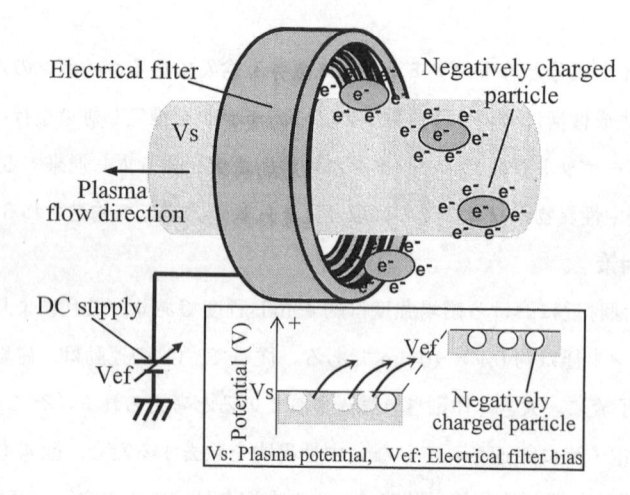

図6　電場フィルタの概略図

フィルタを設け（図6），直流バイアスを印加することで基板上の異物数がどのように変化するか検討を行った。その結果，電場フィルタへの印加バイアス Vef が約+50V において異物数が最も低下することがわかった。このとき，基板上に観測された異物数は，電場フィルタ未設置時に対し最大1/10の異物数となる効果が得られた。

11.5.3　リアルタイムパーティクルフィルタ

以上のような検討をした防着フィルタと電場フィルタをまとめて Real-time Particle Filter (RPF) と称することにする。この RPF を図1に示す場所へ設置することによって，磁場ダクトを通過した異物を効率的に除去する事が可能となった。異物数は RPF を用いない場合に比較し

第 2 章　機械的応用

図 7　耐摩耗性試験結果

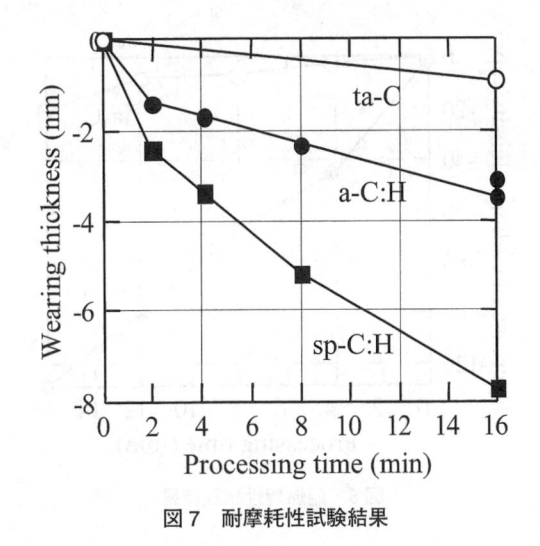

約 1/100 を達成することができ，ABS 保護膜として採用可能なレベルとなった。

11.6　ta-C 薄膜信頼性試験

RPF 付 FCVA 法を用いてアーク電流 20A，基板を浮動電位（Vf）として形成した ta-C 膜の薄膜信頼性試験に関して，a-C:H 膜との比較を行いつつ報告する[3, 6]。

11.6.1　耐摩耗性評価

DLC 膜の機械的耐摩耗性評価は，磁気ディスク用 NiP メッキアルミ基板上に形成した DLC 膜にテープ摺動処理を行い，その前後の膜厚差を分光エリプソメータで測定し，膜べり量とした。テープ摺動処理は，アルミナを塗布したテープを，200rpm で回転する基板上に 2000g で加重しながら行った。なお，DLC 膜の初期膜厚は 20nm であり，それぞれ接着層を介して NiP 基板上に形成されている。摩耗試験結果を図 7 に示すが，ta-C 膜は，a-C:H 膜に比較して摩耗量が約 1/4 となることが確認できた。参考までに，反応性スパッタカーボン膜（sp-C:H）のデータも付記しているが，比較すると摩耗量は約 1/8 と圧倒的に ta-C 膜が優位であることがわかる。

11.6.2　耐燃焼性評価

DLC 膜の化学的な安定性を評価するため，酸素プラズマ処理による耐燃焼性試験を行った。具体的には RF 電力 300W，酸素分圧 66.7Pa の酸素プラズマ中に DLC 膜を曝すことで，膜中カーボン・カウント数の減少量を蛍光 X 線で測定して耐燃焼性を評価した。図 8 に結果を示すが，a-C:H 膜に比較して，ta-C 膜のカーボン強度減少量は，約 1/7 となることがわかった。この結果は，ta-C 膜がより多くの sp^3 構造を含み，3 次元的な強いネットワークを構成しているためと考えられる。

DLC の応用技術

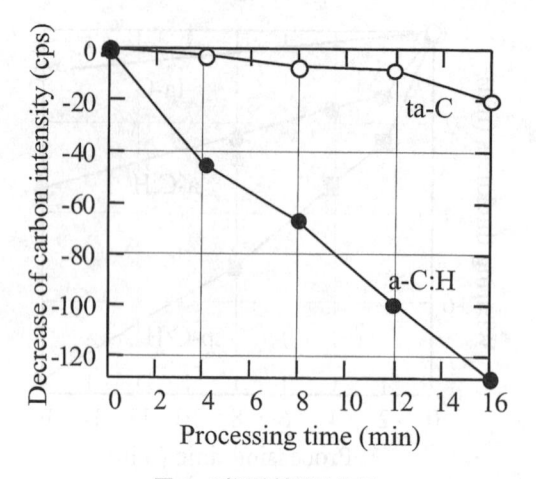

図 8　耐燃焼性試験結果

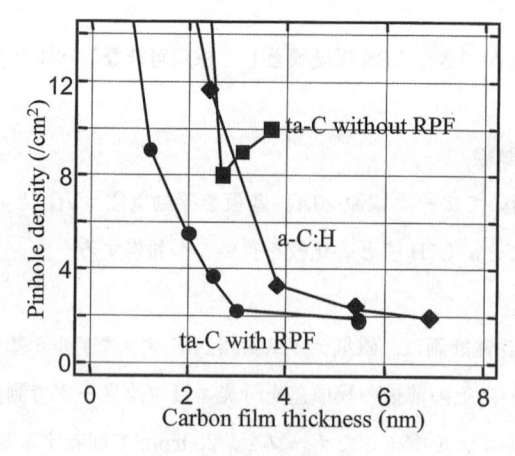

図 9　HF 浸漬試験結果

11.6.3　耐腐食性評価

耐腐食性試験は，DLC 膜を形成した R_{max}5nm 以下のシリコンウエハを HF 希釈液中に 15 分間浸漬し，その後，光学顕微鏡により観察されるピンホールの数によって比較を行った。図 9 に結果を示すが，RPF なし ta-C 膜の場合は，3nm 程度においてもピンホール密度が相対的に多く観察され 2nm 前後において全面剥離するが，RPF 付き ta-C 膜はピンホール密度が低く，約 1nm に到るまで全面剥離しなかった。一方 a-C:H 膜については膜厚 5nm 以上では RPF 付き ta-C 膜と同レベルで推移するが 3nm 前後において全面剥離した。以上の結果より明らかに RPF 付き ta-C 膜は耐腐食性について有利であることがわかる。RPF 付き ta-C 膜は，a-C:H 膜に比較しカーボン密度が高いことが要因となり極薄膜下においても強い耐腐食性を示していると考えられ

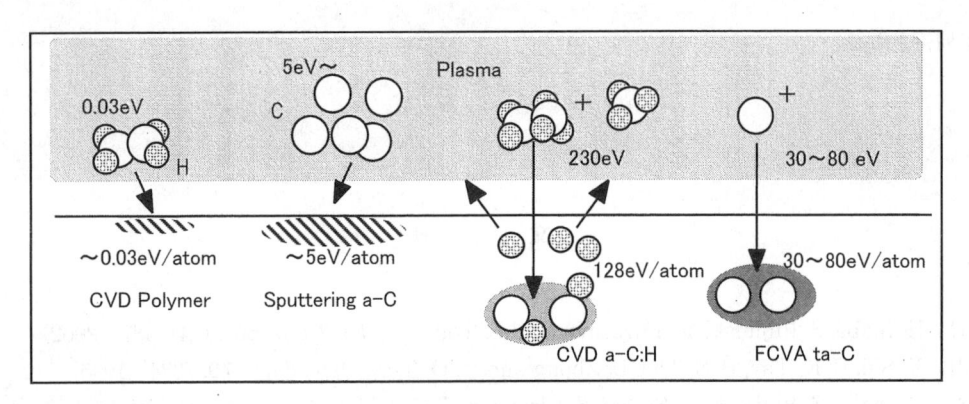

図 10 DLC 薄膜の形成メカニズム

る。一方，RPF なし ta-C 膜の場合は，膜密度の点においては有利であるが，それ以上に異物数の問題があるためにピンホール密度が相対的に多いと考えられる。

最後に RPF 付き ta-C 膜，a-C:H 膜をそれぞれ約 4nm の厚さにて保護膜として形成した磁気ヘッドを高温多湿環境に放置し，その前後における磁気ヘッド出力特性に関して調査を行った。その結果，a-C:H 膜では環境試験後において大きく出力特性の劣化するサンプルが見受けられたが，ta-C 膜をヘッド保護膜とした場合は出力特性の劣化するサンプルは見受けられなかった。

11.7 おわりに

DLC 薄膜の成長過程では蒸着方式による蒸着粒子エネルギーの違いが膜物性に反映される。例えば，PVD 法において一般的なスパッタリングにおけるスパッタ粒子の平均エネルギーは 5eV 程度である。また，CVD 法では，反応ガス種はさらに低い 0.03eV の熱運動エネルギー程度であるが，基板を保持する電極にバイアスを印加することで反応ガスイオンが数百ボルトで加速され，膜物性に反映される（図 10）。一般に，低圧力下での低エネルギー蒸着粒子の表面堆積では緻密なテトラヘドラル（sp^3）構造は成長せず，とくに炭化水素ラジカルの表面堆積ではポリマー重合する。逆に，カーボンイオンを加速して入射させると，膜内部に侵入し，大きな内部圧力を受け自由エネルギー損失の小さい緻密なテトラヘドラル（sp^3）構造が成長する。しかし，過剰のイオン入射エネルギーでは熱に変換され，熱的に安定なグラファイト・ライクなトリゴナル（sp^2）構造を成長させてしまう。

翻って FCVA 法では，高い sp^3 構造比率を得るための適度なエネルギーを持つカーボンイオンのみを生成することができるため，脱水素化プロセスなく水素フリーな高強度 DLC（ta-C）薄膜を形成することができる。また，カーボンイオンのエネルギー制御によって，さらに高い sp^3 構造比率を達成する可能性を持っており，今後の技術の進展とともに，多様な産業への応用

が期待される。

文　献

1) H. Inaba, S. Fujimaki, K. Furusawa and S. Todoroki, *VACUUM*, **66** (3-4), 487 (2002)
2) X. Shi, B. K. Tay, H. S. Tan, Li Zhong and Y. Q. Tu, *J. Appl. Phys.*, **79**, 7234 (1996)
3) H. Inaba, S. Fujimaki, S. Sasaki, S. Hirano, S. Todoroki, K. Furusawa, M. Yamasaka and X. Shi, *Jpn. J. Appl. Phys.*, **41**, 5730 (2002)
4) J. Robertson, *Diamond Related Materials*, **2**, 984 (1993)
5) 山科俊郎，福田伸，表面分析の基礎と応用, p.133, 東京大学出版会 (1991)
6) H. Inaba, K. Furusawa, S. Hirano, S. Sasaki, S. Todoroki, M. Yamasaka and M. Endou, *Jpn. J. Appl. Phys.*, **42**, 2824 (2003)

12 切削工具における環境問題とドライ加工

安岡　学*

12.1 はじめに

現在，世界的に環境への意識が高まるにつれて，機械加工の分野でも石油資源の使用量削減や省エネルギーの観点からドライ加工が注目されている。鋼，鋳物材料の加工ではエンドミルをはじめとして，ドリル，ホブにおいてもドライ化が進んでいる。これは，TiAlN コーティングに代表される高温硬度，耐酸化性に優れる硬質被膜を適用したコーティング工具の登場によるところが大きい。一方，アルミニウム合金は鉄鋼材料に対して比強度，軽量化の点で優れており，従来の鉄鋼材料の代替構造材料として年々使用量が増加してきている。しかしながら，アルミニウム合金は延性が大きく，切削性向上の阻害要因となっている。アルミニウムの切削において最も問題となるのは被削材の凝着であり，これが工具の切れ刃付近に生じたときは，切れ刃のチッピングを引き起こしたり，加工面精度を悪化させたりする。また，すくい面に生じた場合は切りくずの排出性を低下させ，切削抵抗を増大させてしまう。このような現象が見られるため，表1のように一般的なコーティング工具を用いたアルミニウム合金のドライ加工は困難とされてきた。しかし，高価なダイヤモンドに代わる被覆材料として，DLC（Diamond-Like-Carbon）膜が開発され，これがアルミニウムに対して低摩擦であり，凝着性が低いことから[1〜4]，アルミニウム合金のドライ加工用切削工具として適用が検討されるようになった。

表1　被削材，工具別のドライ化の現状

工具名称	鋼	鋳物	アルミ
ドリル	可能	可能	困難
エンドミル	可能	可能	困難
リーマ	不可	困難	不可
タップ	困難	可能	不可
ホブ	可能	−	−
シェービング	不可	−	−
ブローチ	困難	困難	−
フォーミングラック	可能	−	−

---

*　Manabu Yasuoka　㈱不二越　機械工具事業部　チーフエンジニア

DLCの応用技術

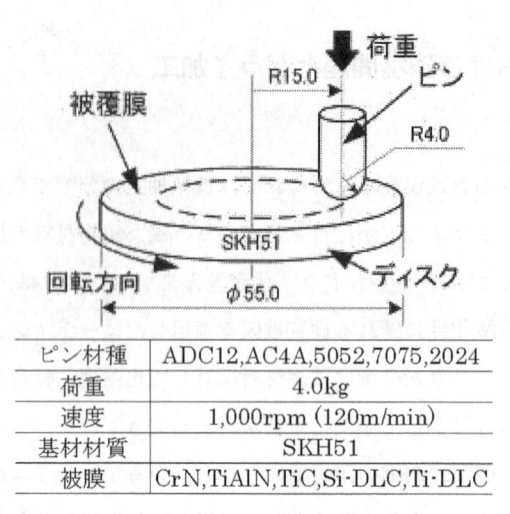

ピン材種	ADC12, AC4A, 5052, 7075, 2024
荷重	4.0kg
速度	1,000rpm (120m/min)
基材材質	SKH51
被膜	CrN, TiAlN, TiC, Si-DLC, Ti-DLC

図1 ピンオンディスク試験

12.2 ドライ加工用切削工具に適したDLC膜

DLC膜はその製法によって様々な種類があるが、膜単層の性質としてはsp^3/sp^2結合比と水素含有量によって分類することができ[1]、一般に、sp^3/sp^2結合比が高く、水素含有量が低いDLC膜ほど高硬度であることが知られている。

切削工具への適用を考えた場合、被削材に対して低摩擦で低凝着性であることが重要な特性であるが、同時に耐摩耗性も要求される。耐摩耗性で言えば、上述した高硬度なDLC膜が望ましい。しかし、純粋な炭素から成るアモルファスDLC膜は硬度が高い反面、膜自身の内部応力も高いため、母材への密着力も乏しい問題点を持っていた。そこで、切削工具への適用には母材とDLC膜との間に、母材とDLC膜の両方に相性の良いTi, Cr, Siなどの金属を添加した金属含有Me-DLC膜を形成してから硬いDLC膜を成膜するか、そのまま内部応力の低いMe-DLCを成膜する方法がとられるなどの対策が採られる。

12.3 各種被膜とアルミニウム合金の摺動特性

図1は摩擦特性の測定に使用されたピンオンディスク試験装置の模式図である。ピンオンディスク試験は表に示す条件で20秒間（40m）行い、開始2秒後の時点での摩擦力から摩擦係数を求めた。図2はアルミニウム合金ピンと従来の硬質膜およびMe-DLC膜の摩擦係数の測定結果であり、図3は試験終了後のピンと被膜表面の観察例である。従来のアルミニウム合金用硬質膜は切削油剤を用いた「ウェット切削」によく用いられるCrN膜と鋼のドライ切削によく用いられるTiAlN膜、炭素系のTiC膜を高速度工具鋼SKH51上に被覆した。Me-DLC膜はTiおよ

第2章　機械的応用

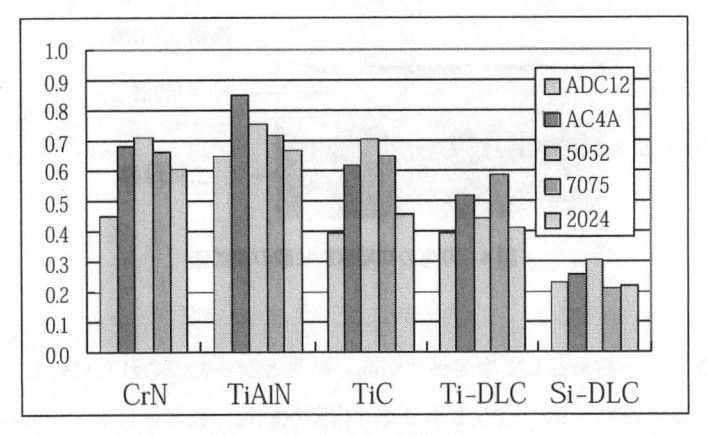

図2　Me-DLCの摩擦係数

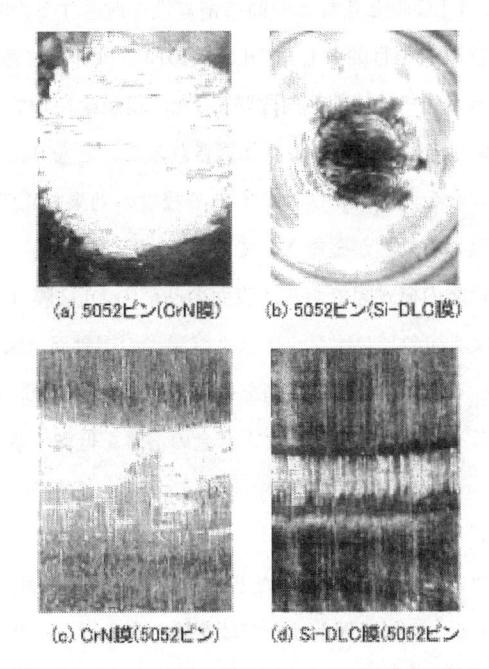

図3　ピンオンディスク試験後のピンおよび被膜表面性状の違い
（ピン材種：A5052）

びSiを下地とした傾斜組成DLC膜をPVD（Physical vapour-deposition）法により被覆した。CrN膜の摩擦係数は0.6前後で高く，TiAlN膜の摩擦係数はそれより高く0.7前後を示した。これに対してTiC膜はCrN膜と同等もしくは若干小さい摩擦係数を示した。

　一般に摩擦係数が低い場合は凝着が少ないものと考えられる。従来の硬質膜はいずれの膜においてもピンオンディスク試験後の膜表面に図3（c）の例に示す様にピン材質であるアルミニウ

DLC の応用技術

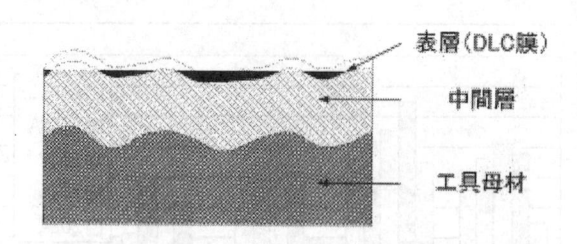

図4 刃先の初期摩耗状態の模式図

ムの凝着が観察され，結果として摩擦係数が高い結果となった。これらに対して Ti-DLC および Si-DLC 膜は摩擦係数が 0.2 ～ 0.5 と小さく，摺動試験後の膜表面にもアルミニウムの凝着がほとんど観察されなかった（図3 (d)）。しかしながら，Me-DLC 膜は膜の密着性が従来膜に対して劣る欠点も有るため，DLC 膜と基材との間に密着性を改善するための中間層を検討することが有効である。耐溶着性改善を目的とした DLC 膜の厚さは非常に薄く DLC 膜自身が硬く内部応力が高いため，工具の刃先では切削初期段階で DLC 膜が摩耗して中間層が一部露呈することになる。このため，工具刃先は中間層により保護されることとなり，中間層には耐摩耗性に優れると同時にアルミニウム合金の溶着に関してもある程度の効果を発揮することが要求される。従来膜のなかでは TiC 系膜の有効性が確認されている。

図4は刃先の初期摩耗状態の模式図である。表面の凸部の DLC 膜（破線部）は切削の初期で一部摩耗するが，凹部には前述のピンオンディスク試験後の摺動面（図3 (d)）に観察される様に DLC 膜（黒色部）が残って固体潤滑剤の役割を果たす。また，中間層は優れた耐摩耗性により，工具刃先の摩耗損失を防ぐとともにアルミニウム合金の溶着を低減する役割を担う。

12.4 DLC コーティングドリルの切削事例

図5は，圧延アルミニウムをドライ加工したときの切りくずの組織写真である。写真の囲み部分の塑性流動域を比較すると，無処理ドリルでは摩擦が大きいため深い範囲で塑性流動域が観察された。一方，DLC コーティングドリル（図6）では，すくい面上の摩擦が小さいことから，塑性域は非常に小さく，スムーズな切りくず排出が達成されていることがわかる。

DLC コーティングドリルでは DLC が被覆してあることの他に，工具形状についても最適化されており，その特長として①強ねじれ角，②小さな心厚，③溝幅比の漸増が挙げられる。

これらの工夫により，問題であった切りくず排出性が大幅に改善されており，特に，溝の断面積をドリルの先端部から，柄付近の溝切り上がり部にしたがい大きくしたことにより，先端部で小さくカールした切りくずを，流出速度を落とすことなく溝内を通過させるようになった効果が大きい。

第2章　機械的応用

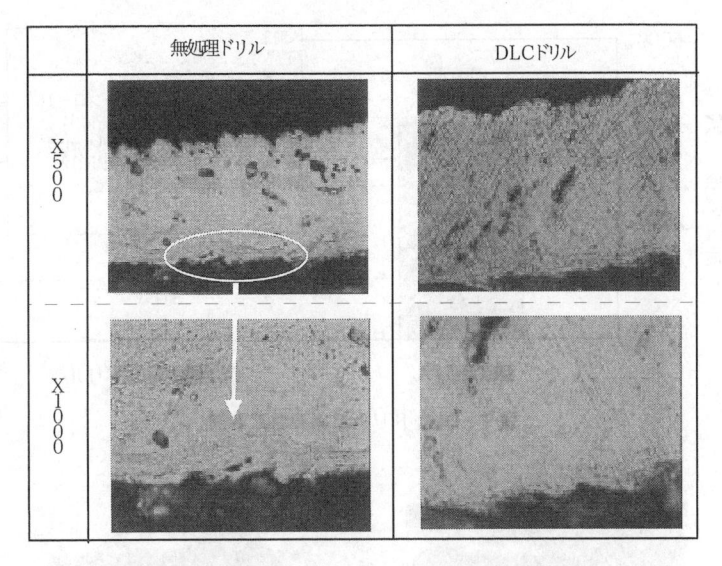

図5　ドリル切削時のA5052切りくず断面組織

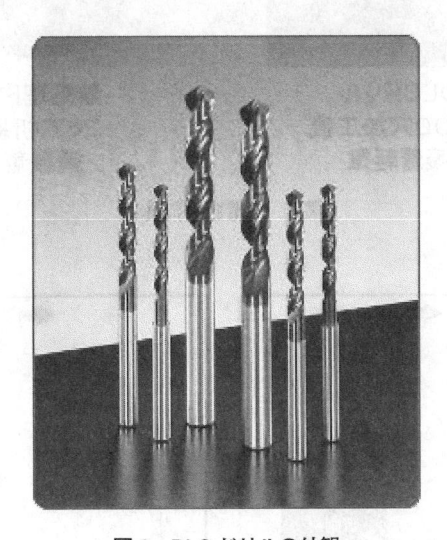

図6　DLCドリルの外観

　図7はアルミニウム合金鋳物を直径5.5mmの本ドリルと無コートの超硬ドリルをドライ加工したときの性能結果を示す。図8に見られるように超硬無処理ドリルでは溝面の凝着が大きく，切りくず詰まりによりわずか26穴で折損しているが，超硬DLCコーティングドリルでは凝着がほとんど発生せず3,600穴以上の安定した加工が可能であった。有限要素法を用いて切りくずの組成ひずみをシミュレーションした結果ではDLCを被覆した場合，図9に示すように切りくず厚さが薄く，組成ひずみの値が大きい領域（すくい面側の色の濃い部位）が少なくなり，切り

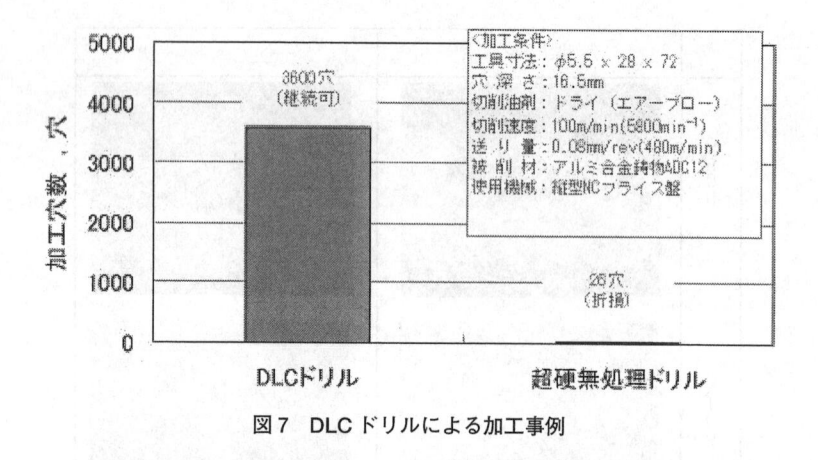

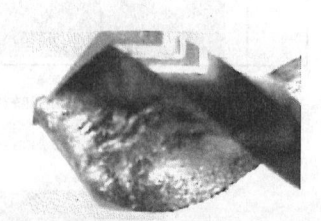

図7 DLCドリルによる加工事例

図8 凝着状態の違い

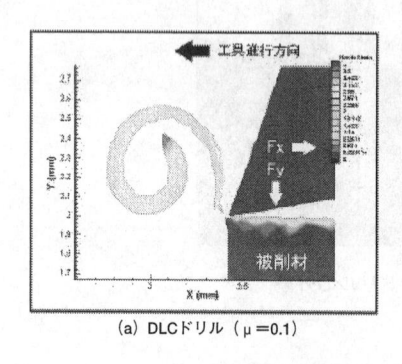

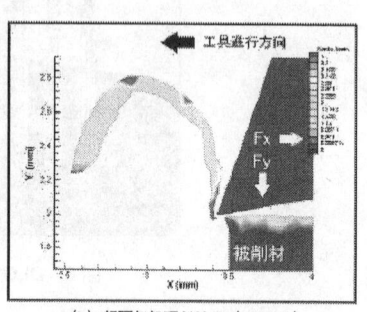

図9 切削塑性歪みのシミュレーション

くずのカール径が小さく，そして切りくず離れが良好になることがわかった。また，切削抵抗のシミュレーション結果ではDLCコーティングドリルは超硬無処理コーティングドリルよりも切削抵抗が小さく，変動も少ない。すなわち，同様の加工をする場合の切削動力が小さいことを意味しており，DLCコーティングは切削油剤を節約するだけでなく切削動力も低減することが確

認されている。

12.5 今後の切削工具用途の膜開発

　DLC膜は実現が困難であったアルミニウムのドライ加工を実現させただけではなく，切削エネルギーの低減，加工精度の向上など数多くの効果を引き出すことが可能である。しかしながら，従来ダイヤモンドに近い耐摩耗性を持つというようなイメージで開発されてきたものではあるが，実際にはそのアルミの凝着性に着目した機能が発現されたものであり，ダイヤモンドコーティング工具の性能に追いついたものではない。したがって，一つの見方からすればセラミックや硬質カーボン等の硬質材料の加工に向けた新しいコーティング膜の開発や現在実用的には高価なものになっているダイヤモンドコーティングのコストダウンあるいはそれに次ぐ耐摩耗性を有するコーティング膜の開発が望まれるところである。ここではDLCコーティング工具におけるアルミ加工特にドライ加工について紹介した。

文　　　献

1)　高井治，ニューダイヤモンド，**59**，15（2000）
2)　大竹尚登，トライボロジスト，**46**，534（2001）
3)　熊谷泰，ニューダイヤモンド，**59**，66（2000）
4)　熊谷泰，ニューダイヤモンド，**56**，33（2000）

第3章 電気的・光学的・化学的応用

1 屈折率変化 a-C:H 膜

松浦 尚*

1.1 はじめに

　機械的分野以外でのDLC応用としては,赤外線に対し透明である特徴を生かした赤外線の窓材に対する無反射コーティングや干渉色を生かした装飾品などが知られている[1]。また,DLCの優れたガスバリア性を生かしPETボトル内面に数10nm程度の極薄いDLCをコーティングする事で,可視での透明性を維持しながらボトル内の液体酸化を防止する用途などにも用いられている[2]。

　一方,DLC膜で水素濃度を増加させると膜の透明度が増加し,数μmの厚みでも可視で透明化する事が知られている。このような通常のDLC膜より高濃度に水素が含有した膜は一般的にa-C:H（非晶質水素化炭素）膜と呼ばれているが,必ずしも十分な応用検討が成されていないのが実状である。近年,a-C:H膜は成膜条件により屈折率が大きく変化する[3]と共にHe等のイオンを照射する事により屈折率が最大0.3程度増加する事が報告されており[4],我々はこのような大きな屈折率変化を示すa-C:H膜の応用として,屈折率変調型回折光学素子を検討した結果について述べる。

1.2 回折光学素子

　回折光学素子は,光の屈折・反射を利用した従来の光学素子とは異なり光の回折現象を効果的に利用して機能する光学素子である。これは光の位相を直接制御する事から,光通信やレーザ加工などで広範な応用分野が期待できる次世代の光学素子として注目されている。図1に示すように回折光学素子としては,波長による光の回折角の違いを利用した波長分離フィルターや偏光による回折効率の違いを利用した偏光分離素子,またより高度な機能としてレーザビームの形状を制御するビームシェイプといった応用が知られている。回折光学素子の構造は図2（a）に示すような石英等の光学材料に光の波長オーダーの微小な形状の凹凸が周期的に形成された凹凸型構造[5]が一般的であるが,波長がミクロン以下の領域になると,高度な微細加工技術が要求され作製が非常に困難である。

---

*　Takashi Matsuura　住友電気工業㈱　半導体技術研究所　主席

第3章　電気的・光学的・化学的応用

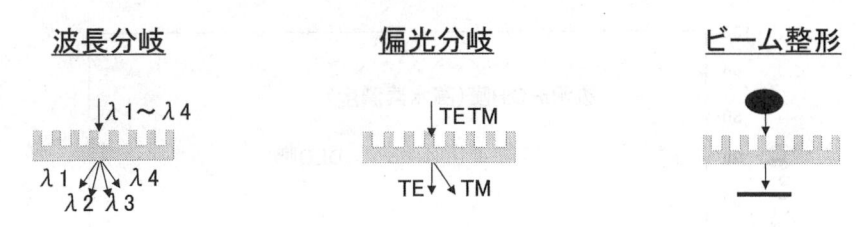

図1　回折型光学部品の応用例

一方，図2 (b) に示すように材料中に周期的な屈折率分布を形成されている屈折率変調型の回折光学素子が知られている[6]。本素子は光により屈折率が変化するフォトポリマーなどの光学材料を露光する工程のみで作製可能な事から構造の微細化に対応し易く，また表面が平坦である事から他の素子との積層化が容易である等の利点があり開発が進められている。しかしながら露光によって得られる材料中の屈折率差は最大でも 0.1 程度であり[7]，石英等の凹凸によって 0.5 程度の屈折率差が得られる凹凸型の回折素子より大幅に小さい。その為，屈折率変調型の回折光学素子の応用は単純な波長分岐や装飾用程度に用途が限定されているのが実状である。

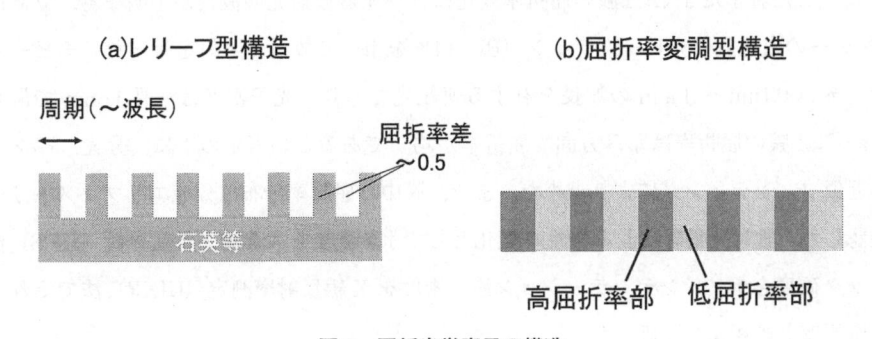

図2　回折光学素子の構造

1.3　a-C:H膜の屈折率変化

今回，我々は大きな屈折率変化を示す a-C:H 膜を用いた屈折率変調型回折光学素子の作製を目指し，屈折率変化の照射源としてこれまでに報告されているイオン照射の代わりにシンクロトロン放射光の利用を検討した。屈折率変化を目的とした a-C:H 膜への放射光照射の研究は殆ど行われていないが，放射光は非常に高強度な光である事から，イオン照射と同様な大きな屈折率変化が期待できる。また回折光学素子作製に必須な微細なパターニングが可能な点も大きなメリットである。放射光照射による a-C:H 膜の屈折率変化を評価するに当たって，基板には放射光と反応しにくい石英を選択した。更に，イオン照射では水素含有率が高い a-C:H 膜で，大きな屈折率変化が生じる事から，我々も炭化水素系のガスを原料に RF プラズマ CVD 法で水素含有

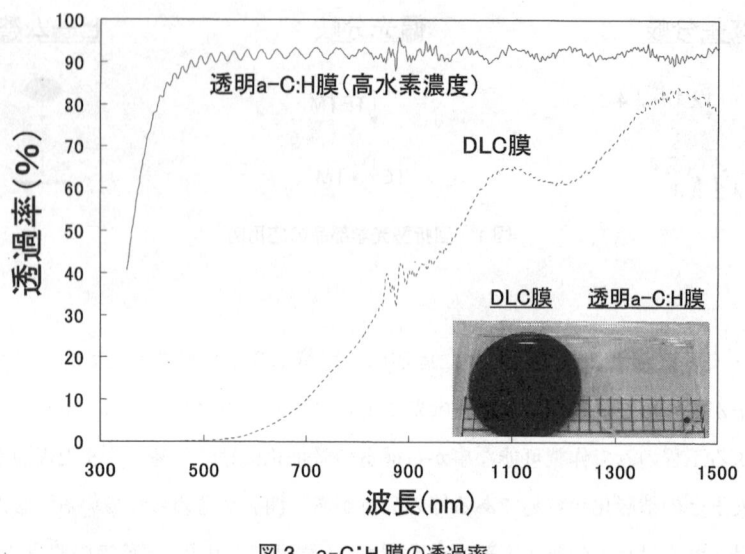

図3　a-C:H膜の透過率

率ができるだけ高くなる条件を選択した。膜厚は回折光学素子として動作する為に必要な2～5μmに設定した。またa-C:H膜の屈折率変化に寄与する放射光の波長が不明な為，立命館大学SRセンターの白色放射光ビームライン（BL-14）を用いて放射光照射を行った。本ビームラインの放射光は0.1nm～1μmの波長を有する連続光であり，光子密度は波長1.5nmで最大値を示す。a-C:H膜の屈折率は厚み方向で屈折率が均一であるとの仮定の下に，分光スペクトルのモデル近似フィッティングにより求めた。また，膜中の屈折率分布は分光エリプソメトリー法により確認した。放射光照射による物性の変化として水素濃度を水素前方散乱分析（HFS）法，ダイナミック硬度をナノインデンテーション法，密度をX線反射率測定（GIXR）法でそれぞれ測定し，屈折率との相関を評価した。

　図3に今回使用した水素含有率の高いa-C:H膜（膜厚：3μm）を水素含有率の低いa-C:H膜（DLC膜，膜厚：1μm）と比較して示す。DLC膜は波長が500nmより短い領域では全く光が透過せず，目視でも黒色であるのに対して，水素含有率の高いa-C:H膜は波長：450nmの青色の領域でも高い透過率を示し目視でも高透明性で有ることがわかる。図4に本a-C:H膜への放射光照射ドーズ量と屈折率の関係を示す。光通信での応用を想定している為，屈折率は波長：1.5μmでの値である。なお，照射ドーズ量は照射面積あたりの蓄積リング電流の時間積分値で表した。同図に示す通りa-C:H膜の屈折率は成膜時1.55であるが，照射ドーズ量の増加と共に最大2.05まで上昇し，屈折率変化量として最大0.5が得られた。図5には分光エリプソ法で測定した膜内の屈折率分布を示す。放射光照射前後で膜の厚み方向の屈折率は均一であり，本結果は放射光を遮蔽するパターニングマスクを用いれば，周期的な屈折率分布構造を膜厚方向に均一に

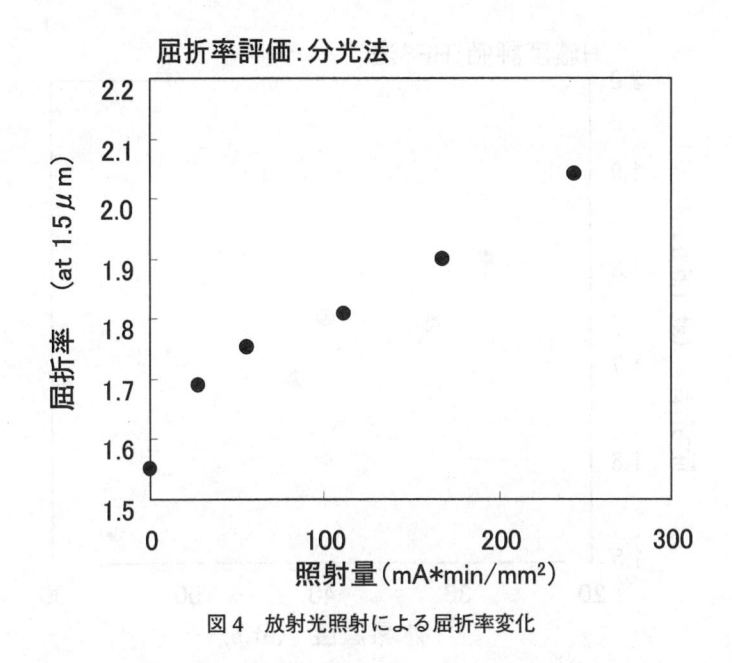

図4 放射光照射による屈折率変化

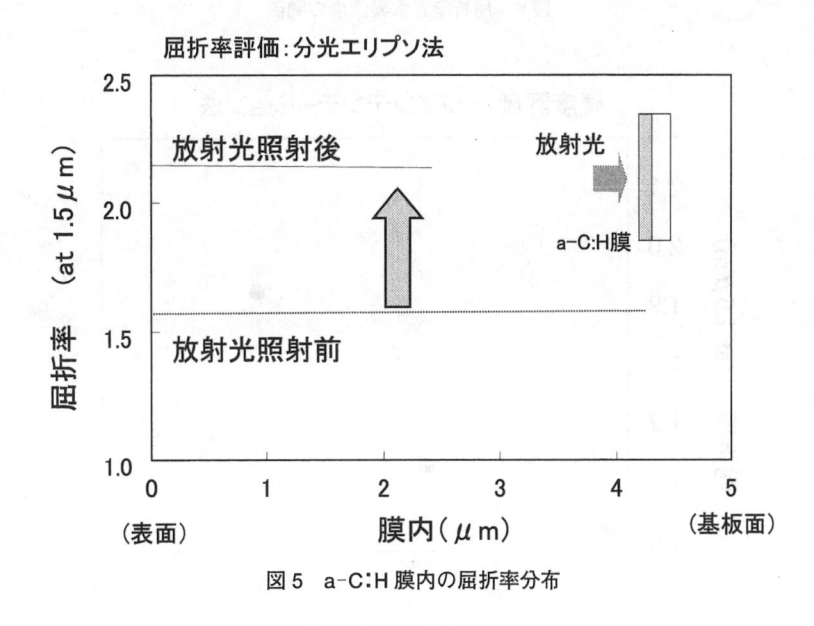

図5 a-C:H膜内の屈折率分布

形成できる事を示している。

次に図6に屈折率上昇に伴う膜中の水素濃度変化を示す。成膜時の水素濃度は54at%であり，放射光照射に伴い水素濃度は徐々に減少し屈折率が1.8まで増加した段階では，成膜時点の約半分の28at%まで減少した。また，図7に示す通り屈折率増加と共に膜のダイナミック硬度は

図6 屈折率と水素濃度の関係

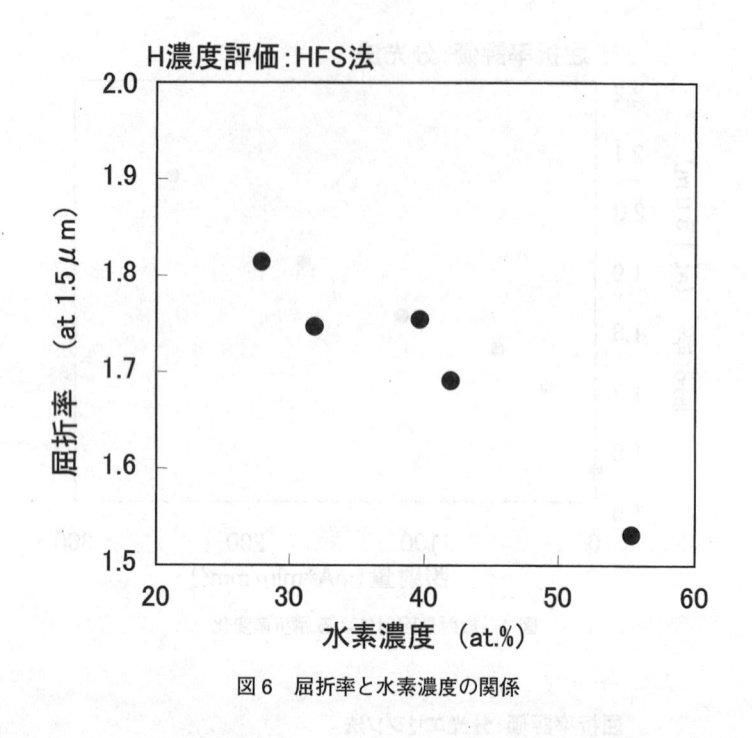

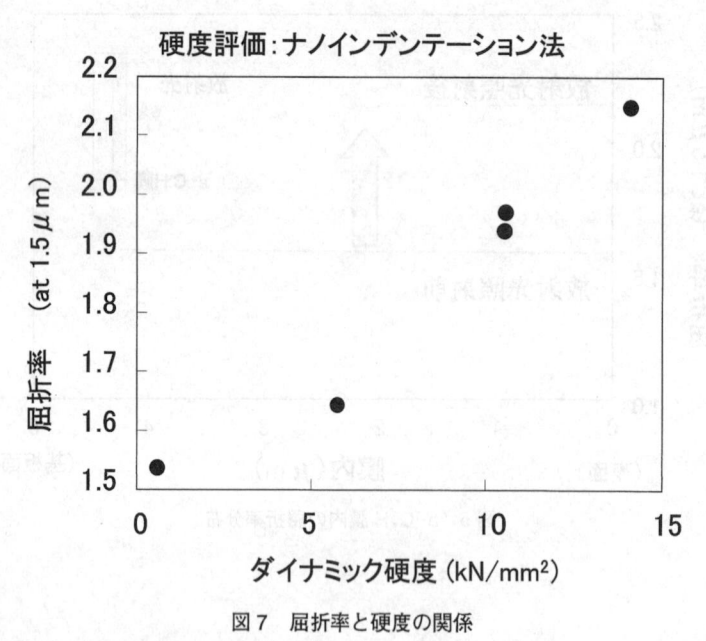

図7 屈折率と硬度の関係

6kN/mm² から 14kN/mm² と 20倍以上の増加を示した。これらの変化は水素の脱離と共に炭素同士の架橋が進んだ結果により生じた現象と推定できる。一方，密度は図8に示す通り屈折率の

第3章　電気的・光学的・化学的応用

密度評価：GIXR法

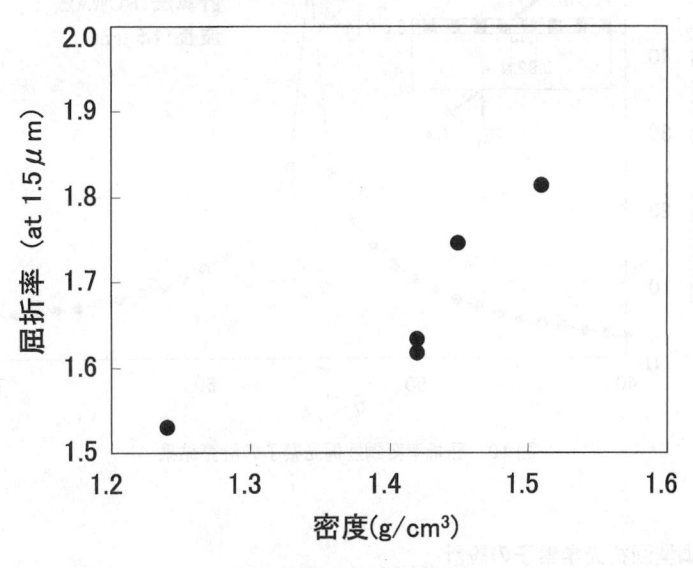

図8　屈折率と密度の関係

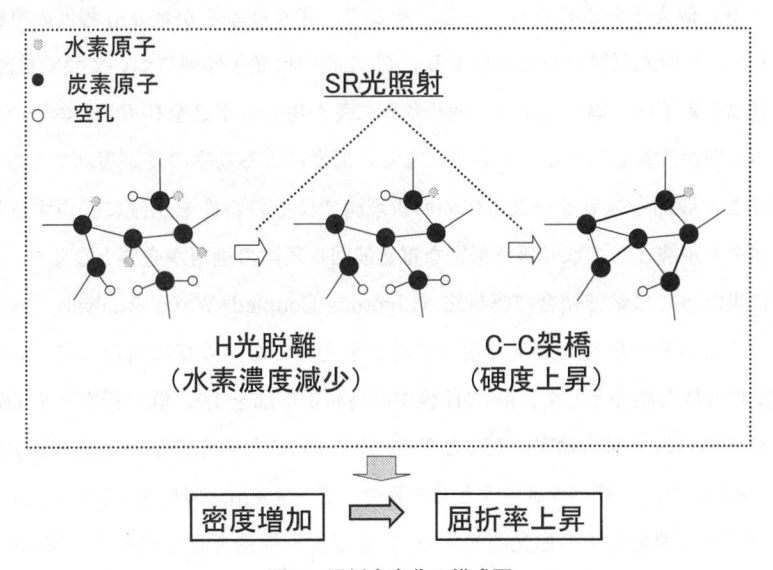

図9　屈折率変化の模式図

増加と共に 1.24g/cm³ から 1.51g/cm³ 迄増加し最大 20%の変化を示した。以上の結果より a-C:H 膜の屈折率変化は，放射光照射により水素が光脱離するのに伴って生じた空孔を介して炭素同士が架橋し，密度が上昇する事に伴って生じた現象と推定できる。図9にその模式図を示す。

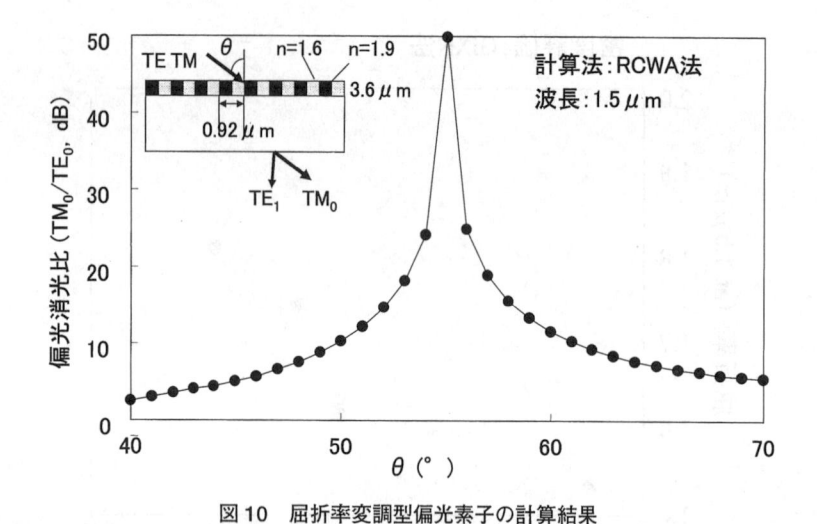

図10　屈折率変調型偏光素子の計算結果

1.4　屈折率変調型回折光学素子の設計

　光通信の分野では厚みが500μm程度のガラス製偏光子が用いられているが，光部品を小型化する為により薄い偏光子が求められている。そこで，我々は厚みが数μm程度の薄膜偏光子の実現を目指して，放射光照射プロセスによるa-C:H膜の偏光子作製について設計検討を行った。

　回折光学型偏光素子は，偏光によって回折効率に差が生じる現象を利用した素子である。一般に回折格子の周期が波長もしくはそれ以下になると偏光による効率の差が現れてくるが，周期が波長に近づくと一般的なスカラー波近似の回折理論ではその特性を正確に表現することができなくなり，ベクトル波として取り扱う厳密な電磁波回折理論の適用が必要となる[8]。そこで，本素子の設計に当たっては厳密結合波解析法（Rigorous Coupled-Wave Analysis：RCWA）をシミュレートできる市販の解析ソフトを用いて計算を実施した。計算に当たって，放射光照射で再現性良く試作可能な条件として，a-C:H膜中の高屈折率部を1.9，低屈折率部を1.6とし，TE偏光とTM偏光の0次光回折効率，TE_0とTM_0を計算して，偏光素子の性能を示す偏光消光比（TM_0/TE_0）を求めた。計算パラメータとして膜厚を2～4μm，周期を0.5～1μmの範囲で変化させ，既存ガラス製偏光子の偏光消光比40dBを超える構造を選び出した。図10にその構造例及び偏光消光比の入射角度依存性を示す。この結果，石英基板上のa-C:H膜（膜厚：3.6μm）内部に0.92μm周期で屈折率：1.9と1.6（屈折率差0.3）の周期的な屈折率変調構造を形成した場合にはレーザ入射角：55°で偏光消光比：50dBと既存ガラス製偏光子以上の値が得られており，偏光子として充分な性能を示す事が確認できた。

1.5 おわりに

a-C:H膜の応用として,凹凸型回折型光学素子に相当する屈折率差を有する屈折率変調型回折光学素子の作製を目指し,シンクロトロン放射光照射による屈折率変化プロセスを開発した。本プロセスで得られる最大0.5の屈折率変化は,シンクロトロン放射光照射により水素が脱離する事によって形成された空孔を介して炭素同士が架橋し,密度が上昇する事に伴って生じた現象と推定できる。膜厚:3.6μmのa-C:H膜に0.92μm周期で屈折率差0.3の屈折率変調構造を形成した場合には,偏光消光比:50dBと既存ガラス偏光子以上の高性能な回折光学素子として機能する事を計算により確認した。本素子は積層化も可能な構造であり,従来の凹凸型回折光学素子に対しより広範な応用が期待できる。

文　　献

1) N. Fujimori and A. Doi, *Ceramics,* **21**, 523 (1986)
2) S. Yamamoto, H. Kodama, T. Hasebe, A. Shirakura, T. Suzuki, *Diamond Relat. Matter.,* **14**, 1112 (2005)
3) V. A. Tolmachiev, E. A. Konshina, *Diamond Relat. Matter.,* **5**, 1397 (1996)
4) Q. Chang, S. F. Yoon, J. Ahn, X. Rusli, H. Yang, B. Gan, C. Yang, F. Watt, E. J. Teo and T. Osipowise, *Diamond Relat. Matter.,* **9**, 1758 (2000)
5) J. R. Marciante, N. O. Farmiga, J. I. Hirsh, M. S. Evans and H. T. Ta, *Appl. Opt.,* **42**, 3234 (2003)
6) J. Si, J. Qiu, J. Zhai, Y. Shen and K. Hirao, *Appl. Phys. Lett,* **80**, 359 (2002)
7) W. J. Gambogi, A. M. Weber and T. J. Trout, *Proc. SPIE,* **2043**, 2 (1993)
8) T. Glaser, S. Schroter, H. Bartelt, H. J. Fuchs and E. B. Kley, *Appl. Opt.,* **41**, 3558 (2002)

2 アモルファス炭素系膜のLow-K膜としての特性

杉野　隆[*1]，青木秀充[*2]，木村千春[*3]

2.1 はじめに

シリコン半導体集積回路（Ultralarge scale integrated circuit：ULSI）では，65nm世代のシステムLSI，1Gbitメモリがすでに生産され，45nmから32nm世代へと，更に微細なデバイスの開発が進められている。このデバイス開発はトランジスタの縮小化によって高速動作が改善できるという利点を兼ね備えて進められてきたが，近年，集積度の向上でデバイス内の配線が長大になり多層化して配線抵抗と配線間を分離する絶縁層が持つ容量（図1）による電気信号の遅延現象がデバイスの高速動作を劣化させるという課題に遭遇している。これを解決するため従来用いられてきた配線金属（アルミニウム）および配線層間絶縁膜（SiO_2（比誘電率 $k \sim 4$））を更に低い電気抵抗率を持つ金属および低い誘電率を持つ絶縁体材料に変更するための研究開発が進められている。配線金属はアルミニウムから銅に変更された。一方，層間絶縁体膜の低誘電率化については SiO_2 にフッ素や炭素を添加した SiOF や SiOC そして SiC が注目されて研究開発がなされ，現状，配線層間絶縁体膜として $k \sim 2.6$ を有する SiOC が主に用いられている。

次世代シリコン集積デバイス開発のために $k<2$ を有する低誘電率膜の実用化が熱望されている。図2にCu配線を用いたシステムLSIの低誘電率膜（Low-K膜）に対する実用年のトレンドを示す。2006年度は，45nm世代向けのLow-K膜の開発が進められ，その多くは，SiOC系や有機系の絶縁体膜内に空孔（ボア）を形成し，低誘電率化を図ることで検討されている。しか

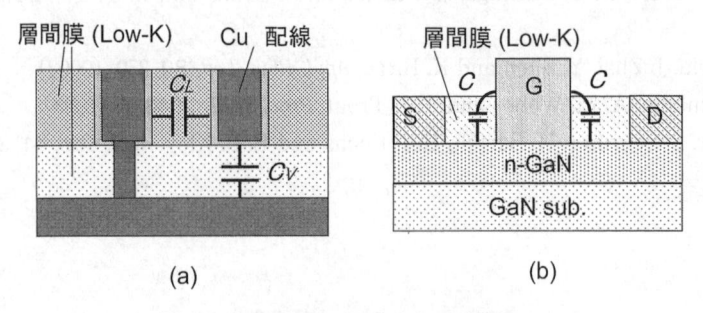

図1 低誘電率膜（Low-K）の応用例
(a) Cu/Low-K 配線構造例
(b) 化合物半導体のFET構造例

[*1] Takashi Sugino　大阪大学　大学院工学研究科　電気電子情報工学専攻　教授
[*2] Hidemitsu Aoki　大阪大学　大学院工学研究科　電気電子情報工学専攻　准教授
[*3] Chiharu Kimura　大阪大学　大学院工学研究科　電気電子情報工学専攻　助教

第 3 章　電気的・光学的・化学的応用

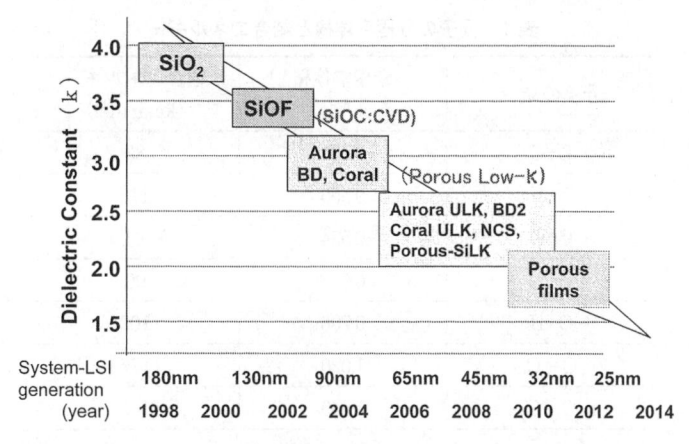

図2　システム LSI 世代に対する Low-K 膜のトレンド

しながら，このようなポーラス系 Low-K 膜は，成膜法の開発はもとより，シリコン集積デバイスへの導入に対して様々な解決すべき課題を残している[1,2]。

一方，シリコン系以外の材料で低誘電率絶縁体膜の作製に関する研究開発も行われている。レーヤーバイレーヤー堆積法と水素プラズマ処理を用いて k＜2 の誘電率を有する窒化炭素（CN）膜の合成が報告されている[3]。また，プラズマアシスト化学気相合成法により作製した窒化ホウ素炭素（BCN）膜において k<2 低誘電率が達成された[4]。

以下に低誘電率絶縁体膜として期待できるダイヤモンドライクカーボン（DLC）やダイヤモンド等の炭素系膜および炭素原子を含む多元系材料である CN 膜および BCN 膜の特性について述べる。

2.2　低誘電率膜への要求

ここでは，特に注目されている配線用 Low-K への要求について述べる。配線の層間膜の誘電率を低減する手法として，SiOC 膜や有機膜をベースにポーラス化する方向で開発が進んでいる。ポーラス膜の問題点は，①機械的強度が低い，②吸水性が高い，③熱伝導性が低い，④熱膨張率が大きいなどが挙げられる。それぞれの問題点について，以下に詳しく述べる。

①機械的強度が低いことにより，Cu 配線を形成する際に用いられる CMP（化学的機械研磨）プロセスにおいて，加重に耐えられず Low-K 膜が変形し，下地膜との密着性不良で剥がれ等の問題を生じる。

②ポーラス化により吸水しやすくなるため，誘電率が高くなる。これは，水の誘電率が 80 程度と非常に高いためである。また，Cu 配線形成時に Cu のめっき液が，バリア膜で十分被覆されていない部分を通ってポーラス膜内部まで侵入する問題も生じる。

表1 分子の分極率体積と結合エネルギー

分子の結合	分極率体積 (Å^3)	結合エネルギー (kcal/mol)
C-C	0.531	83
C-F	0.555	116
C-O	0.584	84
C-H	0.652	99
O-H	0.706	102
C=O	1.020	176
C=C	1.643	146

③高性能CPU内部では，10^5A/cm^{2}程度の電流密度となるため，（ちなみに白熱灯の電流密度は10^4A/cm^{2}程度）配線層間膜には，ヒートシンクとしての役割も果たすべく，高い熱伝導性材料が望まれる。しかしながら，ポーラス化により，材料の熱伝導率は10分の1程度に低下する可能性がある。

④LSIを製造時のアニーリング工程において，層間絶縁膜と配線素材Cuの熱膨張率の違いから，Cu配線の周囲にボイド（隙間）が生じる。多層配線を形成する場合各層ごとに熱処理が加わるため，膨張，収縮を繰り返し，配線ストレスマイグレーションが発生しやすくなる。

その他，溝加工時のドライエッチングガスやポリマー除去処理の薬液によって加工表面のLow-K膜が変質するなど，現状のポーラス膜への課題は多い。

このような中で，DLCをはじめとするダイヤモンド系材料は，ポーラスLow-Kで課題となっている上記の4つの項目に対して，いずれも優れた物性を有し，有望な材料である。

そして，DLCをはじめとするカーボン系材料の誘電率を考える場合もSiOC系のLow-K膜と同様に，表1に示す分子の分極率体積が参考になる[5]。誘電率を低減するためには，配向分極の成分を小さくする必要があり，表1から例えばC=CよりC-Cの方が分極率は小さく，低誘電率材料に適していることが分かる。

2.3 各種カーボン系低誘電率材料
2.3.1 ダイヤモンドライクカーボン（DLC）膜

Cu配線にDLC膜をインテグレーションした例が報告されている[6]。CMP等における機械的強度の課題を改善できる可能性があり，PECVD法を用いてDLC膜が形成されている。機械的強度も安定したDLC膜では，K値が2.7～3.3以上になるため，DLCにフッ素ドープしたFDLCでK値の低減を図っている。フッ素は，電気陰性度が高いため，分極を抑制し誘電率を低減で

第3章　電気的・光学的・化学的応用

きる可能性がある。FDLCは，アニール処理の改善によりK値を<2.5まで低減させている。しかしながら，含有するFは，SiO_2やTaと反応しSiF_xやTaFを形成するため，密着性が劣化する問題がある。したがって，Fを含まないDLC膜をベースに，アニール処理を最適化し，K = 2.8の値でCu/DLCの配線材料としてのインテグレーションしたことが報告されている[7]。

2.3.2　アモルファスカーボン

フッ素ドープのアモルファスカーボン（a-C：F）をDLCとして評価している例がある。

成膜時のCF_4/CH_4ガス混合比を最適化することで，C = Cを有するグラシックカーボン（sp^2）からC-Cのダイヤモンドカーボン（sp^3）へ変化させ，K = 2.6の値を報告している[8]。

更に，高密度プラズマを用いることにより，K = 1.68を報告している例もある[9]。

アモルファスカーボンは，DLCと区別がはっきりしない点があるが，現在主流となっているSiOC系のLow-K膜よりも前からLow-K向けに検討されている。しかしながら，密着性の問題や加工性の問題から，配線用の層間膜としては今なお検討中である。

2.3.3　ナノダイヤモンド

Low-K用にダイヤモンドを利用した例としては，ダイヤモンドのナノパーティクルを用いた例が報告されている[10]。4nm程度のダイヤモンドのナノ粒子をコロイド状に分散させ，スピンコーティングで成膜するものである。成膜後のアニールだけでは，膜の密着性も問題があるため，ヘキサジクロロシロキサン（$SiCl_3OSiCl_3$）雰囲気に1時間晒すことで，ナノ粒子間に-O-Si-O-Si-O-の化学結合を形成し，アニール処理することで密着性を改善している。K値は，屈折率からの換算値としてK = 1.63になると報告している。

2.3.4　CN_x膜

レーヤーバイレーヤー堆積法と水素プラズマ処理を用いてアモルファス状窒化炭素（a-CN_x）が室温により成膜されている。この方法では窒素ラジカルによるグラファイトターゲットのスパッタリングによるa-CN_xの成膜と，原子状水素によりa-CN_x膜を処理するラジカル処理から構成されている。この方法によるa-CN_x薄膜においてはC-N結合のsp^3成分が増加することにより低誘電率化が進むことが報告されており，容量-電圧測定から得られる曲線の蓄積容量値からK = 1.9の低誘電率薄膜が実現されている[3, 11]。

2.3.5　BN，BCN膜

（1）高速配線用層間膜への応用

カーボン系薄膜だけでなく，周期律表における炭素の前後にあるホウ素，窒素を含有する化合物による低誘電率膜への応用も注目を浴びている。筆者らは原料に窒素と三塩化ホウ素を用いたプラズマアシスト化学気相合成（PACVD）法によるBN薄膜の低誘電率膜への応用を報告してきた[12]。また，原料にボラジンを用いることによるBN薄膜についても同様の低誘電率膜の報

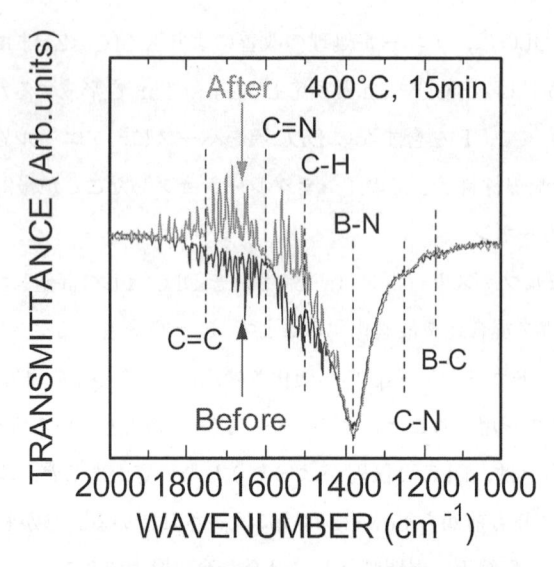

図3 アニール処理後のBCN膜のフーリエ変換赤外吸収スペクトル

告[13]があり，BN薄膜の低誘電率膜への応用が期待されている。PACVD法によって六方晶BN結晶（h-BN）とアモルファス部分からなる膜が得られる。H-BN結晶の誘電率についてはこれまでに2.2-2.6と報告されているが[14]，低誘電率化にはBN薄膜内の低密度化が検討され，その方法として薄膜のアモルファス化が行われている。390℃の低温でBN薄膜を成膜することにより，また，BN薄膜の成膜時に炭素を混入させることでもアモルファス化を進めることができる。更にBCN薄膜の低誘電率化を行うため，アモルファス部における原子結合の制御が検討されている。図3のフーリエ変換赤外吸収スペクトルに示されるように，アニール処理によって分極率の大きいC＝C結合やC＝N結合の量を低減できることが見出されている。また，紫外光照射を行うことによってもBCN薄膜内の原子結合制御が可能であることが示されている。図4はアニール処理を用いた結果で，K＝1.9という低誘電率BCN薄膜が得られている[4]。この値はノンポーラス膜として報告されている低誘電率膜では現時点で最小の値である。

炭素原子の添加によって成膜されるBCN薄膜はBN薄膜より耐水性が向上し，また機械的強度も増加することが明らかになっている[15]。BCN膜内での水分の存在は，FTIRスペクトルの吸収バンド（O-H吸収バンド）として3230〜3400cm^{-1}に現れるため，3350cm^{-1}の吸収バンドの強度と炭素組成比の関係を調べた。図5に示すように，炭素組成比の高いBCN試料で水分の取り込みが抑制される傾向があり，炭素組成比が30％以上であれば水分の影響が抑えられることが分かる[16]。この実験ではBCN膜中のOH基の存在を明確にしているが，このボンドの生成はBCN膜の成膜中に形成されるものと成膜後，大気から取り込まれる水分により起こるもの

第3章　電気的・光学的・化学的応用

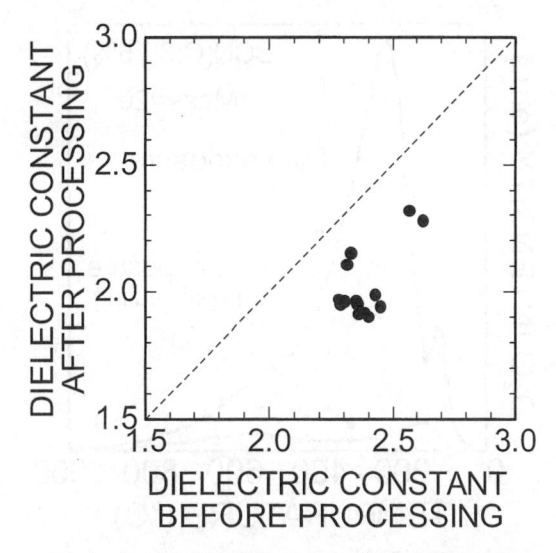

図4　アニール処理前後のBCN膜の比誘電率変化

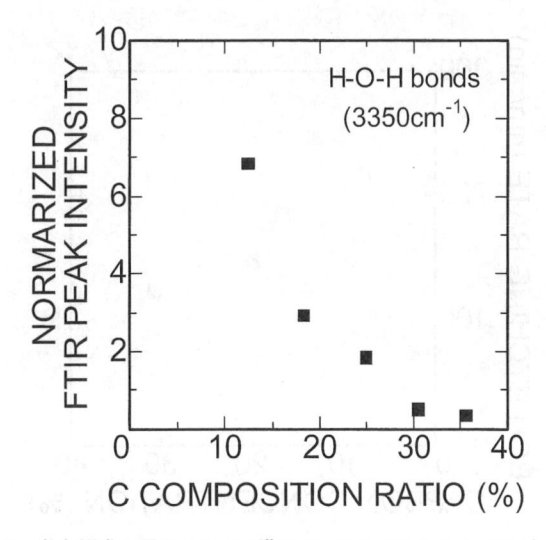

図5　炭素組成が異なるBCN膜のFTIRスペクトルのOHピーク

とが考えられる。そこで，大気雰囲気からの水分による影響を調べるため，成膜中に使用する水素と区別できる重水素（D）を用いて実験を行った。重水（D_2O）を入れた密封容器内にBCN膜を放置（60時間）し，重水の蒸気がBCN膜に取り込まれる状態をTDS（昇温脱離スペクトル）を用いて調べた。その結果，図6に示すように300℃付近にピークを持つ脱離特性が得られ，またBCN膜中への水分の取り込み量は，含有炭素量が高い膜ほど抑制されていることも明らかになった。更に，D_2O処理後にアニール（390℃，15min）を行い，D_2Oの振る舞いを調べた。ア

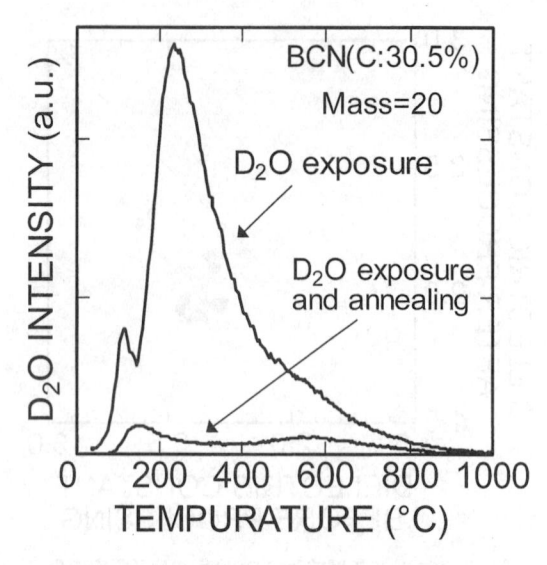

図6 アニール処理前後のBCN膜のTDSスペクトル

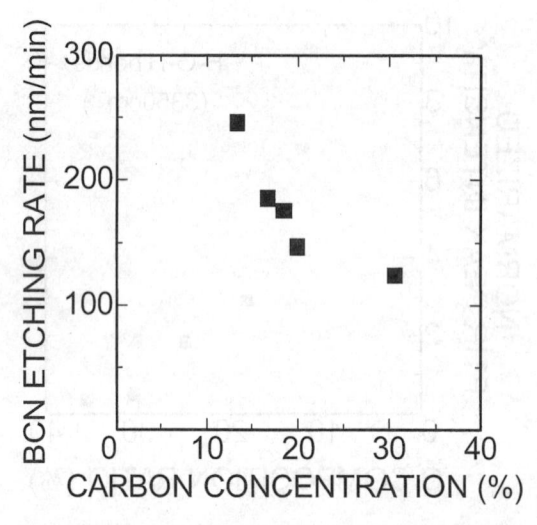

図7 炭素組成比の異なるBCN試料のドライエッチング速度

ニール温度は，Cu/Low-K配線プロセスで許容される温度条件としてとした。390℃でアニールすることによりD_2Oを除去できることを示しており，シリコンプロセス条件内で水分の影響を排除できる可能性を示唆する結果が得られた。

図7は，反応性イオンエッチング装置を用いて，炭素組成比の異なるBCN試料にCF_4ガスによるドライエッチング処理を施し，エッチング量を調べた結果である。エッチング時間を一定（1分間）とし，そのとき得られるエッチング量をエッチング時間で規格化してエッチングレートと

第3章　電気的・光学的・化学的応用

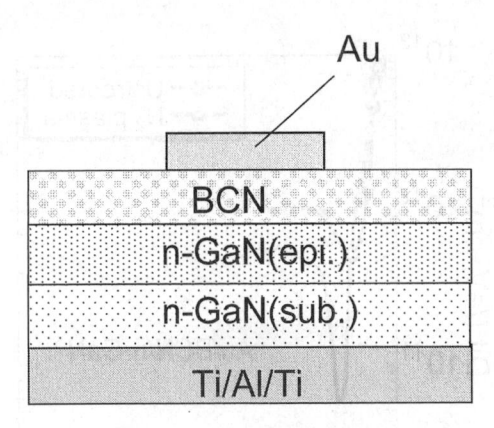

図8　BCN/n-GaN-MIS 構造

して示したものである。このためエッチング開始時の遅延を含んだ値となっている。炭素組成比の増加でエッチングレートが減少することが分かる。しかし，炭素組成比30.5%のBCN試料においても約120nm/minのエッチングレートが得られており，CF_4ガスによる加工は十分可能であると考えられる[17]。

更に，SiOCに比べて金属拡散の影響も少なく[18]，ダマシン構造の配線溝を形成する上で，クリーニング処理液に対しても比較的耐性が高いことから[19]，LSIの多層配線層間絶縁膜として有望視されている。

(2) 化合物高速デバイスへの応用

シリコン集積デバイスの分野だけではなく，ガリウム砒素をはじめとする化合物半導体高速電子デバイスの分野においても配線遅延を克服することは重要な課題である。更に化合物半導体によって構成される電界効果トランジスタにおいてソース-ゲート（S-G）間，ゲート-ドレイン（G-D）間の半導体表面特性がトランジスタ動作に大きく影響することが知られており，絶縁体膜により半導体表面の欠陥を不活性化することは不可欠な技術である。この際，絶縁体膜の使用による寄生容量の発生はトランジスタの高周波特性を劣化させる要因となるため，低誘電率膜による表面不活性化が求められる。

図8に示すようにGaNデバイスに適用する場合を考え，Au/BCN/n-GaNのMIS構造を作製して界面準位密度を評価した。ここで用いたBCN薄膜のエネルギーギャップは，5eV程度あり[20]，GaNのエネルギーギャップ（$Eg = 3.39eV$）よりも大きく，MIS構造を作製するためには十分な大きさである。ここで，BCN膜はIII-IV-V族の元素から構成され，GaNのようなIII-V族化合物半導体の表面と良好な界面を形成できる可能性がある。その結果，図9に示されるように，窒素プラズマ処理を行ってBCN膜を成膜した場合，界面準位密度が$5 \times 10^{10}/eV \cdot cm^2$まで低減でき，BCN薄膜の有用性が示された[21]。

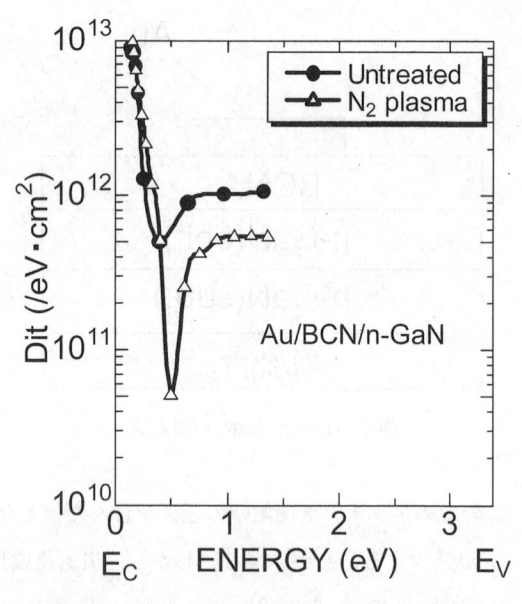

図9 BCN/n-GaN-MIS構造の界面準位密度

また，化合物デバイスの例として，HEMT（High-electron Mobility Transistor）デバイス（AlGaAs/InGaAs構造，InAlAs/InGaAs構造）にLow-K膜のBCB（ベンゾシクロブテン）を用いて高速化した例が報告されている[22, 23]。

2.4 まとめ

配線用層間膜として現在開発が進められているポーラス系Low-K膜は，機械的強度，熱伝導性，熱膨張率などの課題があるが，DLCをはじめとするカーボン系材料は，物性の観点からこれらの課題に対応でき可能性がある有望な材料である。DLC膜だけでなく，BCN膜等も有望なLow-K材料であり，Cu配線とインテグレーションする上で必要となる微細加工技術やメタル材料との密着性技術の研究開発は，今後に期待したい。また，化合物デバイスに対してもこれらのLow-K材料は，トランジスタ性能を高めるために必要であり，実用化への期待は大きい。

文　献

1) Zhe Chen, Prasad, K., Chaoyong Li, Ning Jiang, Dong Gui, *Device and Materials Reliability, IEEE Transactions,* 5 (1), pp.133-141 (2005)

2) Arnal, V., Hoofman, R. J. O. M., Assous, M., Bancken, et al., Proc. of International Interconnect Technology Conference, pp.202-240, June (2004)
3) M. Aono, S. Nitta, *Diamond and Related Materials,* **11**, 1219-1222 (2002)
4) S. Ueda, T. Yuki, T. Sugiyama and T. Sugino, *Diamond and Related Materials,* **13**, 1135-1138 (2004)
5) CRC Handbook of Chemistry and Physics, 77th ED., CRC Press, Boca Raton (1996)
6) A. Grill, *Diamond and Related Materials,* **10**, 234-239 (2001)
7) A. Grill, *Thin Solid Films,* **398-399**, 527-532 (2001)
8) Oh Teresa *et al., Thin Solid Films,* **475**, 109-112 (2005)
9) A. P. Mousinho, R. D. Mansano, P. Nerdonck, *Diamond and Related Materials,* **13**, 311-315 (2004)
10) H. Sakaue, N. Yoshimura, S. Shingubara and T. Takahagi, *Appl. Phys. Lett.,* **83** (11), 15, September (2003)
11) M. Aono, Y. Naruse, S. Nitta, T. Katsuno, *Diamond and Related Materials,* **10**, 1147-1151 (2001)
12) T. Sugino, T. Tai, Y. Etou, *Diamond and Related Materials,* **10**, 1375-1397 (2001)
13) H. Nobutoki, S. Nagae, S. Tsunoda, T. Kumeda, N. Yasuda and T. Toyoshima, Proc of International SEMATECH Ultra Low-K Workshop, 6, Jun. (2002)
14) S. Umeda, T. Yuki, T. Sugiyama and T. Sugino, *Diamond and Related Materials,* **13** (4-8), 1135-1138, April-August (2004)
15) C. Morant, D. Caceres, J. M. Sanz and E. Elizalde, *Diamond and Relat. Materials,* **16**, 1441 (2007)
16) H. Aoki, D. Watanabe, R. Moriyama, M. K. Mazumder, N. Komatsu, C. Kimura and T. Sugino, Proc. of New Diamond and Nano Carbons (NDNC), p.107 (2007)
17) S. Tokuyama, M. K. Mazumder, D. Watanabe, C. Kimura, H. Aoki and T. Sugino, Proc. of Solid State Device and Materials Meeting (2007)
18) M. K. Mazumder, R. Moriyama, D. Watanabe, C. Kimura, H. Aoki and T. Sugino, *Japanese Journal of Applied Physics,* **46** (4B), 2006-2010 (2007)
19) D. Watanabe, H. Aoki, R. Moriyama, M. K. Mazumder, C. Kimura and T. Sugino, Proc. of New Diamond and Nano Carbons (NDNC), p.210 (2007)
20) C. Kimura, Z. Zhang, R. Moriyama and T. Sugino, Proc. of The 8th International Symposium on Sputtering & Plasma Processes, pp.398-401 (2005)
21) Y. Shimada, K. Chikamatsu, C. Kimura and T. Sugino, Proc. of Electric Materials Symposium-24 (Dogo-Himeduka), p.83 (2005)
22) Hsien-Chin Chin, Ming-Jyh Hwu, Shih-Cheng Yang, Yi-Jen Chan, *Electron Device Letters, IEEE,* **23** (5), 243-245 (2002)
23) Cheng-Kuo Lin, Wen-Kai Wang, Yi-Jen Chan, Hwann-Kaeo Chiou, *Electron Devices, IEEE Transactions,* **52** (1), 1-5, Jan. (2005)

3 DLCコーティングのカテーテル，ステントへの適用

長谷部光泉[*1]，鈴木哲也[*2]

3.1 はじめに

近年，炭素系薄膜であるダイヤモンドライクカーボン（Diamond-like carbon: 以下DLC）は工業分野だけでなく，生体適合性の高い薄膜として医療分野でも注目されている。DLC薄膜のメリットは，ナノオーダーでのコーティングが可能であるため，元々の基材の機械的な性質を損なわずに，優れた摺動特性，耐腐食性，耐摩耗性，耐化学物質性を有する点にある。DLCの医用応用の範囲は広く，人工心臓，人工血管，血管内カテーテル，血管内ステントなどの抗血栓性を要する材料の他，整形外科領域で用いられる人工関節のように耐摩耗性を要する材料，耐腐食性が必要とされる歯科材料などへの応用が試みられている。かつてDLCは，硬質基材に限られるハードコーティングであったが，近年ではその改良が進み基材の変形にも追従する軟性化DLCが開発されるようになり，医療器具，体内留置治療機具，人工臓器などへの実用化が期待されている。

我々はこの中でも特に，血管内治療に使用されるカテーテル，ガイドワイヤー，ステントなどに着目し，そのような血液接触性医療器具へのDLCの応用について研究をすすめてきた。以下，カテーテルおよびステントの現状について概説し，表面改質への取り組みとDLC薄膜との関与について述べる。

3.2 カテーテルおよびガイドワイヤー

近年我が国では動脈硬化に関連する脳梗塞，脳出血などの脳血管障害や心筋梗塞などが急増している。高脂血症，動脈硬化によって引き起こされる血管系病変の治療法としては，初期の段階では薬物療法や食事療法が選択されるが，狭くなってしまった血管や，逆に拡張しすぎた血管については手術切除し，人工血管に置換する方法が選択される。また，近年の医療技術の発達により，人体にとってさらに非侵襲的な血管内治療（「カテーテル治療」や「インターベンション（Intervention）」と呼ばれることもある）が普及してきている。

血管造影検査および血管内治療は，主に大腿部の付根の大腿動脈あるいは腕あるいは手首の動脈から行う。局所麻酔後，針の穿刺部位と決めた場所にメスにて2〜3mmの小切開を加える。穿刺針は，内筒と外筒の二重構造になっており，内筒が普通の針，外筒がプラスチックの針でで

[*1] Terumitsu Hasebe 国家公務員共済組合連合会 立川病院 放射線科 医長
[*2] Tetsuya Suzuki 慶應義塾大学 大学院理工学研究科 環境・資源・エネルギー科学専修 教授

第3章　電気的・光学的・化学的応用

```
          親水性潤滑コート
          ポリウレタン
          芯線
```

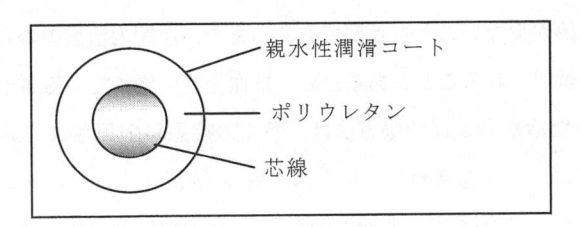

図1　ガイドワイヤー断面図

きている．切開後，穿刺針にて動脈を穿刺し，穿刺針の内筒を抜去する．外筒をゆっくりと引いてきて，外筒の先端が動脈内腔に戻ると，勢いよく血液が拍出してくる．外筒を動かさずガイドワイヤーの先端を挿入する．ガイドワイヤーを命綱として，柔軟なチューブ状の手術器具である細いカテーテルを動脈や静脈の内部に挿入し，造影剤を用いて放射線透視下で診断後，血管内治療を行う．いわゆる血管が細くなっている（狭窄）あるいは詰まっている（閉塞）血管に対しては，バルーン付きカテーテルを用い血管拡張術を行う．この治療は局所麻酔によって行われ，患者負担が軽減されるため，世界中で広く普及している．

　血管造影用カテーテルは，ポリエチレン，ポリアミド樹脂（ポリマー系）などにX線透視下での視認性を高めるためにX線不透過材料である硫酸バリウムなどを混合させたプラスチック製のチューブである．カテーテル先端部は選択する血管により様々な先端形状のものが用意されている．さらに末梢の細径血管を選択するためには，最初の造影用カテーテルよりさらに細い径のカテーテルである「マイクロカテーテル」が用意されており，親カテーテルの中を通して使用する．マイクロカテーテルは，太さ約1mmのチューブで，細く蛇行した血管への挿入を可能にするため，先端部は特に柔らかい材質でできている．先端には，位置確認を容易にするためX線不透過材料のプラチナ製マーカーが付けられており，表面には親水性潤滑コーティングが施されている．細径の血管に留置することが多いため，抗血栓性と柔軟性，摺動特性に優れた製品が求められる．

　ガイドワイヤーは，カテーテルを安全に血管内に誘導していく機能を持つ細い針金のようなもので，先端部は柔らかく手元側に向かって徐々に固くなる構造となっている．通常のガイドワイヤーの太さは，各々の種類のカテーテルで適合ワイヤーサイズが決定され，カテーテルの中を通る設計となっている．ガイドワイヤーの構造は，ステンレススチールまたはニッケルチタン合金（Ni-Ti合金：ナイチノールとも呼ばれる）の芯線にポリウレタンを被覆し，その表面に親水性潤滑コーティングが施されているものが一般的である（図1）．また，マイクロカテーテルを使用するときには，太さが約0.45mm程度のマイクロワイヤーを使用する．マイクロワイヤーは，極めて細径の血管において使用されるため，操作性と柔軟性を両立させることが必要となる．カ

テーテル内腔との摩擦が少ないことも重要である。また，血管内治療の際には，細径血管に長時間ガイドワイヤーが留置されることがあるため，抗血栓性に優れている方がより安全性が高い。

　カテーテルを用いた診断および治療方法は，多くの疾患に応用されている。カテーテル技術を用いた血管内治療は，主に①詰める（動脈塞栓術），②開ける（バルーン・ステントなどを用いた血管拡張・形成術），③溶かす（血栓溶解術），④その他にその基本は集約される。実際の現場においては，カテーテルの外側のコーティングも問題ではあるが，カテーテル内腔のコーティングについても十分なコーティングとは言い難い。現在，カテーテルの内腔コーティングには，polytetrafluoroethylene（ポリ四フッ化エチレン：PTFE）が使用されているが，実際の血管内治療中に，血管塞栓物質や抗がん剤，金属コイルなどをカテーテル内に挿入していると，数回使用しているだけでも，コーティングが劣化あるいは血栓の付着が原因で，カテーテル内腔のすべり性が著しく低下することをしばしば経験する。

　人体には，血管内に異物が入ると血栓を付着させ体外へ老廃物と共に，排出しようとする機能がある。これはカテーテルやガイドワイヤー挿入時にも常に起こっている現象で，デバイス表面に血栓が付着し表面潤滑性が低下することで操作性が低下することがしばしばある。血管造影および血管内治療を行う場合は，カテーテルおよびガイドワイヤーの使用前，使用直後にヘパリン（抗凝固薬）を加えた生理的食塩水でフラッシュ・洗浄しなければ，カテーテルの内腔が閉塞する，あるいは，ガイドワイヤーがカテーテルの中を通過しなくなる。血管内治療の際は，さらに，治療前に血中にヘパリンを投与し，血栓化を軽減する処置が行われている。適切な必要十分な量のヘパリンを使用しないと，血管内治療が成功した場合でもその直後に血栓による急性閉塞を起こすことが知られている。しかしながら，ヘパリン投与を行うことで，患者の出血のリスクが高まるばかりでなく，後の止血時間が大幅に増加し，術者および患者への負担が大きくなる。実際に，血管内治療を行った後の，脳出血や血腫などは臨床上，文献上報告されている。こういった血栓の付着を防止するためヘパリンをデバイス表面にコーティングしたものもあるが，カテーテルは数時間使用される場合もあり，表面コーティングの剥がれおよび潤滑性の低下がよく見られる。また，人体の環境下は，血液のみならずすべてデバイスにとっては，過酷な環境下に他ならない。耐久性という点においても，さらなる改善が望まれる。

　以上のような問題点を解決する一つの方法として物質の「表面改質法」があり，Diamond-like carbon（DLC）が注目されている。近年，我々が報告したフッ素添加DLC[1～5]は，従来のDLCに比して，極めて優れた抗血栓性を示し，また柔軟な膜の性質を持っている。我々は医療材料であるSUS316LガイドワイヤーにDLC，F-DLCをコーティングし，その摺動性評価を行った[3]。その結果，摩擦機構の働きが小さい人工血管形状の血管モデルでは，ガイドワイヤーの摺動特性に向上は認められなかったが（図2A），屈曲の強い血管モデルでは，DLC，F-DLCコ

第3章 電気的・光学的・化学的応用

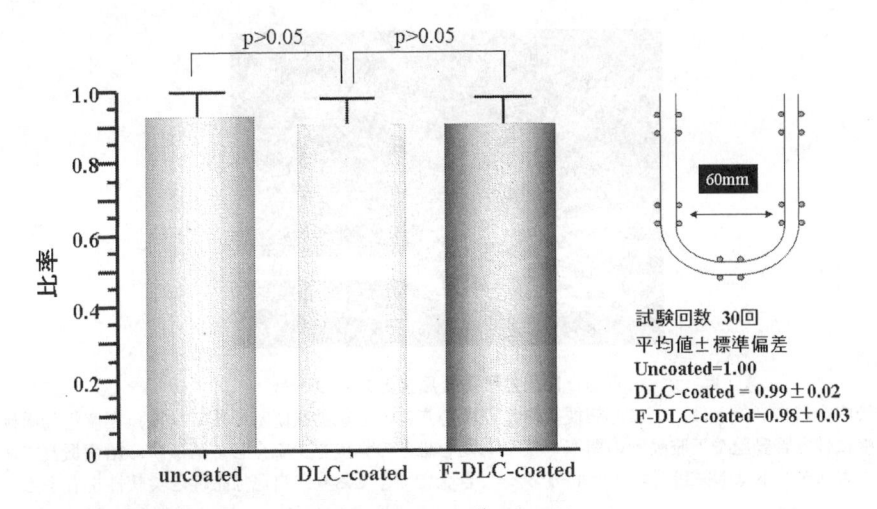

(A) 摩擦機構の働きが小さい血管モデルでは、ガイドワイヤーの摺動特性に向上は認められなかった。

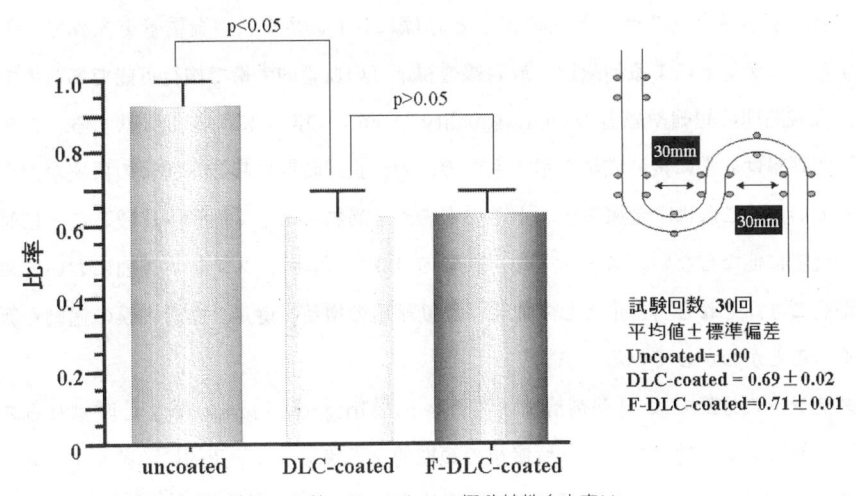

試験回数 30回
平均値±標準偏差
Uncoated=1.00
DLC-coated = 0.99±0.02
F-DLC-coated=0.98±0.03

(B) フッ素添加DLC膜を被覆したガイドワイヤーの摺動特性向上率は、従来のDLC膜を被覆したそれと同様に、約30%向上した。

試験回数 30回
平均値±標準偏差
Uncoated=1.00
DLC-coated = 0.69±0.02
F-DLC-coated=0.71±0.01

図2 ガイドワイヤーの摺動特性

ーティングともに摺動性が約30%向上した（図2B）。3次元デバイスでの膜の密着性の向上，耐久性，細径カテーテル内腔へのコーティング技術の開発などさらに突きつめるべき研究課題が存在するものの，極めて実用性が高いコーティング方法と考えられる。

3.3 ステント

血管の狭窄あるいは閉塞に対して，バルーン付きカテーテルによる血管拡張術のみでは不十分

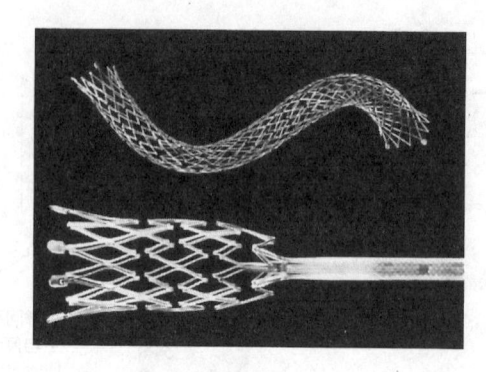

図3 自己拡張型金属ステントの一例

血管内金属ステントは，主に心筋梗塞および狭心症に伴う冠動脈閉塞・狭窄病変，閉塞性動脈硬化症に伴う腎動脈や下肢動脈の閉塞・狭窄病変を患者の負担を少なくして治療する治療機具である。本ステントは Ni-Ti（ニッケル-チタン）合金でできており，自己拡張性と柔軟性を有する。

な場合には，引き続き「ステント（図3）」と呼ばれるトンネル状の金属管を入れて，再び血流を確保する。ステントによる治療は，放射線透視下での血管内手術で施行可能であるので低侵襲であり，入院期間の短縮や患者の QOL（quality of life）の向上に大きく貢献する。ステントの初期血管開存率は非常に良い成績を示すものの，中～長期時期に起こる血管の再狭窄が大きな問題となっている。これは，金属ステントそのものが「異物」として血管内に残ることに対する生体の過剰反応に他ならない。ステントの再狭窄のメカニズムは，ステント周囲において最初に血栓形成が起こり，それを引き金として血管平滑筋細胞の増殖・遊走，血管内膜の過剰な新生が起こってくることがわかっている。

現在ステントの分野では，「薬剤溶出性ステント（Drug-eluting stent）」と呼ばれるステントが登場し，特に心臓冠動脈ステント留置後の短期的な再狭窄率は飛躍的に改善している[6]。薬剤溶出性ステントとは，ステント表面にポリマー塗布しそのポリマーに血管新生内膜の増殖を抑制するような免疫抑制剤を含浸させ，血管壁に徐々に薬剤をデリバリーする方法である。しかしながら，薬剤溶出性ステントはステンレススチールやナイチノール素材の上に直接ポリマーをコーティングしそこに薬剤を含浸させるという非常にシンプルな技術を使っている。つまり，依然として元のステント基材や薬剤の溶出を終えたポリマーは血管内に「異物」として存在しつづけ，炎症を惹起する可能性が示唆される。また，使用されている薬剤（抗がん剤や免疫抑制剤などの細胞周期抑制作用を持つものが主流）は，薬効が強すぎるため正常血管内皮細胞を障害し，従来の金属ステント留置後に比して，正常血管内皮によってステントが被覆されるのが遅延する事実が近年報告されてきている。実際，臨床上でも，薬剤溶出性ステントを留置した場合は，従来型のステントを留置した場合に比して血栓形成のリスクが高く，長期間にわたって抗凝固剤を服用

第3章 電気的・光学的・化学的応用

しつづけなければいけないというデメリットが生じている。また，抗凝固剤長期投与による肝機能障害のリスクも高まる。実際，臨床上でも晩期（ステント留置後6ヶ月〜1年後以降）の血栓性閉塞が報告され，問題となっている。また血流の少ない大腿部あるいは膝下の動脈においては，薬剤溶出製ステントでさえも再狭窄防止は難しいという結果が大規模臨床試験からわかってきている。

薬剤溶出制ステントの登場は，あたかも「魔法の杖」のような扱いを発売当初受けたが，現在市場に出回っている薬剤溶出性ステントは，ステントの歴史から考えると「第二世代」型の製品に位置づけられるものであろう。さらに安全にかつ長期留置ができる「第三世代型薬剤溶出性ステント」の開発は急務であろう。現在ある薬剤溶出性ステントの問題点を解決するためにも，まずステント素材そのものが極めて優れた抗血栓性バイオマテリアルであり，かつ薬剤を併用することが理想的と考えられているが，いまだそのような商品は存在しない。現在，臨床上利用可能な一般的なステント基材は，ステンレススチール（SUS316L）あるいはナイチノール合金である。ナイチノールは，ニッケル-チタンからなる合金で，超弾性形状記憶合金として近年使用されてきている。SUS316Lはそれ自体，抗血栓性と生体適合性に優れた金属系バイオマテリアルといわれているが，さらなる抗血栓性の向上，生体適合性の向上が臨床上の再狭窄の問題点を解決する糸口となりうるため，世界の研究者の間で様々な開発競争が進んできている。

ステント用金属材料表面の改良・改質のために様々な金属表面へのコーティングが試されている。コーティング材料には，生体物質，生体類似物質，高分子材料，金属材料，無機材料などがある。これらコーティング材の有用性が示される一方で，その問題点も指摘されている。生体物質や生体類似物質のコーティング材の場合，基材とスペーサーの結合力の弱さから起こる，コーティング材脱落の可能性が考えられる。高分子系コーティング材の場合，基材との密着強度の低さに起因する剥離とコーティング方法に起因する厚みの問題，そして体内での変性劣化，炎症反応の誘発などの問題がある。そして金属や炭素系コーティング材の場合にも，基材との密着力の低さに起因する剥離と，高い膜の応力に起因するクラックの発生や炎症反応の誘発などの問題がある。

我々は，DLCベースに高度変形部分でも追従するフッ素添加DLC（F-DLC）をステント上へ成膜しステント用コーティング材としての評価を行った[7, 8]。F-DLCはDLC膜生成の際，メタンガスあるいはアセチレンガスにフロンガスを添加し成膜することで合成できる非晶質フッ素添加炭素膜である。DLCにフッ素を添加成膜することでDLC膜の応力は下がりさらに軟性化するため，基板への追従性が向上すると考えられる。我々は初期実験として，F-DLCの*in vitro*での抗血栓性試験を行ったところ，血小板の付着，活性化において，従来のDLCを上回る成績が認められた（図4）[1, 4]。

また，基板へのタンパク質の付着は血小板の付着，活性化に先立ち重要である。振盪浸漬法に

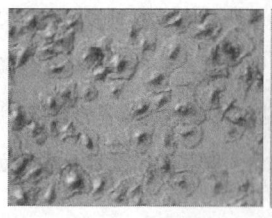

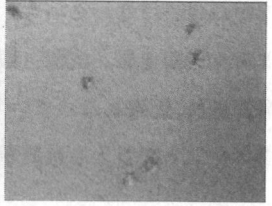

| ポリカーボネート基板 | DLCコーティング | F-DLCコーティング |

図4　血小板付着試験（ポリカーボネート基板，DLC，F-DLC）
ポリカーボネート基板にDLCおよびF-DLCをコーティング後，濃厚血小板液（PRP）に30分間浸漬した後，微分干渉顕微鏡にて血小板付着について観察した。ポリカーボネート基板には，多くの活性化された血小板が付着している。DLCではやや付着数が少ない。F-DLCにおいては，著明に付着数が少なく，かつ活性化された血小板が少ない。

よる凝固線溶系因子の変動，タンパク質付着量の検討では，F-DLCコーティング群で最も血小板活性化因子 β-Thromboglobulin（β-TG），トロンビン活性化因子 Thrombin antithrombin Ⅲ complex（TAT）の低下がみられた[4]。また，抗血栓性に関与するとされる血中血漿タンパク質：アルブミン／フィブリノーゲン付着比の測定ではF-DLC群において最も高値であり，F-DLCの血小板活性化抑制の要因となると考えられた[9]。このF-DLCをステントに応用する事で，基材表面を抗血栓性界面に改質できる可能性が示唆された。F-DLCはステント用などの血液接触性医療器具コーティング材として，抗血栓性と生体適応性を兼ね備える有望なマテリアルであると考えている。

3.4　おわりに

DLCを代表とした表面改質テクノロジーを医療分野に応用することによって，多くの問題点が残っている既存の医療材料，医療機器の質を向上させることができると考えている。また，ナノテクノロジーの技術を用い，さらに薄いコーティングの作成，あるいは医療材料の界面そのものの表面改質を施すことによって，より優れたデバイスの開発が可能であると考えられる。

文　献

1) T. Hasebe, T. Saito, S. Yohena, Y. Matsuoka, A. Kamijo, K. Takahahi, T. Suzuki, "Antithrombogenicity of fluorinated diamond-like carbon films", *Diamond and Related*

Materials, **14**, 1116-1119 (2005)

2) A. Shirakura, M. Nakaya, Y. Koga, H. Kodama, T. Hasebe, T. Suzuki, "Diamond-like carbon films for PET bottles and medical applications", *Thin Solid Films,* **494**, 84-91 (2006)

3) T. Hasebe, Y. Matsuoka, H. Kodama, T. Saito, S. Yohena, A. Kamijo, N. Shiraga, M. Higuchi, S. Kuribayashi, K. Takahashi, T. Suzuki, "Lubrication performance of diamond-like carbon and fluorinated diamond-like carbon coatings for intravascular guidewires", *Diamond and Related Materials,* **15**, 129-132 (2006)

4) T. Hasebe, A. Shimada, T. Suzuki, Y. Matsuoka, T. Saito, S. Yohena, A. Kamijo, N. Siraga, M. Higuchi, K. Kimura, H. Yoshimura, S. Kuribayashi, "Fluorinated diamond-like carbon as antithrombogenic coating for blood contacting-devices", *Journal of Biomedical Materials Research Part A,* **76**, 86-94 (2006)

5) 長谷部光泉，島田厚，橋本統，中塚誠之，松本一宏，吉村博邦，栗林幸夫，"【Metallic stent 基礎から up date まで】ステントの基礎及び最新技術について", Interventional Radiology, **17**, 102-110 (2002)

6) 長谷部光泉，島田厚，鈴木哲也，白神伸之，樋口睦，石橋了知，松岡義明，齊藤俊哉，饒平名智士，吉村博邦，栗林幸夫，"血管領域におけるステント治療の進歩 ステントの基礎と最新技術 薬剤溶出性ステントに関する基礎・最新技術（Advanced Biotechnology of Drug-eluting Stent (DES))", 臨床放射線，**49**, 1771-1781 (2004)

7) T. Hasebe, A. Shimada, K. Kimura, H. Yoshimura, K. Kandarpa and S. Kuribayashi, "Biocompatible and antithrombogenic aspects of new stent technology: Stent materials and stent coatings", Radiological Society of North America (RSNA) 2002 (*Radiology (Supple.),* **221**, 711 (2001))

8) T. Hasebe, "Antithrombogenic & biocompatible stent coating: Modified diamond-like carbon (DLC); Fluorine-doped DLC (F-DLC)", The 8th International Symposium on Interventional Radiology & Vascular Imaging cooperated with The 31st Annual Meeting of the Japanese Society of Angiography & Interventional Radiology, Tokyo, Japan (*Cardiovasc Intervent Radiol (Supple.),* **25**, 1 (2002))

9) T. Hasebe, S. Yohena, A. Kamijo, Y. Okazaki, A. Hotta, K. Takahashi, T. Suzuki, "Fluorine doping into diamond-like carbon coatings inhibits protein adsorption and platelet activation", *Journal of Biomedical Materials Research Part A,* (accepted, in press)

4 DLCのガスバリア性とその応用

大竹尚登[*1], 西 英隆[*2]

4.1 PETボトルへのガスバリア機能付与技術

　DLCのガスバリア応用について述べる前に，まずその応用の中心に挙げられるPETボトルへのガスバリア機能付与技術について概観してみよう。PET清涼飲料の包装容器としてPETボトルは，1997年の31％から2003年の57％へ大きく拡大し，スチール及びアルミ缶のシェアを大きく上回っている。しかし，2003年からの5年間ではボトルシェアの増加は10％程度にとどまり，また2003年以前の5年間に比べPET樹脂の需要の伸びも1/3に縮小する。このようなPETボトル需要の頭打ちの状況の中で，付加機能を有するPETボトルの開発が進められている。

　PETボトルのような高分子製容器はビンや缶に比べて酸素，二酸化炭素，水蒸気などを通しやすい。そのため食品包装に用いる場合は内容物が劣化しやすく，例えばお茶などは高分子を透過した酸素によって酸化することで色が変色したり渋みが増したりする。PETボトルなどの高分子容器がさらに適用範囲を拡大するためには，これらのガスを遮断する能力を付与することが必要になる。表1にPETボトルへのガスバリア性付与技術の概要を示す。食品容器への無機材

表1 プラスチックへのガスバリア機能適用の現状

区分	バリア材の構成	開発企業	実用化状況
コーティング	DLC膜をPET内面にコーティング[1,2]	キリンビール（三菱商事プラスチック実施権取得）	三菱重工がコーティング装置を生産開始，第1号機を吉野工業所が導入。ビールボトル対応可能。
	アモルファスカーボンを内面コーティング	Sidel（France）	北海製罐が設備を導入，ホットウォーマーに採用し，伊藤園などに供給，ビールボトル対応可能。
	SiOを内面にコーティング	東洋製罐	ビールボトル対応可能。
		凸版印刷	食用油に採用。
		味の素	自社の食用油に採用。
多層	PETと酸素吸収剤を配合したMXDナイロンとの多層	東洋製罐	ホットウォーマーに採用。
ブレンド	PETとMXDブレンド	吉野工業所	ホットウォーマーに採用。
	PETとIPA共重合PETのブレンド	三井化学	炭酸飲料など。
	PETとPEN系樹脂のブレンド	帝人化成	炭酸飲料など。

---

*1　Naoto Ohtake　名古屋大学　大学院工学研究科　マテリアル理工学専攻　准教授
*2　Hidetaka Nishi　東京工業大学　大学院機械物理工学専攻

第 3 章　電気的・光学的・化学的応用

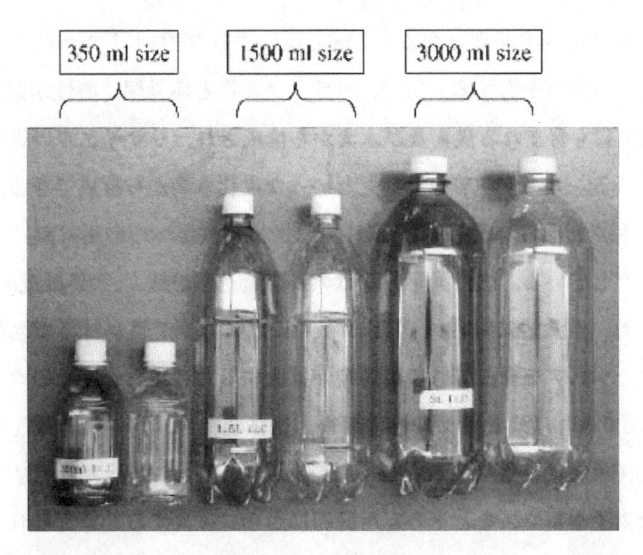

図1　アモルファス炭素膜をコーティングした PET ボトルの写真[2]

料の適用物質として a-C:H や SiO 系のあることがわかる。

4.2　a-C:H 膜の利用

　a-C:H 膜コーティングによるガスバリア性付与技術について Shirakura ら[1,2] は 1994 年に PET ボトルへの DLC（a-C:H）膜コーティングによって初めて高いバリア性の付与に成功し，現在は三菱重工業らと共同で 18000 本/h のコーティングが可能な装置を作製している。a-C:H 膜をコーティングする技術は，フランスの Sidel 社も採用している[3]。a-C:H 膜をコーティングした PET ボトルの写真を図1に示す。各サイズで左側がコーティングしたもの，右側が未コーティングのもので，コーティングすることで酸素バリア性は約 10 倍と大きく向上するが，茶褐色を帯びてしまい内容物視認性及び意匠性の点で問題を残している。SiO コーティングは SiO_x（1・x・2）膜を作製する技術で PVD 法，CVD 法いずれの方法によっても作製される[4]。膜の組成によって特性が変化し，x が 2 に近づくほどガスバリア性は低下し，1 に近づくほどガスバリア性は向上する。一方で 2 に近づくほど光学的な透明性が高くなり，1 に近づくほど透明性は低くなる。このようにガスバリアと着色はトレードオフの関係にあるため，着色のないガスバリア膜を作製するために積層構造が用いられている[5]。

　SiO_x 膜を高分子容器のガスバリア膜として用いる問題として，リサイクルに適用しにくいことが挙げられる。平成 12 年 4 月から容器包装リサイクル法が施行されたのに伴い回収 PET ボトルを再利用する社会的要請は高いが，PET を化学的に処理する過程を経る際に Si 元素が混入すれば，PET 材料としての純度の下がることが考えられる。また SiO_x 膜は紫外線に対する透過

161

率が高いので紫外線遮断膜が必要となる[5]。SiO$_x$膜によるPETボトルへのガスバリア性の付与は透明性が高いという利点を有する一方で，リサイクル性と紫外線遮断性が問題となる。

　a-C:H膜はPETにも含まれる炭素及び水素から構成され，リサイクルの過程においても不純物の導入を抑えられる。メタンやアセチレンといった炭化水素から合成できる点も，原料が安価で豊富なことから利点となる。そしてa-C:H膜は医療用機器への応用に向けて研究が行われるなど生体親和性も有している。また光学的には紫外線透過率が低く，紫外線遮断能を有している。内容物視認性に優れ，重量的にも軽いPETボトルにガスバリア性が付与できれば，これまで透明ビンが有していたシェアを奪ってさらに需要が拡大すると考えられ，そのコーティング材料としてa-C:Hが適用できればリサイクル性，原料，生体親和性，紫外線遮断性といった点で有効である。また透明で機械的特性に優れたa-C:H膜が合成できれば，ガスバリア膜としてのみならず電気光学的な素子やレンズなどその応用範囲はさらに拡大すると考えられる。

　a-C:H膜コーティングによるガスバリア性向上と光学的透明性の評価に関するこれまでの報告を以下に示す。

　Yamamotoら[6]は高周波（Radio Frequency：RF）電源を用いてプラズマCVD法によって合成したa-C:H膜の酸素バリア性について報告している。原料と合成条件を変化させて光の透過率が下がると酸素バリア性が向上すると述べている。Hwangら[7]は電源にRF電源，及び原料にメタンを用いてプラズマCVD法によって合成したa-C:H膜の光学的特性について報告している。400nmでの光線透過率は，RF電源の投入電力は小さい方が，酸素ガスの添加については添加した方が，窒素ガスの添加については未添加の方が，それぞれ透過率が高いと報告している。Abbasら[8]はRF電源を用いてプラズマCVD法によって合成した，Siを7.8at.%添加されたa-C:H膜でPETフィルムをコーティングし，水蒸気透過量を測定している。未コーティングのものに比べて1/10以下のバリア性を報告している。またSi量を0～20%まで変化させた場合に光学的バンドギャップ（E_{Tauc}）が1.4～2.5eVまで変化するとしており，Siの添加によって透明性も向上していると考えられる。その際ポリマー成分も変化するとしているが，Si量の変化によるガスバリア性の違いは報告されていない。このようにガスバリア性と透明性はトレードオフの関係にあり，透明性を維持しつつガスバリア性を向上させることが期待されている。

4.3　PETフィルムへのアモルファス炭素膜の成膜

　筆者らはガスバリア性と透明性の向上を目的とし，パルスプラズマCVD法によってアモルファス炭素膜を合成し，酸素バリア性及び光透過性の評価を行っている[9]。アモルファス炭素膜をPETフィルムに合成した装置の概略図を図2に示す。低温で成膜できるパルスプラズマCVD法を用いた。1章3節で紹介したDLC成膜装置とほぼ同様の構成だが，チャンバは内容積で100L

第3章 電気的・光学的・化学的応用

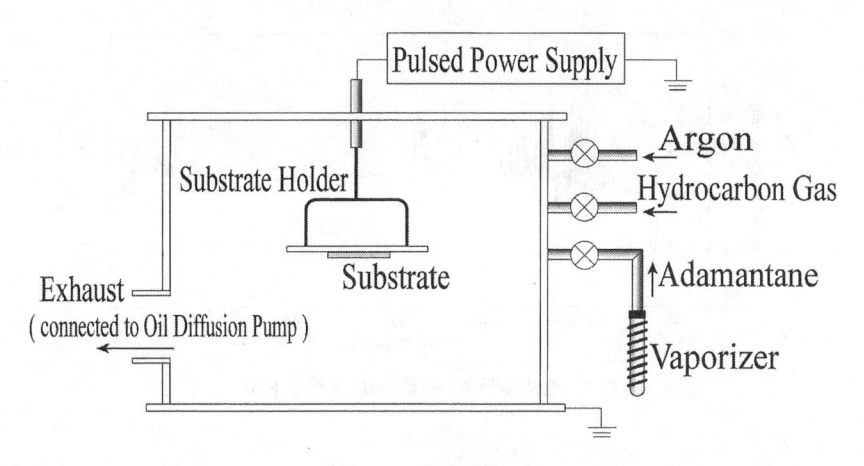

図2 合成装置概略図

表2 合成条件A

No.	Deposition time [min]
A1	0.5
A2	1
A3	2
A4	15
A5	180

表3 合成条件B

No.	bombard	C_2H_2 flow [sccm]	adamantane	Ar flow [sccm]
B1	−	12	−	−
B2	−	6	−	6
B3	○	12	−	−
B4	−	−	○	−
B5	−	−	○	6
B6	○	−	○	−

程度の大きさである。基板は厚さ50μmのPET及びモニター用のSi (100) を用い，160mm四方の基板ホルダに固定した。原料はアセチレン (C₂H₂) 及びアダマンタン (C₁₀H₁₆) を使用した。アダマンタンはダイヤモンドが持つsp^3結合を有している原料であり，常温で固体である。アセチレンは気体としてチャンバ内に導入し，アダマンタンは加熱によって昇華させ，チャンバ内に導入した。

合成圧力は4Paで一定とした。電源の周波数は2kHz，印加電圧は−8kV，電圧印加時の半値幅は0.15μsecである。以下に合成条件A，Bについてそれぞれ述べる。

表2にNo.A1～A5の合成条件を示す。原料はアセチレンを用い，流量は12sccmである。それぞれ合成時間を変化させた。表3にNo.B1～B6の合成条件を示す。原料はアセチレン及びアダマンタンを用いた。合成時間は15minで一定とした。各原料を用いた合成において，合成時Ar添加処理及び合成前ボンバード処理を行った。ボンバード処理は合成と同じ電源の条件にお

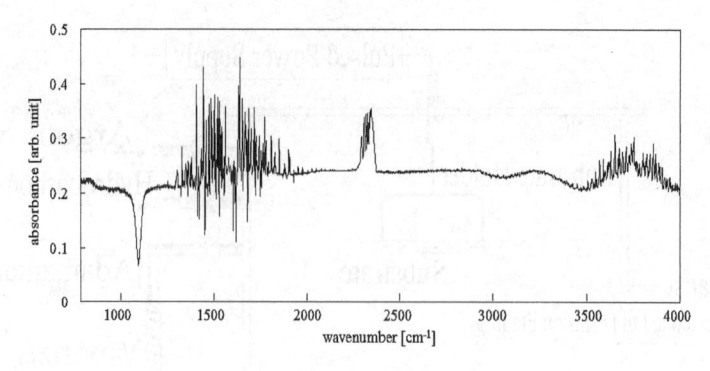

図3 合成条件A5の膜のIRスペクトル

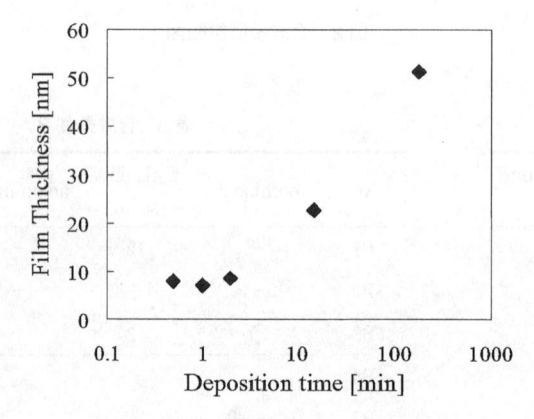

図4 条件Aの合成時間と膜厚の関係

いてArを用いて行った。この時の流量は12sccm，処理時間は10minである。

　PET基板に合成した膜の酸素透過率（Oxygen Transmission Rate：OTR）及び黄色度（Yellow Index：YI）を測定するとともに，Si基板に合成した膜をフーリエ変換赤外分光分析（FT-IR）法及び触針式表面形状測定装置により評価した。

　図3に180min合成した合成条件A5の膜のIRスペクトルを示す。2500〜3500cm^{-1}に水素と各種原子との結合が確認されることからアモルファス炭素膜は水素を含むことが示唆される。

　図4に合成条件Aの5種類の膜についての合成時間と膜厚の関係を，図5にそれらの膜厚とOTR値及びYI値との関係を示す。図4より合成時間2min以降では合成時間が長いほど膜厚が大きくなることがわかる。さらに図5より膜厚が大きいほどYIが大きくなり，OTRは小さくなる傾向のあることがわかる。また未コーティングのPETフィルムのOTR値3.29ml/m^2・day・MPaと比較し，合成時間が長いほど，すなわち膜厚が大きいほどOTRを小さく抑えられていることがわかる。

第3章　電気的・光学的・化学的応用

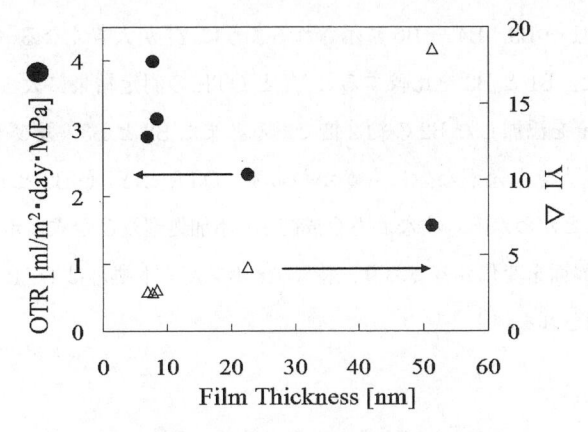

図5　条件AのOTR及びYIとの関係

表4　合成条件Bの膜厚

No.	Film Thickness [nm]
B1	22
B2	10
B3	10
B4	25
B5	24
B6	31

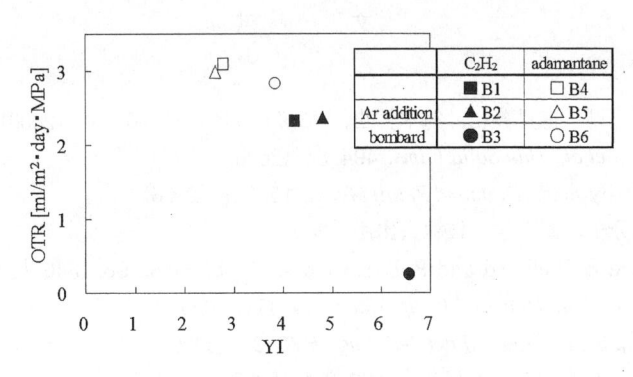

図6　条件Bの膜のOTRとYIの関係

　表4に合成条件Bの6種類の膜についての膜厚を，図6にそれらの膜のYIとOTRとの関係を示す。図6からアセチレン及びアダマンタン原料の膜ともに，合成時Ar添加処理を行ってもOTR及びYIに大きな変化は認められなかった。一方合成前ボンバード処理に関しては，2種類

の原料の膜ともに B1 → B3, B4 → B6 に示されるように YI が大きくなる一方で OTR が小さくなる結果が得られた。B1 と B2 を比較すると YI と OTR の測定結果に大きな差はないが,表 4 より膜厚は B1 が Ar を添加した B2 の約 2 倍である。また B2 と B3,及び B5 と B6 をそれぞれ比較すると,膜厚に大きな差がないにもかかわらず,OTR と YI が B2 と B3,B5 と B6 とで大きく変化していることがわかる。すなわち合成時 Ar 添加処理及び合成前ボンバード処理は膜質及び PET と膜との界面を変化させており,特に Ar ボンバード処理は OTR を抑制する表面形成に有効であると推測される。

4.4 まとめ

ガスバリア性をプラスチック材料に付与するための a-C:H コーティングについて,現状を概観し具体的なコーティング法について説明した。ガスバリアの膜で難しいのは,DLC のように硬質な膜だとバリア性能が出にくいことである。DLC とは呼び難い塑性硬さ 5GPa 以下の膜を用いている場合がほとんどである。理由の一つは硬さが上昇すると色が濃くなることであるが,もう一つ硬さの大きい膜は粘弾性的な性質が弱くなってピンホールを生じやすいことが挙げられる。この点は機械的応用においても問題になっており,硬さとバリア性の高いレベルでの両立を安定して達成することが望まれよう。

文　　献

1) 白倉昌,鹿毛剛,古賀義紀,鈴木哲也,*NEW DIAMOND*, **16**, 32 (2000)
2) A. Shirakura et al., *Thin Solid Films*, **494**, 84 (2006)
3) Naima Boutroy et al., *Diamond Relat. Mater.*, **15**, 921 (2006)
4) 岩森暁,高分子表面工学,技報堂出版 (2005)
5) G. L. Graff, R. E. Williford and P. E. Burrows, *J. Appl. Phys.*, **96**, 1840 (2004)
6) S. Yamamoto et al., *Diamond Relat. Mater.*, **14**, 1112 (2005)
7) M. S. Hwang and C. Lee, *Mater. Sci. Eng.*, **B75**, 24 (2000)
8) G. A. Abbas et al., *Thin Solid Films*, **482**, 201 (2005)
9) 大曽根祐樹,西英隆,村上碩哉,大竹尚登,2007 年度精密工学会秋季大会学術講演会講演論文集,223 (2007)

第4章　次世代応用のためのDLC基盤技術

1 PBII法によるマイクロ部材へのDLCコーティング

馬場恒明*

1.1 はじめに

1ミリメートル程度の細管内壁表面の表面硬化あるいはしゅう動性付与など表面改質については産業ニーズがあるが，従来のイオン注入あるいはプラズマプロセスでは内壁面の表面改質は非常に困難であった。

プラズマベースイオン注入（Plasma Base Ion Implantation, PBII）法[1,2]は，立体物表面へのイオン注入法として開発され，イオン注入表面改質のみならずDLC膜作製法として注目されている。PBII法は，種々の方法によりプラズマを発生させ，基材に10～50kV程度の負の高電圧パルスを印加することによりプラズマ中の正イオンを基材に吸引加速し，衝突させる方法である。これによりイオン注入およびイオン注入を併用した薄膜作製が可能である。そこで，我々は，PBII法を用いることにより，内径ミリメートルあるいはサブミリメートル程度の細管内壁へのDLC膜形成を可能にする方法を開発した[3,4]。本節ではマイクロ部材のうち細管内壁へのDLC膜作製法について紹介する。

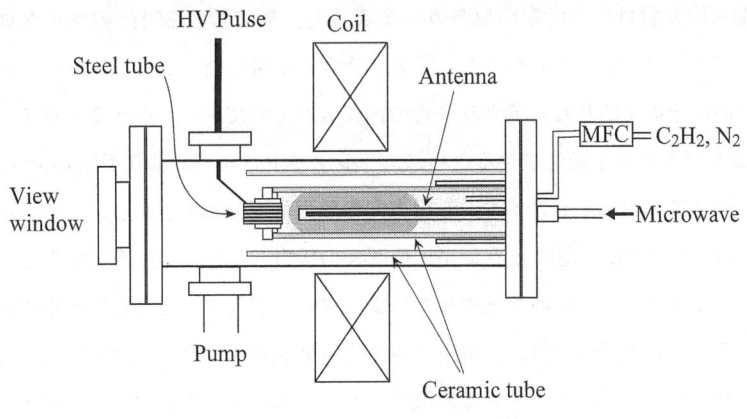

図1　細管内壁用PBII装置の概略図

---

*　Koumei Baba　長崎県工業技術センター　応用技術部　部長

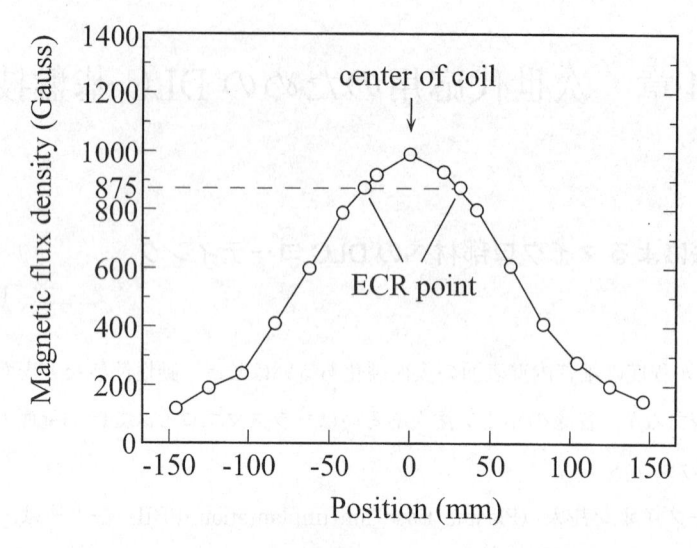

図2 ソレノイドコイル中心軸方向における磁束密度分布

1.2 細管内壁用 PBII 装置の構成

細管内壁用の PBII 装置の概略図を図1に示す[3,4]。真空チャンバーは外径 70mm，長さ 400mm である。ターボ分子ポンプ高真空排気系を用いており，真空到達度は 10^{-4} Pa 台である。基材には，窒素イオン注入用試料細管として内径 1.6mm，肉厚 0.2mm，長さ 15mm の純ニッケル管を用いた。DLC 膜コーティング用としては，肉厚 0.2mm，長さ 30mm で内径 2.0mm および長さ 15mm で内径 0.5mm の2種類の SUS304 ステンレス鋼管を用いた。

これらの細管を銅製の試料ホルダーに挿入固定し，図1に示すようにアルミナセラミックチューブの一端に取り付けた。所定の原料ガスを導入し，周波数 2.45GHz のマイクロ波を同軸ケーブルを用いて直径 3mm のアルミニウム製アンテナに給電した。このアンテナは直流電圧に対し絶縁するために一端を閉じた石英ガラス管の内に入れられている。セラミックチューブ内部で ECR 放電によりプラズマを発生させるために，ソレノイドコイルにより 1 kGauss の磁束密度を発生させた。図2にソレノイドコイル中心軸方向の磁束密度分布を示している。コイルの長さは 100mm であるので，ECR 放電に必要な 875 Gauss の磁束密度がコイル内部で得られていることがわかる。セラミックチューブ内で発生したプラズマは，導入ガスとともに真空排気により細管内に導入される。これと同時に負の高電圧パルスを銅製試料ホルダーに印加した。これにより細管内に導入されたプラズマ中のイオンは高電圧パルス印加により細管内壁に吸引注入される。

1.3 細管内壁へのイオン注入と DLC 膜作製

イオン注入およびイオンアシスト薄膜形成は，材料の表面改質のみならず膜の密着強度を向上

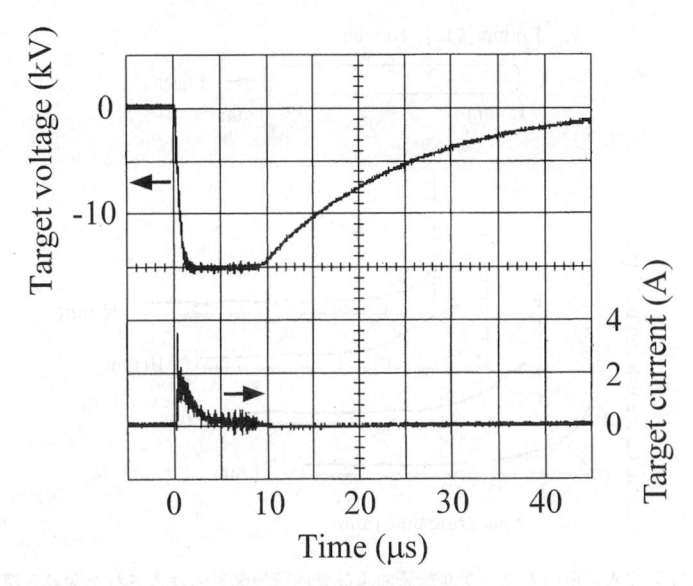

図3 窒素イオン注入時に基板に印加した電圧と電流のオシロスコープモニタ図形

させる効果的な方法である。そこで，図1に示すPBII装置を用いて細管内壁面にイオン注入ができることを確認するために，内径1.6mmのニッケル管を基材として用い窒素イオン注入を行った。注入条件は，窒素ガスをプラズマ原料ガスとして用い，マイクロ波電力60W，パルス電圧−15kV，パルス周波数1kHzである。

図3にイオン注入時のオシロスコープでモニタしたパルス電圧と電流を示している。パルス電圧印加に伴いパルス電流が急激に増加し，極大となった後，急激に減少していることがわかる。この短い電流パルスについては，パルス電圧が印加されている時間を通して電流が流れる外表面の処理とは異なり[5]，管内側の場合プラズマが生成している空間が狭く，パルス電圧が印加されていない時間に管内部に導入されたプラズマがパルス印加とともに急速に消失することが原因である。

図4に注入後，オージェ電子分析で測定した内壁面における窒素の深さ組成分析結果を示す。図4からわかるように，ニッケル基材表層に窒素が注入されており，プラズマ導入側からの距離1,5および10mmにおいて窒素の分布は類似し，15mmにおいては他より低くなっている。この結果から，本方法により細管内壁へのイオン注入が可能であることがわかる。

次に，細管内壁面へのDLC膜コーティングについて検討した。プラズマ原料ガスとしてアセチレンガスを用い，窒素イオン注入と同じパルス条件で細管内壁へのDLC膜コーティングを行った。図5（a）にコーティング後の長さ30mm，内径2mmのステンレス鋼管断面を示している。DLC膜がコーティングされている長さはプラズマ導入側から約20mmであり，長さに限界があ

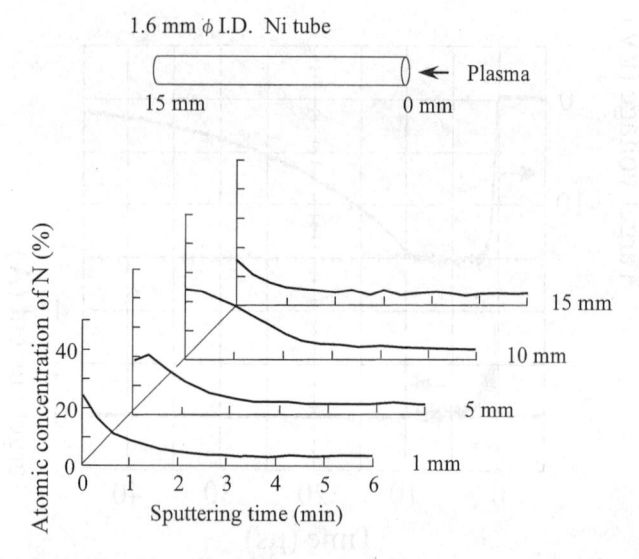

図4 窒素イオン注入に用いたニッケル細管および管内壁表面での注入された窒素の深さ方向分布

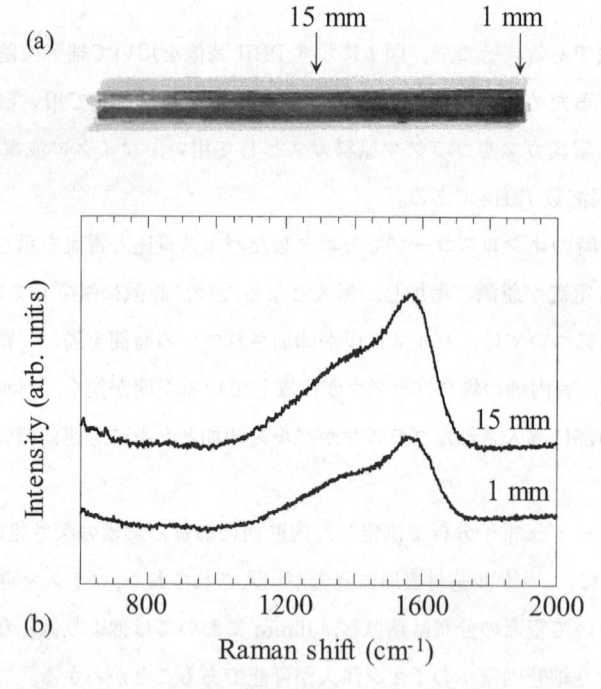

図5 (a) DLC膜をコーティングした内径2mmのステンレス鋼管断面および (b) DLC膜のラマンスペクトル

るものの，内壁面へのDLC膜コーティングが可能であることがわかる。

図5 (b) は，内径2mmの細管内壁でプラズマ導入口から1mmおよび15mmの位置に生成し

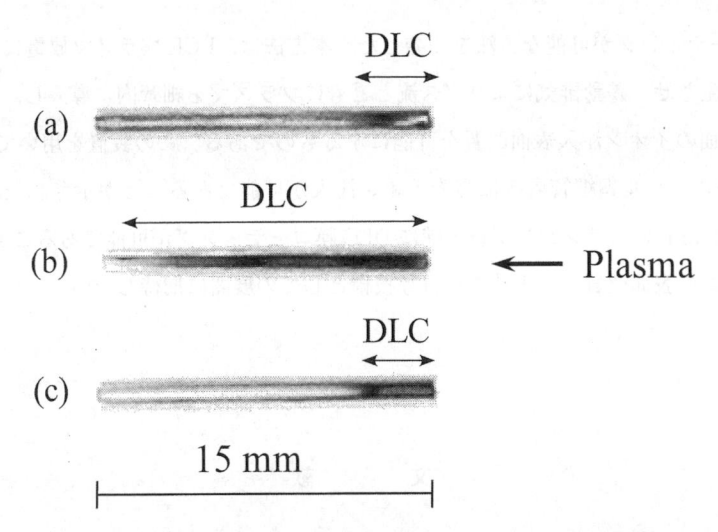

第 4 章　次世代応用のための DLC 基盤技術

図 6　DLC 膜をコーティングした内径 0.5mm のステンレス鋼管断面
アセチレンガスの流速；(a) 0.55ccm, (b) 1.06ccm, (c) 1.32ccm

た膜のラマン分光測定結果を示している。いずれについても，通常の DLC 膜で見られるようなラマンシフト約 1500cm^{-1} を中心とするブロードなピークが得られており，このピークを D ラインと G ラインの二つのガウス関数により分離した。その結果，D ラインと G ラインの面積強度比 I_D/I_G は 1mm, 15mm それぞれの位置において 2.09 および 2.62 となり，通常 CVD で得られる DLC 膜の I_D/I_G 比が 0.94～1.15[6] あることを考えると大きいことがわかる。この大きい I_D/I_G 比は，DLC 膜生成中の高エネルギーイオン照射のため，グラファイト結晶子が微細化したことによると考えられる。

　本方法により DLC 膜がコーティング可能な細管内径と長さについては相関があり，内径が大きいほどプラズマの到達距離が長くなり，コーティング可能な長さは長くなる。また，同じ長さと内径であっても管の数はプラズマ発生部の真空度と管内部に導入されるプラズマおよびガス流速に影響し，その結果，コーティングが可能な長さが異なることが推定される。そこで，管を束ねることによりプラズマ発生部の真空排気の効率を良くして DLC 膜を作製した[4]。図 6 は，内径 0.5mm，長さ 15mm のステンレス鋼管の断面を示している。DLC 膜がコーティングされる長さは導入アセチレンガスの流量により変化し，1.06ccm の時はほぼ全面に DLC 膜がコーティングされていることがわかる。

　このように，内径サブミリメートル細管多数個同時処理が可能である。

1.4　おわりに

　PBII 法を用いることにより，内径サブミリメートルサイズの細管内壁に対しイオン注入およ

びDLC膜コーティングが可能な方法を開発した。本方法は，ECRプラズマ放電により高密度のプラズマを発生させ，差動排気によりガス流とともにプラズマを細管内に導入し，パルス電圧印加により内壁面のイオン注入表面改質を可能にするものである。この装置を用いて内径1.6mm，長さ15mmのニッケル鋼細管内壁に窒素イオン注入が可能であることが示された。また，内径0.5mm，長さ15mmのステンレス細管内壁にDLC膜コーティングが可能であることが示された。今後，細管内壁の表面改質による機能性付与技術としての展開に期待したい。

文　　献

1) J. R. Conrad, J. L. Radtke, R. A. Dodd, F. J. Worzala and N. C. Tran, *J. Appl. Phys.*, **62**, 4591 (1987)
2) J. R. Conrad, *Mater. Sci. Eng.*, **A 116**, 197 (1989)
3) K. Baba and R. Hatada, *Surf. Coat. Technol.*, **158-159**, 741 (2002)
4) K. Baba and R. Hatada, *Nucl. Instr. Meth. Phys. Res.*, **B 206**, 704 (2003)
5) K. Baba and R. Hatada, *Mater. Chem. Phys.*, **54**, 135 (1998)
6) N. Fourches and G. Turbam, *Thin Solid Films*, **240**, 28 (1994)

2 大気圧 DLC 成膜技術

齊藤隆雄*

　DLC 膜が秘めるポテンシャルについてはこれまでの章で明らかである。本節では今後 DLC 膜を利用拡大するうえで期待される大気圧 DLC 成膜技術を紹介する。産業用途における DLC 膜の飛躍的な利用拡大を阻害する要因の一つは費用であり，更に一般的な真空プロセスを利用したバッチ方式では，分単位での連続生産や少量多品種生産は不向きである。大気圧下における DLC 成膜技術はこれら様々な課題を解決する一つの方策になると考えられる。

　大気圧雰囲気において DLC 膜の成膜を実現するうえの課題として，次の様なことが考えられる。大気圧プラズマを利用するためにプラズマ中のアーキングの発生は基材や膜にダメージを与えるため最も重要な課題であり，プラズマを安定させる為のキャリアガスの選択も重要な課題である。特に硬質な DLC 膜を目的とした場合，真空プロセス同様に大気中において電界によるイオン種の移動と基材への付着が必要であるため，大気圧プラズマにおいてアーキングの発生が極めて低い誘電体バリア放電の適応はイオン電流が流れない理由から困難である。この解決策として，ナノパルスプラズマ法を DLC 成膜に利用した。ナノパルスプラズマ法とは，ナノ秒オーダーの極めて短いパルス電界により生成したプラズマを利用した製法である。真空中におけるナノパルスプラズマの特徴として，電子温度 1.0eV 以下の低電子温度なプラズマであることと，高電子密度プラズマであることが確認されている。ナノパルスプラズマ法を用いた真空プロセスにおいては既に硬質な DLC 膜の成膜を実現している[1]。極めて短いパルス電界により，誘電体を電極に被覆することなくアーキング発生を抑えることができるために，大気圧 DLC 成膜への利用が可能である。本節では，ナノパルスプラズマ法を用いた大気圧 DLC 成膜を紹介する[2,3]。

　大気圧 DLC 成膜を実施した条件を述べる。図 1 には装置構成を示すが，一般的な真空プロセスと異なり真空ポンプや真空チャンバーを必要とせず，ドラフト内にプラズマ生成用電極と 2 次元的に移動可能なサンプルステージが設置されていることが大きな特徴である。プロセスガス及びキャリアガスの排出には φ5mm の円筒パイプを用い，プロセス中はこの円筒パイプがパルス電圧を印加する電極となる。キャリアガスにはヘリウムガスをプロセスガスとしてメタンガスをそれぞれ 6l/min 及び 80cc/min 流し，成膜基材として 0.1Ωcm のシリコンウエハを用いる。電極側に電圧 +2.5kV，パルス幅 800nsec，パルス周期 3.0kHz の正電圧ナノパルスを 3 分間印加する。排出したキャリアガス及びプロセスガスはドラフト排気により自然放出される。

　得られた膜の表面写真及びラマン分光測定の結果を図 2 に示す。シリコンウエハ上に電極外径

　＊　Takao Saito　日本ガイシ㈱　製造技術部　主任

DLC の応用技術

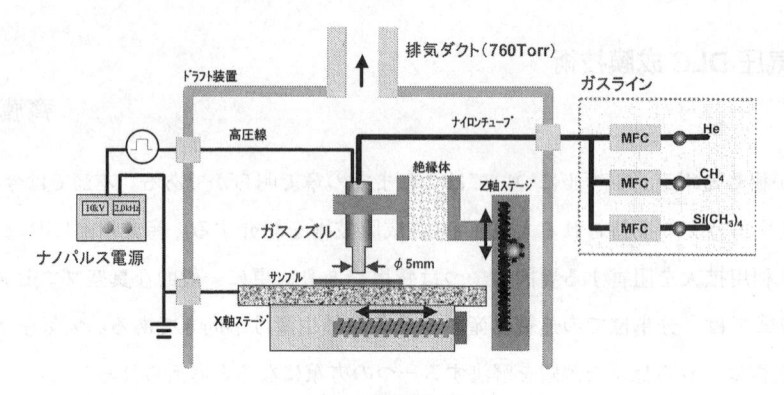

図1　装置概略図

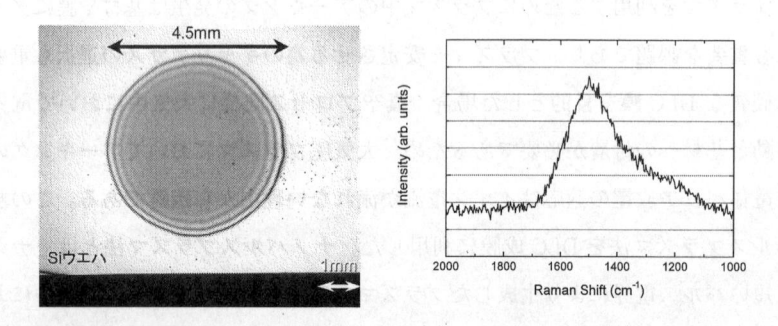

図2　成膜された膜の光学顕微鏡像（左），得られた膜のラマン分光測定結果（右）

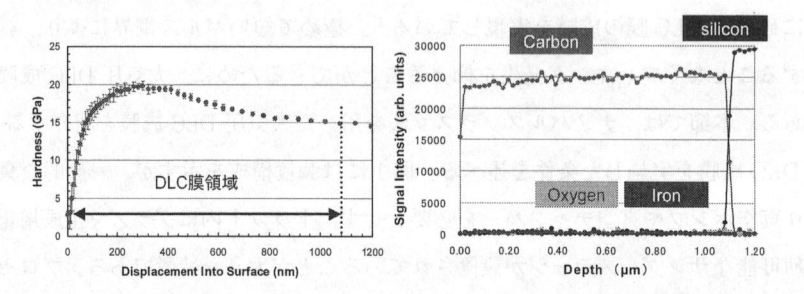

図3　大気圧DLC膜のナノインデンター測定結果（左），そのオージェ電子分光測定結果（右）

ϕ5mmとほぼ同径の膜が成膜されていることが確認でき，接触式段差計による計測で$1.1\mu m$の膜厚を有することが確認された。成膜時間が3分間であるから，成膜速度は約$0.37\mu m/min$と，真空プロセスと比較し極めて成膜速度が速いことが確認できる。またラマン分光分析の結果からも，いわゆるDLC膜特有のラマン振動数を有することが確認されることから，DLC膜であるといえる。

図3には大気圧ナノパルスプラズマにより得られたDLC膜のナノインデンター測定による深

174

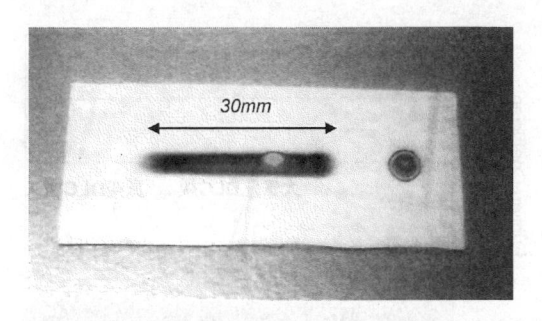

第4章　次世代応用のための DLC 基盤技術

図4　大気圧 DLC 膜の2次元成膜外観

さ方向の硬度分布及びオージェ電子分光法により得られた深さ方向の膜中の元素分布結果を示す。ナノインデンター測定の結果から，膜硬度は約 20GPa を有する硬質膜であることが確認でき，大気圧プラズマを利用した製法においても充分な硬度を得ることが可能であることを確認した。硬度が深さ方向に減少する理由は，シリコン基材硬度の影響である。大気圧プロセスによる最も大きな懸念点は，大気中酸素などの膜中への取り込みや基材と膜の界面への付着や偏析ではないかと思われる。この不純物に関しては，オージェ電子分光法の結果が参考になるが，懸念された膜中や膜と基材の界面への酸素の高濃度混入はない結果を得た。

　以上の結果から，ナノパルスプラズマ法を用いることで，大気圧環境下での DLC 成膜の実現が確認できた。次なる確認事項として，大気圧 DLC 膜のトライボロジー特性を評価した。先の結果に示す通り，大気圧 DLC 膜は ϕ5mm 程の微小領域でしか成膜が実現されていない為，トライボロジー評価の為にはある程度の面積が必要である。その為，サンプルステージを1軸方向に 30mm の往復運動させることで，大気圧 DLC 膜の2次元成膜を実施した。その結果を図4に示す。幅 5mm 長さ 30mm の領域において成膜されていることが確認でき，その膜厚みは 0.35μm であった。両端付近，及び中央部にてラマン分光分析を実施したが，いわゆる DLC 膜のラマン振動数を得ており，大気圧 DLC 膜を大面積成膜する場合においても，サンプルステージもしくは放電電極を2次元的もしくは3次元的に移動させることで成膜できる結果といえる。得られた DLC 膜のトライボロジー特性をボールオンプレートにて評価した。ボールには ϕ10mm のアルミナボールを用い，荷重は約 1N，移動速度 1000mm/min，移動距離 15mm を往復摺動させた。比較として，ナノパルスプラズマ法を用い真空プロセスにより得られた膜厚 1.0μm の DLC 膜も同一条件にて評価した。その結果を図5に示す。この結果から，大気圧 DLC 膜の摩擦係数は真空プロセスで得られた DLC 膜よりも僅かながらに高いものの，0.12 程度の低摩擦係数を発現していることが確認できる。また試験条件範囲ではシリコンウエハ上に2次元成膜した大気圧 DLC 膜が剥離することは無かった。

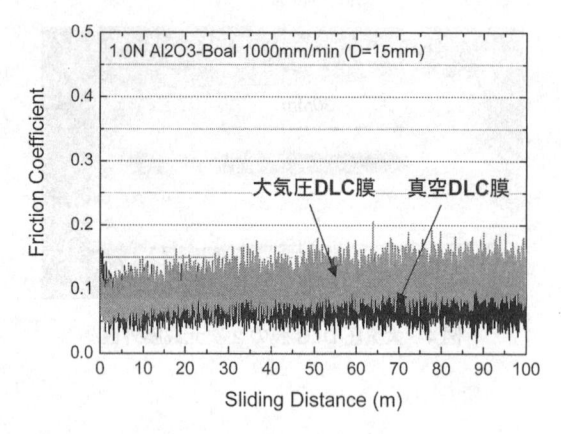

図5 大気圧DLC膜のボールオンプレート試験結果

　以上の結果から，ナノパルスプラズマ法を用いることで大気圧下において成膜速度約0.37μm/minの高速成膜，更に硬度20GPa程度を有し，かつ0.1程度の低摩擦係数を発現する硬質なDLC膜が成膜できることが確認できた．今後はいわゆる鉄系金属などの工業材料上への成膜技術を確立し，近い将来には産業技術に応用されることを期待したい．

文　　献

1) 齊藤隆雄ほか，電気学会論文誌A，**126** (3)，p.157 (2006)
2) N. Ohtake et al., Jpn. J. Appl. Phys., **43**, 11A L1406 (2005)
3) 近藤好正ほか，精密工学会誌，**72** (10)，p.1237 (2006)

3 真空アーク蒸着(VAD)法による低ドロップレットDLC膜の合成と特性評価

平田 敦*

3.1 はじめに

真空アーク放電[1,2]を利用した成膜法には

・真空アーク蒸着(Vacuum Arc Deposition: VAD)法
・アークイオンプレーティング(Arc Ion Plating: AIP)法
・カソーディック真空アーク(Cathodic Vacuum Arc: CVA)法

などがある。いずれも固体の成膜原料を陰極として真空中でアーク放電を発生させ,陰極表面の放電点から原料を蒸発させて基板上に堆積させる物理的な手法である。成膜中の様子を写真1に示す。

成膜技術の観点から,陰極表面上での真空アーク放電には2つの大きな特徴がある。ひとつは,アーク放電により陰極材料の損耗が急速に起こるため,蒸発粒子量が多くなり,非常に高い成膜速度が期待される。もうひとつは,プラズマであるアーク放電は比較的高エネルギーのイオンを含んでいるため,電子ビーム蒸着やグロー放電を利用した低エネルギープロセスと比較して,堆積する蒸発粒子の基板表面での移動度が大きくなる。その結果として,膜の基板への付着力が増したり,膜中の空隙が減少したりして,高品質の膜が得られることにつながる。

3.2 低ドロップレットDLC膜の合成

真空アーク放電を利用した成膜法の問題点は,蒸発粒子とともに蒸発していない陰極材料粒子が同時に飛散し,写真2に示すように基板に到達して膜中に混入することである。その大きさは直径数マイクロメートルに達し,ドロップレットやマクロパーティクルなどと呼ばれている。ド

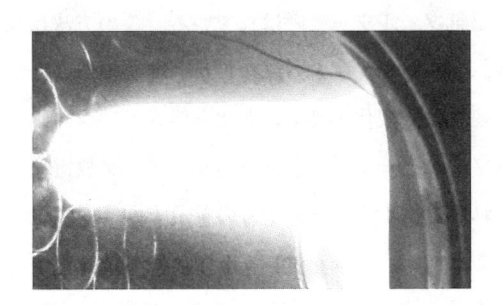

写真1 真空アーク蒸着法によるDLC膜合成の様子
左から右へ炭素の蒸発粒子が飛散している。

---

* Atsushi Hirata 東京工業大学 大学院理工学研究科 准教授

DLC の応用技術

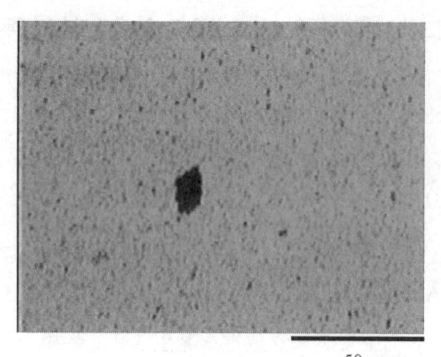

写真2　DLC 膜中のドロップレット

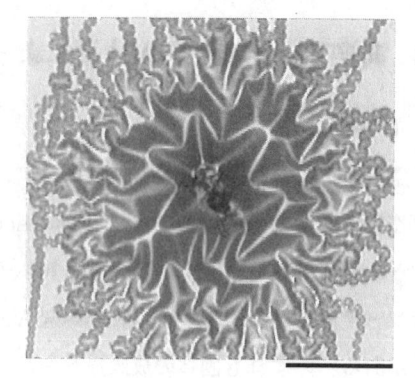

写真3　ドロップレットを起点として生じた DLC 膜の剥離

ロップレットの存在は，真空アーク蒸着膜の均質性や平滑性，光学特性，保護膜としての機能を低下させる原因となる。また，写真3に示すアモルファスカーボン膜の例で見られるように膜の剥離の起点となる場合もある。

真空アーク放電による陰極材料の損耗のほとんどはイオンとドロップレットの形で生じ，中性原子は数%程度とされている。陰極材料表面に垂直な方向へのドロップレットの飛散量は比較的少なく，30°程度の領域に多く見られる。真空アーク放電によって生じた蒸発粒子を含むプラズマ流から，いかに基板に到達するドロップレットを除去するかが最も重要な課題であり，多くの方法が考案されて試みられている。

3.2.1 磁場によるアークプラズマの輸送

プラズマ流であるアークは磁場により磁力線の方向に輸送することができる。この磁場はソレノイドにより生成され，磁気フィルターと呼ばれている。この方法は最も効果的にドロップレットを除去することができ，ドロップレットの存在しない膜を得ることができる。しかし，成膜速度の著しい低下が生じ，装置の大型化・高コスト化を伴う。

さまざまな様式の磁気フィルターが設計されており，アーク放電発生源は磁気フィルターの外部もしくは内部に設置される。図1に代表的なものを示すが，磁気フィルターには直線状，曲線状のさまざまなタイプがあり[3~5]，ドロップレットは前者では減らすことができ，後者ではほとんどゼロにすることができる。直線状の磁気フィルターでドロップレット成分が減少するのは，フィルター中のイオンによりプラズマ流の輸送中にドロップレットが蒸発するためとされている。この推測は，アークプラズマ中の粒子が基板上に堆積するとき，ドロップレットがプラズマの周囲に局在しているという観察に基づいている。一方，曲線状のフィルターでは，陰極から基

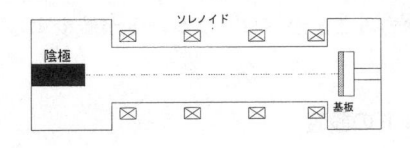

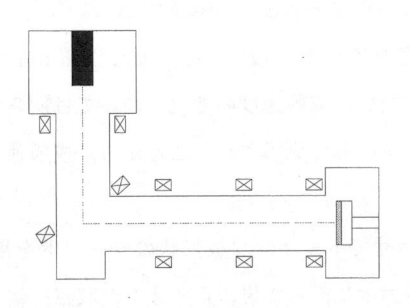

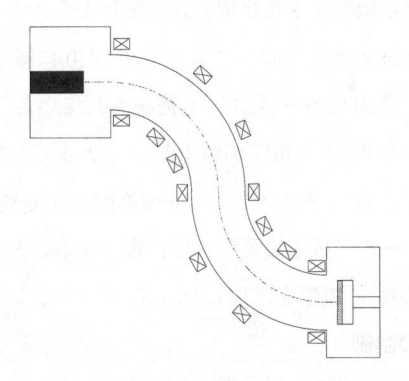

第4章　次世代応用のためのDLC基盤技術

図1　代表的な磁気フィルター
上から直線型，T字型，S字型

板までの照準線が磁気フィルターを構成するダクトなどによって物理的にさえぎられるため，ドロップレットフリーの膜が生成する。

3.2.2　磁場による陰極放電点の操舵

　陰極表面近傍に発生させた磁場を利用し，陰極上の放電点をローレンツ力によって移動させる方法である[6]。磁場のない場合，陰極放電点はランダムに移動するが，陰極表面に沿った磁場を作用させると陰極放電点は磁場の垂直成分のない領域へ向かって移動する。

　磁場で陰極放電点を操舵することにより，膜に含まれるドロップレットが非常に減少することがさまざまな材料で明らかにされている。陰極放電点の移動速度は磁場が強くなるに伴って単調に増加し，ある値に達する。この移動速度は陰極放電点のランダムな移動速度に比べて非常に高いというわけではないが，磁場の存在により陰極放電点の移動速度が増加し，陰極放電点があ

る場所に滞留する時間が減少することがドロップレットが減少する要因のひとつと考えられている。

3.2.3 物理的・電気的シールドの設置

陰極の蒸発によって生じるドロップレットが基板に到達するのを物理的に妨げるために，陰極と基板との間にシールド板を設置する方法[7]が提案されている。この方法によりDLC膜を合成した結果，粗大粒子は遮蔽されているものの，sub-μmからnmレベルの微細粒子の飛来を完全に阻止することはできていない。成膜速度の変化については明らかにされていないが，シールド板を回り込んでくる蒸発粒子のみで成膜されることから，成膜速度の低下は避けられないといえる。

磁気フィルターと組み合わせてドーナッツ板形状のシールドを用いた例[8]がある。磁気フィルターダクト中心線近傍の磁力線に沿って炭素正イオンが収束，輸送されることから，ダクト周辺部に存在する電気的に中性な微細粒子を物理的に除去しようとする方法である。ドーナッツ板の外径に対する内径の比が0.24のときドロップレットが1/10に減少している。

物理的なシールドのほか，電気的シールド[8]も提案されている。基板にバイアス電圧を印加してDLC膜を合成した結果，バイアス電圧が約40Vより大きくなるとドロップレットの数密度の増加が観察された。このことは，ドロップレットの原因となる飛散粒子が負に帯電しており，40V以上の電圧を印加したシールド板を設置すれば捕獲できることを示している。基板の前に円筒状のシールド板を設置し，50Vの電圧を印加した結果，ドロップレットが1/10に減少している。

3.2.4 アーク放電生成条件の制御

ドロップレットの原因となる飛散粒子は放電時に溶融したが蒸発に至らなかった陰極材料であることから，ドロップレットを減らすには溶融成分を減少させることが必要である。そのひとつの方法としてアーク放電の生成条件を制御する方法が試みられている。

短時間の高エネルギーにより瞬間的に陰極材料を蒸発させることで，単に溶融するだけで蒸発しない成分を減らすため，放電形態をパルス放電とし，放電電圧や1回の放電あたりの電荷，放電周期がドロップレットの生成に与える影響について検討されている[9]。

図2に示す同軸型の真空アーク放電発生装置を用いて，放電電圧と電荷を変化させると，例えば図3に示すようにパルス放電の形態が変化する。このとき得られた膜の光学顕微鏡観察結果を写真4に示す。写真から明らかなように放電条件を変化させることによってドロップレットの量が大幅に減少している。

3.3 真空アーク蒸着DLC膜の特性評価

一例として3.2.4項で述べた同軸型真空アーク放電ガンを用いて合成されたDLC膜の特性を評

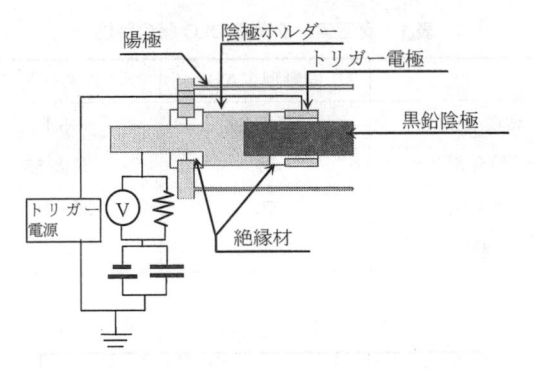

第4章　次世代応用のための DLC 基盤技術

図2　同軸型真空アーク放電発生装置

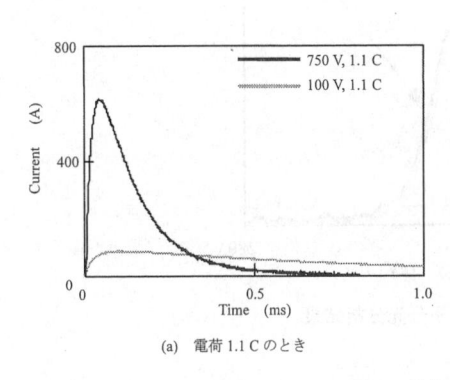

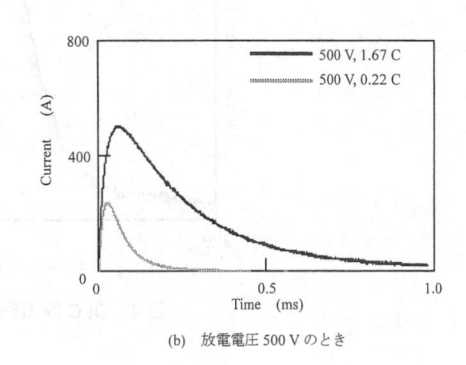

(a) 電荷 1.1 C のとき　　(b) 放電電圧 500 V のとき

図3　放電電流の時間変化

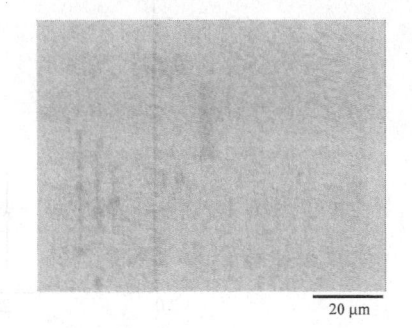

(a) 100 V, 1.1 C, 700 pulses で合成された厚さ 75 nm の DLC 膜　　(b) 500 V, 1.3 C, 20 pulses で合成された厚さ 70 nm の DLC 膜

写真4　DLC 膜中のドロップレット数密度の変化

価し，磁気フィルターを用いて合成された DLC 膜の特性[3]と比較したものを表1にまとめる。
　合成法の特徴として，グラファイトを炭素源として用いるので，水素の混入は少なくなる。同軸型真空アーク放電ガンで得られた DLC 膜の密度は最高 $3.2g/cm^3$ であり，ダイヤモンドの $3.5g/cm^3$ に近く，DLC 膜のなかでは高い値となっているが，それに比べてやや sp^2 構造（グラ

表1 真空アーク蒸着 DLC 膜の特性

	同軸型 VAD	フィルタード CVA
密度 g/cm^3	2.7〜3.2	3.4
sp^3 結合割合%	57	最高 85
硬さ GPa	70	30〜60
水素量%	5	0

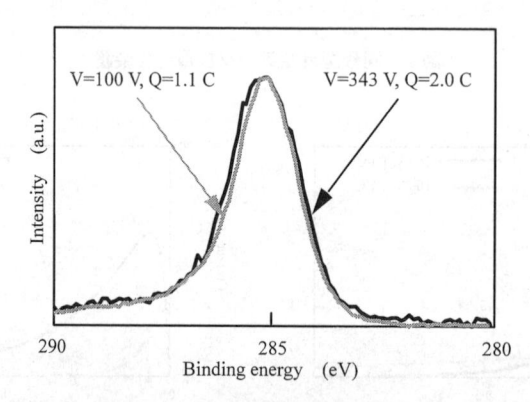

図4 DLC 膜の光電子分光分析結果

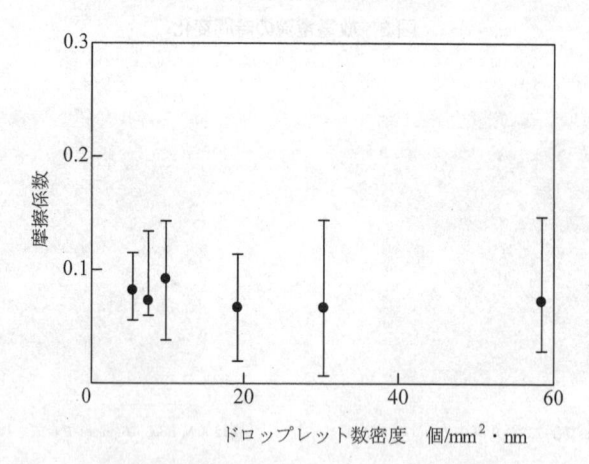

図5 DLC 膜中のドロップレット数密度と摩擦係数との関係

ファイト結合)成分が多く含まれている。ナノインデンテーション硬さは約 70GPa であり，硬質の DLC 膜といえる。

　成膜条件を変えて合成されたドロップレット数密度の異なる2種類の DLC 膜について，光電子分光法で得られたスペクトルを図4に示す。両者とも観測領域はドロップレットのない箇所で

第4章　次世代応用のためのDLC基盤技術

あるが，放電条件にかかわらずスペクトルに大きな差は見られない。一方で，ラマン分光分析から得られたスペクトルを解析したところ，異なる結合状態のドロップレットが存在すると指摘されている。

　また，ドロップレット数密度の異なるDLC膜の潤滑性をボールオンディスク式摩擦試験で調べた結果を図5に示す。横軸にDLC膜のドロップレット数密度，縦軸に直径3/16インチのステンレス鋼球に対するしゅう動速度5mm/s，荷重0.3Nの試験条件での摩擦係数を示してある。3×10^{-3} Paの真空中で測定した結果であるが，ドロップレット数密度によらず，摩擦係数に違いはないことがわかる。ドロップレット数密度によって摩擦係数に変化があまり見られないことはシールド型アークイオンプレーティング法によって合成されたDLC膜についても示されているが，このとき相手材であるボールの摩耗率はドロップレット数密度によって異なるという結果が得られている[10]。

文　献

1) J. M. Lafferty, ed., "VACUUM ARCS Theory and Application", John Wiley & Sons (1980)
2) J. E. Daalder, *J. Phys. D*, **11**, 1667 (1978)
3) X. Shi, Y. H. Hu and L. Hu, *Int. J. Modern Phys.* B, **16**, 963 (2002)
4) H. Takikawa, K. Izumi, R. Miyano and T. Sakakibara, *Surf. Coat. Technol.*, **163-164**, 368 (2003)
5) X. Yu *et al.*, *Vacuum*, **75**, 231 (2004)
6) P. D. Swift, *J. Phys. D: Appl. Phys.*, **29**, 2025 (1996)
7) Y. Taki, T. Kitagawa and O. Takai, *J. Mater. Sci. Lett.*, **16**, 553 (1997)
8) H. Inaba *et al.*, *Jpn. J. Appl. Phys.*, **42**, 2824 (2003)
9) M. Horikoshi and A. Hirata, *New Diamond and Frontier Carbon Technol.*, **16**, 267 (2006)
10) 杉村博之ほか，表面技術，**52** (12), 887 (2001)

4 Si-DLC膜の水中でのトライボロジー特性

大花継頼*

4.1 はじめに

　多くの駆動機器には潤滑油が使用されていることはよく知られている。潤滑油を使うことで，部材の接触部の摩擦摩耗が抑えられ，駆動部が滑らかに潤滑し，機器のエネルギー損失を抑えて長寿命化することができる。潤滑油は薄く駆動部の隙間に広がり，部材同士が直接接することを防ぎ，潤滑膜として働くことで低摩擦を実現している。油が切れると潤滑膜がなくなり，いわゆる焼付けという現象が起きて，急激な摩擦係数の上昇と部材へのダメージが引き起こされる。このように潤滑油は駆動部を持つ機械にとってきわめて重要な役割を果たしているのだが，環境への負荷を考えた場合，油は環境汚染の原因となりうるため，好ましい材料とは言いがたい。廃棄時には焼却処理しなければならず，環境中の二酸化炭素の増加に寄与するばかりでなく，環境へ漏洩した場合，湖水や河川を汚染して自然破壊につながる。そこで，油潤滑に代わる，環境にやさしい水潤滑の実現への期待が高まっている。しかしながら，水そのものが低粘度であることから流体潤滑膜の形成能が低く，潤滑作用をほとんど有していない。たとえば，水圧機器の摺動状態は固体同士の直接接触の割合が高くなるいわゆる境界潤滑となることから，油圧機器に使用されている未処理の金属系材料をそのまま水圧機器に使用することはできない。これまで，水環境下での駆動機器はセラミック部材が主に使用され，潤滑部に生成するゲル等が潤滑膜の働きを担うことで水潤滑を実現してきた。しかし，セラミック部材は加工性に劣り，また高価でもあるため，普及しているとは言いがたい。そこで，油圧機器に使われている鉄系部材に固体潤滑材をつけることで，水環境下で駆動機器を実現させようという研究が盛んに行われるようになってきた。経済産業省では，温室効果ガスの削減技術開発のナショナルプログラムを開始しており，その中で，"低摩擦損失高効率駆動機器のための材料表面制御技術の開発プロジェクト"を行ってきた。我々は，研究目標の一つである水圧機器の開発において，低摩擦・低摩耗材料として知られているDLC膜[1,2]を鉄系基板に成膜し，水環境下における駆動機器への応用を目指した研究を行った。DLC膜が水環境下でも摩擦特性に優れ，固体潤滑材として十分使用可能であることを示した[3]。さらに，DLC膜にSiを添加することで，トライボロジー特性を向上させることが期待される[4]。Siは水環境下で，シリカのゲルとなることが期待され，摩擦特性を向上させる可能性を持つ。また，DLC膜において問題となった，耐はく離特性を向上させることが多層化によって期待される。ここでは，プラズマCVD法によって成膜したDLC膜にSiを添加したSi-DLC膜について，水環境下で行った摩擦摩耗試験の結果から得られたトライボロジー特性と，多層化に

＊ Tsuguyori Ohana　㈱産業技術総合研究所　ナノカーボン研究センター　主任研究員

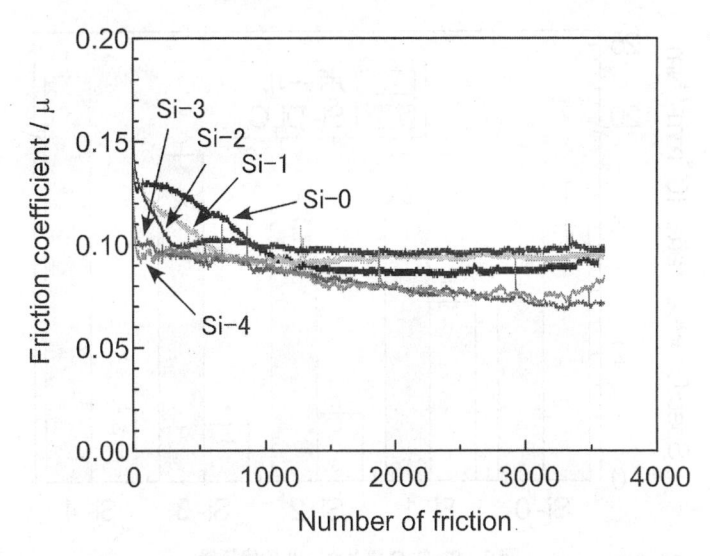

第 4 章　次世代応用のための DLC 基盤技術

図1　水環境下での Si-DLC 膜の 5 N で摩擦実験を行ったときの摩擦特性

よる DLC 膜の耐はく離特性の違いについて紹介する。さらに，水環境下における低摩擦発現機構について検討した結果を紹介する。

4.2　水中における Si-DLC 膜のトライボロジー特性

実験に用いた DLC 膜の成膜は，熱電子励起プラズマ CVD 法を用いて SUS 基板上に行った。トルエンを CVD ガスとして用い，Si の添加はヘキサメチルジシロキサンを CVD ガスに混入させることによって行った。皮膜の膜厚はおよそ 1 μm 程度である。水環境下でのトライボロジー特性はボールオンディスク型往復動摩擦摩耗試験機を用いて皮膜およびボールを水に浸漬して測定した。ここで使用した相手材のボール（直径 4.76 mm）の材質は SUS440C である。

水環境下での Si-DLC 膜の 5 N で摩擦実験を行ったときの摩擦特性を図 1 に示す。Si-0 は無添加の DLC 膜，Si-1 は 2.3，Si-2 は 3.3，Si-3 は 6.6，そして Si-4 は 10atom% の Si を皮膜に含む Si-DLC 膜である。水中においてすべての DLC 膜が安定して低摩擦であることがわかる。Si 無添加の DLC 膜（Si-0）と比較して，大きな違いは見られないものの，Si の添加量が多いほど，長時間の摩擦実験によって摩擦係数が低下する傾向が見られた。さらに，摩擦実験の初期において，無添加の DLC 膜が若干高い摩擦係数を示すのに対し，Si の添加量を増やすことで，初期の高い摩擦係数を示す時間が短くなっていることがわかる。すなわち，摩擦によって生成されると考えられる潤滑膜が，Si の添加量によって生成されやすくなるものと推測される。図 2 には膜とボールの摩耗量を示した。ボールの摩耗量は摩耗痕の大きさより，計算により求めた。また，膜の摩耗量は白色干渉顕微鏡によって求めた摩耗痕の深さより計算した。Si の添加量が多いと

図2 Si-DLC膜とボールの摩耗量

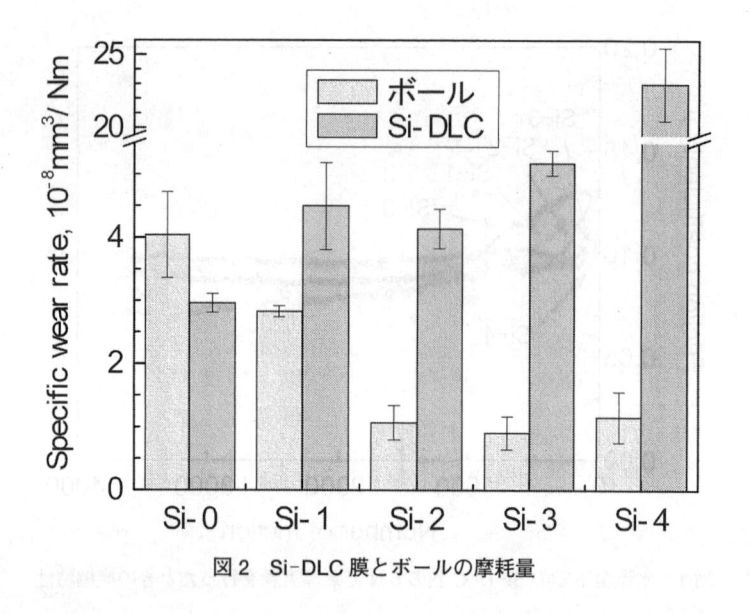

皮膜の摩耗量が急激に増加する（Si-4）。一方，ボールの摩耗はSiの添加に伴い減少するので，実機への適応を考えた場合には，最適なSi量を選ぶ必要があると言えるものの，Si-DLC膜は水環境下で優れたトライボロジー特性を有するものと考えられる。

4.3 DLC膜とSi-DLC膜の多層化膜

　無添加のDLC膜を鉄系部材に成膜すると，空気中でははく離が問題にならない荷重においても，水環境下でははく離を示すことがある。はく離の発生は実用化にとって大きな問題点となる。ここでは，Si-DLC膜をDLC膜の上に蒸着し多層化することで，耐はく離特性の向上が図れることを紹介したい。

　Si-DLC/DLC多層膜はSUS440Cを基板として，まずトルエンのみをCVDガスとして通常のDLC膜を成膜し，続けてSi含有のDLC膜（Si-DLC）をDLC層の上に成膜することによって作製した。Si-DLC層の厚みは0.1 μm程度であり，皮膜の10%程度の厚みとした。多層化していないDLC膜と比較して，Siを含有させることにより多層化膜の硬さと応力が減少する傾向が見られる。水環境下においてはSi-DLC/DLC多層膜は通常のDLC膜の場合と同様0.1以下の低い値を示した。さらに期待された耐はく離特性であるが，Si含有量の少ない多層膜は9.4 Nの荷重では一部はく離を示したものの，Siを7.3atom%含有した膜は空気中，水中においても優れたトライボロジー特性を示し，また耐はく離特性に優れた膜であった。図3に空気中，および水環境下での摩擦特性を示す。すなわち，Si-DLCを多層化していない膜は容易にはく離しているのに対し，多層化することによって，DLC膜の耐はく離特性を向上させることができると言える。

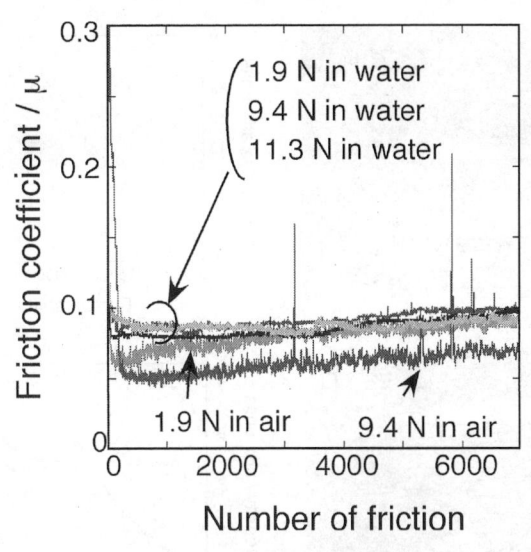

第4章　次世代応用のためのDLC基盤技術

図3　Si-DLC/DLC多層化膜の摩擦特性

DLC膜のはく離を起こした摩擦面をSEMによって詳細に観測すると，はく離まで至っていない摩擦面においても，きわめて小さいクラック（亀裂）が存在することがわかる。空気中での比較実験の結果，このようなクラックに水が浸入することで，はく離が進行するものと考えられているが，Si-DLC/DLC多層化膜の摩耗面のSEMによる詳細な観察では，はく離につながるようなクラックの発生は確認できなかった。Si-DLC層は下層のDLC層に比べて柔らかいことが，クラックの発生を抑えているものと思われる。すなわち，クラックの発生が抑えられたためにはく離も抑えられたものと考えられる。膜のはく離が基板と膜の界面から起こっているのに対し，表層にある膜厚が10%程度の薄い層がはく離に影響を及ぼしていることは興味深い。

4.4　摩耗面の評価

　Si-DLC膜は水環境下で優れたトライボロジー特性を示すが，その低摩擦機構はどこから発現されるのであろうか。相手材であるボールの摩耗面は，Si-DLC膜からの移着物と思われるものが付着している（図4）。しかし，全面に付着しているわけではなく，一部は金属光沢を持ち，付着物が付いていないように見えるところも存在する。ラマン散乱スペクトルによると，付着物が付いていない部分ではノイズレベルの信号のみであるのに対し，黒い移着物はDLC膜の特有なGバンドおよびDバンドが観測されることから，Si-DLC膜の構造をある程度保ったものであることがわかる。一方，皮膜側の測定では摩耗痕で特徴的な変化は観測されず，潤滑膜が存在したとしても，極薄いものであると予測された。なお，空気中で同じ摩擦実験を行った場合に観測される，ボール側の移着物のラマン散乱スペクトルはGバンドがより強く観測され，水環境

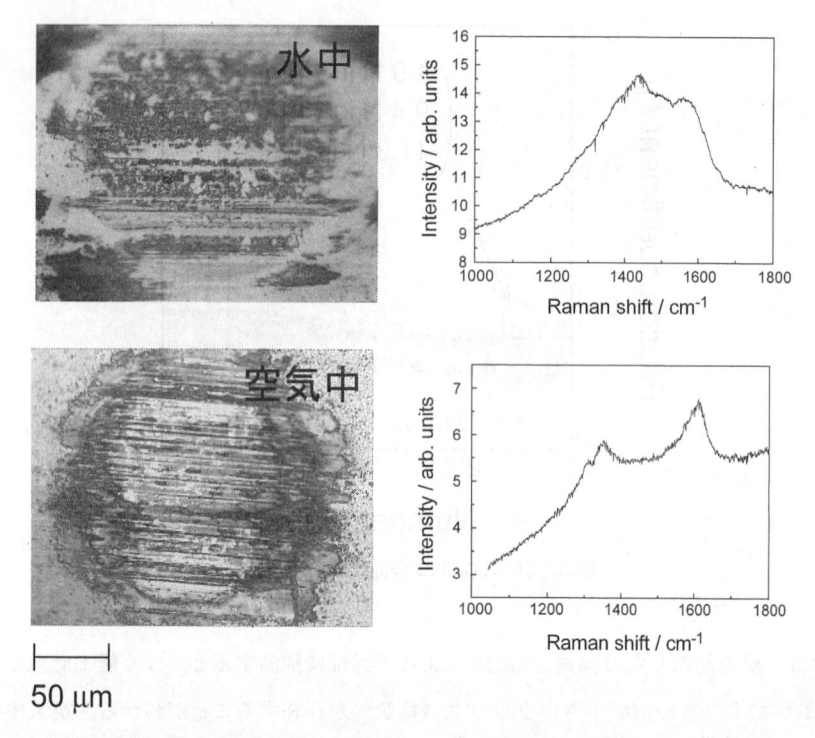

図4 水中および空気中で摩擦実験を行った後のボールの摩耗痕と移着物のラマン散乱スペクトル

下での移着物と比較して，グラファイト化が進行した移着物であると推測された。水環境下では，おそらく水の冷却作用が移着物の構造に大きく影響しているのでないかと考えられる。すなわち，空気中においては摩耗面がより高温になるためによりグラファイト化が進行しやすくなっているものと考えられる。

ボール側の摩耗痕で金属光沢を示し，ラマン散乱スペクトルでは移着物が観測されない場所には本当に何も付着していないのであろうか。断面プロファイルを見たとき，移着物が存在する部分より，金属光沢がある部分のほうが凸になっている。すなわち，Si-DLC 膜により強く接触している部分であると考えられ，何らかの潤滑膜が存在し，摩擦特性を制御している可能性を示唆する。そこで，この凸になっている部分の断面 TEM 観察を行ったところ，5～20 nm 程度の極薄い層が摩耗痕に存在することが明らかとなった。すなわち，この層が潤滑膜として働いていると考えられる。EDS 分析によると，Si は潤滑膜の全体に存在しているものの，Cr の存在が二層構造になっており，最表面（DLC 膜に接触する層）には Cr があまり存在していない（図5）。さらに極最表面（一分子層程度）の分析を行うために，TOF-SIMS を用いて分析を行った。摩擦試験の環境を重水（D_2O）に変えることで，水環境下でのトライボロジー反応について，詳細に検討した。図6にボールと皮膜の正イオンおよび負イオンのマッピングを示す。分析面積は

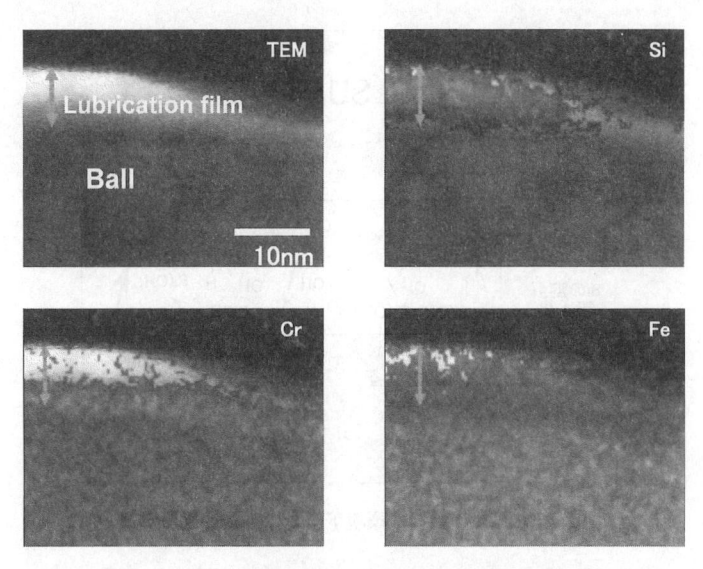

第4章　次世代応用のためのDLC基盤技術

図5　ボールの摩耗痕の断面TEM像とEDS分析結果

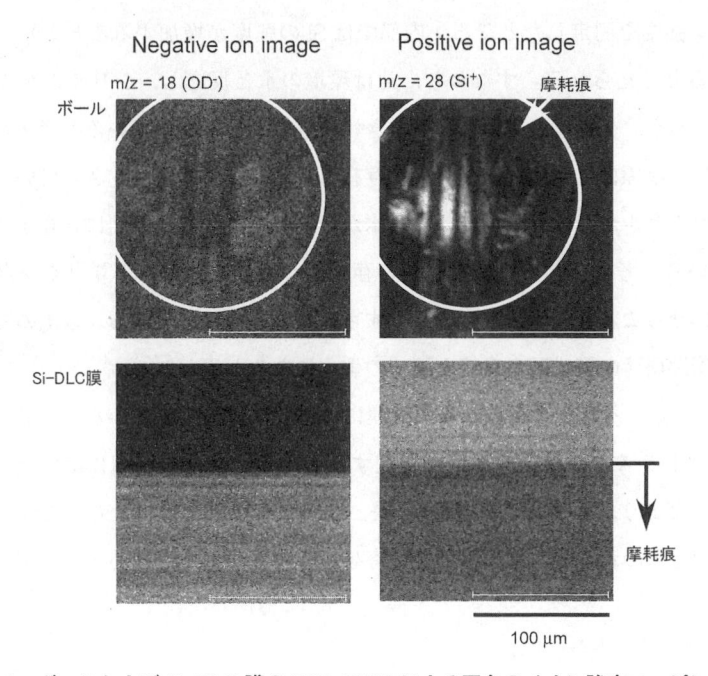

図6　ボールおよびSi-DLC膜のTOF-SIMSによる正負のイオン強度マッピング

180μm平方である。明るい場所がより多くのイオンが観測された場所である。図より明らかなように，皮膜の摩擦面に-ODが存在する。また，ボールの摩耗面においても-ODが存在し，トライボロジー反応によって，環境の水が分解され，摩擦面（潤滑膜表層）に取り込まれているこ

189

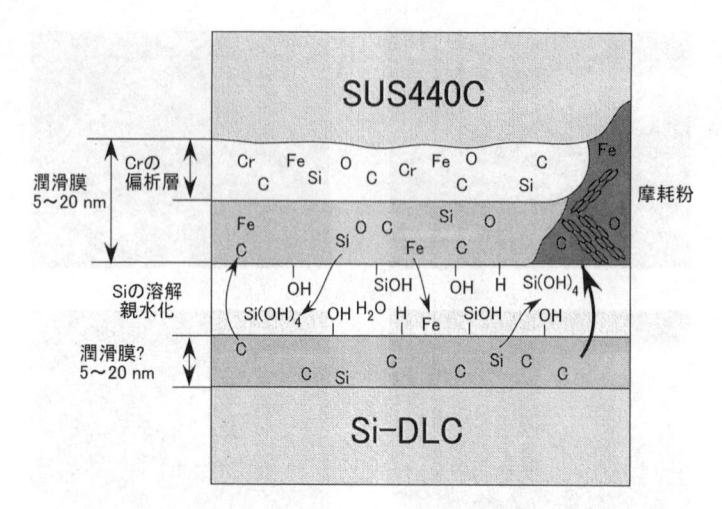

図7 Si-DLC膜の水環境下における潤滑膜モデル

とが明らかとなった。また，Siが摩擦面において減少していることがわかる。表面をスパッタしながらイオン強度を測定したところ，内部ではSiの強度が増加することより，摩擦面からSiが減少していると考えられる。すなわち，Siは環境の水と反応し，シリカのゲルとなって減少しているのであろう。ゲルは摩擦面にあるときに潤滑剤として働いていると考えられる。

以上のように，摩擦面には極薄い潤滑膜が存在し，その表面は親水化されている。親水化した表面にはシリカのゲルが存在し，環境にある水が極薄い層となり，界面に存在することで，低摩擦を実現していると考えられる。また，Siの存在比が大きいほど，より早く安定して低摩擦特性を示すようになることも，潤滑膜のできやすさを考えると理解できる。以上のモデルから摩擦面における低摩擦機構の模式図を書くと図7のようになると思われる。

一方，Si-DLC側にあると考えられる潤滑膜については確認できていない。断面TEMでは摩擦面に若干コントラストの異なる部位が存在するものの，構造の確認にはいたっていない。Siの減少があることより，オリジナルのDLC膜とは異なる組成を持つと考えられ，二重結合性が増えているものと思われるが，低摩擦特性に寄与しているかどうかはいまだ不明である。

4.5 まとめ

Si-DLC膜は水環境下においてもSUSを相手材としたときに鉄系基板上で低摩擦低摩耗特性を示し，またDLC膜との多層化によってはく離特性の向上にも有効であることを紹介した。低摩擦機構の解明では，表面の親水化が重要であること，Siは少しづつ皮膜から減少し，ゲル化していることで低摩擦特性を実現しているものと考えられる。以上のように水環境下でDLC系皮膜が固体潤滑材料として有効であることから，今後，環境にやさしい水環境下での駆動機器に

第 4 章　次世代応用のための DLC 基盤技術

適応されていくことを期待したい。

文　　献

1) 斉藤秀俊，DLC 膜ハンドブック，エヌ・ティー・エス（2006）
2) 鈴木秀人ほか，事例で学ぶ DLC 製膜技術，日刊工業新聞社（2003）
3) T. Ohana *et al., Diamond Relat. Mater.*, **13**, 1500（2004）
4) H. Ronkainen *et al., Wear*, **249**, 264（2001）

5 セグメント構造DLC膜の合成と機械部材への応用

大竹尚登[*1]，青木佑一[*2]，松尾　誠[*3]，岩本喜直[*4]

5.1 はじめに

　DLC膜を実際に部材に応用する場合には，膜の内部応力や基材との密着力がしばしば問題となり，必要に応じて対処することが不可欠となっている。例えば，DLC膜中への金属元素を添加や膜の多層化，傾斜層や中間層の形成といった様々な手法[1～3]が挙げられる。最近では，DLC膜の需要は工具や金型といった金属材料を基材とする製品にとどまらずゴムや樹脂材料といった軟質な材料上への需要も増加している。このような基材にDLC膜をコーティングする場合の問題点として，DLC膜が高い内部応力を有することや基材との密着力が低いことに加え，基材の変形により膜にクラックが生じ剥離しやすくなることなどが挙げられる。基板がゴム等の軟質材料の場合のDLCの成膜法としてDLC膜を予め割っておいたり，弛ませておいたりする方法が提案され[4]，応用例としてカメラのOリングなどに適用されている[5]。一方，著者らは，特に基材の変形によりDLC膜へクラックが生じるのを抑制するためのDLC膜のコーティング法として，DLC膜のセグメント構造化を提案している[6]。本節では，セグメント構造DLC膜の合成とトライボロジー特性を検討した結果を述べる。

5.2 セグメント構造DLC膜の合成

　セグメントDLC膜は，図1(a)に示すような連続膜に対し，図1(b)に示すような碁盤の目のような構造である。連続膜では，基材が大きい弾性変形または塑性変形を生じた場合にクラックが生ずるが，このセグメントコーティング法は，一部にクラックが入っても他セグメントへの影響が小さくて，高信頼性のコーティングが得られることや，潤滑油や摩耗屑をセグメント間に保持することで，アブレシブ摩耗を抑制しながら潤滑油による潤滑効果を持続させることのできる特徴を有することから，基材の変形によるコーティング膜の剥離が心配となる部材に広く応用されると期待される。

　セグメントDLC膜の合成は，プラズマCVD法により行っている。実験に用いた基材の材質は，金属の中でも軟質であるアルミニウムA1050を基材とし，曲げ試験片の形状は10 × 55mmの厚さ2mmの平板形状とした。コーティング面は研磨により表面粗さRa = 70nm程度に仕上

---

*1　Naoto Ohtake　名古屋大学　大学院工学研究科　マテリアル理工学専攻　准教授
*2　Yuichi Aoki　東京工業大学　大学院工学研究科　機械物理工学専攻
*3　Makoto Matsuo　㈱iMott　代表取締役
*4　Yoshinao Iwamoto　㈱iMott　取締役

第4章 次世代応用のためのDLC基盤技術

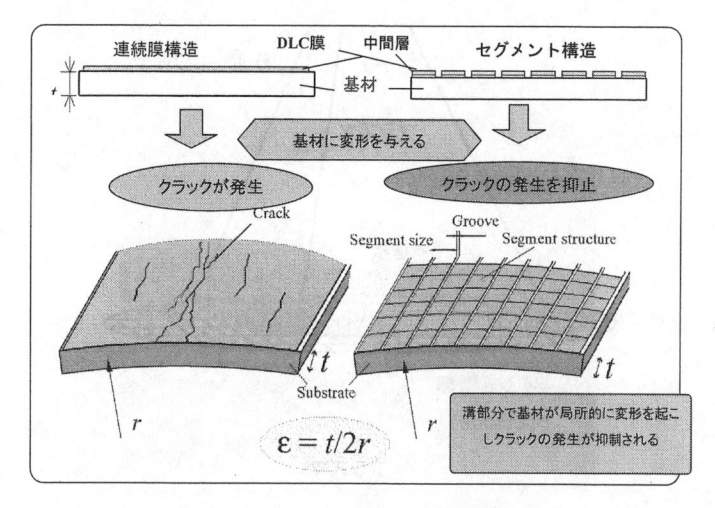

図1 セグメント構造DLC膜の概念図

表1 DLC膜の合成条件

Preparation method	Pulse plasma CVD
Source gas	C_2H_2
C_2H_2 flow rate	14.1×10^{-3} L/min
Pressure	3 Pa
Biasing	-5.4 kV
Pulse frequency	2 kHz
Deposition time	60 min

げた。合成の前処理として，アセトン中で基材の超音波洗浄を行った後に，チャンバ内でアルゴンガスを用いてスパッタエッチングを行った。DLC膜と基材の密着力向上のためにテトラメチルシランガスを用いて中間層を形成し，その後にDLC膜を合成した。膜の合成条件を表1に示す。電源には高電圧直流パルス電源（玉置電子工業製）を用いた。電源の詳細については4.12節をご覧いただきたい。セグメント構造DLC膜の合成は，図2に示すように，メッシュ形状の電極を用いることにより行った。光学顕微鏡写真を図3に示す。各試験片はそれぞれのDLC膜の被覆率を基準としてDLCのコーティングされている面積率で表し，81%，78%，39%，31%のコーティングをそれぞれ SegC81，SegC78，SegC39，SegC31 と称する。これらのセグメントのサイズと間隔は表2に示す通りである。

合成したセグメント構造膜には溝部にも若干の膜の堆積が見られるがメッシュに応じたセグメ

DLCの応用技術

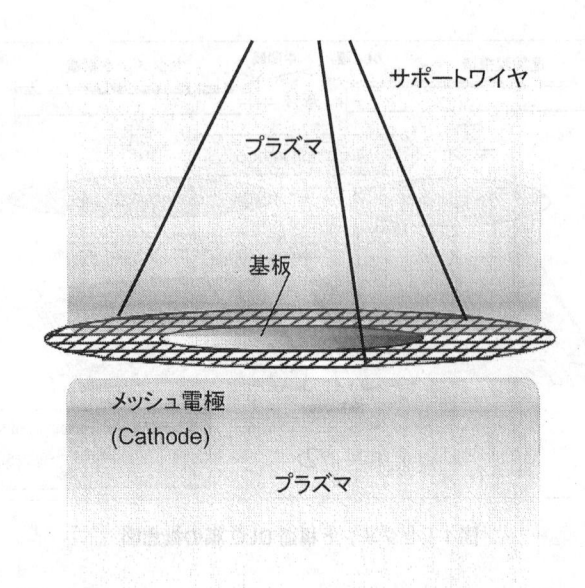

図2 セグメント構造DLC膜の合成方法

図3 セグメント構造DLC膜の表面の光学顕微鏡写真

表2 セグメント構造DLC膜の合成例

Sample	Segment size l [mm]	Groove size t [mm]	Coverage [%]
continuous film	−	−	100
SegC81	0.86	0.10	81
SegC78	0.23	0.03	78
SegC39	0.10	0.06	39
SegC31	0.04	0.03	31

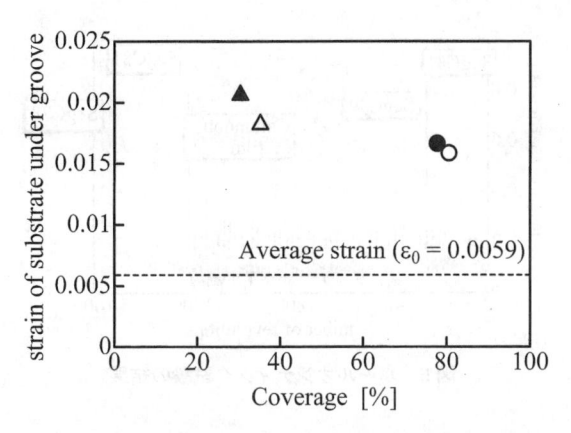

第 4 章　次世代応用のための DLC 基盤技術

図 4　セグメント溝部のひずみと DLC 被覆率との関係
平均ひずみは 0.0059

ント構造が得られている。SegC39,31 は他の膜に比較し，若干膜厚が薄く合成されている。合成した膜のラマンスペクトルからは，どれも典型的な DLC 膜のスペクトルが得られ，条件による差異は見られなかった。これらの試験片に対し，曲げ試験及び摺動試験を行うことにより，基材変形時の挙動とトライボロジー特性を評価した。

5.3　セグメント構造 DLC 膜の評価

まず，合成した試験片を用いて実際に 4 点曲げ試験を行い，基材を変形させた時のセグメント構造 DLC 膜の特性について検討した。セグメント構造 DLC 膜は，基材の変形時に膜に加わるひずみを緩和することができ，これは外力による基材の変形をセグメント間の溝部分で，基材がより大きく変形を受け持つことによって結果的に DLC 膜部分にかかるひずみを低減できるためと考えることができる[7]。そこで，曲げ試験後にセグメント間での基材のひずみを測定し，そこでのひずみについて各条件で合成したセグメント構造 DLC 膜で比較検討を行う。4 点曲げ試験は DLC コーティングされた面に引張方向のひずみを与え，ひずみの測定は基材表面の中央部で行った。各試験片のひずみの測定は試験片上の任意の 15 点のセグメント間で光学顕微鏡写真より計測して行いそれぞれ測定値を平均した。付与したたわみ量 w は，1mm で，基材を曲げた時の基材表面でのひずみは，4 点曲げ試験法では，w = 1 [mm] の時 ε_0 = 0.0059 と算出される。これを平均のひずみ値として，セグメント間でのひずみ値と比較する。

図 4 に DLC 膜の被覆率とセグメント間でのひずみの値との関係を示す。破線は 4 点曲げ試験法から算出されるひずみ値である。この値に対し，すべてのサンプルでセグメント間でのひずみは 0.015 〜 0.02 と倍以上であり，変形がセグメント間で局所的に起きていることがわかる。特に被覆率が小さい場合にセグメント間ひずみが大きいことがわかる。

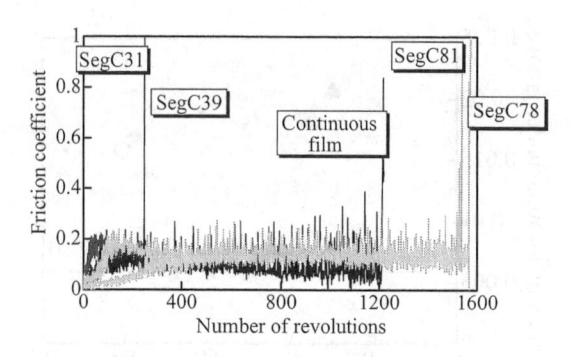

図5 ボールオンディスク試験の結果

ついで，ボールオンディスク試験法によりセグメント構造DLC膜のトライボロジー特性の評価を行った。ボール材としてSUJ2の直径φ6mm鋼球を使用し，垂直荷重は0.5Nとした。試験結果を図5に示す。SegC81,78は通常の連続膜構造のDLC膜と比較して，膜が消失し摩擦係数が増大するまでの摺動回数は大きく，耐摩耗性が向上している。一方でSegC39,31は，これらに比較し1/5程度に減少している。また，摩擦係数は，連続膜が0.1程度に対して，セグメント構造膜はどの試験片も平均して0.14程度と若干の影響はあるものの低い摩擦係数が得られた。

ボール径φ6mmの時にヘルツの式から算出される接触円直径は$55\mu m$程度で，400回摺動時の試験片摺動痕跡の観察から得られた接触幅$60\mu m$と同程度であった。この値は今回のセグメント間隔と同じであるために，セグメント間でのボールと基材の接触が起きる事やセグメントのエッジの影響などがトライボロジー特性に影響を与えるものと考えられる。特に，SegC39, 31は被覆率が30～40％と低いために基材の露出面積も大きくなりその部分の摩耗の影響が大きいことや膜厚が若干薄かったことに起因し，耐摩耗性が低下したことが考えられる。一方で，80％程度のセグメント構造DLC膜の耐摩耗性は通常の連続膜構造のDLC膜に比べ優れていることがわかる。この理由としては，溝による摩耗粉によるアブレシブ摩耗の抑制効果などが考えられるがその理由についてはより詳細な検討が必要である。これらの結果から，ボールと膜との接触幅に対するセグメント間隔が大きくなった場合にトライボロジー特性に悪影響を与える事が考えられ，特に被覆率が低い場合には基材とボールの接触が起こり易いためにトライボロジー特性が著しく低下することから，セグメント間隔を接触幅に対して同程度または小さくする必要のあることがわかる。

さらに，連続構造のDLCとセグメント構造DLCとを組み合わせて優れたトライボロジー特性を発揮するコーティングを作製することもできる。図6は，A1050基材上に連続構造DLC上にセグメント構造を形成したコーティング（A）及びセグメント構造上に連続膜を形成したコーティング（B）のボールオンディスク試験結果である。連続膜の場合と比較して安定した摩擦係

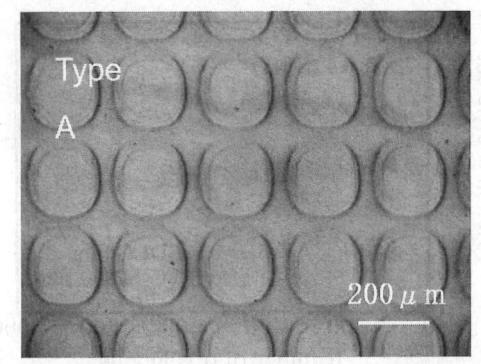

第4章　次世代応用のためのDLC基盤技術

（a）複合構造DLCの最近膜の表面写真の例（連続膜上にセグメントを積層させたTypeA）

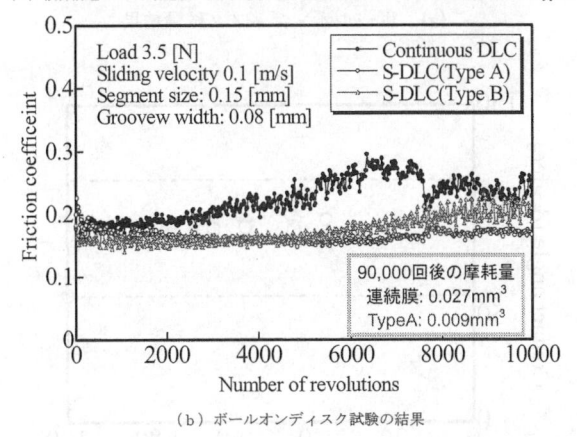

（b）ボールオンディスク試験の結果

図6　連続膜とセグメント構造膜を積層させたDLCコーティング部材の表面とボールオンディスク試験結果

数を示していることがわかる。この際のDLCの摩耗量もセグメント構造（A）では連続膜の約1/3と小さく，かつSUJ2ボールに対する相手攻撃性も低い。これは，デブリを溝部にトラップする効果によりアブレシブ摩耗が抑制されているためである。

5.4　DLCの機能複合化

第1章で述べられているように，DLC自身すでに多くの優れた特徴を有しているが，さらにDLCに他機能を付与できれば，表面処理材料として材の魅力はさらに増すこととなり，将来のマーケット拡大に寄与する。DLCに機能を付与するためには他材料とハイブリッド化するプロセスが不可欠である。

ハイブリッド化のひとつの方法は，他元素・化合物をDLC内に取り込ませる第三物質添加法である。ここでは基材，DLCと異なる観点から第三物質と呼んでいる。この複合化の例としてはフッ素原子を膜中（主に膜表面）に導入することによって撥水性を発現させる方法が挙げられる。また，主に金属原子を導入することで，通常GPaオーダであるDLC内の圧縮の内部応力を

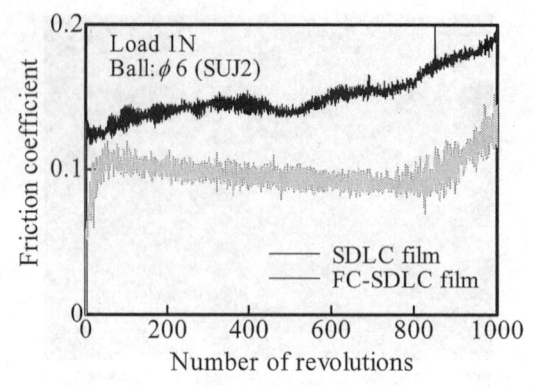

(a) ボールオンディスク試験結果

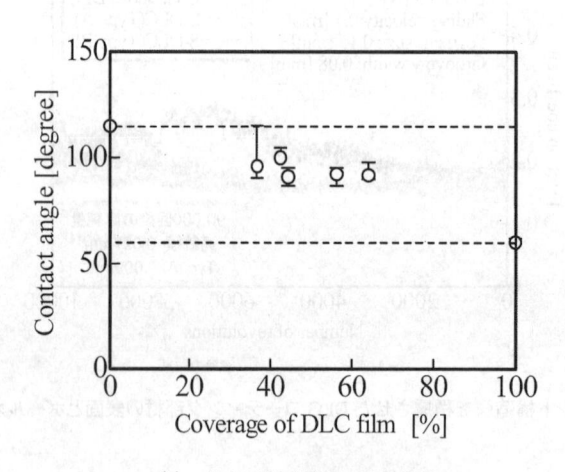

(b) 静的水滴接触角測定結果

図7 セグメント構造DLCと溝部にフッ素樹脂を導入したハイブリッドセグメント構造DLCのボールオンディスク試験結果及び静的水滴接触角測定結果

低減させ，耐摩耗性能を向上させる方法も第三物質添加法に分類されよう。多くの元素がDLCへの添加元素として試みられているが[1]，Si, W, Cr, Tiが最も良く用いられている。多くの例では中間層から組成を傾斜させてDLC層に繋げている。例えば基板→WC-C→DLCや窒化処理基板→Si-C→DLC-Siといった具合である。またDLC層中に厚さ方向にサイクリックに第三物質濃度を変化させる例もある。

ハイブリッド化の第2の方法はDLCと第三物質とを積層させる方法である。ナノダイヤモンドとDLCを積層させたり，TiCとDLCを積層させたりする方法等がある。積層の方向は膜厚方向のみとは限らない。著者らの開発したセグメント構造DLCは，横方向に見てDLCと第三物質を積層させた構造である。この方法による機能の複合化の実例を簡単に紹介しよう[8]。

セグメント構造DLCは，溝部に第三物質を添加できる特徴を有する。市販のスプレーを用いてフッ素樹脂を添加すると，図7に示すように摩擦係数がDLCのみの場合と比較して顕著に低く，かつ静的水滴接触角が100°程度の撥水性を有するハイブリッドDLC膜を簡単に形成することができる。低摩擦係数の状態は，セグメント溝のフッ素樹脂が徐々に界面に供給されてなくなるまで，長時間維持される。フッ素樹脂に限らず，DLCと他材料との組み合わせは無限である点がこのセグメント構造の特徴になっている。

5.5 まとめ

セグメント構造DLCコーティングを紹介した。従来のコーティングはいかに均一に成膜するかに注力してきた。それに対して，溝を入れたことによって，耐変形性のみでなく摩擦係数の安定性も付与することができる。さらに溝部に第三物質として液体や固体を入れることも可能なので，機能の複合を考慮して「my DLC」を設計するのも面白い。セグメント構造の作製は金網を用いるだけで簡単にできる。これと直流パルスプラズマを組み合わせると，金網が補助電極になるので，高分子基材上にも低温でDLCをつけやすいことを付記する。

文　献

1) 斎藤秀俊，大竹尚登，中東孝浩，DLC膜ハンドブック，NTS出版（2006）
2) 大竹尚登，青木佑一，近藤好正，ダイヤモンド技術総覧，NGT出版，125（2007）
3) A. Erdemir, *Surf. Coat. Technol.,* **120-121**, 589（1999）
4) T. Nakahigashi, Y. Tanaka, K. Miyake, H. Oohara, *Tribology International,* **37**, 907（2004）
5) T. Nakahigashi, S. Iura, H. Komamura, Y. Ishibashi, *Proc. JAST Tribology Conference Tokyo,* May, 109（2002）
6) Y. Aoki, N. Ohtake, *Tribology International,* **37**, 941（2004）
7) 青木佑一，足立雄介，大竹尚登，精密工学会誌論文集，**71**，1558（2005）
8) 青木佑一，足立雄介，村上碩哉，大竹尚登，日本機械学会論文集（C編）**73, 728**, 1230（2007）

6 DLC皮膜の機械的性質と原子構造

藤本真司*

6.1 はじめに

　摺動部品の長期的信頼性を追求する上でトライボロジーにかかわる課題は避けて通れない。そこで摺動特性および耐磨耗性に優れたDLC（ダイヤモンド・ライク・カーボン）皮膜による表面改質に着眼した。このDLC皮膜は，成膜方法や成膜条件により機械的性質が大きく異なり，その中で一般に摺動特性と耐磨耗性はトレードオフの関係にあるといわれている。したがって，DLC皮膜のもつついろいろな特性の中の必要とする特性を得るために，膜質を制御することが重要である。さらにDLC皮膜により表面改質をした製品の品質を安定させる上で，DLC皮膜という硬質カーボン膜の原子レベルの構造を理解すること，摺動摩擦によりどのような現象が起こりそのメカニズムが何かを解明することが必要と思われる。

　DLC皮膜の機械的性質と原子構造の関係を明らかにするため，硬度や摩擦係数などの機械的性質と，構成元素である炭素原子同士のsp^2, sp^3結合の存在比との関係などが精力的に研究されている。また，ナノ領域の原子構造を調べてさらなるメカニズム分析を行う上で必要な非晶質膜や薄膜中の原子構造の解析については，過去50年間以上研究されてきた中性子線，電子線，およびX線による回折を利用した構造解析がもっとも有効と考える。非晶質カーボンの構造解析に関しては，岩村[1]，福永，P. H. Gaskell *et al.*[2] の研究があり，構造モデルが提案されている。しかし，非晶質カーボンの作り方がさまざまであり，検討している成膜法で薄膜の構造を新たに調べる必要がある。非晶質カーボンを定義する上で，中性子線回折はもっとも精度に優れ，かつその中に含まれる水素の配置情報もクリアになると予測されるが，薄膜試料では体積不足のため測定や解析が難しい。電子線回折では，回折強度の高逆格子空間での減衰が著しく，フーリエ変換後の原子動径分布関数の精度が悪い，高分解能格子像観察中に電子線照射で膜構造が変わりやすいなどの欠点がある。そこで今回，ラマン分光分析によりDLC皮膜の機械的性質と原子構造を関連付けることを試みた。

　また，DLC皮膜の摺動摩擦により現象的に何が起こり，そのメカニズムが何かを理解する上で，これまでの実験結果から以下のことが判っている。すなわち，成膜方法や成膜条件が異なれば摺動特性は変わるが，ほとんどのケースにおいて，初期の摩擦係数は大きく，摺動を繰り返すといったん低下し，積算摺動距離が増加すると摩擦係数が安定し，以降増加し始めることから，摺動摩擦によりDLC皮膜の最表面原子構造が摺動前後において明らかに変化しているという知見を得ている。

＊　Shinji Fujimoto　松下電工㈱　生産技術研究所

第 4 章　次世代応用のための DLC 基盤技術

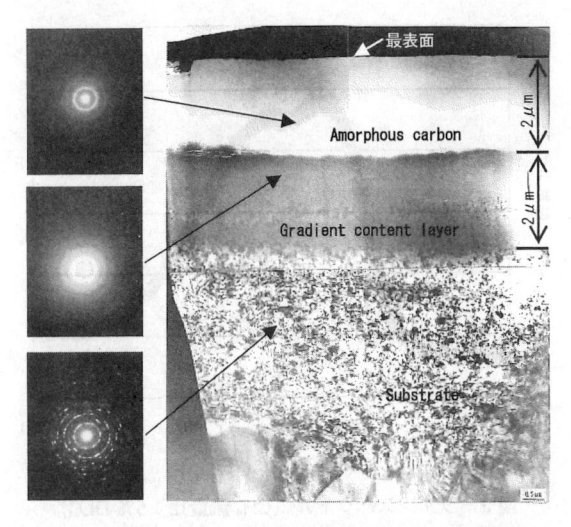

図 1　DLC 皮膜の電子線透過像と回折像

6.2　DLC 皮膜の機械的性質と原子構造
6.2.1　皮膜の作製
　外部磁極と内部磁極のバランスを意図的に崩して非平衡磁場とし，外部磁極からの磁力線の一部をワークまで伸ばし，プラズマをワーク近傍まで到達させ，ワークに照射させられる Ar イオンが増大することで高密着が得られる UBM スパッタ法[3]により，投入する Ar に対する CH_4 流量比を変えることで水素含有量の異なる DLC 皮膜を作製した。

6.2.2　皮膜の構造
　DLC 皮膜の組織は，FIB 断面加工法で切り出し採取した厚さ 30nm 膜の表面層，中間層，基材について電子回折像で調べた。一例として CH_4 流量比が 10%である DLC 皮膜の電子線透過像と回折像を図 1 に示す。図から明らかなように，表面層は非晶質構造特有のコントラストのない均一な組織からなり，ハロー回折パターンを示している。

　また，DLC 皮膜の構造をラマンスペクトルにより評価すると $1550cm^{-1}$ 付近にブロードなピークをもち，$1400cm^{-1}$ 付近にショルダのある DLC 特有のスペクトルが得られた。一例として CH_4 流量比が 5%である DLC 皮膜のスペクトルを図 2 に示す。

　作製した DLC 皮膜において測定したおのおののラマンスペクトルをカーブフィッティングすることにより，ピーク分離する。このうち $1550cm^{-1}$ 付近に現れるピークは G ピークと呼ばれ，sp^2 結合成分に関連している。また，$1400cm^{-1}$ 付近に現れるピークは D ピークと呼ばれ，長距離秩序の損失ばかりでなく sp^3 炭素原子と結合することによって生じるグラファイト層構造の結合角が乱れることにも起因している。この D ピークはダイヤモンドに起因するピークではない。

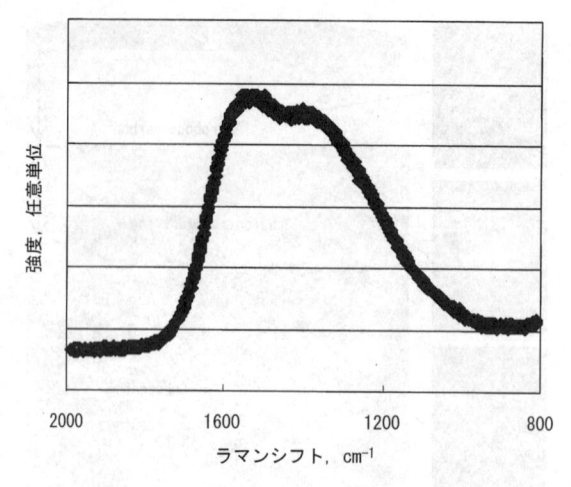

図2 ラマンスペクトル（CH_4流量比：5% DLC）

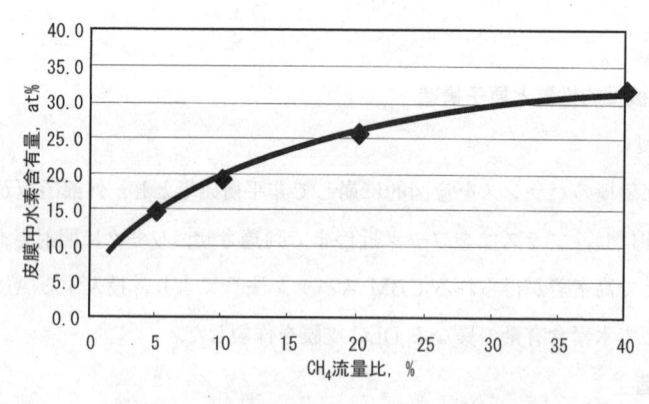

図3 CH_4流量比と皮膜中水素含有量の相関

6.2.3 皮膜中の水素量

CH_4流量比を変えて作製した4種類のDLC皮膜に対し，ERDA（Elastic Recoil Detection Analysis）で評価した結果，図3のとおり，炭化水素であるCH_4の割合を多くすれば，皮膜中の水素量も多くなることが確認できた。

6.2.4 皮膜の硬度

CH_4流量比を変えて作製した4種類のDLC皮膜に対し，ナノインデンターにより硬度を調べると，CH_4流量比が5および10%の試料ではDLC皮膜の硬度はほとんど変わらず，それ以上CH_4流量比が増えると，すなわちDLC皮膜中の水素量が増えると，その硬度は低下する傾向にある。DLC成膜時のCH_4流量比と硬度，6.2.2節でピーク分離したラマンスペクトルにより得られたGピーク位置の関係を図4に示す。

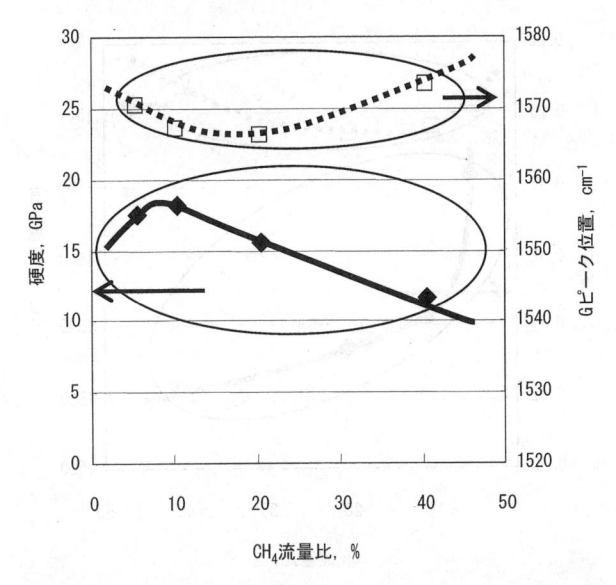

第4章　次世代応用のためのDLC基盤技術

図4　皮膜中の水素量（CH$_4$流量比）と硬度，Gピーク位置の相関

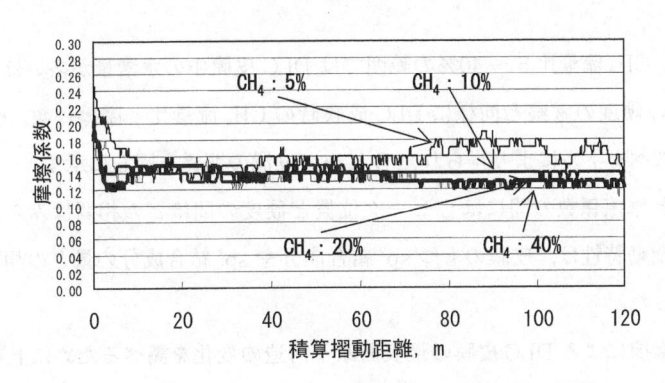

図5　皮膜中の水素量（CH$_4$流量比）と摩擦係数の相関

硬度が高いほうがGピーク位置は低波数側である傾向がある。sp^{3}結合のみからなるダイヤモンドは1333cm^{-1}に，sp^{2}結合のみからなるグラファイトは1580cm^{-1}にシャープなピークを示し，DLCの場合Gピーク位置がグラファイトに比べ低波数側にシフトするが，それはsp^{3}結合が存在するからであり，このGピークの低波数側へのシフトが大きいほどsp^{3}結合成分の割合が大きく，硬度が高いと考えられる[4]。

6.2.5　皮膜の摺動特性

CH$_4$流量比を変えた4種類のDLC皮膜に対し，ボール・オン・プレートによる往復摺動試験（相手材SUS440C，垂直荷重0.98N）を行った結果を図5に示す。

上述のとおり初期の摩擦係数は0.25程度と大きく，摺動を繰り返すと0.10～0.20にいったん

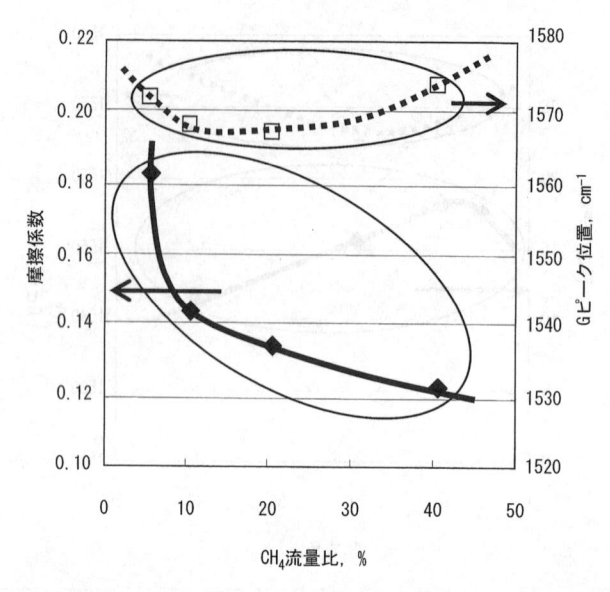

図6 皮膜中の水素量（CH_4流量比）と摩擦係数，Gピーク位置の相関

低下し安定する。CH_4流量比5～40%の範囲ではDLC皮膜中の水素量が多いほど摩擦係数は低くなる。6.2.4節の硬度の考察と同様にDLC成膜時のCH_4流量比と摩擦係数，6.2.2節でピーク分離したラマンスペクトルにより得られたGピーク位置の関係を図6に示す。

　Gピーク位置と摩擦係数の間にはGピーク位置と硬度の間ほどの相関はみられない。本実験結果によると，摺動特性は，皮膜のもつsp^2結合成分やsp^3結合成分の量との相関付けが困難であることがわかった。

　そこで，摺動摩擦によるDLC皮膜の最表面原子構造の変化を調べるために上述のCH_4流量比5%の試験片を2個用いた。そのうち一方に上述のボール・オン・プレート方式往復摺動試験（相手材SUS440C，垂直荷重0.98N）機を用い，積算摺動距離120mだけ摺動磨耗させた。残りの一方に対しては成膜後何も施さなかった。

　両者に対して，改良型走査型オージェ電子分光装置（AES-EELFS）により解析[5]（試料表面に1.2kVの低加速電圧で電子を照射，散乱された電子のエネルギー損失スペクトルの変調構造解析）した。

　図7にCK損失端（ELNES）スペクトルからsp^2結合成分に由来する$1s \rightarrow \pi^*$遷移ピークの強度を示す。図中，before：DLC成膜直後，after：積算距離120m摺動後，比較のためダイヤモンドとグラファイト結晶を併記した。図中(b)に損失エネルギー285.4eV付近の拡大を示した。積算距離120m摺動後に$1s \rightarrow \pi^*$遷移ピークの強度が小さくなった。また，図には示していないが，摺動前後でプラズモンロスピーク位置が少し小さくなっている。これは最表面の膜密度が低

第4章　次世代応用のためのDLC基盤技術

(a) CK損失端（ELNES）スペクトル

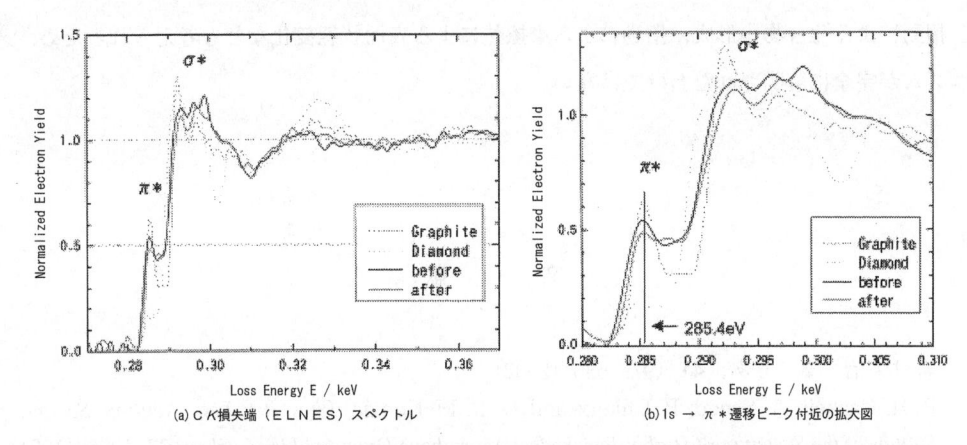

(b) 1s → π*遷移ピーク付近の拡大図

図7　DLC皮膜の摺動前後での反射EELSによるELNES部の規格化散乱電子収量スペクトル

下していることに対応しており原子構造の乱れが増加していることを示唆している。この結果から，DLC皮膜の低摩擦係数出現メカニズムはsp^2結合成分量の減少あるいはsp^2結合の乱れと考える。

今回得られた結果からは，①主として軟らかく磨耗しやすいグラファイト成分が相手材に移着することによって皮膜のsp^2結合成分量が減少し，②摺動を繰り返すことによって初期に高かった摩擦係数が低下し，③DLC皮膜と相手材とのグラファイト成分における均衡がとれて安定し，④摺動を繰り返すとまたDLC皮膜のグラファイト成分の減少により摩擦係数が高くなるものと考えることができ，これがDLC皮膜の低摩擦係数出現メカニズムの一因であると考える。

6.3　おわりに

UBMスパッタ法により成膜したDLC皮膜においては，CH_4流量比が5～10%の範囲ではDLC皮膜の硬度はほとんど変わらず，それ以上CH_4流量比が増えると，すなわちDLC皮膜中の水素量が増えると硬度は低下する傾向にある。また摺動特性に関しては，CH_4流量比が5～40%の範囲ではDLC皮膜中の水素量が多いほど摩擦係数は低くなる。ラマンスペクトルにより，これらの機械的性質と皮膜構造の関係を調べた。その結果，摺動特性と皮膜構造の関係は，硬度と皮膜構造の関係ほど単純なものではなく，摺動摩擦による原子構造の変化を調べる必要が生じた。

そこで，摺動前後のDLC皮膜に対し改良型走査型オージェ電子分光装置（AES-EELFS）により解析することによって，摺動後に1s→π*遷移ピークの強度が小さくなる結果が得られた。これはsp^2結合成分量の減少あるいはsp^2結合の乱れが生じたと解釈できる。これがDLC皮膜の低摩擦係数出現メカニズムの一因であると考える。しかし摺動によるカーボンの相手材への移

着，摺動による化合物の形成，摺動による摩擦熱による表面状態変化なども考えられるため，メカニズムが完全に解明されたわけではない。

文　　献

1) 岩村栄治，まてりあ，**41**（9），635（2002）
2) P. H. Gaskell, A. Saeed, P. Chieux and D. R. McKenzie, *Phys. Rev. Lett., Neutron-Scattering Studies of the Structure of Highly Tetrahedral Amorphous Diamond Like Carbon,* **67**, 1286（1991）
3) 鈴木秀人，池永勝ほか，事例で学ぶDLC成膜技術，p.40，日刊工業新聞社（2003）
4) 髙井治，NEW DIAMOND，**16**（4），15（2000）
5) 渡辺孝，X線分析の進歩，p.173，アグネ技術センター（2003）

7 DLCの耐摩耗性評価法の基礎

佐々木信也*

7.1 はじめに

　DLCは幅広分野での製品化が進んでいるが，中でもトライボロジー関連分野はDLCの実用化が急速に進展した領域であると言える。その用途は，磁気記録媒体，金型，軸受，エンジン摺動部品，切削工具，シールなど，広範かつ多岐に渡っている。このように普及した理由は，DLCの持つ表面平滑性と高硬度という基本的な特性が，トライボロジー応用の観点から極めて魅力的であり，かつ必要とする諸特性を十分に満たす可能性を有しているからと言える。DLCの品質，信頼性および生産性は，低コスト化とともに今後の更なる進化が期待されるところであり，市場におけるDLCの製品化は飛躍的に拡大していくものと期待される。

　さて，耐摩耗性に関する評価方法については，一般的なバルク材料を評価対象とした様々な標準的な摩耗試験方法[1]が確立されている。しかしながら，DLCのように耐摩耗性に優れた硬質薄膜の場合には，DLCそのものの摩耗よりもDLC膜の破断や剥離を以って耐摩耗性の評価としているケースも多く見受けられる。もちろん，実用的な観点からは，DLC膜が摩擦面で機能するか否かが重要なポイントになるので，膜の有無を支配する密着性こそが耐摩耗性を支配していると考えることは一概に間違っているとは言えない。現在のDLCの急速な普及は，この密着性の大幅な改善の結果あるといっても過言ではないし，今後の更なる普及を考えれば密着性の問題はますます重要になると考えられる。

　本節では，摩擦・摩耗の基礎メカニズムから見たDLCの特徴を述べ，耐摩耗性を評価するための一般的な摩耗試験方法を紹介し，DLC膜の耐摩耗性評価で避けることができない膜の密着性評価についても言及する。

7.2 摩擦・摩耗メカニズムから見たDLCの特徴

7.2.1 摩擦のメカニズム

　摩擦は，"接触する2つの固体が外力の作用のもとですべりやころがり運動をするとき，あるいはしようとするときに，その接触面においてそれらの運動を妨げる方向の力（摩擦力）が生じる現象"と定義されている[2]。平らな2つの平面を重ねたとき，その重なっている面積全体は接触面と呼ばれるが，良く観察して見れば接触面すべてが相手面と接触している訳ではない。どんなに平坦に仕上げた表面であったとしても必ず凹凸があるため，本当に接触している部分（真実接触面積）は見かけの接触面積よりも小さくなる[3]。真実接触面積 A_r は，垂直荷重 W，金属の

---

　* Shinya Sasaki　東京理科大学　工学部　機械工学科　教授

塑性流動圧力を pm とおけば，

$$Ar = W/pm \tag{1}$$

と表せる。真実接触部では凝着により金属と同等のせん断強さ si を持つものとすれば，摩擦力 Fs は Fs ＝ Ar × si，摩擦係数 μs は次式で表せる。

$$\mu s = Fs/W = si/pm \tag{2}$$

この式で塑性流動圧力 pm をその上限値となる押し込み硬さ H と置き換えて考えれば，硬い表面ほど摩擦係数は小さくなることが判る。また，接触部の凝着が不完全な場合などせん断強度 si が小さいほど摩擦係数は下がることになる。このような摩擦の凝着説に従えば，DLC は高硬度であることに加え，化学的安定性が高いために凝着を起こし難く低摩擦を発現し易いことになる。

ところで，凝着だけでは日常生活で経験するところの表面の凹凸の影響について釈然としないところがあるかもしれない。実はすべり摩擦抵抗は，次式に示すように凝着に起因した凝着項（μs）に，掘り起こし項（μp）と呼ばれる抵抗の和によって発現する。

$$\mu = \mu s + \mu p \tag{3}$$

掘り起し項（μp）は，柔らかい材料に硬い材料の凸部の一部がめり込み，柔らかい材料を押し退けながら進むときの抵抗と定義される。したがって，押し込み量を減らすためには表面を硬くすることが有効であるが，表面が粗い場合には自らの粗さ突起が相手面を掘り起こすことにより，摩擦を増大させるケースもある。DLC の場合は，硬質コーティング膜の中では異例とも言える平滑性を有しているので，相手面攻撃性が少なく摩擦の掘り起こし項も小さいため，摩擦低減に優位性を発揮する。

7.2.2 摩耗のメカニズム

表1はバーウェル（J.T.Burwell）[4]によって分類された摩耗メカニズムを示したものである。凝着摩耗は，真実接触部において凝着が生じた後，相対運動によって引き離される際に凝着部周辺部からの破断が起こり，ある確率で摩耗粉が脱離することによって進行する摩耗形態である。凝着の起こる真実接触面積は (1)式で示した通りなので，塑性流動圧力の高い，すなわち硬い表面ほど接触面積は小さくなり凝着摩耗は減少する。また，DLC のように凝着性の低い表面ほど摩耗は低減することになる。

アブレシブ摩耗は硬い突起や硬質粒子によって，相手摩擦面を削り取ることによって起こる摩耗形態である。先端が半頂角 θ の円錐をした硬い突起が荷重 P で柔らかい表面に深さ d だけ押

第 4 章　次世代応用のための DLC 基盤技術

表 1　摩耗形態の分類

1）凝着摩耗（Adhesive Wear）
真実接触部の凝着に起因する破断から生じる摩耗
2）アブレシブ摩耗（Abrasive Wear）
硬い突起や粒子の切削によって起こる摩耗
3）腐食摩耗（Corrosive Wear）
雰囲気や潤滑剤の表面腐食作用と腐食反応物の除去によって起こる摩耗
4）疲れ摩耗（Fatigue Wear）
ピッチングやフレーキングなどのころがり疲れに起因する摩耗

このほか，フレッチング摩耗，エロージョン摩耗，キャビテーション摩耗などがあるが，これらは摩耗メカニズムよりも摩耗条件で分類されたもの。

し込まれるとし，その状態で突起が距離 l 移動する領域が削り取られ摩耗するというモデル[5]にしたがえば，柔らかい表面の塑性流動圧力を Pm とすると，

$$P = \pi (d \cdot \tan \theta)^2 Pm \tag{4}$$

と表され，摩耗体積 W は次式のように与えられる。

$$W = \frac{1}{\pi \cdot \tan \theta} \cdot \frac{Pl}{Pm} \tag{5}$$

　塑性流動圧力 Pm を硬度 H と置き換えて考えれば，硬い表面ほどアブレシブ摩耗に対して耐摩耗性に優れるということになる。実際の機械システムにおける摩耗に関するトラブルの多くはアブレシブ摩耗に起因するものであると言われている。これは凝着摩耗などの他の摩耗メカニズムに比べ，アブレシブ摩耗による摩耗量が桁違いに大きいため，故障の直接的な原因になる確率が高くなるためと考えられる。そこで，耐摩耗性を付与することを目的として，表面に硬質材料をコーティングする手法が用いられるが，DLC は中でも有力な候補材料となっている。その理由は，表面平滑性に起因した相手面への低攻撃性にある。これは硬質薄膜の付与により耐摩耗性の向上を図ったつもりが，改質表面の粗さが大きいために，むしろ相手面のアブレシブ摩耗を促進してしまうような場合もあるためである。

　摩擦表面では局所に大きな応力や高い温度等が生じることにより，トライボケミカル反応[6]と呼ばれる特異的な化学反応が促進されることがある。このような摩擦面反応に起因する摩耗形態は，トライボケミカル摩耗と呼ばれ腐食摩耗に分類される。DLC は化学的安定性の高い材料で，通常の金属などでは使えない腐食性環境下でも優れた耐食性能を発揮するが，一方で高温環境下では鉄などとの反応を起こす。鉄系材料の切削工具に DLC の適用が難しいのはこのためである。また，DLC が固体潤滑性を発現するメカニズムに関して，摩擦面におけるアモルファスカーボ

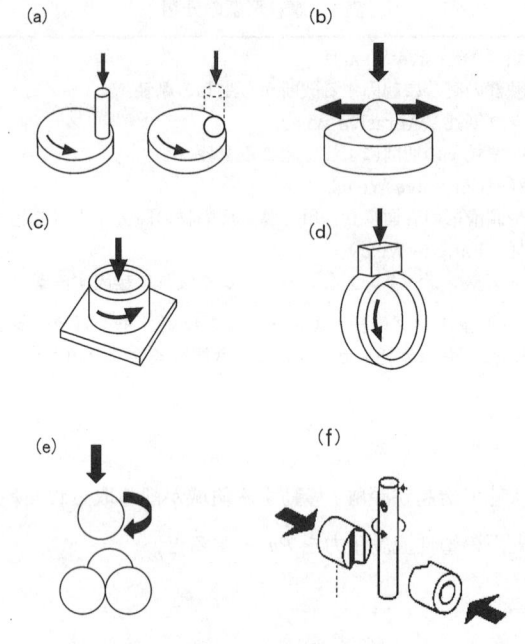

図1 摩擦・摩耗試験の形態

ンからグラファイトへの構造変化が指摘[7]されているが，摺動条件によってはこのような構造変化（トライボケミカル反応）の進行により摩耗が促進されることがある。凝着摩耗，アブレシブ摩耗に優れるDLCの場合，膜の破壊や剥離がなければその摩耗はトライボケミカル摩耗が支配的になり，優れた耐摩耗性を示す。

7.3 摩耗評価方法

7.3.1 一般的な摩耗評価方法

摩耗試験は，一対の試験片を一定の荷重と速度のもとで摺動させ，所定の摺動距離において摩耗量を測定することによって行う。試験片形状とすべり形態によって多種多様な組み合わせが可能となるが，一般的なものとして図1に示したような試験形態がある。尚，これらの試験方法は，モデル的試験方法（DIN5322）と位置付けられるもので，評価結果をそのまま実機に適用するには難がある。ただし，複雑な摩耗過程を単純化することにより単独因子の影響を解明，解析することによって，実機における支配的な摩耗メカニズムの理解を前提に，摩耗特性を推定することに役立てることは可能である。

図1（a）に示したピンオンディスク法あるいはボールオンディスク法は，試験片およびすべり形態がシンプルであり，市販装置の種類も多くまた試験装置の自作も容易であることから，大

第4章　次世代応用のためのDLC基盤技術

学や研究機関等で多く利用されている。また，加工の難しい材料でも適用しやすいため，新素材を扱った学術論文等がこの評価方法を採用していることが多いというのも一つの特徴と言える。関連する規格としては，ASTMG99-05[8]がある。また，JISでは構造用ファインセラミックス材料に耐摩耗性評価として，ボールオンディスク方式を規定（JISR1613-1993[9]）している。ボールオンディスク方式はピンオンディスク方式と比較すると，点接触から摩擦を開始するために当りを出しやすいという長所がある一方で，ボールの摩耗に伴って接触面積が増加するために試験中に面圧が変化するという短所もある。図1(b)は同じくボールオンディスク方式の試験方法であるが，往復運動を行う点が上記のものと異なる。標準化された試験方法としてはDIN51834[10]等があり，ドイツのOptimol社製SRV試験機がこれに準拠している。SRV試験機は主に潤滑油添加剤の摩擦特性評価用に開発されたもので，後述するFALEX試験機[11]と同様にデファクトスタンダード機として広く普及しており，コーティング膜の摩耗特性評価に使用されるケース[12]も増えている。摩擦・摩耗試験は，試験片形状やすべり形態が同じでも，評価装置の剛性や計測・制御方法の違いによって，評価結果に大きな違いが出ることがある。そこで評価結果の信頼性と互換性確保の点から，デファクトスタンダード機を用いたデータが重宝される傾向が強い。図1(c)はスラストシリンダ型方式で，我が国では鈴木式という俗称で普及している。プラスチック系材料の摩耗試験方法としてJIS規格（JIS K7218-1986[13]）が規定されている。この試験方法は円筒の端面を平板試験片に押し付ける面接触方式で，摩耗の進行によっても接触面積が変化しないため，すべり軸受材料等の焼付荷重の評価試験に適している。図1(d)はブロックオンリング型方式で，円筒側面にブロック試験片を押し付けて摩擦を行う。摩擦開始直後は線接触であるが，ブロック試験片の摩耗に伴い面接触になるため，摩耗進行に伴い摩擦荷重が変化するという点でボールオンディスク方式と同様の問題を有している。潤滑下での摩擦・摩耗特性評価方法としてASTM規格（ASTMG77-05[14]）が規定されており，FALEX-LFW1試験機がこれに準拠している。そのほか，潤滑下での焼付特性評価に主眼を置いた試験方法として図1(e)の四球式や(f)のピン・ブロック型などがある。四球式摩耗試験に関してはASTM D 4172[15]等が，ピン・ブロック型ではASTM D2670[16]等が摩耗試験方法として規定されている。

7.3.2　摩耗特性評価試験で注意すべき点

DLCの耐摩耗性評価を実施するに当たり，まずはどのような試験片形状でコーティング試験片を作製するかが重要になる。一般にはDLC同士を摩擦させることは少なく，もっともポピュラーなボールオンディスク方式の場合には，フラットなディスク側にDLCコーティングを施したものを軸受球鋼球などと摩擦させたデータ[17]が数多く発表されている。これはDLCコーティング試験片の入手し易さ，言い換えれば作り易さと品質の安定し易い形状によって決まるものと考えられる。ただし，このような評価方法では，DLC膜そのものの基礎的な摩耗挙動を把握す

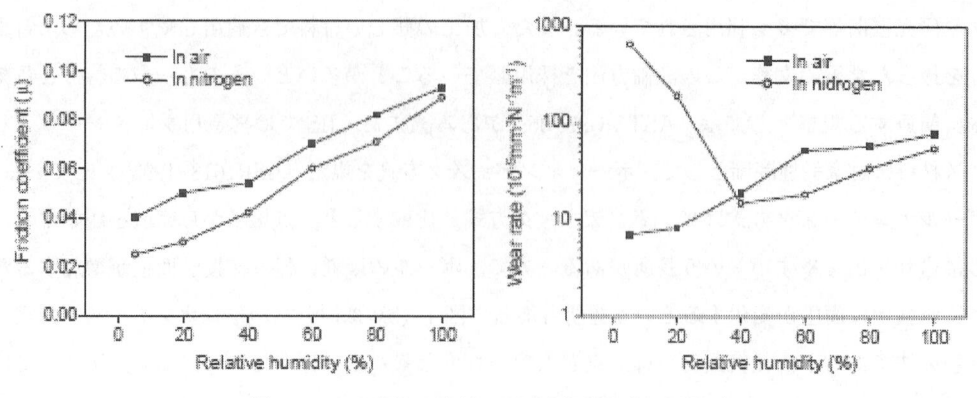

図2　DLCの摩擦・摩耗に及ぼす相対湿度の影響[19]

るには良いが，DLC膜の密着性や破壊なども考慮した評価を行うには十分とは言えないことを認識する必要がある。

　DLCに限らず耐摩耗性材料の摩擦・摩耗特性は雰囲気の影響[18]を受けやすい。図2はDLCの摩擦・摩耗に及ぼす湿度の影響を調べた結果[19]である。このように，DLCの摩擦・摩耗特性は，潤滑の有無はもとより，空気中の湿度によっても大きく影響を受けるので，摩耗特性評価の際には摺動雰囲気に対して十分に注意を払う必要がある。また，評価試験に当たっては試験片の洗浄を十分に行い，不要な汚れを表面に残さないよう細心の注意を払う必要がある。さらに，DLC表面の粗さは，コーティング手法や条件によっても大きく変化[20]する。先に述べたように表面粗さは摩擦・摩耗特性を支配する重要な因子であり，特にDLCのように摩耗の少ない材料の場合には，初期粗さが最後まで影響を及ぼし続ける可能性があることに留意する必要がある。

7.3.3　耐摩耗性と密着性

　DLC膜は硬質かつ平滑であり化学的安定性も高いことから，膜そのものの耐摩耗性は他の材料と比較して優れていると言えよう。しかしながら，膜の剥離が起きてしまえばその能力を発揮することなく，結果として耐摩耗性が低いとの評価が下されることになる。現在でも，DLC膜の剥離性と耐摩耗性が混在して議論されているケースが多く見受けられる。実機に近いレベルでの評価試験では，当然のことながら膜の摩耗と剥離とを同時に評価，検証する必要があるが，モデル的試験方法においては，現象と正確に捉えるためにこれらを分けて考えなければならない。そのため，膜の摩耗試験を行う場合には，少なくとも面圧をDLC膜の剥離荷重を超えない状態に設定する必要がある。また，仮に剥離が生じた場合には，摩耗量とは別にその旨を記録しておくことが後の耐摩耗性評価を検討する際に役に立つ。DLC膜の剥離あるいは密着性の評価には，一般的にはスクラッチ法[21]が用いられる。これは，DLC表面に他の物体を強固に接着して引っ張るあるいは捩じることが実験的に難しいことが大きな理由と考えられる。図3にスクラッチ試

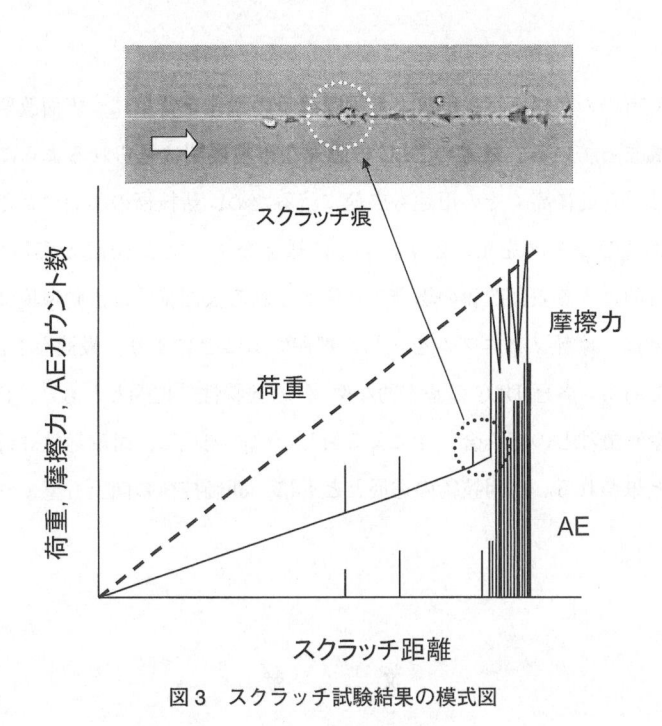

第4章　次世代応用のための DLC 基盤技術

図3　スクラッチ試験結果の模式図

験の模式例を示す。スクラッチ試験では，硬さ測定にも用いるダイヤモンド製圧子などを用い，すべり距離に比例して荷重を増加させていき，膜の剥離や破壊する荷重を評価する。剥離の検出と剥離荷重の決定は，スクラッチ時の摩擦係数の変化や AE（アコーステックエミッション）の検出およびスクラッチ痕の直接観察によって行う。尚，密着性の指標となる剥離荷重は，スクラッチ圧子の形状や DLC の膜厚，母材の硬さなどによっても大きく影響されるので，異なる試験条件でのデータを比較する際には注意が必要である。

　耐摩耗性や密着性とも関係する物性値として，DLC 膜の硬さやヤング率が挙げられる。通常の DLC 膜は 1μm 以下がほとんどであるので，測定には ISO14577[22] に準拠したナノインデンテーション法[23] が用いられる。尚，薄膜のインデンテーションでは，母材の影響を受けずに測定を行うためには，経験則から押し込み深さを膜厚の 1/10 以内にする必要があると言われており，ナノインデンテーション法が適用可能な膜厚にも限界がある。表面弾性波を用いたヤング率測定法[24] の場合，数 nm の DLC 薄膜のヤング率測定も可能なことから，インデンテーション法による測定データを補完するものとしてその有用性[25] が認識されつつある。

　DLC の耐摩耗性を評価するに際しては，膜の組成や表面粗さとともに，密着性，硬さやヤング率等の基本物性を把握しておくことが，測定結果およびその解釈の精度と信頼性を高めることになる。

7.4 おわりに

　地球環境問題や市場のグローバル化による国際競争の激化を背景に，表面改質技術に対する要求と期待は益々高まっている。最近のDLCの急速な市場展開に見られるように，耐摩耗性向上に対するニーズは潜在的に高くその用途も広範に渡るため，新技術の展開は新たな製品群，そして更なるニーズおよびシーズを生み出す。すでに様々なタイプのDLCが実用化されているが，耐摩耗性付与を目的とする表面改質の場合，必要とされる表面特性は摺動環境によって異なるので，対象とする摩擦・摩耗メカニズムを正しく把握することにより，最適なDLCを選択することが必要不可欠である。各種DLCの基本的な摩擦・摩耗特性の把握とともに，DLCの性能向上，更には相手材料や潤滑油との組み合わせによる新しい機能発現に，耐摩耗性評価技術は重要な役割を果たすものと思われる。応用技術の進展とともに，評価技術の向上も望まれる。

文　　献

1) "日本機械学会基準 摩耗の標準試験方法 JSMES 013"，日本機械学会（1999）
2) トライボロジーハンドブック，日本トライボロジー学会編集，養賢堂（2001）
3) "Electric contacts 4th Edition", Ragnar Holm, Springer（1967）
4) J. T. Burwell, "Survey of Possible Wear Mechanisms", Wear, 1, 119（1957）
5) 尾池守，笹田直，野呂瀬進，"アブレシブ摩耗における切削性と凝着性"，潤滑，**25**（10），691（1980）
6) 佐々木信也，"セラミックスの摩擦・摩耗とトライボケミストリー"，トライボロジスト，**36**（7），503（1991）
7) Y. Liu, A. Erdemir, E. I. Meletis, "An investigation of the relationship between graphitization and frictional behavior of DLC coatings", Surface Coating Technology, 86-87, part2, 564（1996）
8) ASTM G99-05, "Standard Test Method for Wear Testing with a Pin-on-Disk Apparatus"
9) JIS R1613, "ファインセラミックスのボールオンディスク法による摩耗試験方法"
10) DIN 51834, ASTM D 6425, "Standard Test Method for Measuring Friction and Wear Properties of Extreme Pressure（EP）Lubricating Oils Using SRV Test Machine"
11) 米国FALEX社，http://www.falex.com/
12) M. Kano, Y. Yasuda, Y. Mabuchi, J. Ye and S. Konishi, "Ultra-low friction properties of DLC lubricated with ester-containing oil-Part 1: pin-on-disc and SRV friction tests", Tribology and luterlace Evgineering Series, **43**, 689（2003）
13) JIS K7218, "プラスチックの滑り摩耗試験方法"

14) ASTM G77-05, "Standard Test Method for Ranking Resistance of Materials to Sliding Wear Using Block-on-Ring Wear Test"
15) ASTM D4172-94 (2004), "Test Method for Wear Preventive Characteristics of Lubricating Fluid (Four-Ball Method)"
16) ASTM D2670-95 (2004), "Standard Test Method for Measuring Wear Properties of Fluid Lubricants (Falex Pin and Vee Block Method)"
17) H. Ronkainen, S. Varjus & K. Holmberg, "Friction and wear properties in dry, water- and oil-lubricated DLC against alumina and DLC against steel contacts", Wear, 222, 120 (1998)
18) 佐々木,"セラミックスのトライボロジー",トライボロジスト,**39** (5), 406 (1994)
19) Hongxuan Li, Tao Xu, Chengbing Wang, Jianmin Chen, Huidi Zhou, Huiwen Liu,"Humidity dependence on the friction and wear behavior of diamond-like carbon film in air and nitrogen environments", *Diamond & Related Materials,* **15**, 1585 (2006)
20) X. L. Peng, Z. H. Barber, T. W. ClyneU, "Surface roughness of diamond-like carbon films prepared using various techniques", *Surface and Coatings Technology,* **138**, 23 (2001)
21) H. Zaidi, A. Djamai, K. J. China, T. Mathia, "Characterisation of DLC coating adherence by scratch testing", *Tribology International* **39**, 124 (2006)
22) ISO 14577, "Metallic materials-Instrumented indentation test for hardness and materials parameters-"
23) 三宅,元田,佐々木,"ナノインデンテーション",トライボロジスト,**51** (7), 518 (2006)
24) D. Schneider, T. Schwarz, "A photoacoustic method for characterising thin films", *Surface and Coating technology,* **91**, 136 (1997)
25) 佐々木,三宅,沼田,"インデンテーション法とレーザーアコースティック法による薄膜のヤング率測定",日本機械学会年次大会講演論文集, (6), 153 (2003)

8 プロセス・トライボロジーとしてのDLC膜の適用可能性評価

北村憲彦*

8.1 塑性加工プロセスにおけるトライボロジー条件

　塑性加工の工具は，1回ごとに高面圧・長いすべり距離，材料の表面積拡大（新生面の露出）などの独特の接触条件にさらされる。また，塑性変形のエネルギーは9割くらいが熱に変わり，工具との摩擦発熱も加わると，冷間加工域（加工前の材料温度が再結晶温度以下で塑性加工が行われる）といえども材料の一部は数百度まで温度上昇する。さらに，繰り返しこのような条件にさらされ，摩擦界面の温度も少しずつ上昇する。材料のすべり距離の全長は数十kmにも達することもまれではない。その結果，潤滑剤の摩擦界面への導入が困難になり，潤滑剤にとっては耐熱温度以上になることもある。

　図1に冷間の塑性加工の摩擦条件[1]について示す。横軸の面圧pは材料の降伏応力Yで無次元化してある。薄板の加工では板厚方向に片側が支えのないことも多く，面圧がほとんど0に近いところもある。引抜きは材料の全体が変形し，軸方向張力のおかげで少し面圧比は小さめである。しごき加工は局部変形的で引抜きよりは面圧が高くなる。平面ひずみ変形する板圧延や摩擦の影響で回転加工なども面圧が少し高めになる。鍛造や押出しでは，材料の自由な動きを型で拘束するため，静水圧成分（三軸方向から均等な垂直応力が材料に作用する応力のこと）が高く，摩擦の影響も強いので，高面圧になる。また，ステンレスや高強度鋼板などの変形抵抗の高い材

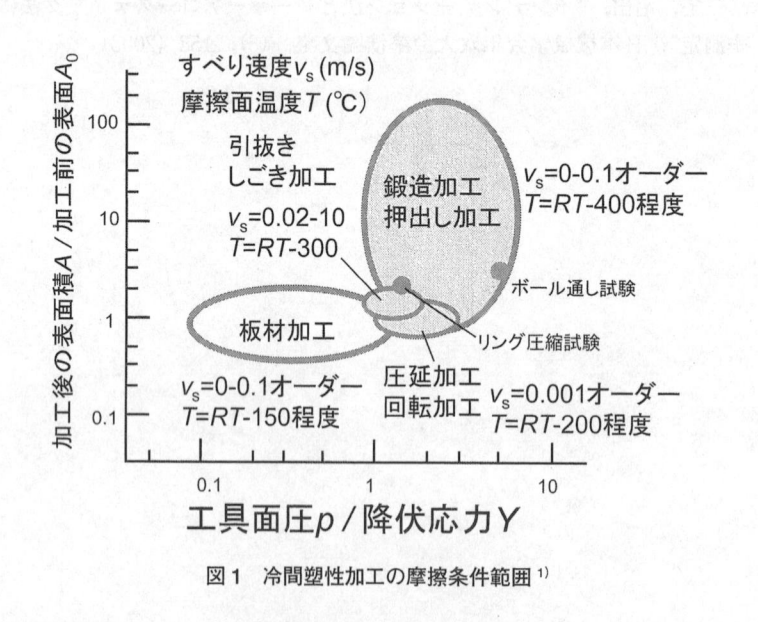

図1　冷間塑性加工の摩擦条件範囲[1]

＊　Kazuhiko Kitamura　名古屋工業大学　つくり領域　准教授

第4章　次世代応用のためのDLC基盤技術

料は，いずれも厳しい接触条件になる。

　一方，縦軸には表面積拡大比をとった。この指標は，形が大きく変化する塑性加工の特徴である。表面積拡大は，工具との相対すべりを起こし，工具と材料との間に捕捉された潤滑剤を薄く引き延ばし，いずれも温度上昇や膜厚減少という不利な状況を生み出す。板材加工ではそれほど表面積拡大は大きくない。引抜きやしごき加工は多段で少しずつ加工されるので，型ごとにみるとあまり大きな加工度ではなく，表面積拡大も大きくない。それらに比べて鍛造や押出しの表面積拡大比は桁違いに大きい。

8.2　最近のDLCの適用例

　塑性加工工具は全体としても大きな力を受けて破壊しないように設計されるので，最終的な工具寿命は摩耗で終わるのが理想である。工具寿命が延びれば，製品一つ当たりのコストが下がるだけでなく，型を交換するという労力のロスを減らすことができ，安定した操業という点でもメリットが大きい。さらに最近では環境に優しい生産活動への取り組みが広まり，塑性加工学会誌でも特集[2]が組まれている。潤滑剤の使用量の削減や潤滑剤をなくした加工は，切削加工ではすでに先行しており，続いて塑性加工分野でも徐々に環境を意識した生産に切り替える動きが活発である。

　数回で破壊しない場合でも，加工数が増えると潤滑的にもだんだん状況が厳しくなり，工具へ材料が凝着し始めて摩擦も増加してくる。また，凝着はないにしても工具材と材料との直接的な接触で摩擦が大きくなるなど，条件は厳しくなってくる。そこで工具表面処理では厳しい条件ほど，①剥離などの表面破壊（母材との密着性），②材料との焼付き防止性，③低い摩擦抵抗（特に潤滑膜が薄いかほとんど無潤滑の場合における）などが重要になってくる。DLCがはじめに注目されたのは，焼付き防止や低摩擦という点であったが，他の表面処理に比べて密着性は劣っていた。しかし，今では，中間層や機械的な下地処理などの工夫によって適用範囲も増えてきた。今後もさらに塑性加工用の工具への適用が進むものと予想される。

　DLCが実用的にも成果を上げているのは，軟質材のせん断も含めた板材加工の分野である[3]。図1で見たように，板材加工は比較的おとなしい摩擦条件であり，環境負荷低減にもいち早く対応できている。深絞り試験など実用を模擬した試験法は最も有益な情報が得られる。また，ピンオンディスクなどの摩擦試験（一般的な機械要素など摩擦状態を再現できる基礎的試験方法）もDLCをはじめ，いろいろな表面処理の適用に向けた評価にとって大いに役立っている。さらに繰り返しの板成形を模した試験方法も開発され，DLCの有効性[4]が確かめられている。

　剥離は工具表面処理にとって致命的な問題になる。垂直の局部的な圧力だけでなく，潤滑が乏しいなど厳しい接触条件によって摩擦が大きくなると，さらに剥離の危険が高くなる。できれば，

217

そのような過酷な状況にも耐えられるものを適用したい。一般的な密着性評価試験はスクラッチ試験である。DLCについても他の表面処理と比較して，評価されている[5]。また，ロックウェル硬さ試験の圧子を表面に押し込んで，損傷の様子から密着性の優劣を判断する方法も簡便で，事前評価としては有効である[5]。

8.3 鍛造加工へのDLC工具適用の可能性評価

剥離しにくいことが確かめられ，板材加工からさらに厳しい鍛造や押出し加工への適用も検討され始めた。鍛造用の摩擦試験の一例として，リング圧縮試験の結果[6]を紹介する。この試験は鍛造加工向けの摩擦評価として最も有名な方法で，摩擦が小さい場合にはリングの内径が大きくなる。荷重などを測定しなくてもよく，平行な型さえあればどこの工場でもできる点で便利な方法である。図2にリング圧縮後の試験片を示す。油の量を減らすとリングの内径が小さくなり，いずれの表面処理でも摩擦が高いといえる。表面処理同士で比較すると，DLC-SiがVCやTiNよりも内径が大きい，つまり摩擦が低いといえる。ここでDLC-Siというのは，DLCの一種で特にSiを含んだ膜のことである。工具母材はSKH51（焼入れ・焼戻し）で表面処理前に

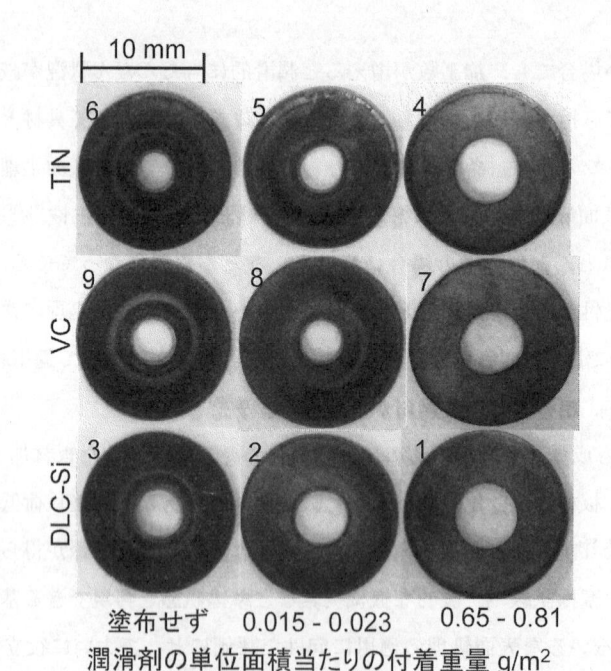

図2 リング圧縮後の試験片
（粘度100mm^2/sの無添加鉱油の塗布量を変えて試験，初期リング高さ，
内径：外径＝1：2：4，軟鋼，油圧プレス3mm/sで50％圧縮。）

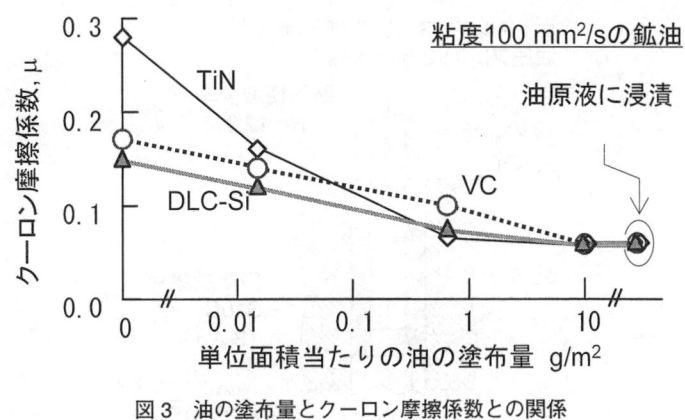

第 4 章　次世代応用のための DLC 基盤技術

図 3　油の塗布量とクーロン摩擦係数との関係
（表面処理は TiN, VC, DLC-Si）

一旦 0.2 μmRz 以下に鏡面仕上げしてから，表面処理した。表面処理後，最終的に粒径 1 μm のダイヤモンド砥粒でラップ仕上げし，0.2 μmRz 以下とした。油の塗布の仕方は，ベンゼンなどの有機溶剤に少量の油を溶かし，その希釈液に試験片を浸けてから引き上げて，静かに 15 分～数時間ほど放置した。比較として，型とリング試験片を数種類の有機溶剤で洗浄した場合（塗布せず）も行った。今回は油膜が薄い条件の試験なので，試験片の粗さも 0.2 μmRz 以下に小さくなるよう磨いた。図 3 に油の塗布量とクーロン摩擦係数の関係を示す。油が十分にある場合には 0.06 という小さい摩擦であるが，1 g/m^2（だいたい 1 μm くらい）以下になると，VC で少し摩擦が高い。これは VC 独特の粗さのうねりのためと考えられる。さらに油膜厚さが薄くなり，材料と型の初期粗さからみても，相当に薄い油膜になってくると，次第に表面処理間の性能差が現れてくる。DLC は $\mu = 0.15$ を示し，TiN や VC より摩擦抵抗が低いといえる。このようにドライでも焼付きにくく，摩擦が低い場合に，無潤滑に近い試験をする際には，型やリングを徹底的に洗浄することが重要である（どんなに洗浄しても無潤滑とは認めない厳しい世界もある）。ほんの少しの油分でも，この程度の軽い加工では効き目が大きい。また型もリングの粗さも試験結果に影響するので，注意が必要である。

8.4　ボール通し試験

ボール通し試験はもともと鍛造用の潤滑油の開発に考案された方法[7]である。その後固体潤滑剤の開発や表面処理工具の摩擦特性などを調べるためにいろいろな所で使用されている。図 4 にボール通し試験の原理図を示す。ボールは SKH51 で，各種表面処理を施した。パンチ先端には少し球状にくぼみを入れると割れにくい。主にナックルプレス（平均 370 mm/s）で試験した。この試験ではたかだか 10％前後の断面積減少率しか与えられないが，図 1 でいえば，p/Y = 5,

ナックルプレス：370 / 5 mm・s^{-1}
油圧プレス：2-5 mm・s^{-1}

断面積減少率：R= 12 %

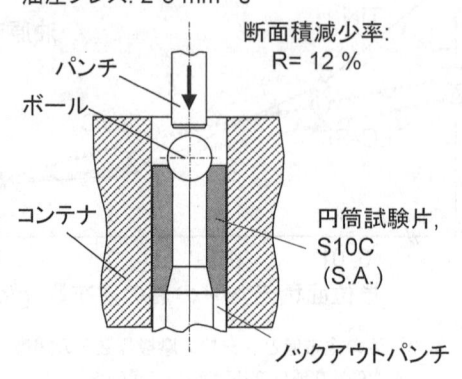

パンチ
ボール
コンテナ
円筒試験片，S10C (S.A.)
ノックアウトパンチ

図4　ボール通し試験の原理図

ナックルプレス，R=12 %

表面処理　潤滑油
DLC-Si：OLAP+PA / OLAP / VG100
TiN：OLAP+PA / OLAP / VG100
VC：OLAP+PA / OLAP / VG100

エタノールで脱脂

最大ボール押し込み荷重 /kN

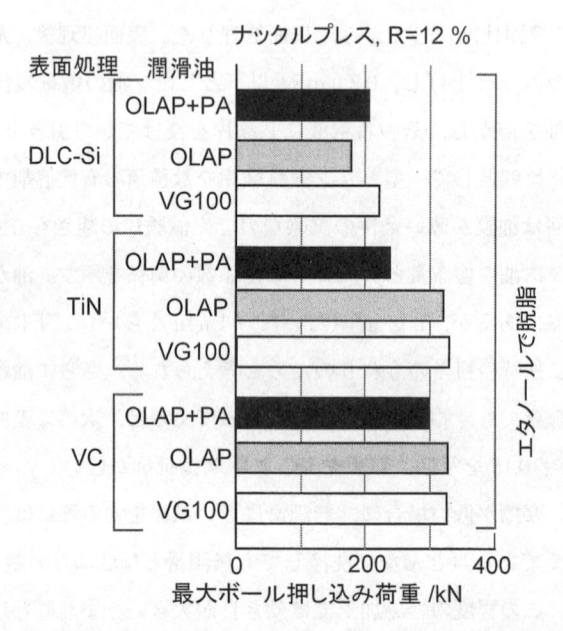

図5　TiN，VC，DLC-Siにおける最大ボール通し荷重の比較
（OLAP + PA：極圧添加剤配合高性能油，OLAP：化学吸着特性優，VG100：無添加パラフィン鉱油）

$A/A_0 = 3$ であり，見かけより摩擦条件としては厳しい．工具と材料との間の摩擦はボール押し込み荷重に反映される．図5に試験結果の一例[8]を示す．VCでは粗さのうねりが大きく，あまりいい結果ではない．TiNでは極圧剤配合油で荷重が低減している．DLCはどの油でも荷重が低い．図6にDLC-Siについて，エタノール脱脂ではなく，強力なアルカリ脱脂で洗浄した場合の試験結果[9]を示す．VG100では激しい傷を生じ，荷重も300 kNを超えた．強い化学吸着性の

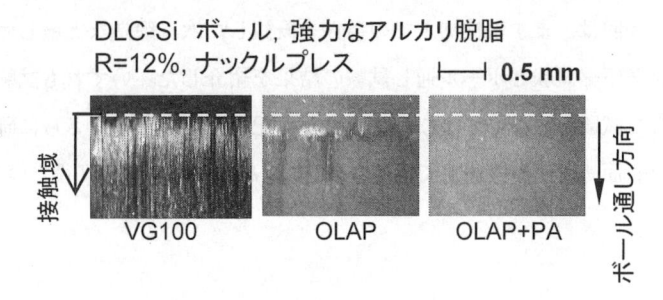

第4章　次世代応用のためのDLC基盤技術

図6　ボール通し試験後のDLC-Siボール表面
（アルカリ脱脂後に試験，エタノール脱脂とは違って，荷重もVG100で300KN以上，他の油では170〜180kNの低荷重を示した。）

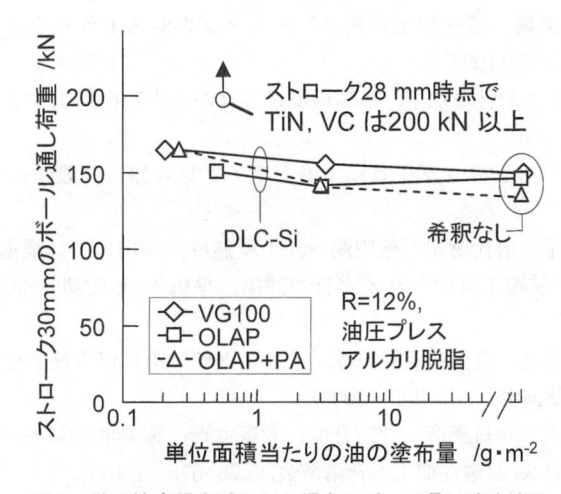

図7　油の塗布量を減らした場合のボール通し試験結果

油（OLAP）や極圧性の高い油（OLAP + PA）では擦過傷もほとんどなく，荷重も200 kN以下で低かった。リング圧縮と同様にDLCの試験では試験前の付着油分なども少量でも利くことが考えられ，注意しなくてはならない。図7に塗布量を減らした場合のDLC-Siの性能を示す。0.2 g/m^{2}の塗布量でもDLC-Siでは荷重の増加が抑えられている。一方，VCとTiNでは0.5 g/m^{2}で荷重の急増が認められた。激しい凝着ではないが，ボール表面に擦過痕が付いた。アセトンでボールを脱脂後に油を塗らなかった場合[8]には，DLC-Siでも荷重は急増することもすでに確認している。

8.5　まとめ

　DLCと一口に言っても含まれる成分や処理方法などバラエティに富んでいる。応用先の条件をよく知った上で効果的な因子は何かを見極めていく必要がある。そのためにも適切な評価方法

が不可欠になる．今回は，まず塑性加工での条件を概観し，次に鍛造など厳しい摩擦条件への適用を視野に，リング圧縮試験とボール通し試験の結果を紹介した．いずれも試験対象の特性を理解した上で注意して試験をしなくてはならないことも記述した．今後，さらに研究が進み，DLCやもっと高性能な表面処理が塑性加工で活用され，工具寿命や環境などに役立つことを期待する．

文　　献

1) 日本塑性加工学会編，塑性加工技術シリーズ3プロセストライボロジー―塑性加工の潤滑―，コロナ社，65（1993）
2) 日本塑性加工学会，塑性と加工，地球環境とこれからの塑性加工トライボロジー技術 特集号，46（528）（2005）
3) 村川正夫，DLCコーティング工具によるドライプレス加工，塑性と加工，46（528），48-51（2005）
4) 中村保，葭野民雄，田代庸司，柴田潤一，土屋能成，青山健一，繰返し板材成形向け摩擦試験によるDLC被覆工具のトライボ特性評価，平成17年度塑性加工春季講演会，57-58（2005）
5) 土屋能成，窪田寛之，堂田邦明，円錐圧子のスクラッチに伴う硬質皮膜の損傷挙動，第56回塑性加工連合講演会，301-302（2005）
6) 森政樹，桂川雅人，北村憲彦，堂田邦明，牧野武彦，微量潤滑における表面処理工具のリング圧縮試験，第58回塑性加工連合講演会，575-576（2007）
7) 北村憲彦，大森俊英，団野敦，川村益彦，ボール通し試験法による冷間鍛造用潤滑剤の性能評価，塑性と加工，34（393），1178-1183（1993）
8) 山本隆弘，土屋能成，遠山栄一，北村憲彦，ボール通し試験によるDLC-Si硬質皮膜のトライボ特性評価，平成17年度塑性加工春季講演会，53-54（2005）
9) T. Yamamoto, K. Kitamura, Y. Tsuchiya, Evaluation of Tribo-performance of Diamond-like Carbon Coating by Ball Penetration Test. No.06-205, M&P JSME, ASMP 2006, 27-28 (2006)

9 マイクロ成形加工用金型へのコーティングとその特性評価

楊 明*

9.1 はじめに

最近，成形用金型分野において，金型のDLCコーティングによる潤滑性や離型性の向上効果が期待されている。特に，マイクロ成形加工分野においては，表面性状がマクロな場合よりも支配的であること，潤滑油なしのドライ成形の要求などから，マイクロ金型表面への硬質膜コーティングが有効であるとされており，中でも自己潤滑性と高い耐摩耗性，低摩擦係数，平坦性と優れた特性を持つDLCコーティングの実用化が望まれている。しかし，マイクロ成形加工では，金型表面への高い応力負荷やトライボロジー特性が金型表面性状に大きく依存するなどから，従来のトライボロジー試験法では不十分であることが報告されている[1,2]。DLC膜のマイクロな特性評価法についていくつか提案されているが，まだ研究段階であり，未確立であるのが現状である。本節では，その試みの一つとして，マイクロ領域におけるDLCコーティング膜の金型基台との密着性やトライボロジー特性を評価する方法，また，マイクロ金型に適用するDLC膜の開発について紹介する。

9.2 マイクロ金型へのコーティング

マイクロ金型に多く使用される微細結晶粒超硬合金上にDLC膜をイオン化蒸着法により作製した。原理は，原料ガス（C_6H_6）をイオン源によってイオン化または熱分解し，炭素イオンおよび炭化水素イオンを，負のバイアス電圧を印加した基板に引き寄せ堆積させていくものである。マイクロ金型への適性を評価するために，成膜条件（バイアス電圧）を変化させて，複数種類の膜を形成した。表1には成膜条件を示す。金型基台材料は，超微細粒子（WC粒径0.5～0.8μm）のWC-Co系超硬合金（EM10：タンガロイ社製）を用いた。DLC膜の硬さとヤング率をナノインデンテーション試験法によりBerkovich圧子を用いて，押込み荷重1000μNで測定した。また，X線電子分光（XPS）により各バイアス電圧で成膜したDLC膜内の組成分析を行った。DLC膜はgraphiteの持つsp^2構造とdiamondの持つsp^3構造の両方を持つ非晶質材料であるために得られるスペクトルには二つの成分が混合したスペクトルが得られる。そのため，波形分離をXPSでgraphite（99.9%）のsp^2構造のスペクトル（BE:284.062eV）を参照して行った。また，測定位置は最表面層からイオンエッチングで数nmの深さである。

図1に各バイアス電圧の硬さとヤング率およびスペクトルからsp^2結合とsp^3結合割合の比を示す。−1.0kVで成膜したDLCは，ヤング率が最大であった。先行研究において，イオン化蒸

---

* Ming Yang 首都大学東京 システムデザイン研究科 教授

DLC の応用技術

表1　成膜条件

Substrate pre cleaning	Ar⁺ bombard ion energy (0.5 ～ 2.5kV) 3min
Gas species	C_6H_6
Gas Flow rate	1.52 ccm
Gas Pressure	3.8×10^{-1} Pa
Substrate Bias Voltage	0 ～ -3.0kV
Filament Current	30A
Anode Voltage	30 ± 5V
Temperature	200℃
Substrate rotary speed	0.8rpm

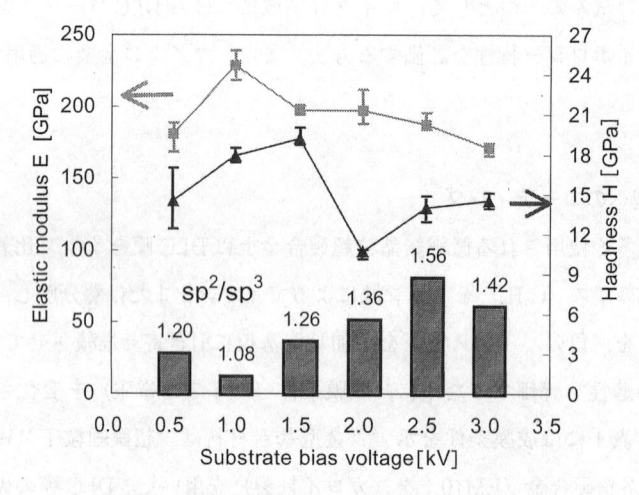

図1　各バイアス電圧における物性，組成比

着法では，バイアス電圧が-1.0kV 付近において硬さ，内部応力が最大になることがわかっている。1.0kV の時 sp^3 構造の割合が最大であり，硬さと弾性係数の傾向と一致した。その他の条件では，sp^3 構造の割合の減少につれて，ヤング率，硬さともに減少するが，-3.0kV では，sp^3 結合比の増加とともに，硬さが増加した。これは，高いバイアス電圧の場合，強いエネルギーを持った炭素イオンが衝突することで，表面層の再結合により sp^3 構造が構成され，硬度の回復につながったと考えられる。

第 4 章　次世代応用のための DLC 基盤技術

表 2　密着性評価結果

DLC（Bias Voltage）	Indent Load		
	300mN	500mN	800mN
DLC（−1.0kV）	○	○	○
DLC（−1.5kV）	○	○	××
DLC（−2.0kV）	○	×	××
DLC（−2.5kV）	×××	×××	×××
DLC（−3.0kV）	○	○	○

9.3　静押込み荷重試験によるマイクロ領域での密着性評価

　ダイヤモンド圧子を用いた静押込み荷重試験により，DLC 膜に集中荷重を与え，大変形させることによって，DLC 膜と基台材料と密着強度，あるいは，DLC 膜の剥離や割れなどの破断形態を評価することができる。ここでは，静押込み荷重試験を用いて，超硬基台材料と各バイアス電圧で成膜した DLC 膜との剥離，割れの挙動を観察し，その基材との密着性および追従性を評価した。静押込み荷重試験はナノインデンター（ENT-1100a，ELIONIX 製）を用い，Berkovich 圧子（ピラミッド型）により，押込み荷重を 300,500,800mN に設定し，各荷重を負荷-保持-除荷（10sec-1sec-10sec）の 1 サイクルで負荷した。押込み後の圧痕を走査電子顕微鏡（SEM）により観察し，荷重ごとに圧痕の損傷を次のように評価した。○は剥離・クラックなし，△クラックのみ，×は DLC 膜の剥離ありで，その数が増えるほどその剥離面積（度合い）が増加することを示す。また，圧痕の断面を収束イオンビームによって作成し，基台材料との境界の状態やクラックの詳細観察を行った。表 2 に各荷重の評価結果を示す。DLC（−1.0kV）と DLC（−3.0kV）では剥離は発生しなかった。一方，−1.5〜−2.5kV では，低荷重でも DLC 膜の剥離が起きた。図 2 の圧痕断面の SEM 像から，DLC（−1.0kV）と DLC（−3.0kV）は，基台材料と界面においてよい密着性を示していることがわかった。結果より，sp^2 構造を多く含む DLC 膜は剥離しやすく，また低硬度，低い弾性係数であることからクラックが入りやすい傾向があることが考えられる。バイアス電圧による膜構造への影響として，低バイアス電圧−1.0kV 付近では sp^3 構造が構成されやすく，硬さと内部応力のピーク値を持つことがわかっている。一方で，高バイアス電圧−3.0kV の場合，強いエネルギーを持った炭素イオンが衝突することで，下地基板との密着性が物理的に向上した効果と，表面層の再結合により sp^3 構造が構成され，硬度の回復と内部応力の緩和が起こり，割れ，剥離がなかったと考えられる。その結果，低バイアス電圧 DLC は，集中荷重に対して高硬度と弾性係数により優れた変形抵抗を示し，高バイアス電圧 DLC は，成膜中のプロセスによる効果から基台材料の変形によい追従性を示したと考えられる。

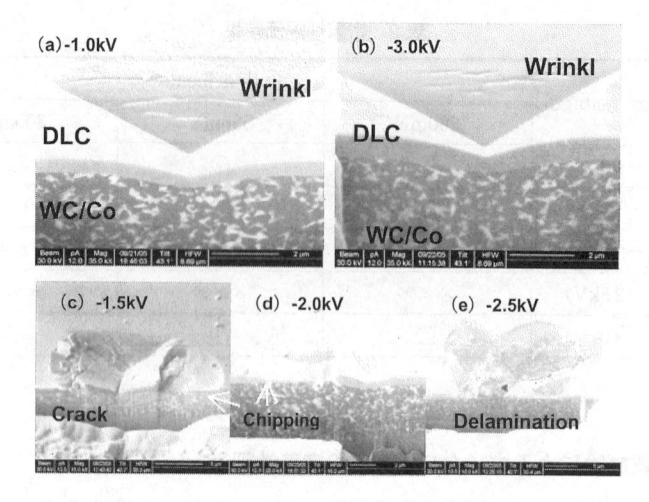

図2　各基板バイアスで成膜したDLC膜上の圧痕断面SEM観察像

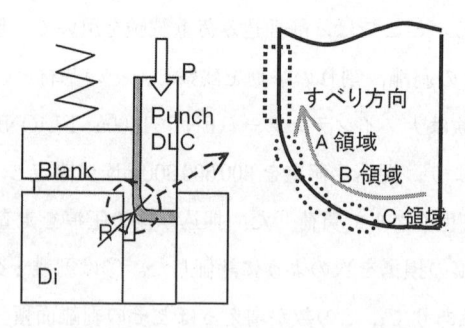

図3　曲げ加工概要図と観察位置

9.4　マイクロトライボロジー特性評価

　実際の成形加工では，金型が被加工材と接触し，表面付近に大きな応力が発生し，その応力は動的に変化する。従って，実際の成形加工に近い応力状態におけるトライボロジー特性評価が大変重要である。ここでは，プレス曲げ加工を利用したトライボロジー特性評価法を紹介する。図3に評価装置構成の概要を示す。曲げパンチ表面にDLC膜をコーティングし，曲げ時におけるパンチ肩部と素材との摩擦摩耗特性を評価することができる。パンチ肩半径の寸法をマイクロ化することにより，DLC膜への応力集中による影響を検証することができる。また，素材を順送することにより，繰り返し試験を高速に行うことができ，衝撃だけでなく耐久性試験，耐摩耗試験として動的な評価を行うことができる。以下では，曲げパンチに対しDLC成膜を施し，精密サーボプレス機を用いてトライボロジー評価試験について紹介する。

　Blank材には，SUS304CSP1/2Hを使用し，試験条件を表3に示す。曲げパンチの肩部曲率半

第4章　次世代応用のためのDLC基盤技術

表3　曲げ加工条件

Bending condition	
Stroke length	15mm
Revolution	300spm
Blank Materials	SUS304 CSP-1/2H
Blank Materials thickness	200μm
Bending Clearance	20（±1）μm
Process Condition	Non lubricant

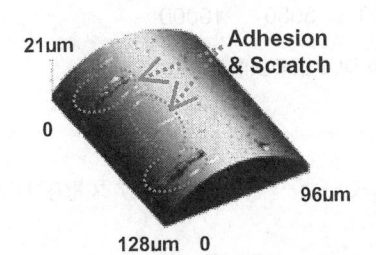

損傷度指標
Damage point of DLC
1・・・single crack
2・・・a part of delamination,
2・・・adhesion on substrate
3・・・scratch
4・・large area of delamination
5・・・adhesion on DLC

図4　5000ショット後のDLC表面
（金型肩半径R100, 成膜バイアス電圧-3.0kV）

径を600μm，100μm，30μmの3種類で作成した。鏡面研磨した後，DLC膜をコーティングした。DLC膜の成膜条件は，密着性の良好であった高バイアス電圧-3.0kVと低バイアス電圧-1.0kVとした。それぞれの膜厚は約880nm，813nmであった。曲げ変形時，各種肩部曲率半径に対するDLC膜にかかる応力を有限要素法解析（LS-DYNA ver.970）によって試算した結果，最大垂直応力では，パンチ肩半径R600μmと比べてR100μmの場合は2.3倍，R30μmの場合は3.4倍となり，最大せん断応力に関しても同様に，1.9～3.6倍増加することがわかった。また，最大垂直応力は静押込み荷重試験と同程度な応力であった。

　一定ショット数ごとにパンチ肩部表面を共焦点レーザ顕微鏡（Ols-3100, Olympus製）により観察し，その損傷度を評価した。ショット後のDLC膜の表面損傷状態例と観察された損傷度指標を図4に示す。各パンチのショット後の損傷度を加算した結果を図5に示す。R30μmのDLC膜では初期段階で全面に凝着が発生してしまい，また，相手材へのせん断加工が伴っていたため評価は複雑であり困難と判断し100ショットまでとした。成膜条件による膜のトライボロジー特性をR600μmで比較すると，どちらの成膜条件でも1000ショットまでは損傷はなかったが，5000ショット後の損傷度は高バイアス電圧DLCの方が大きかった。また，R100μmの場合でも5000ショット後の高バイアス電圧DLCの表面にはDLC膜へのSUS材の凝着とスク

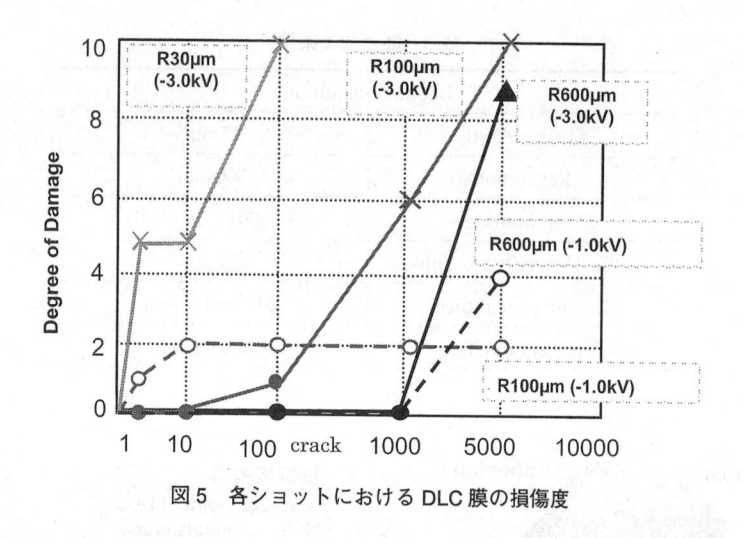

図5 各ショットにおけるDLC膜の損傷度

ラッチ痕およびスクラッチ痕にそった凝着が発生していた。一方，低バイアス電圧DLCの表面には凝着はなかった。

このことから低バイアス電圧DLCはsp³結合の割合が多く，高硬度，高弾性係数であることから耐摩耗性に優れており，マイクロ化により応力を増加させた場合でも耐凝着性，耐スクラッチ性に有効であることがわかった。一方，高バイアス電圧DLCは，低バイアス電圧DLCより硬度と弾性係数が低く，sp²結合が多いため，摩耗や凝着されやすく表面層には適していないと考えられる。しかし，基台材料と接着強度が高く，大きな変形にも追従することから，耐スクラッチ性には大変優れている。

9.5 マイクロ金型に適した多層構造DLC膜

上述の評価結果から，マイクロ金型に適したDLC膜として，マイクロ金型に対する表面層には高硬度なDLC膜が望ましく，基台との中間層には，内部応力が低く，基台との接着強度が高いDLC膜がよいと考えられる。

ここで，表面層には低バイアス電圧（−1.0kV）で成膜し，耐摩耗性・耐凝着性の特性を持たせ，下地基板側には内部応力の緩和効果と下地との物理的密着性のある低バイアス電圧（−3.0kV）で成膜することにより，2層構造のDLC膜を適用した。膜厚がそれぞれ1:1になるようにした。成膜後，同様に実機試験機によりその耐久性を検証した。図6にはR600μmとR100μmの多層膜に対して，約5000ショット評価試験後の表面状態を示した。いずれも表面にはクラックおよび凝着は観察されなかった。よって，この多層膜構造が耐凝着性，密着性，耐摩耗性において単層膜よりも優れており，多層構造に内部応力の緩和の効果があったことがわかった。その後，

第 4 章　次世代応用のための DLC 基盤技術

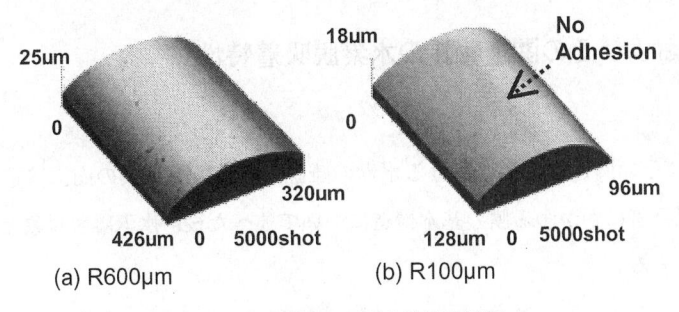

図 6　多層膜構造の耐久性試験結果

R100μm には 15000 ショットまで摩擦，微小な凝着と 100μm^2 程度のクラックが 2, 3 個発生し，R600 においては約 50000 ショット後でもよい耐摩耗性と耐凝着性を示し，数十〜百 nm 程度スクラッチ痕があるものの，その周囲に DLC 膜の剥離やクラックは発生していなかったことから，耐摩耗性，耐久性，密着性の向上を示すことができた。

9.6　まとめ

　マイクロ領域における DLC 膜の金型基台との密着性やトライボロジー特性を評価する方法，また，マイクロ金型に適用する DLC 膜の開発について紹介した。高い応力下における膜構造における微小領域での密着性とマイクロトライボロジー特性への影響を評価する試験法の有効性が評価され，マイクロ成形加工用金型に適した DLC 膜を開発し，実機試験により検証することができた。その評価結果を踏まえて，DLC 膜の多層膜構造を提案し，マイクロ金型に必要な耐久性と耐凝着性，また密着性を向上させることが確認できた。

文　　献

1) S. Kataoka, *JSTP,* **46**（532）, 408-412（2005）
2) K. Takaishi *JSTP,* **45**（518）, 37-41（2004）

10 DLCおよびその関連物質の水素脱吸着特性

斎藤秀俊*

　DLC膜およびその関連物質中における水素の離脱，吸着特性は膜の内部構造に大きく依存する。まず水素脱吸着にかかわる膜の基本構造について述べた後，水素離脱現象と吸着現象についてそれぞれ解説する。

10.1 DLC膜のクラスターモデル

　DLC膜の構造は，sp^2およびsp^3炭素が二次元的な構造や三次元的な構造を有し，それらが複雑に絡まってできていると考えられている。sp^2およびsp^3炭素が原子1個のレベルで完全混合しているというよりは，nmオーダーの大きさの連続性をもつ炭素クラスターが絡み合っていると考えられている。そのような炭素クラスターの1個の周囲は未結合終端であったり，水素終端であったりする。明確な終端が存在することにより，炭素クラスター間にはある程度の粒界らしき領域が存在することになる。DLC膜と水素の関係でこのクラスター間の隙間構造がたいへん重要な役割を示す。

　DLC膜中の炭素クラスターの大きさは水素含有の有無でおおよそ決定される。例えばWadaら[1]やRobertsonら[2]は水素を含まないDLC膜のsp^2炭素クラスターサイズが1.5～2nm程度であるのに対して，水素化DLC膜のsp^2炭素クラスターサイズはそれよりも小さくて，1～1.5nm程度になることを実験的に明らかにしている。Tamorらはパーコレーション理論を利用してクラスターサイズをおおよそ見積っているが，その結果でも同様な大きさになると結論している[3]。論文の中では，sp^2結合した六員環を91個集合した大きさ約3nmのクラスターを仮定して，DLC膜が実験的に含有することがわかっている20at%水素組成で構造を再設計すると，クラスターサイズが1nm程度まで小さくなる。現象としては，3nmのクラスターの有する内部や外部の未結合終端に水素が結合をして，元のクラスター内部にも水素で囲まれた小さなクラスターが発生するようなイメージである。

　DLC関連物質であるアモルファス窒化炭素（a-CN_x:H($0<x≦1$)）膜の構造モデルもDLC膜と同様に0.2～2nm程度の大きさをもつsp^2とsp^3炭素のクラスターの集合からなっている[4]。ここで，水素含有DLC膜と異なるのは窒素の存在で，構造中における窒素置換位置は，sp^2およびsp^3炭素ネットワーク中の炭素位置，そして炭素ネットワークの終端位置（-C≡N，=C=N-Hなど）である。水素の終端位置は水素含有DLC膜と同様にメチレン基，メチル基であるば

＊　Hidetoshi Saitoh　長岡技術科学大学　物質・材料系　教授

かりでなく，窒素と絡んで第2級アミノ基にある。つまりこのような官能基として水素はクラスターの終端に参加している。

10.2 DLC膜からの水素離脱

DLCおよびDLC関連膜から水素を離脱させる試みがいくつか行われている。DLC中における水素と炭素クラスターの関係は，これまでポストアニールによる水素離脱法を用いて主に研究されてきた。水素が20at%程度含有されているDLC膜をポストアニールすると，炭素クラスターの構成成分（sp^2あるいはsp^3），大きさおよびクラスター間の粒界の比率はアニール温度によって顕著に変化する。例えば水素含有DLC膜を400℃以上で4時間アニールすると終端水素結合が除去されて黒鉛化することが報告されている[5]。またKumarらも水素含有DLC膜を500℃以上で30分アニールすると同様な過程を経て炭素クラスターの大きさが増加すると指摘している[6]。Tsaiらは詳細なラマンスペクトル解析からクラスターの大きさが小さくなるにつれて，クラスター間の界面の存在密度が増加すると結論している[7]。

一方，加熱をできるだけおさえて水素を膜からはじき出すことによって，黒鉛化をおさえながらクラスター間隙構造を変えることができる。こうすることによって隙間構造に存在した水素を外部にはじき出すこと（弾性反跳）により水素がより少ない（未結合終端の少ない）隙間を形成することができる。

水素を弾性反跳により離脱させるには膜に対してHe^{2+}イオン照射を行う。長岡技術科学大学のグループでは，タンデム型加速器を用いて3.75MeV-He^{2+}イオン照射をDLCおよび関連物質膜に対して行っている。その結果，炭素クラスターの黒鉛化をおさえつつHe^{2+}イオンの弾性および非弾性衝突によって水素離脱することに成功している[8]。図1はアモルファス窒化炭素（a-CN_x）膜と水素を比較的多く含有するa-CN_x:H膜にそれぞれHe^{2+}イオン照射を行い，膜内部の水素組成を同時に測定した結果である。a-CN_x膜は硬質で，合成系に水素が含まれないために，膜中にも水素組成が少なく，7at%程度であった。水素終端構造は赤外吸収スペクトル上でもほとんど確認できない。また水素組成はHe^{2+}イオン照射によってほとんど変化することがなかった。一方，a-CN_x:H膜は軟質で水素組成が多い。メチル基やメチレン基の終端で結合している様子が，赤外吸収スペクトル上で確認された。水素組成はHe^{2+}イオン照射によって大幅に減少した。

He^{2+}イオン照射によって大幅に減少したのは，メチル基やメチレン基を構成する終端水素であった。そしてメチル基やメチレン基の赤外吸収がほぼなくなっても図1に示すように水素量は30at%程度観測された。a-CN_x膜の7at%の水素とa-CN_x:H膜の30at%の水素が終端に寄与しない水素であり，これらが窒化炭素クラスター間の界面などに存在する吸蔵水素である。

図1　a-CN$_x$膜とa-CN$_x$:H膜に照射したHe^{2+}イオン量に対する膜内部の水素組成

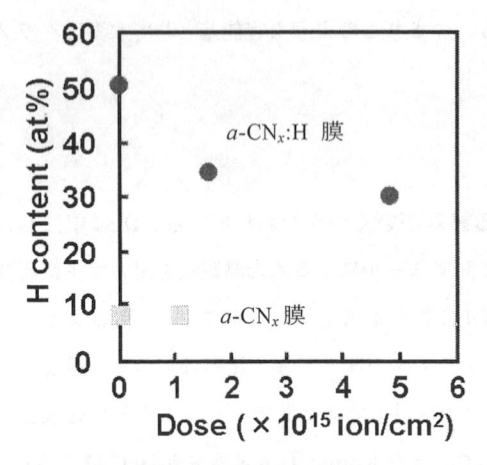

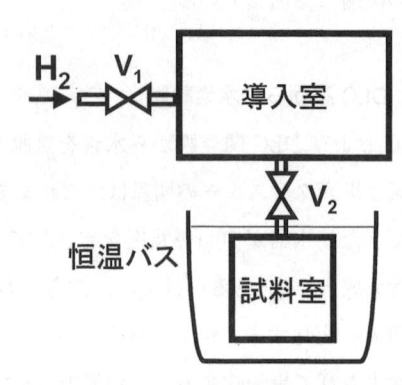

図2　吸蔵水素測定装置の概略図

なお，水素離脱によりクラスターが三次元的に成長するため，硬度，ヤング率は増加し，原子レベルでの物質の流動性を示すm値は減少（流動しづらくなることを示す）する[8]。このことからも水素含有の量によって炭素クラスターの大きさが制限されることがわかる。

10.3　DLC膜の吸蔵水素

10.3.1　吸蔵水素測定法

炭素材料の吸蔵水素量の測定は，JIS H 7201 "水素吸蔵合金のPCT特性の測定方法"に準ずる容量法がよく選択される。図2に吸蔵水素測定装置の概略図を示す。標準的な測定手順を示す。まず試料室に0.5～1.0g程度の試料を充填する。薄膜試料の場合には，10個以上の膜試料を準備して，その膜を基板から削り落として試料室につめなければならないときもある。前処理として300℃で3時間脱気した後，試料室ごと恒温バスに入れて，30℃に保持する。このときのサンプルの吸蔵水素量を0wt%とする。弁V_2を閉じて弁V_1で導入室の圧力を調整し，導入室と試料室を異なる圧力にする。その後，弁V_2を空けて圧力変化を観測し，吸蔵水素量を測定する。導入室および試料室の平衡圧力は0MPaから12MPaまでの範囲に変化させるのが一般的だが，最近は㈱レスカの装置で35MPaまでの測定も可能になっている。

10.3.2　DLCおよび関連物質の水素吸蔵特性

図3にCH$_4$を原料にしてマイクロ波CVD法によって合成されたa-C:Hの水素圧力に対しての吸蔵水素量を示す。a-C:HはSi基板上に合成され，数十試料の薄膜を基板からはぎ落とすことによって0.5g程度得て，それを測定に供した。吸蔵水素量は資料室内の水素圧力の増加と共に線形的に増加したが増加量は小さく，12MPaで吸蔵量は最大0.08wt%にとどまった。その後圧

第4章　次世代応用のための DLC 基盤技術

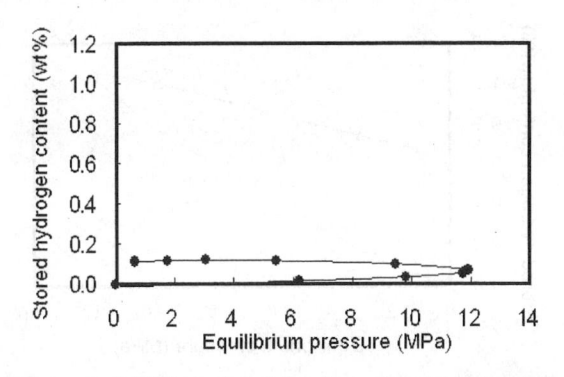

図3　CH₄ を原料にして合成された a-C:H の水素吸蔵特性

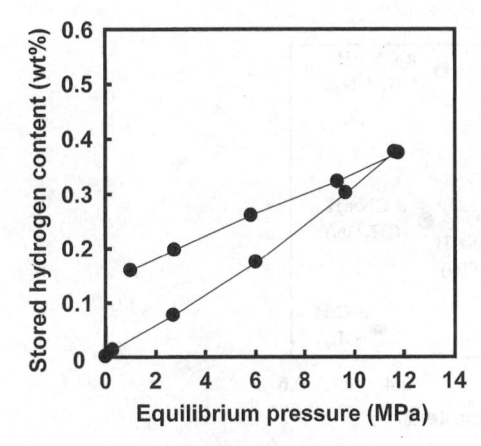

図4　BrCN＋Ar を原料にして合成された a-CN$_x$:H の水素吸蔵特性

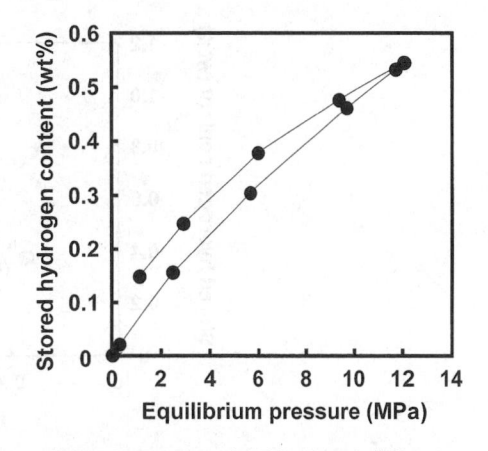

図5　CH₃CN＋Ar を原料にして合成された a-CN$_x$:H の水素吸蔵特性

力が低下すると共にいったん吸蔵量があがるが，これは絶対値が小さいので装置の測定誤差が現れたことによる。1.0MPa でも 0.1wt％残留しているように見られるが，実際には測定誤差を含んでいて 0.05wt％程度がこの試料の水素吸蔵量だと思われる。合成中に取り込まれるであろう at％単位の水素は wt％換算で数値が一桁下がることに気をつけなければならない。0.05wt％の水素は炭素膜中ではおおよそ 0.5at％に換算される。

同様に，図4ならびに図5に BrCN＋Ar を原料にして Ar 解離励起反応を応用したマイクロ波CVD 法によって合成された a-CN$_x$:H と同様なプロセスを用いて CH₃CN＋Ar を原料にしたマイクロ波CVD 法によって合成された a-CN$_x$:H の水素圧力に対しての吸蔵水素量を示す。前者は，もともとの水素含有量は少ない。なぜなら合成における水素源が反応室や原料にわずかに含まれる水に頼るからである。この試料では 12MPa で最大 0.38wt％まで吸蔵した。これは a-C:H で得られた数値より高い値である。その後圧力が低下すると共に吸蔵水素量は減少し，1.0MPa

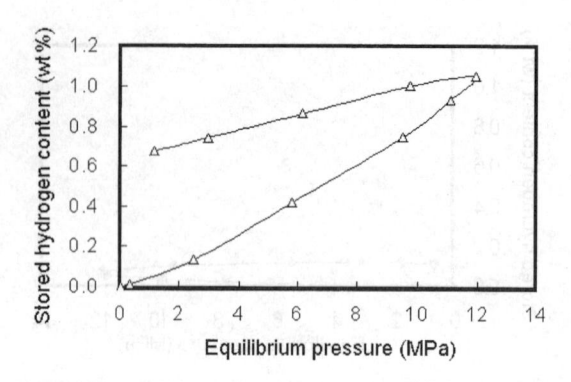

図6　CH_4+N_2を原料にして合成されたa-CN_x:Hの水素吸蔵特性

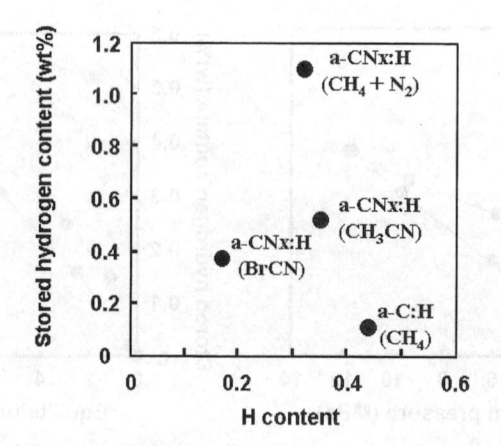

図7　試料の水素組成と高圧下水素吸蔵プロファイルにより得られた吸蔵水素量の比較

では0.16wt%まで減少した。一方後者では12MPaで最大0.54wt%まで吸蔵した。その後圧力が低下すると共に吸蔵水素量は減少し，1.0MPaでは0.15wt%まで減少した。

　この実験系でもっとも大きな水素吸蔵量を示したのがCH_4+N_2を原料にしてマイクロ波CVD法によって合成されたa-CN_x:Hである。水素圧力に対する吸蔵水素量を図6に示す。吸蔵水素量はこれまでと同様，水素圧力の増加と共に線形的に増加し，12MPaで最大1.1wt%まで吸蔵した。その後圧力が低下すると共に吸蔵水素量は減少し，1.0MPaでは0.67wt%まで減少した。その戻り方は他の試料に比較して悪かった。

　弾性反跳法による作製後の試料の水素組成と高圧下水素吸蔵プロファイルにより得られた12MPaにおける吸蔵水素量を図7で比較した。一般的な傾向としてa-CN_x:Hではもともとの水素組成が多いほど，水素吸蔵量が多くなるという傾向があった。しかしながら窒素を組成に含まない試料では，水素吸蔵量が極端に悪くなるという結果も得られた。この結果より，DLC膜と

第4章 次世代応用のためのDLC基盤技術

その関連物質において,水素吸蔵特性は窒素を含有する a-CN_x:H 膜で大きく,窒素が水素吸蔵するための鍵を握る元素でありうることがわかる。

文　献

1) N. Wada, P. J. Gaczi and S. A. Solin, *J. Non-Cryst. Solids.,* **35**, 543 (1980)
2) J. Robertson and E. P. O'Reilly, *Phys. Rev.,* **B 35**, 2946 (1987)
3) M. A. Tamor and C. H. Wu, *J. Appl. Phys.,* **62**, 1007 (1989)
4) H. Saitoh, T. Inoue and S. Ohshio, *Jpn. J. Appl. Phys.,* **37**, 4983 (1998)
5) A. Grill, V. Patel and B. S. Meyerson, *J. Electrochem, Soc.,* **138**, 2362 (1991)
6) S. Kumar, *Appl. Phys. Lett.,* **58**, 1836 (1991)
7) H. Tsai and D. B. Bogy, *J. Vac. Sci. Technol.,* **6**, 3287 (1987)
8) Y. Ohkawara, S. Ohshio, T. Suzuki, H. Ito, K. Yatsui and H.Saitoh, *Jpn. J. Appl. Phys.,* **40**, 3361 (2001)

11　DLC膜の生体適合性評価

大越康晴[*1]，平栗健二[*2]

11.1　はじめに

　炭素系材料は，昔から「木炭は胃の薬」と言われる程に生体との反応性が低く，金属のように生体内で酸化して腐ること無く安定性に優れる。それ故，古くから医療用材料としての応用が期待されてきていた[1]。しかし，医学分野において応用が実現したのは近年である。その背景として，工業材料である炭素系材料の研究開発が進展するとともに，合成高分子に関連する化学や工業技術が急速に進歩し，医学界の要求に対応して多彩な炭素系材料が作られるようになったことが挙げられる。その炭素系材料の1つであるDLC膜は，ダイヤモンドと類似した特性として，高硬度，高抵抗率，化学的な薬品に対する耐腐食性，広帯域の光透過性に加え，低摩擦係数，しゅう動性，疎水性等の性質が挙げられる[2]。また，セラミックス（Ceramics），高分子材料（Polymer）と比較して，DLC膜は，高硬度で優れた耐磨耗性を有する点ではCeramics-likeであり，表面エネルギーが小さく高い弾性的性質を有する点ではPolymer-likeな材料として位置付けられている[3]。すなわち，DLC膜は，生体材料として汎用性の高いセラミックスとポリマーの両方の特性に跨る，新しいカテゴリーの材料として注目を集めている。

　現在，各種の生体材料が人工臓器や人工骨などに用いられるインプラント材料として臨床に多用され，機能回復に寄与している。しかし，生体内に留置された人工物（生体材料）は，生体側からは"異物"とみなされ，生体防御反応として常に生体から相互的かつ連続的な攻撃を受ける。こうした"異物"を排除しようとする生体側からの攻撃は，生体との整合性に劣る材料ほど厳しく，材料の早期破損や磨耗・劣化に伴う機能低下を引き起こし，劣化した材料からの溶出物による周辺組織の炎症や血栓形成等の合併症を誘発する[4]。しかし，"異物"を排除することは生体にとって生命を維持するための本質的な防御反応であり，人工材料との共存を生体に求めることは非常に難しい問題である。こうした理由から，生体材料を設計する上で，生体が有する本質的な機能を積極的に材料へ取り込む方策も試みられてはいるが[5]，大多数の場合，生体と材料の界面で生ずる種々の問題をいかに少なくするかが，生体材料の設計においての優先課題といえる。

　DLC膜の成膜方法は，炭化水素系ガス（例えばCH_4）を原料として，プラズマ中でイオン化・励起して成膜するイオンビーム法や，プラズマCVD（Chemical Vapor Deposition）法が一般的である。特に，高周波プラズマCVD法は，母材の電気的性質を問わず（導電物から絶縁物まで），母材表面へDLC膜を一様に形成することが出来る。また，低温プロセスによる成膜のため，一

---

　*1　Yasuharu Ohgoe　東京電機大学　理工学部　生命理工学系　助手
　*2　Kenji Hirakuri　東京電機大学　工学部　電気電子工学科　教授

般的に低融点材料が多い高分子材料への成膜が可能である[6]。炭素系材料の特長とも言える生体への親和性に加え，生体材料として汎用性の高い高分子材料への成膜が可能であることから，従来，機械的磨耗低下保護膜として利用されてきたDLC膜は，生体材料の表面処理技術として新たな展開を迎えている[3]。

11.2 生体内留置試験による DLC 膜の病理組織学的評価

生体材料の表面処理技術として期待されるDLC膜を，既存の高分子材料表面へ形成し，材料の特性改善を試みた。材料自身の特性を損なうこと無く，DLC膜の特性（耐腐食性，高硬度，耐磨耗性）を付加することで，生体内留置中での安定化向上が期待される。生体材料として汎用性の高い高分子材料をDLC膜の成膜対象とし，2週間および3ヶ月間の生体内留置試験によって，DLC膜の生体組織適合性を病理組織学的な知見から評価した。また，留置中における膜の安定性について，試料表面（生体組織接触面）の物性的な検討を行なった。

本評価では，これまでの研究成果において得られたDLC膜の血液適合性評価に対する最適条件をもとに[7]，高周波プラズマCVD法によりPolyurethane材料表面へDLC膜の成膜を行なった。このPolyurethane材料は，人工心臓の血液ポンプやダイヤフラムなどの血液接触デバイスとして用いられる材料である。しかし，使用中は生体からの攻撃に曝され続け，加水分解による材料自身の劣化が問題視されている[8]。生体内留置中の試料は，皮下でマイグレーション作用が懸念される為，本評価では，試料面積を100mm^2，厚さ1mmとし，試料の形状により留置後の識別化を図った。尚，本実験では，Polyurethane単独材料をcontrol群とし，DLC膜の成膜を施したもの（DLC/Polyurethane）をDLC群とした。これらを2個ずつ，計4個の試料をEOG（エチレンオキサイドガス）滅菌後にウィスタ系ラット（生後7週間，♂）の背中の皮下に埋め込んだ。そして，2週間の生体内留置試験および，3ヶ月間の生体内留置試験を実施した。試験期間中は，環境制御装置付実験動物飼育装置にて，室温25℃，湿度55%の環境下で飼育した。留置試験後，試料とその周辺組織を摘出し，これらをホルマリン固定後にパラフィン包埋して，ヘマトキシリンエオジン（H.E）染色にて病理組織学的検査を行なった。この病理組織学的検査では，生体内留置を行なった試料の周辺組織について，繊維性被膜，肉芽組織，好中球浸潤，リンパ球浸潤，組織球浸潤の所見から行なった。

■2週間生体内留置試験による病理組織学的評価

2週間の生体内留置試験の結果を図1に示す。2週間の試験では，control群（Polyurethane単独材料）とDLC群（DLC/Polyurethane）ともに，試料周囲組織に同程度の繊維性結合織から成るcapsule形成と，試料との界面に相当するcapsuleの内腔面にごく軽い慢性炎症細胞の浸潤が見られた。また，内腔面から離れた部位で，陳旧化傾向を示す肉芽組織の形成が認められた。

a) Polyurethane　　　　　　　　b) DLC/Polyurethane
（control群）　　　　　　　　　　（DLC群）

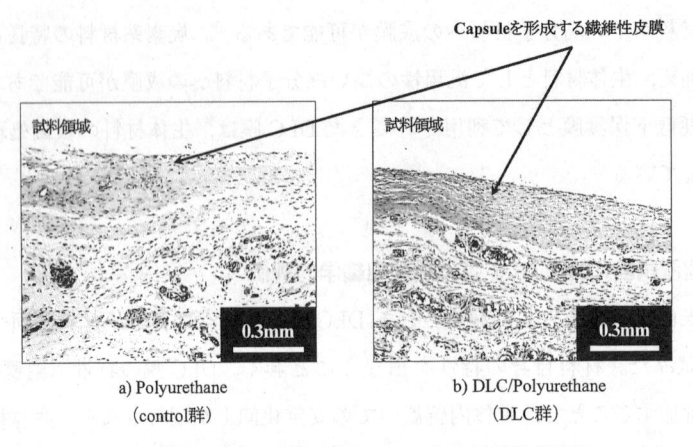

図1　2週間生体内留置試験による病理組織学的評価

a) Polyurethane　　　　　　　　b) DLC/Polyurethane
（control群）　　　　　　　　　　（DLC群）

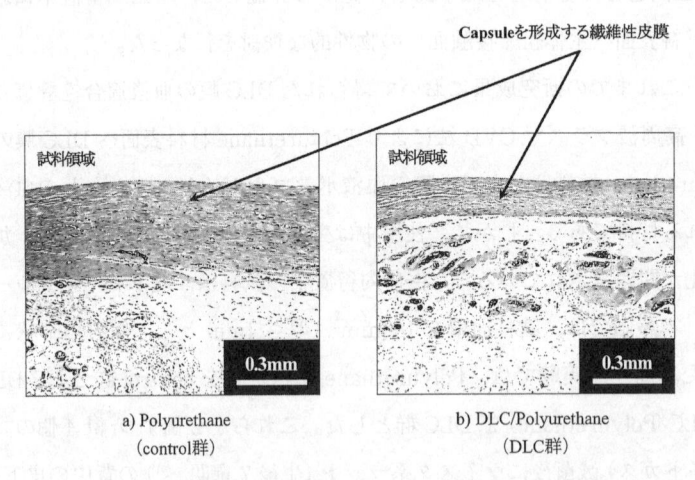

図2　3ヶ月間生体内留置試験による病理組織学的評価

更にcontrol群では，capsuleの内腔面近傍にリンパ球浸潤を伴う肉芽組織の形成が一部確認された。一般的に，この挿入物（材料）周辺組織に形成される結合織による繊維性被膜（capsule）化は，生体内において挿入後の材料自身の安定化を意味し，capsule形成後はcontrol群とDLC群ともに良好な安定性を示した。また，capsuleの内腔面に見られた慢性炎症細胞や，一部の肉芽組織に見られたリンパ球浸潤はやがて鎮静化し，capsule全体は硝子化した繊維性の瘢痕組織となるものと予測された。

■3ヶ月間生体内留置試験による病理組織学的評価

3ヶ月間の生体内留置試験の結果を図2に示す。2週間の留置試験と同様に，control群とDLC群ともに，試料周囲に繊維性結合織から成る軽度のcapsule形成と，中等度或いは軽度の

第 4 章　次世代応用のための DLC 基盤技術

肉芽組織が認められた。また，control 群の一部には，軽度の組織球浸潤が見られた。試験期間が長期の為，試料と繊維性被膜界面は，2 週間の留置試験よりも遥かに強固な密着性が確認された。一方，繊維性被膜，肉芽組織，好中球浸潤，リンパ球浸潤，組織球浸潤の所見については，どの所見からも軽度から中程度の反応性を示すとともに炎症細胞は特に認められず，capsule 化した control 群と DLC 群の差は明らかではなかった。しかし，図 2 に示されるように，挿入物である DLC/Polyurethane を取り囲んでいた capsule の繊維性皮膜の厚みは全体的に約 0.16mm であったのに対し，control 群はその 4 倍程度の厚みで形成されていたことから，capsule 形成時，DLC 群が受けた異物反応としての生体側からの攻撃は，control 群に比べ軽度なものであったと推測される。

　本実験で行なった 3 ヶ月生体留置試験では，試料周辺組織において炎症反応が消退し，緻密結合組織による capsule が一度形成されてしまえば，挿入物（試料）は生体内にて安定するものと見なされた。DLC 膜は，capsule 形成の段階では生体からの攻撃を軽度に抑制し，capsule 形成後は，母材の生体組織適合性を損なうことなく，既存の材料と同程度の組織反応を有すると見込まれる。

11.3　生体内留置試験による DLC 膜の安定性評価

　これまでに述べたように，生体にとって"異物"となる生体材料を体内へ埋入した瞬間から，生体成分が材料表面に吸着して，この材料を排除しようと様々な拒絶反応が起きる。この反応は，生体内へ埋入された材料表面に対して，非常に侵略的で過酷であり，材料自身の化学的な変質や劣化と生体側への炎症反応を相互的に引き起こす。この異物反応の一因となる界面（生体組織と材料表面）適合性は，材料表面の特性に大きく依存することから[9]，本実験では生体内留置試験前後において，Polyurethane 単独材料と DLC/Polyurethane 材料の表面形態を，走査型電子顕微鏡（SEM：Scanning Electron Microscope, JEOL, JSM-5310LVB）により観察した。また，留置期間における試料表面の化学的な安定性を評価する為に，3 ヶ月間の生体内留置試験について X 線電子分光法（XPS：X-ray Photoelectron Spectrometer, JEOL, JPS-9000MC）により，留置中における DLC 膜の安定性について評価した。

■ SEM による表面形状観察

　Polyurethane 単独材料および，DLC 膜を成膜した DLC/Polyurethane について，SEM による表面形状の観察から，EOG 滅菌と生体内留置による影響を検討した。図 3 に示すように，いずれの材料も，滅菌に続き 2 週間や 3 ヶ月間の生体内留置において，亀裂や DLC 膜の剥離といった表面の形状変化は確認されなかった。特に，Polyurethane 表面に成膜した DLC 膜は，滅菌と生体内留置に対し良好な安定性が見られた。次に，滅菌および 3 ヶ月間生体内留置試験につい

DLC の応用技術

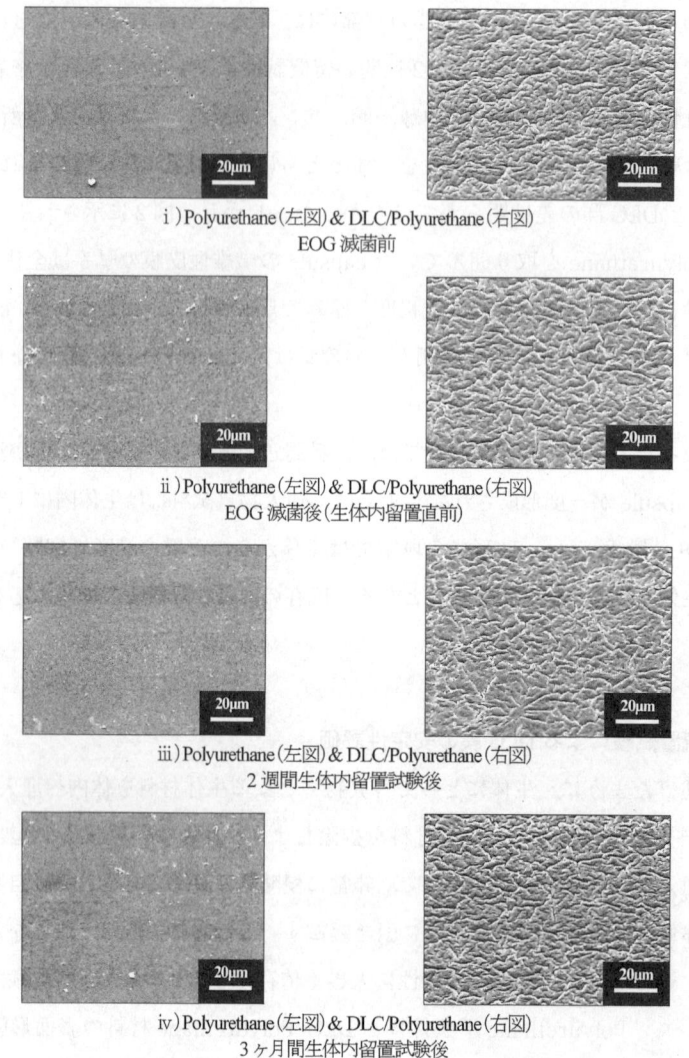

ⅰ) Polyurethane(左図) & DLC/Polyurethane(右図)
EOG 滅菌前

ⅱ) Polyurethane(左図) & DLC/Polyurethane(右図)
EOG 滅菌後(生体内留置直前)

ⅲ) Polyurethane(左図) & DLC/Polyurethane(右図)
2 週間生体内留置試験後

ⅳ) Polyurethane(左図) & DLC/Polyurethane(右図)
3 ヶ月間生体内留置試験後

図 3 　SEM による Polyurethane および DLC/Polyurethane 表面形状観察

て，XPS 分析による試料表面の化学的特性変化を観察した。これを図 4 に示す。ここでは，単独材料を Pu，DLC/Polyurethane を DLC/Pu とし，EOG 滅菌未処理試料を no EOG，生体内留置前を before，留置後を after と示している。生体内留置前後において，Polyurethane 単独材料では Carbon（C_{1s}）スペクトル形状に変化が見られた。これは，生体内留置中の材料表面の変質が予想される。これに対し，DLC/Polyurethane では化学シフトがあるものの，単独材料と比較して Carbon（C_{1s}），Oxygen（O_{1s}）スペクトル形状に特異な変化は観察されず，生体内留置において DLC 膜の良好な安定性が確認された。

第 4 章　次世代応用のための DLC 基盤技術

a) Carbon (C_{1s}) spectra

b) Oxygen (O_{1s}) spectra

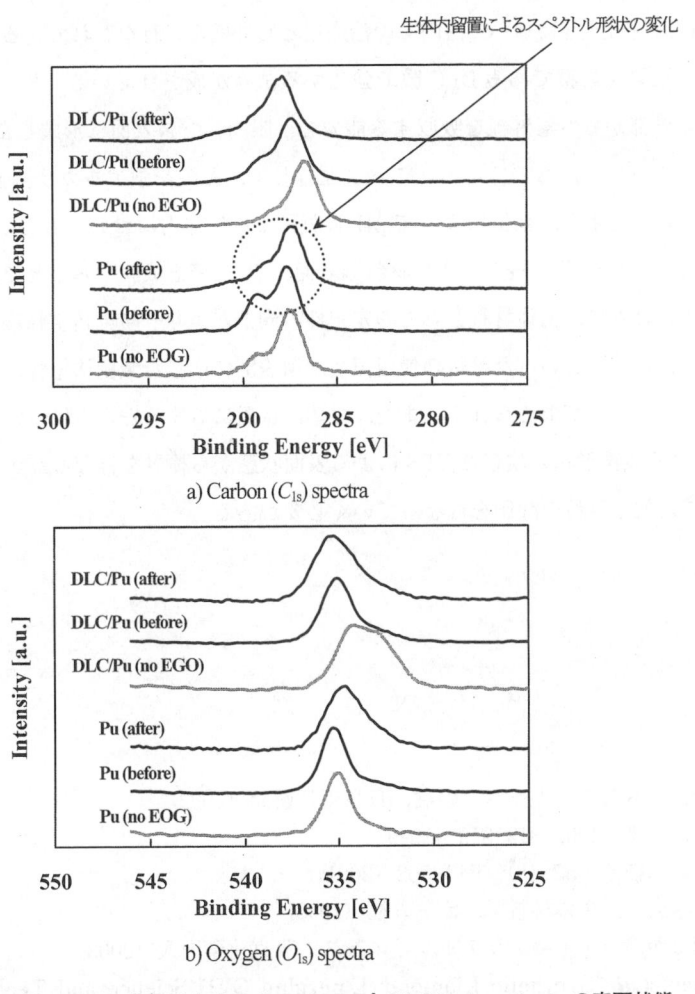

図 4　XPS 分析による Polyurethane と DLC/Polyurethane の表面状態
（3 ヶ月間生体内留置試験）

11.4　まとめ

本実験では，生体埋め込み材料として汎用性の高い Polyurethane を母材として，2 週間の生体内留置試験と 3 ヶ月間の生体内留置試験から，DLC 膜の病理組織学的な検討を行なった。病理組織学的検査から行なった生体適合性評価では，DLC 膜の良好な安定性に加え，capsule 形成時に受ける生体からの攻撃を DLC 膜によって抑制することが見込まれた。また，生体内留置試験による DLC 膜の安定性評価においても，DLC 膜によって，Polyurethane 材料表面の変性・劣化防止が見込まれた。既存の特性を損なうことなく，材料表面の変質防止を目的とした保護膜として，DLC 膜は大いに期待されることが示唆された。

既に一部では，眼科分野において，白内障の治療用として盛んに行なわれている眼内レンズ（人工水晶体）を，硬質炭素膜であるDLC膜で強化する試みが成されている[1,2]。これは，健康な水晶体が有する外部からの紫外線を吸収する能力を，眼内レンズ表面に形成したDLC膜で代替させ，吸収させようとしたものである。これと並行して，強酸や強アルカリ溶液に対するDLC膜の耐腐食性が報告され[5]，部位によってpH値が異なる生体内においてもDLC膜の優れた安定性が示されており[7,10～12]，既存の生体材料極表面へDLC膜を成膜することで，材料自身の付加価値を高めるとともに，生体材料としての安定性の向上がより一層見込まれる[13]。

今後は，生体内環境下といった材料の使用環境や用途別に応じた滅菌法を含め，目的の機能に合わせた成膜条件の検討が求められる。また，生体内留置に対する安定性についても，本実験では，SEM像による表面形状の観察とXPSによる表面状態から検討を行なったが，材料の組成や構造について経時的な観察や評価を行なっていく必要がある。

文　献

1) 山田恵彦，おもしろいカーボンの話，日刊工業新聞（1992）
2) 平栗健二，炭素，**190**，313-319（1999）
3) 熊谷泰，表面技術，**52**（8），548-552（2001）
4) 日本機械学会編，生体材料学，オーム社（1993）
5) 石原一彦ほか，バイオマテリアルサイエンス，東京化学同人（2003）
6) K. E. Sper *et al.*, "Synthetic Diamond: Emerging CVD Science and Technology", John Wiley & Sons, New York（1994）
7) Al. Alanazi *et al., ASAIO J.,* **46**, 440（2000）
8) 木村加奈子ほか，人工臓器，**29**（1），127（2000）
9) 塙隆夫，表面科学，**20**（9），607（1999）
10) K. Yamazaki *et al., Artificial Organs,* **22**, 466（1998）
11) V. M. Tiainen, *Diamond Relat. Mater.,* **10**, 153（2001）
12) R. Butter *et al., Diamond Relat. Mater.,* **4**, 857（1995）
13) 小島宏司ほか，人工臓器，**28**（2），514（1999）

12　DLC合成用パルス電源

玉置賀宣*

12.1　パルス電源の基礎と特徴

先ず，パルス電源の仕様を決める上で，重要かつ基本的なパラメータ（要素）について紹介する。パルス電源を定義するには，大変多くのパラメータがあり，用途やコスト，電源構成自体に大きく影響する。目的とする用途に最も適したパルス電源の仕様を決めるためには，これらの基本的なパラメータについて，更に理解を深めることが重要である。以下にそれらの名称と，参考波形（図1）を示す。

＜基本的なパラメータ＞

a．パルスピーク電圧：V_p（〜kVp）
b．パルスピーク電流：I_p（〜Ap）
c．パルス ON/Duty：OnT（〜ns，〜μs）
d．パルス周期：T（〜kHz）
e．パルス立上り時間：ΔT（〜ns，〜μs）
f．パルス立下り時間：ΔT（〜ns，〜μs）
g．パルス極性：NorP（−，＋）

図1の参考波形は，理想的な方形波を示しているが，実際のパルス波形には，図2のようなオーバーシュートやアンダーシュートが生じる。

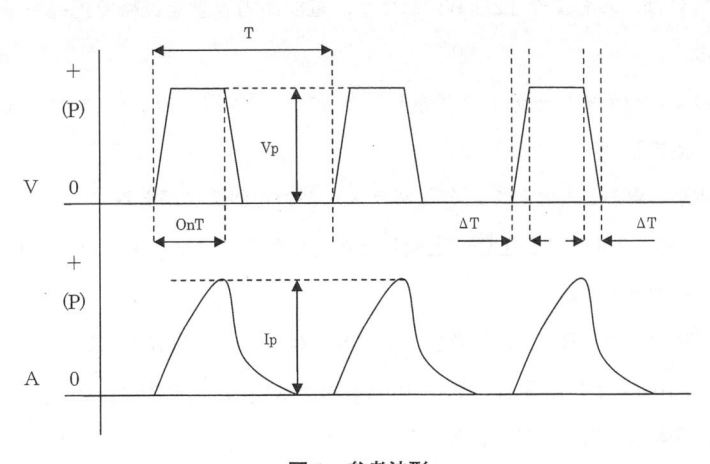

図1　参考波形

＊　Yoshinobu Tamaoki　玉置電子工業㈱　代表取締役社長

DLCの応用技術

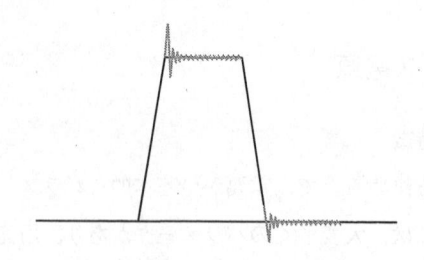

図2 オーバーシュートとアンダーシュート

　また，その電源方式によっては，三角波（リンギング波形）となる場合もあり，一義的なものとは限らない。

　電源に接続される負荷条件や配線経路等により，波形に歪みが生じるため，環境条件も考慮して，電源仕様を決めることが重要である。

　これらのパラメータを踏まえた上で，電源容量の概算方法について説明する。

　電源容量は，パルス電源の価格に大きく影響するので，電源仕様を決める際の重要なファクターとなる。

＜電源出力容量の概算方法＞

　［例］ V_p：10kV，I_p：5A，F：5kHz（200μs），Duty：5μsの場合

　　　　W_p（パルスピーク電力）≒ 10kVp・5Ap ≒ 50,000Wp

　　　　W_a（平均電力）≒ 50,000/(200/5) ≒ 1,250Wa

　［例］で示した電源仕様の場合，瞬時的なパルスピーク電力は，おおよそ50kWp，平均電力として計算した場合は，おおよそ1.25kWaとなり，電源出力容量を概略で把握するには，十分な計算方法である。

　電源内部でのロスやディレーティング等を考慮して，平均電力の130%程度の電源容量を見込んでおくことが望ましい。

　更に，この式から解ることとして，各種パラメータの相関関係がある。

　［例］では，各種パラメータを任意に定義したが，これらのファクターが，若干でも変われば，電源の出力容量も大きく変わる。

　例えば，F：5kHz ⇒ 10kHzとした場合，出力容量は，倍の2.5kWaとなる。

　Duty：5μs ⇒ 10μsとした場合，V_p：10kVp ⇒ 20kVpとした場合，I_p：5Ap ⇒ 10Apとした場合も，出力容量は，倍の2.5kWaとなる。

　F：5kHz ⇒ 10kHz 及び V_p：10kVp ⇒ 20kVpと2つのパラメータを変えた場合の出力容量は，4倍の5kWaとなる。

　このように，それぞれのパラメータは電源出力容量と密接な相関を持っている。

第4章　次世代応用のためのDLC基盤技術

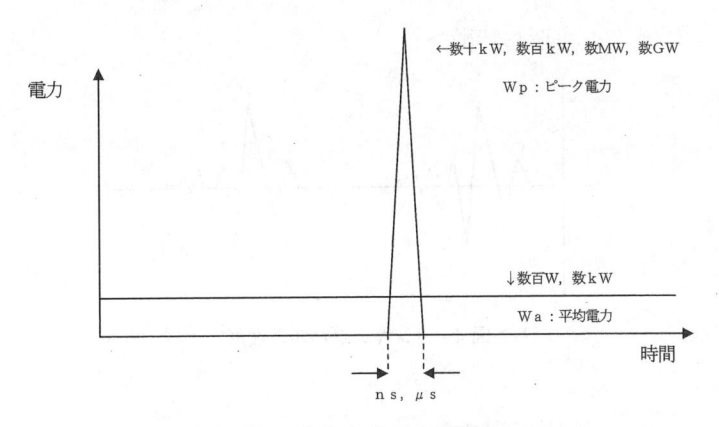

図3　高密度パルスの概念

　先ず，どのパラメータが，最も電源仕様で重要となるかを判断する。電源方式や電源構成の都合により，自ずと決まってしまうパラメータの上限値もあるため，それらの相関も踏まえて，最も適したパルス電源の仕様を決めることが必要である。

　次に，パルス電源の特徴について，簡単に紹介する。

　一般的に，「パルス」という表現では，曖昧な解釈となるが，ここで紹介するパルスの重要な定義は，『極短時間に発生する高密度エネルギー』のことである。

　図3で示す通り，ごく僅かな平均電力によって数kW，数MW，数GW・・・と，高密度なパルスエネルギーを発生させることが可能である。平均電力：Waと瞬時的なパルスエネルギー：Wpの相関は電源仕様により異なるが，パルスの繰り返し周期，パルス幅などの条件によっても，その比率は増減する。

　その他，DLC合成用パルス電源の主な特徴としては以下の通りである。

・極短時間：　ns，μs 等
・高電圧：　　数kVp，数十kVp 等
・大電流：　　数百mAp，数Ap，数十Ap 等
・連続パルス：数百Hz，数kHz，数十kHz 等
・その他：　　瞬時的大電力，平均的小電力等

12.2　パルス電源の方式と特徴

　前項では，パルス電源の基本的な概念を紹介したが，本項では，パルス電源の主な方式と特徴を紹介する。

　パルス電源には，パワー，パルス幅，繰り返し周波数，用途に応じて様々な方式がある。ここ

DLC の応用技術

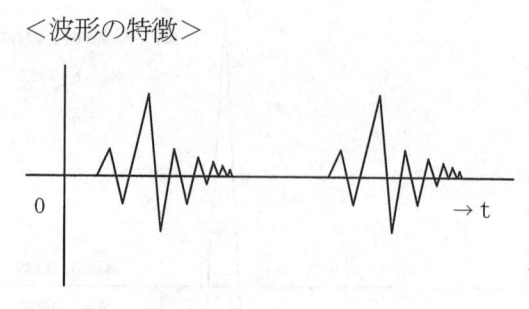

<波形の特徴>

図4　リンギングパルス波形

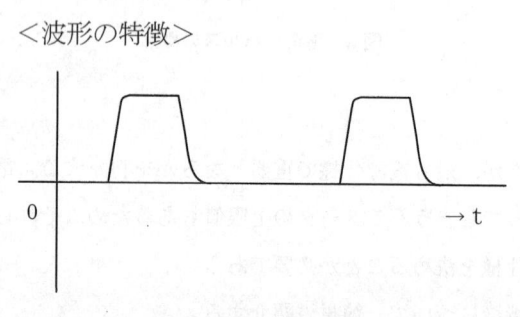

<波形の特徴>

図5　方形波パルス波形

では，DLC合成用パルス電源の実績から，インダクタ蓄積エネルギーを用いた方式と，コンデンサ蓄積エネルギーを用いた方式の，2通りについて，その特徴を紹介する。

a．インダクタ蓄積エネルギーを用いた方式

この方式は，図4 L（Li^2の蓄積エネルギー）による，リンギング波形のパルス出力となる。波形自体はリンギング波形のため，方形波ではなく，三角波となる。
ピーク電圧（Vp）が重要な場合には，電源構成的にも安価にできるため，パルス電源方式の一つとして採用されている。

b．コンデンサ蓄積エネルギーを用いた方式

この方式は，図5 C（CV^2の蓄積エネルギー）によるもので，半導体高圧スイッチ等を用いた方形波パルス出力となる。インダクタ方式に比べ，波形自体は，割りと綺麗な方形波となる。半導体高圧スイッチ等を組込むため，高価なパルス電源となるが，各パラメータの可変機能等も充実していることから，DLCパルス電源方式の主流として採用されている。

これらの方式以外にも，マルクス発生器，磁気パルス圧縮方式，伝送線路方式等のパルス電源方式があり，それぞれ用途，特徴により選択される。

その他，出力方式として，ユニポーラ出力（単極：＋or－）と，バイポーラ出力（両極：±）

第 4 章　次世代応用のための DLC 基盤技術

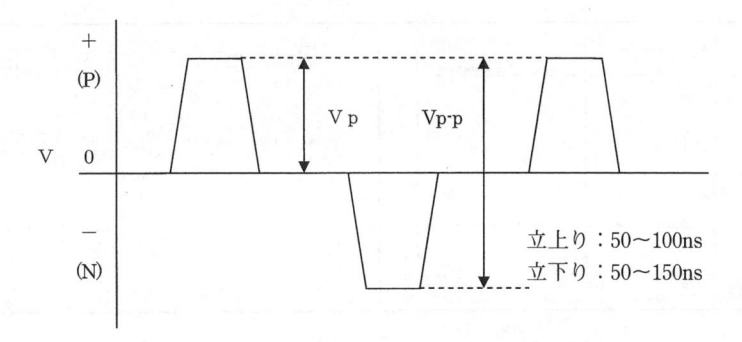

図 6　バイポーラーパルス出力波形

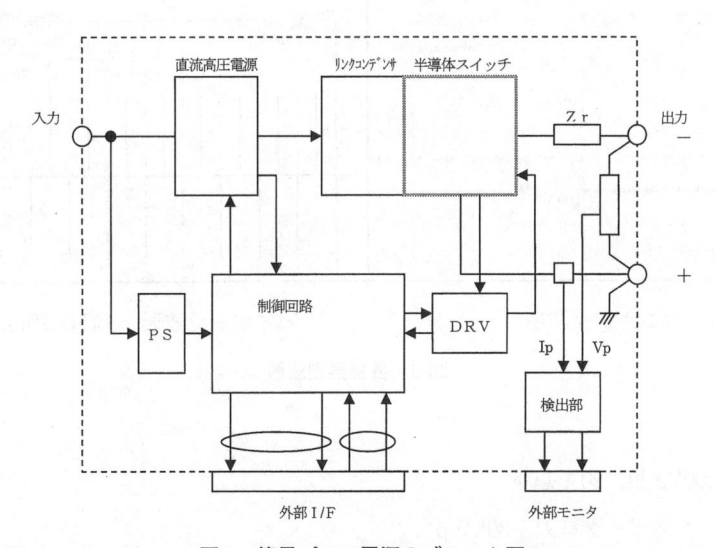

図 7　簡易パルス電源のブロック図

の，2 通りの出力方式がある。

　図 6 の通り，バイポーラ出力（両極：±）仕様の場合は，両極パルスの出力が可能となる。

　バイポーラ出力の場合，その電源構成仕様によっては，両極個別の電圧設定，パルス幅設定を行うことも可能であるが，電源構成が，両極各々に必要となるため，価格的にも高価な装置となる。

12.3　DLC 合成用パルス電源の現状

　本項では，現状の DLC 合成用パルス電源の仕様について紹介する。DLC 合成装置全体の構成とも深く関わるため，簡易パルス電源のブロック図を（図 7）一参考事例として紹介する。

　　名　　　称：高周波高圧パルス電源
　　製造会社：玉置電子工業㈱

DLCの応用技術

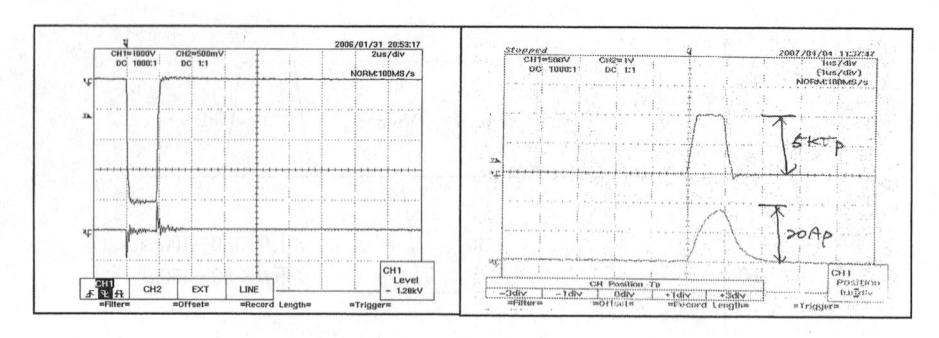

-20kVp 20kHz 2us	5kVp 5kHz 20Ap
リンギング波形	バイポーラ波形　1kHz 20us

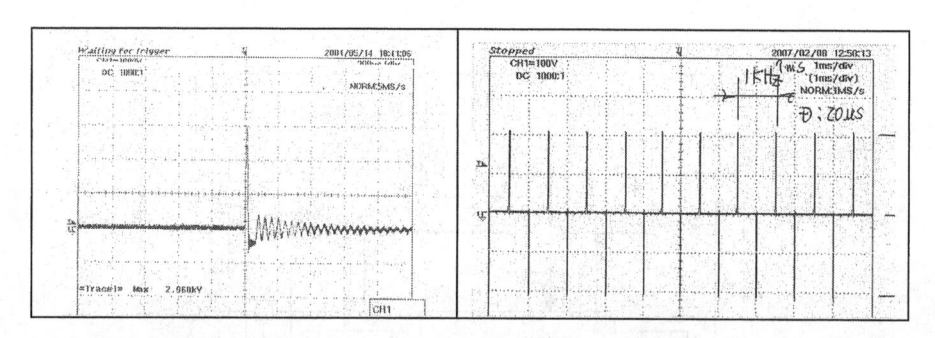

図8　各種実測波形

入力条件：200V3相，20A以下
出力条件：パルスピーク電力　　30kWp
　　　　　パルスピーク電圧　　−10kVp
　　　　　パルスピーク電流　　3Ap
　　　　　パルス繰返し周期　　10kHz（固定）
　　　　　パルス幅　　　　　　10μs（固定）
　　　　　平均電力　　　　　　3kWa
電源方式：半導体スイッチ方式
出力方式：負極　ユニポーラ出力

　上記のDLC合成用パルス電源は，半導体スイッチ方式を採用しているため，準方形波的なパルスで，高速かつ連続したパルス出力が可能である。図8に各種実測波形を提示する。
　またDLC合成装置全体としては，RF（13.56MHz）電源の併用，ガス（アルゴン等）注入等も合わせて行うため，これら装置の仕様を踏まえた上で，パルス電源の仕様を決める。
　本電源の特徴である「準方形波，高速，連続」を満たす上で，最も重要なのが，半導体スイッ

第4章　次世代応用のための DLC 基盤技術

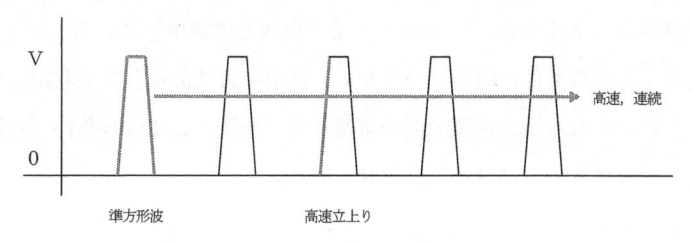

図9　理想的パルス電源の特徴

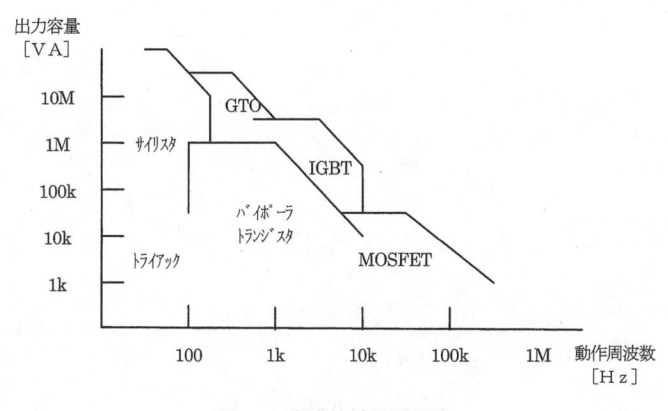

図10　半導体性能種別表

チである。この高耐圧，高速，大容量の半導体スイッチは，単体で存在するのではなく，複数の半導体スイッチを，直並列に多段化して構成されているのが現状であり，電源を設計する上でも，制約を受ける。理想的方形波パルスで，高圧パルスの狭いもの，又周期 T の短いもの等々の提示を図9に示す。

この半導体スイッチの内部損失と，電源仕様のパラメータとの相関を知ることが重要である。

$P \fallingdotseq k \cdot fo \cdot Vp^2 \cdot \Delta c$ ・・・半導体内部損失（ロス）

　　k・・・定数

　　fo・・・パルス周期

　　Vp^2・・・パルスピーク電圧^2

　　Δc・・・浮遊容量

この関係式から，取り分けパルスピーク電圧は，内部損失に大きく影響することがわかる。仕様設定には，十分な注意，考慮が必要である。

また，パルス電源全般にいえることだが，電源の出力容量（内部ロスを含む）と動作周波数は，使用する半導体の性能から，基本的に両立しない側面がある。

図10に，おおよその半導体性能種別を示す。本書で紹介したパルス電源は，周波数特性，パ

249

ルス立上り特性等の仕様条件から，MOS-FETを多段化して使用している。

　これ以外にも多くの相関条件が関わり合うため，図中の領域よりも，より限定されてしまうのが実情である。このようなパルス電源の開発事情から，今後，これらの条件（高耐圧，高速，大容量）を満足する半導体素子の開発が期待されている。

第5章 次世代応用のためのDLC先端技術

1 フィルタードアーク蒸着法によるDLC膜の合成と特性評価

滝川浩史*

1.1 はじめに

ダイヤモンドライクカーボン（Diamond-Like Carbon; DLC）膜は，sp^3構造を含むアモルファスカーボン膜であり，sp^2構造しか含まないアモルファスカーボンであるグラッシーカーボンや微結晶グラファイトなどとは区別される[1〜3]。DLC膜は魅力的な機械的特性・光学的特性・電気的特性・化学的特性などを有することから，様々な分野への応用が期待されている。DLCは，sp^3成分が多いか少ないか（sp^2成分が少ないか多いか），水素を含むか含まないかで，次の4種類に分類できる。水素を含まず（水素フリー），sp^3リッチであるものは，ta-C（tetrahedral

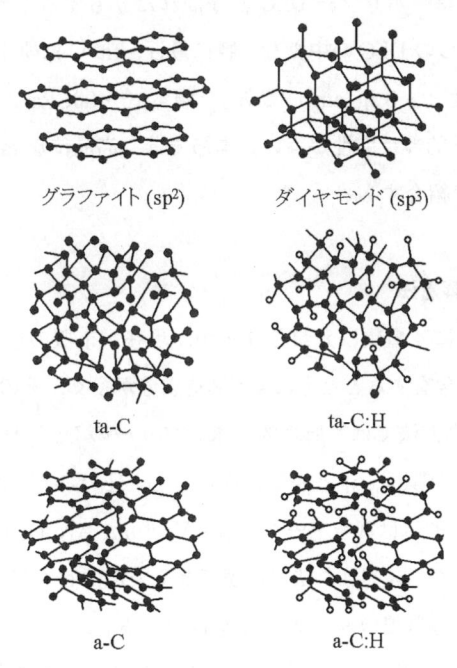

図1 グラファイト，ダイヤモンド，DLCの分子構造イメージ
（黒：炭素，白：水素）

---

* Hirofumi Takikawa　豊橋技術科学大学　電気・電子工学系　教授

図2　黒鉛陰極点とドロップレットの放出

amorphous-carbon）と呼ばれる。水素フリーで，sp^3 をそれほど多く含まないもの（sp^2 を多く含むもの）が a-C である。それらに水素が含まれる場合，それぞれ，ta-C：H，a-C：H と記述される。これらの構造のイメージを図1に示す。また，水素がかなり多く含有し，比較的透明でかなり柔らかい DLC は，ポリマー DLC と呼ばれたりもする。更に，金属やシリコンを含有する DLC もある。これらの DLC の中でも，特に最近，ta-C に興味がもたれている。ta-C は DLC の中でも，最も高密度（～ $3.3g/cm^3$）であり，硬く（～ 90GPa），透明で，耐摩耗性・摺動性・電気絶縁性・耐熱性・化学的非反応性が高い。本節では，高品位な ta-C 膜を産業的に形成できる成膜方法と膜質について紹介する。

1.2　フィルタードアーク蒸着法

前記のように DLC は主に4種類に分類されるが，現在，市販の摺動性硬質 DLC のほとんどは a-C：H であり，水素を含有するとともに sp^2 構造成分が多く，そのため，黒色を呈している。炭化水素ガスを用いる成膜方法では，原理的に水素フリーの DLC（ta-C, a-C）を作製することは困難であり，作製された膜は，ほとんどの場合 a-C：H である。水素フリー DLC（ta-C, a-C）を作製するには，工業的には真空アーク蒸着（Vacuum Arc Deposition; VAD）かスパッタ法を用いなければならないが，スパッタ法で作製できる膜種は a-C であり，ta-C は困難である。現在のところ，真空アーク蒸着でのみ，ta-C が形成できる。

真空アーク蒸着法[4]は，陰極アーク蒸着法，陰極真空アーク蒸着法，アークイオンプレーティング（AIP），アーク PVD 法，などとも呼ばれている。同法は，陰極表面に形成される陰極点から放出される高エネルギーのイオンを利用して薄膜を合成する手法である。固体陰極からの蒸発物質によってプラズマを形成するため，放電の発生および維持のためのガスを導入する必要が

第5章　次世代応用のためのDLC先端技術

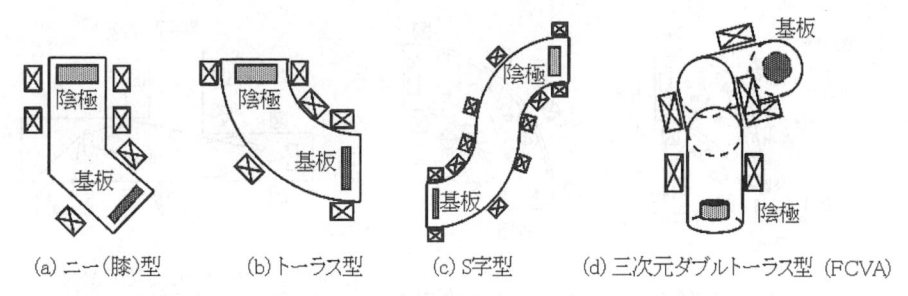

　　(a) ニー(膝)型　　(b) トーラス型　　(c) S字型　　(d) 三次元ダブルトーラス型（FCVA）

図3　従来の典型的なFADの例

ない。従って，DLC成膜に際し，Hなどの不純物を含まない膜が合成できるという極めて重要なメリットがある。しかしながら，真空アーク蒸着法は，陰極点から陰極材料のドロップレット（サブミクロンから数十ミクロン程度の大きさ）が放出されるという問題がある。ドロップレットが膜に付着すると膜質が低下する。黒鉛陰極点からドロップレットが放出されている様子を図2に示す。黒鉛の場合，昇華温度が約3,700℃と極めて高温であるため，黒鉛のドロップレットは赤熱しており，肉眼でも確認できる。

　ドロップレットは，生成膜に対し，モルフォロジ的に次のような状況をもたらす。
①ドロップレットのサイズはサブミクロンから数十ミクロン程度であるため，ドロップレットの付着により膜面に凸部が存在する。
②ドロップレットが脱離すると，膜面に凹部が形成される。
③ドロップレットが膜内に取り込まれた場合，膜面に凸部が存在する。
これらの状況が存在すると，膜の幾何学的均一性（平坦性）および化学的均質性を実現できないことになり，ta-C本来の機能を十分に発揮することができない。膜面から凸状に飛び出ている大型ドロップレットは，拭き取りやラッピングによって容易に除去できるが，膜内に埋まっている場合には，それに起因した凸部の除去は困難である。また，成膜中のドロップレットの脱離や成膜後の処理によって形成された凹部を埋めることも困難である。特に，基板まで貫通している凹部（ピンホール）は，基板の保護ができないことになる。また，ほとんどのドロップレットの組成はa-C状（sp^2を多く含むアモルファスカーボン）である[5]ため，ta-Cとの境界には炭素原子のダングリングボンドが多く存在すると考えられる。その部分は，剥離の起点となったり，保護膜としての劣化の起点となったりする。

　ドロップレット対策[4,5]としては，ドロップレットの発生自体を抑制する方法と，ドロップレットの付着を防止する方法とに大別できる。DLC膜生成目的の黒鉛陰極に対しては，ドロップレットの発生抑制は困難であるため，付着防止法を採用するのが適切である。付着防止法とは，真空アークプラズマ中からドロップレットを除去し，クリーンにしたプラズマで成膜を行う

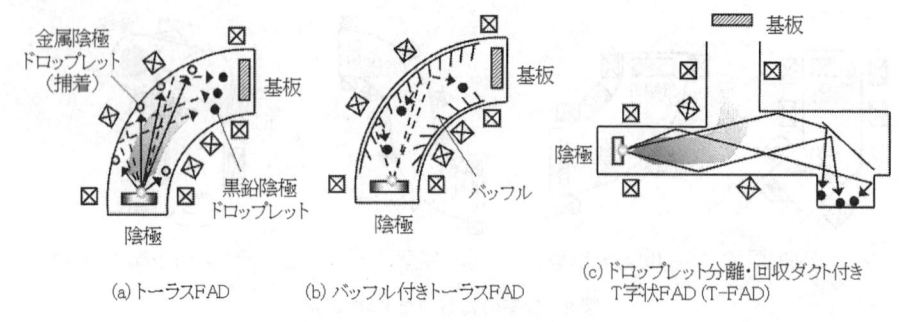

(a) トーラスFAD　(b) バッフル付きトーラスFAD　(c) ドロップレット分離・回収ダクト付きT字状FAD (T-FAD)

図4　トーラスFADとT-FADにおけるドロップレットフィルタリングの様子

方法である。一般に，フィルタードアーク蒸着法（FAD: Filtered Arc Deposition）と呼ばれる。FAD装置としては，様々な形状を呈するものが提案されている。典型的な例を図3に示す。陰極が直接見えない位置に基板を配置し，陰極から発生するプラズマを磁気的に湾曲または屈曲させ，プラズマの輸送中にドロップレットをプラズマからフィルタリングする手法である。中性粒子も同時に分離されるため，成膜はほぼイオンのみによって行われることになり，より緻密な膜が形成できる。FAD法は，フィルタード陰極真空アーク法（FCVA: Filtered Cathodic Vacuum Arc），フィルタード真空アーク（FVA: Filtered Vacuum Arc），などとも呼ばれる。特に，FCVAは図3（d）の三次元ダブルトーラス型の愛称でもあり，同装置はハードディスクの磁気ピックアップの最終層保護膜（ta-C）形成装置として実用化されている。

　図3に示した装置では，いずれも，陰極と基板との間を連続したダクトを用いて接続する構成を呈している。プラズマは磁界で曲がるのに対し，図4（a）に示すように，ドロップレットは電荷を持たず磁界の作用を受けないため，放出方向に直進し，ダクト内壁に到達する。このとき，蒸発源として金属陰極を用いた場合，金属ドロップレットのほとんどは溶融しているため，ダクト内壁に付着して停止する。しかしながら，陰極に黒鉛を用いた場合，黒鉛ドロップレットは固体状であるため，ダクト内壁に付着せず，内壁表面で反射する。従って，連続ダクトで構成されたFAD装置では，ダクト自体がドロップレットを基板方向へガイドすることになり，ドロップレットフリーの成膜が困難となる。そこで，図4（b）に示すように，ダクト内面に多数のひだ（バッフル）を配置し，ドロップレットを補足する構造が利用される。しかしながら，湾曲ダクト内のバッフルのセットの取り外し・取り付けおよびクリーニングに関するメンテナンス性は低い。

　バッフルを必要とせず，かつ，黒鉛陰極を使用するDLC成膜専用機として考案されたのが，T字状のフィルターダクトを有するFAD装置（T-FAD）である[6~11]。T-FADは陰極と対向する位置にドロップレットを「捕集・捕捉」するための延長ダクトを設けている。黒鉛陰極から発生したプラズマはTダクトで90度曲げられ，その際にドロップレットを分離し，クリーンな

第5章　次世代応用のためのDLC先端技術

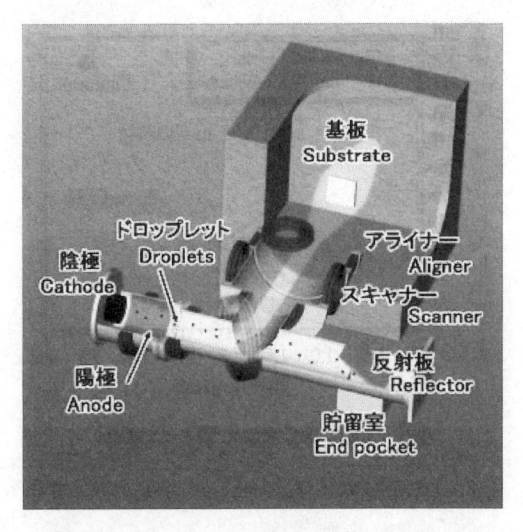

図5　T字状フィルタードアーク蒸着装置（T-FAD）のイラスト

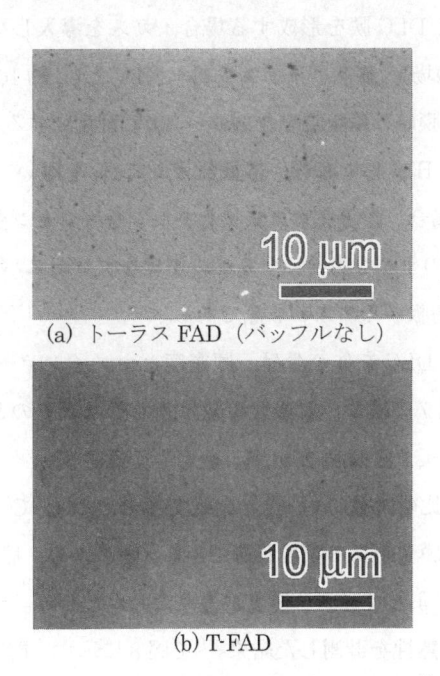

(a) トーラスFAD（バッフルなし）

(b) T-FAD

図6　トーラスFADとT-FADで形成したDLC膜表面

カーボンプラズマを成膜チャンバへ輸送する。図5にT-FADのイラストを示す。図6に，バッフルなしのトーラスFAD装置とT-FAD装置で成膜したDLC膜の表面観察例を示す。同図から，トーラスFAD装置で形成したDLC膜には大量のドロップレット（黒い粒）が付着しているが，T-FADで成膜したDLC膜にはそのような付着はほとんど見られないことがわかる。

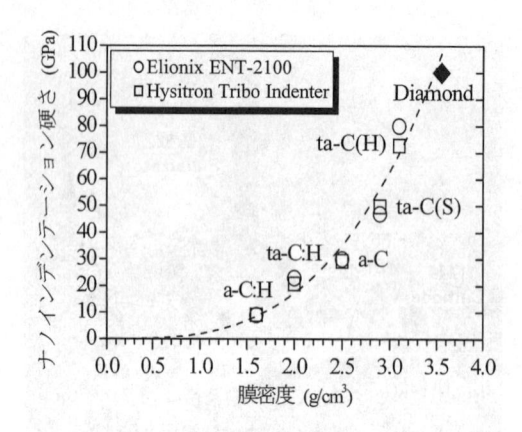

図7 DLC膜の密度と硬さとの関係

1.3 T-FAD生成のDLC膜

　真空アーク蒸着においてDLC膜を形成する場合，ガスを導入しなければ，ta-Cおよびa-Cを成膜できる。ta-C成膜の場合，基板バイアスを約-100Vとし，約100℃以下の低温で作製する。一方，a-C成膜の場合，成膜時の基板温度を200～300℃程度にするか，基板バイアスを-500V程度にする。また，ta-C：H成形の場合，雰囲気ガスにH_2を用い，基板バイアスを-100V程度とする。a-C：H成膜の場合，雰囲気ガスにアセチレンやベンゼン蒸気を用いる。このように，DLC膜の成膜にあたり，どのような膜質にするかの主要なプロセスパラメータは，雰囲気ガス（有無・ガス種），基板温度，基板バイアスの3点である。

　T-FADを用いて4種のDLCを作り分け，膜密度とナノインデーテーション硬さを計測し，その関係を表したものを図7に示す。水素含有量はそれぞれ以下のとおりであった。ta-Cおよびa-Cは1.5at.%以下，ta-C：Hは約27at.%，a-C：Hは約33at.%。なお，ta-C（H）およびta-C（S）は，それぞれ，比較的硬いta-Cと比較的柔らかいta-Cであり，同種膜でも基板バイアスを変化させることで膜質をある程度制御できる。図7から，膜密度と硬さとの間には強い相関があり，DLCの種類によって硬さ・密度が違うことがわかる。ta-Cは，ダイヤモンドの密度・硬さに近い。また，耐熱性を計測した結果[11]を図8に示す。同図は，4種のDLC膜（膜厚約200nm）に対し，550℃の窒素（2vol.%酸素）雰囲気中で1時間加熱した場合について，加熱前後のラマンスペクトル（レーザ波長532nm）の変化を示したものである。この結果から，ta-Cは加熱後もta-C特有のラマンスペクトル形状を呈しているのに対し，a-C，ta-C：H，a-C：Hに関しては，DバンドとGバンドが分離し，グラファイト化が進んでいることがわかる。また，図9に，ta-Cに関し，加熱温度を変化させて同様な試験を行った結果を示す。ラマンスペクトルの形状から判断して，ta-Cは700℃弱までの耐熱性があることがわかる。また，800℃加

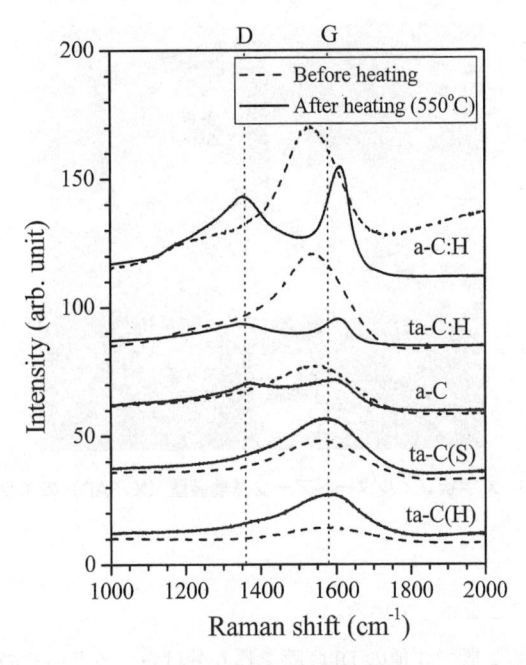

第 5 章　次世代応用のための DLC 先端技術

図 8　各種 DLC の耐熱性
(550℃微量酸素含有窒素)

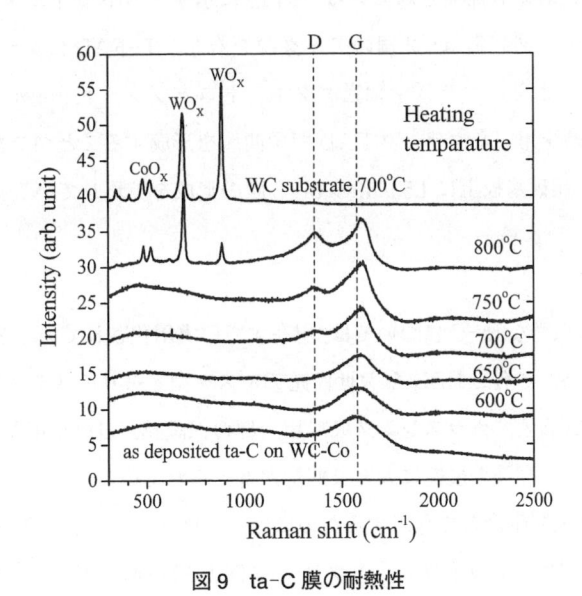

図 9　ta-C 膜の耐熱性
(微量酸素含有窒素)

熱の場合には，700℃で加熱した超硬基板（Co バインダ入り WC）のラマンスペクトルと同様な WO_x および CoO_x スペクトルが現れている。このことは，ta-C 膜は少なくとも 750℃強までの

257

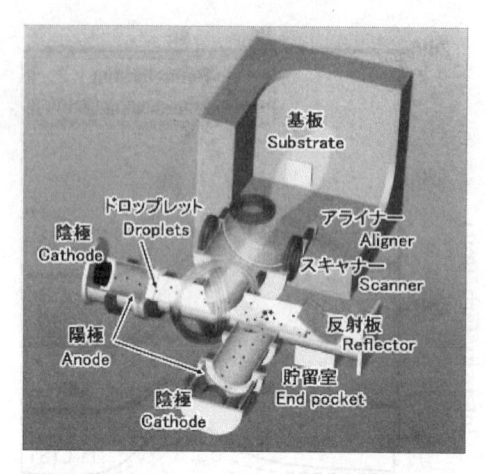

図10 X字状フィルタードアーク蒸着装置（X-FAD）のイラスト

耐酸化バリア性があることを示している。

以上のように，一つの装置で4種のDLC膜を作り分けられるというのも，他の方法にはない真空アーク蒸着法の特徴でもある。なお，より厚いta-C膜を形成するために，基板と中間層を成膜する機能を備えた装置も開発されている。図10に示すX字状フィルタードアーク蒸着装置（X-FAD）[12,13]である。同装置は，2個のアーク源を有し，T-FADにクランク状のFADを合体させた構造を呈しており，プラズマ輸送ダクト（ドロップレットフィルタ）の形状が概略X字状である。金属陰極を用いたクランクFADで中間層を形成することができる。同装置を用い，Cr中間層を形成し，超硬基板上に1.5μmのta-C膜の形成を実現している。

1.4 おわりに

DLCの中でも最も緻密なta-Cについては，現在すでに実用化されているHDDのスライダ（磁気ピックアップヘッド）の他，HDDや次世代光ディスク型メモリのメディアの表面保護膜，アルミ合金の切削工具保護膜，ガラスレンズ成形用金型の保護膜，自動車用などの摺動部材の潤滑膜などへの応用に関し，今後の展開に大きな期待が寄せられている。

ta-C膜の性能を最大限生かして利用するためには，ドロップレットフリーの高品質なta-C膜が必要である。本節では，ドロップレットフリーのDLC膜を形成するフィルタードアーク蒸着法を概説し，その装置であるT-FADとX-FADとを紹介した。また，T-FADを用いて形成した各種DLC膜の膜質の違いとして，硬さ，密度，および耐熱性を示した。紙面の都合上，その他の特性を紹介できなくて残念であるが，T-FADで形成したta-C膜は，ドロップレットフリーの故，膜面における凹凸が極めて少ない。その結果，摩擦係数が低く，摺動部材に好適であ

第 5 章　次世代応用のための DLC 先端技術

ること，特に高 Si 含有アルミの切削に対し，凝着がなく，ドライ加工の保護膜として好適であることも見出している．また，今後，ドロップレットフリーの高品質な ta-C 膜に関し，電気電子的特性，光学的特性，誘電体特性，生体適合性などを徐々に明らかにすることにより，他の分野における応用についても様々な展開が期待できる．

文　　献

1) A. Grill, *Diam. Relat. Mater.,* **8**, 428（1999）
2) J. Robertson, *Mater. Sci. Eng. R,* **37**, 129（2002）
3) A. C. Ferrari, J. Robertson, *Phys. Rev. B,* **61**, 14095（2000）
4) R. L. Boxman, D. M. Sanders, P. J. Martin（Eds.）, Handbook of Vacuum Arc Science and Technology, Fundamentals and Applications, Noyes Publications, New Jersey（1995）
5) H. Takikawa, H. Tanoue, *IEEE Trans. Plasma Sci.,* **35**, 992（2007）
6) H. Takikawa, K. Izumi, R. Miyano, T. Sakakibara, *Surf. Coat. Technol.,* **163-164**, 368（2003）
7) 滝川浩史，宮川伸秀，年藤淳吾，南澤伸司，松下卓史，竹村恵子，榊原建樹，電学論 A, **123**, 738（2003）
8) N. Miyakawa, S. Minamisawa, H. Takikawa, T. Sakakibara, *Vacuum,* **73**, 611（2004）
9) H. Takikawa, *Material Stage,* **7**, 79（2007）
10) H. Takikawa, 真空, in press
11) M. Kamiya, H. Tanoue, H. Takikawa, M. Taki, Y. Hasegawa, M. Kumagai, *Vacuum,* in press
12) 彦坂博紀，岩崎康浩，滝川浩史，榊原建樹，長谷川裕史，辻信広，電学論 A, **126**, 757（2006）
13) H. Tanoue, H. Hikosaka, Y. Iwasaki, H. Takikawa, T. Sakakibara, H. Hasegawa, *IEEE Trans. Plasma Sci.,* **35**, 1014（2007）

2 DLC系ナノコンポジット膜の合成とそのトライボロジー特性

渡部修一*

2.1 はじめに

　物質の構造をナノレベルで制御することにより，物質の機能・特性を飛躍的に向上させ，さらに大幅な省エネルギー化，顕著な環境負荷低減を実現しうるなど，広範囲な産業技術分野に革新的な発展をもたらし得ると期待されているキーテクノロジーである「ナノテクノロジー」を材料プロセス分野で確立させることが今後の技術的基盤の構築に必要とされている。本節では，DLC膜に関して，このナノテクノロジー材料プロセス開発に焦点を当てナノレベルの材料構造を任意に制御することによって得られる高機能性DLC被覆の開発状況について述べる。特に実用的開発を意識して，機械的被覆膜特性の向上，すなわちトライボロジカルな特性に優れるDLC系ナノコンポジット高機能膜の技術開発を中心に紹介する。

　ここで言うナノコンポジット膜とは，一つはnmオーダの微粒結晶（あるいはクラスター）からなるナノ粒子を膜中に分散させた構造を持つ膜である。微少な粒子をランダムに分散させることによって，単層膜では得られない機械的特性の向上が図られる。特にマトリックスである硬質炭素（DLC）系膜中に分散させた構造を持つ膜は，トライボロジー接触を受けた場合に摩擦係数の低減や摩擦耐久性の向上に寄与することが期待される。二つ目として，nmオーダの積層周期を持たせた超格子構造を有するナノ積層構造膜がある。このような構造をとると積層方向の弾性率が飛躍的に増大する現象があることから近年注目を集めている。2種類以上の材料をナノメートルオーダで周期的に積層させると積層構造物の弾性定数や硬さなどの機械的特性が変化し，単体の材料特性以上の性能が得られるという超格子構造材料[1～4]に着目した開発である。

2.2 ナノ粒子分散構造膜

　ナノ粒子分散構造膜は，例えばマトリックス相がアモルファスであってもその中に分散したナノ粒子が破壊に起因する転位の進展を阻止する効果があり，従来より報告されている粒子分散化合金などと同様に，硬さなど機械的特性の向上が期待される。マトリックスとしてDLCを用いたナノ粒子分散構造膜に関して幾つかの報告がある。グラファイトのレーザアブレーションとTiのスパッタリングとの組み合わせで10nm程度の大きさを持つTiC粒子が分散した構造の膜が合成された[5]。この膜はマトリックスである単層DLCに比べ高硬度，低摩擦そして靭性も改善されている。アセチレンを用いたプラズマCVDとTiのスパッタリングによって同様なTiC分散DLC膜を形成している[6]。この場合はマトリックスであるDLC層には水素も含まれること

　＊　Shuichi Watanabe　日本工業大学　工学部　システム工学科　教授

第5章 次世代応用のためのDLC先端技術

になる。この報告では膜中のTi含有量が35〜40at%程度の組成の場合に分散するTiC粒子はおおよそ4nm程度の粒径となる。このときの膜の硬さは最大で35GPaであった。Wのスパッタリングとの組み合わせの研究もある[7]。この場合は2〜3nm程度の粒径のWCナノ粒子が分散した構造の膜が合成されている。C_{60}などのナノ粒子をDLCマトリックスに分散させた構造を持つ膜の合成をしたユニークな研究がある[8,9]。C_{60}は凝集しやすいため,これを溶媒に分散させたコロイド溶液をプラズマCVDの原料としている。この研究では,溶媒としてトルエン+ヘキサメチルジシラン(HMDS)を用いており,この溶媒を直接CVD原料とすることから,Si含有DLCがC_{60}分散構造膜のマトリックスとなる。用いた原料コロイド溶液中のC_{60}が凝集することなく分散したまま容器へ導入し膜化させるために,この溶液を容器導入前にエアロゾル化させていることが特徴的な開発である。合成したC_{60}分散DLC膜は,溶媒のみで合成した分散させていないDLC膜に比べ,30〜60%もの摩擦係数低減の効果が認められたとのこと。さらに,DLC膜の機能性向上を目的として,例えばDLC膜の硬質構造炭素ネットワークに,Si-O系ナノクラスタを分散した構造を持つ,DLN(Diamond-Like Nano-composite)膜と称されている研究[10〜12]も行われている。

2.3 ナノ積層構造膜

ナノ積層構造膜は異なる組成を持つ層を交互にナノオーダで積層化させた構造の膜で,各層の厚さをコントロールすることによって機械的特性(硬さなど)をドラスティックに向上させ得る効果を持っている。この現象は,一般的には,積層することによる各異相界面近傍に生じる格子ひずみが転位の進展を阻害することに起因する膜弾性率の上昇効果(Supermodulus Effect[4])によるものと理解されている。適当な層厚さ(多くの報告では4〜10nm程度)において最大の硬さを示す。これより厚さが大きい場合も逆に小さい場合も硬さは減少する。このような現象があることがはじめて報告されたのはTiN/VN系での研究成果であった[13]。硬さが15〜25GPa程度である金属窒化物系材料であっても,ナノオーダで積層化することによって50GPa程度の高硬度を示すことが明らかになり,その後,TiN/NbN系[14]やTiN/AlN系[15]など金属窒化物系材料の組み合わせで同様な効果が報告されている。弾性率の向上という効果が得られる上に,膜中に残留する応力を上手に制御することも可能となる。例えば,引張りと圧縮応力を示す材料系の組み合わせでは,積層化後には見掛け上応力がキャンセルされる場合も想定される。靭性の優れる材料系の層との組み合わせでは,積層化により膜靭性の改善も期待できる。DLC系のナノ積層構造膜に関しては,上記金属化合物系に比べその数は少ないものの幾つかの報告がある。スパッタリングとプラズマCVDを組み合わせ,WC層とC層を交互に積層させたWC/C膜は単層のDLC膜に比べ高靭性を有することから機械摺動部材を中心に実用化され,多くの適用実

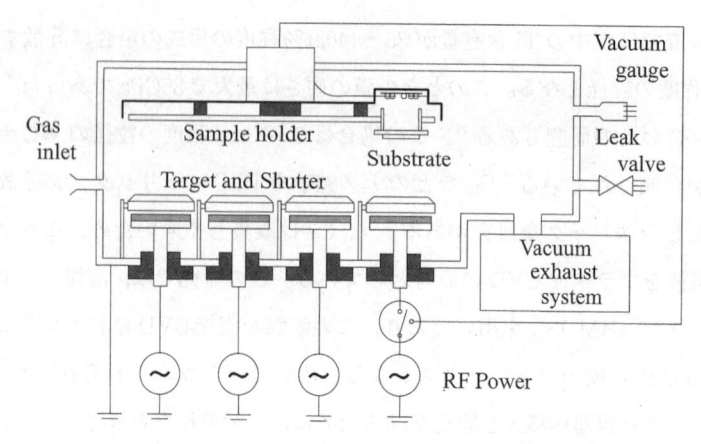

図1 マルチカソードRFスパッタリング装置の概略図

績がある。この膜の特徴はDLC膜の課題である内部応力がWC層の効果で低く抑えることができ，その結果として膜耐久性の向上が得られたことである。すなわちDLC層とDLCより靭性が優れた材料の層とをナノレベルで積層化させることで，硬さをある程度維持したまま膜全体の靭性を向上させ，併せて膜内部応力も低減させることができることになる。グラファイトとBNの半円分割ターゲットを用いたRFスパッタリングによってC/BNナノ積層膜を形成した研究がある[3]。積層周期を2，4，8，10nmと変化させて形成したC/BN膜の硬さが層厚さ4nmの場合に最大の値を示すことを明らかにしている。この積層周期の場合には耐摩耗性も優れている。

2.4 DLC/硫化物系ナノコンポジット膜 [16〜18]

　この項ではDLC/硫化物系において，ナノ粒子分散構造膜とナノ積層構造膜を任意に成膜できる技術開発結果について紹介する。マルチカソードスパッタリング装置を使用し，DLC膜に固体潤滑性を有する硫化物であるWS_2を複合し，摩擦係数低減や膜の長寿命化などの，より優れたトライボロジー特性を付与させることを目的とした研究である。ここでは，ターゲットにグラファイトおよびWS_2を用い，二元同時スパッタリングによりRF電力を変化させて形成したWS_2/DLC膜の組成，構造などの解析ならびに，その摩擦特性を評価した結果について紹介する。図1に実験で用いた独立した4つのターゲットホルダを有するマルチカソードスパッタリング装置の概略図を示す。ターゲットには，高純度グラファイト（99.999%）および二硫化タングステン（99%以上）を用い，4つのターゲットホルダのうち，2ヶ所に設置した。Cターゲットに印加するRF電力は，同装置を用いてDLC膜を形成した際の最適条件であった500W一定とし，WS_2ターゲットへはRF電力を20〜200Wと変化させて印加し（以下，例えばWS_2/DLC RF電力比は，20/500Wと記す），二元同時スパッタリングを行いながら基板を任意の速度で回転す

第5章　次世代応用のための DLC 先端技術

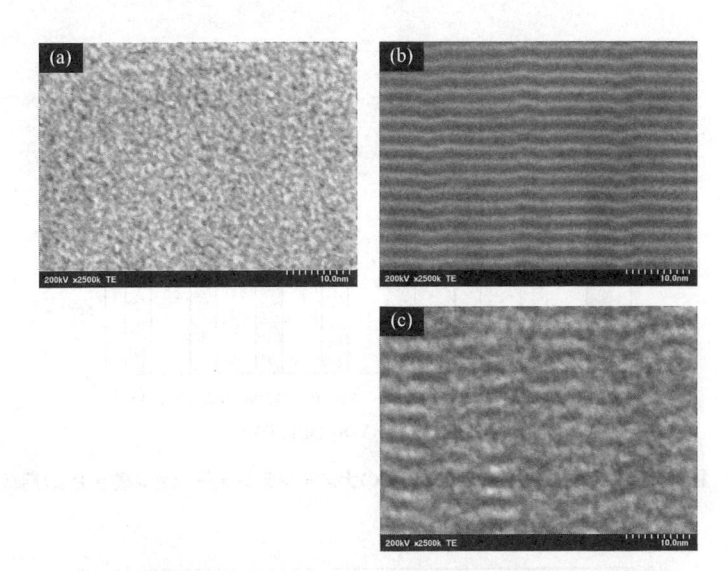

図2　形成した WS$_2$/DLC 膜断面の透過電子顕微鏡像（明視野像）
(a) 20/500W で形成した WS$_2$/DLC 膜
(b) 50/500W で形成した WS$_2$/DLC 膜
(c) 200/500W で形成した WS$_2$/DLC 膜

ることにより膜の形成を行った。図2 (a)〜(c) にそれぞれ 20/500W，50/500W，200/500W の条件で形成した WS$_2$/DLC 膜の断面 TEM 像（明視野像）を示す。図2 (a) より 20/500W で形成した膜については，細かく分散したコントラストを示していることから DLC マトリックス中に WS$_2$ クラスタが分散している，いわゆるナノ粒子分散構造を呈していることがわかる。(b) より 50/500W では，規則性のある層状コントラストを示しており，DLC 層と WS$_2$ 層が 1〜2nm 程度の厚さで周期的に積層構造を呈していることが明らかとなった。(c) の 200/500W で形成した膜においては，積層構造の界面の乱れた状態を示している。これは，WS$_2$ が 200W と高い RF 電力でスパッタされたことにより，WS$_2$ スパッタ粒子のエネルギーが高いこと，ならびにその付着量が大きいことに起因して DLC が明瞭な層として形成されず，乱層組織になったと推察される。以上のことから，WS$_2$ ターゲットに印加する RF 電力の低い条件では，粒子分散構造となり，高くなるに伴い積層構造に移行し，さらに高くなると積層構造をも示さなくなることがわかる。すなわち，ターゲットに印加する RF 電力比によって膜構造を任意に制御できることになる。ナノインデンテーション硬さ試験の結果を図3に示す。図から明らかなように，WS$_2$ ターゲットに印加する RF 電力が高くなるほど膜の硬度は低下することがわかる。これは，この RF 電力が高くなるに従い WS$_2$ のスパッタ量が多くなるため，高硬度を有する DLC 相の膜中含有割合が減少することに起因していると考えられる。弾性率について見ると，膜の硬度に対応

DLC の応用技術

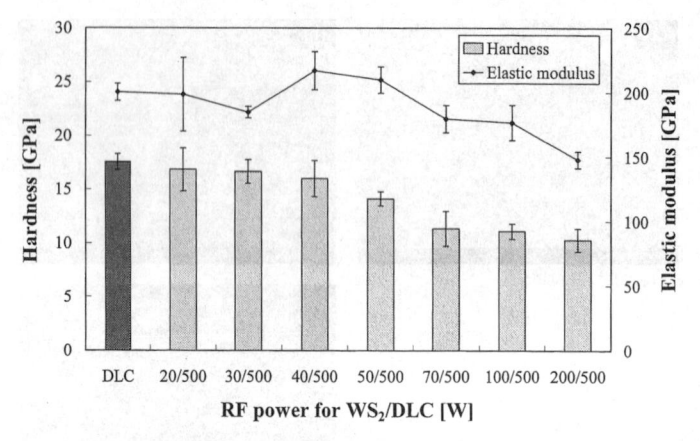

図3 種々の条件で形成した WS$_2$/DLC 膜のナノインデンテーション硬さおよび弾性率

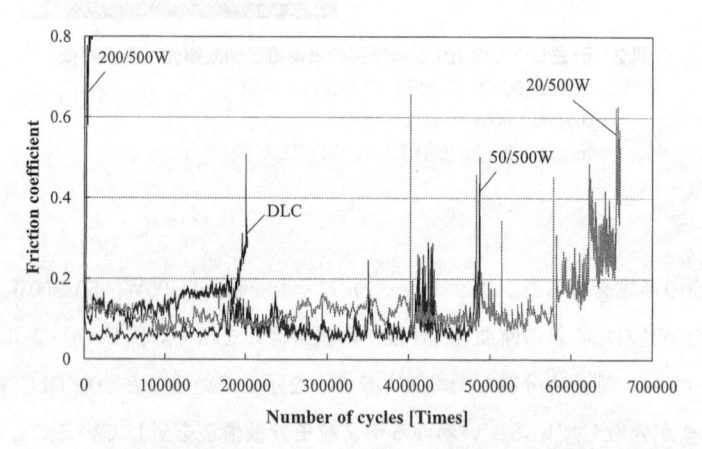

図4 種々の条件で形成した WS$_2$/DLC 膜の大気中における摩擦耐久性

した値を示す傾向にあるが，40/500W，50/500W で形成したものについては DLC 膜を超える比較的高い値を示した。この条件で形成した膜はナノ積層構造を持つことから，これは先に述べた Supermodulus Effect によるものと推察される。図4に 20/500W，50/500W，200/500W で形成した WS$_2$/DLC 膜および比較のため DLC 膜について摩擦耐久試験を行った結果を示す。DLC 膜の摩擦係数は摩擦初期より 0.1 程度と低く，摩擦係数が急増する摩擦寿命は約 200000 回転と他の多くの論文にも見られるように良好な耐摩耗性を示した。これに対して，乱層構造となった 200/500W で形成した膜は摩擦初期より摩擦係数は高く，早期に摩擦寿命に達した。積層構造を呈した 50/500W で形成した膜は，摩擦初期から比較的安定した DLC 膜より低い摩擦係数を示し，その摩擦寿命も DLC 膜の約 2.5 倍となるおおよそ 500000 回転と優れた耐久性を示すことが明らかとなった。さらに分散構造となる 20/500W で形成した膜は，摩擦初期においては DLC 膜に

第 5 章　次世代応用のための DLC 先端技術

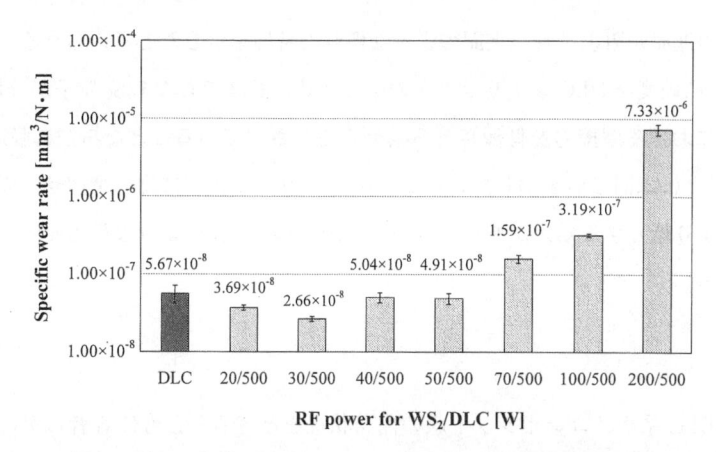

図 5　種々の条件で形成した WS$_2$/DLC 膜の比摩耗量測定結果

比べやや高い摩擦係数を示すものの，摩擦回数の増加とともにその値が低下する傾向が見られ，その摩擦寿命は 600000 回転付近と最も優れた摩擦耐久性を示した。またいずれの場合も摩擦係数が上昇し始めてから時間が経過した後に摩擦係数の急増が見られることから，摩擦寿命は膜の剥離によるものではなく，摩滅に近い形態で摩耗が進展し，最終的には摩耗し薄く残った部分の剥離が起こっている可能性はあるものの，この膜の摩耗により基板が摩擦面に露出し摩擦寿命に達しているものと判断している。尚，別に実施した硫化物として MoS$_2$ を複合させた MoS$_2$/DLC 膜においてもほぼ同様な結果となることを確認している[17]。図 5 に摩擦回数 6000 回時における各種膜の比摩耗量測定結果を示す。分散構造を有する 20/500W で形成した膜は，摩擦係数は DLC 膜よりも幾分高いにもかかわらず，DLC よりも低摩耗を示した。また，積層構造を有する 50/500W で形成した膜は，DLC 膜と同等の低摩耗を示した。30/500W，40/500W の条件で形成した膜においても，低摩擦係数ならびに低摩耗特性が得られている。また WS$_2$ ターゲットへの RF 電力がこの値以上の条件で形成した膜の摩耗は大きくなっている。

　通常，摩擦係数が低い材料系の摩擦では，球（圧子）−平面（膜）の摩擦弾性接触において摩擦接触の際に生じる最大せん断応力は接触界面にではなく平面側表面からわずかに入った側に働くことが知られており，その結果として球（圧子）表面に膜材料のわずかな移着が発生し，この移着部と膜との間のせん断により摩擦が進行する場合がある。またこの最大せん断応力は，摩擦係数が低くなるとより小さな値となることが知られている。DLC 膜の摩擦はその典型であり，移着層による摩耗の進展に対して膜が高硬度であることおよび摩擦係数が小さいことが相まって膜の破壊が生じにくいため優れた耐久性を示す。上記したナノ積層構造の膜は，硬質 DLC 層の間にある固体潤滑低せん断層が摩擦係数の低減に寄与するとともに，この固体潤滑層は自己犠牲型の摩耗しやすい層ではあるが Supermodulus Effect により膜全体の強度（弾性率）が高くなるた

めに膜の破壊の進展が阻止され，上記のような優れた特性を示したと考えられる。ナノ粒子分散構造の膜では，高硬度な DLC マトリックスの中に低せん断層である WS_2 粒子が分散されており，これが摩擦面における摩擦力を低減させる効果を生じさせていることならびに膜の強度（硬度）は DLC 単体膜とほぼ同じ値を示していることから，DLC 単体膜に比べ摩擦せん断における膜の破壊の進展をより低くする効果があったものと推測され，上記のような最も優れた耐久性を示したと考えられる。

2.5 まとめ

ここでは，DLC 系ナノコンポジット膜の開発状況を述べるとともに著者らがこれまでに行ってきた DLC/硫化物ナノ構造化固体潤滑膜の実験結果を中心に述べた。マルチカソードスパッタリング装置を用いることにより，DLC マトリックス中に硫化物クラスタが分散した構造を持つ膜，DLC 層と硫化物層によるナノオーダの積層構造を有する膜が任意に形成できることを示し，さらにこれら膜が DLC 膜に比べ良好な固体潤滑性などを示すことを紹介した。DLC 膜の研究はこれまで開発研究が主体であったものが，最近では実用化を指向した開発に移り，実際に多くのフィールドで DLC 被覆材が使われている。しかし用途万能な単種の DLC 膜は存在せず，いずれも DLC 本来の特性を活かしつつ用途に対応すべく膜構造を上手に制御した膜が活用されている。

文　献

1) W. D. Sproul, *Surf. Coat. Technol.*, **86/87**, 170 (1996)
2) W. D. Sproul, *Science*, **273**, 889 (1996)
3) 三宅正二郎，関根幸男，渡部修一，日本機械学会論文集（C 編），**65**, 258 (1999)
4) J. E. Sundgren, J. Birch, G. Hakansson, L. Hultman, U. Helmerson, *Thin Solid Films*, **193/194**, 818 (1990)
5) A. A. Voevodin, S. V. Prasad and J. S. Zabinski, *J. Appl. Phys.*, **82**, 855 (1997)
6) T. Zehnder and J. Patscheider, *Surf. Coat. Technol.*, **133/134**, 138 (2000)
7) A. Czyzniewski, *Thin Solid Films*, **433**, 180 (2003)
8) S. Shimizu, M. Ban, H. Okado and T. Suemitsu, Synopses of the International Tribology Conference Kobe, 379 (2005)
9) 伴雅人，表面技術，**58**, 23 (2007)
10) V. F. Dorfman, *Thin Solid Films*, **212**, 267 (1992)

11) D. Neerinck, P. Persoone, M. Sercu, A. Goel, C. Venkatraman, D. Kester, C. Halter, P. Swab, D. Bray, *Thin Solid Films,* **317**, 402 (1998)
12) D.Neerinck, P. Persoone, M. Sercu, A. Goel, D. Kester, D. Bray, *Diamond and Related Materials,* **7**, 468 (1998)
13) U. Helmerson, S. Todorova, S. A. Bernett, J. E. Sundgren, L. C. Markert and J. E. Grren, *J. Appl. Phys.,* **62**, 481 (1987)
14) W. D. Munz, D. B. Lewis, P. E. Hovsepian, C. Schonjahn, A. Ehiasarian and I. J. Smith, *Surf. Coat. Technol.,* **17**, 15 (2001)
15) 中山明, 瀬戸山誠, 吉岡剛, 真空, **37**, 929 (1994)
16) 野城淳一, 渡部修一, 櫻井貴彦, 三宅正二郎, 表面技術, **56**, 535 (2005)
17) J. Noshiro, S. Watanabe, T. Sakurai and S. Miyake, *Surf. Coat. Technol.,* **200**, 5849 (2006)
18) 渡部修一, 野城淳一, 表面技術, **58**, 2 (2007)

3　DLC薄膜の水素遮断性

八田章光[*]

3.1　はじめに

　水素がエネルギーの輸送・貯蔵方法として優れた効率を有することは古くから評価されていたが，水素の扱いには難しい課題が多く，従来は現実的な選択肢にはならなかった。ところが水素の化学的エネルギーを直接に電気エネルギーへ高効率変換できる水素燃料電池の発明により，水素のエネルギーシステムとしての実用価値が飛躍的に高まった。化石燃料の枯渇と地球温暖化が現実的な，しかも逼迫した問題となった現在，次世代の電気自動車や高効率分散型発電システムとして普及が期待されている。しかし，水素燃料電池を実用化するには依然として多くの課題があり，その一つが金属材料の水素脆化をはじめとする材料技術である。

　純水素を燃料に用いる場合，自動車に液化水素や高圧水素ガスを積載する。現在試験走行している水素燃料電池自動車では，炭素ファイバーで補強したポリエチレン製タンク内にアルミニウムライナーを施し，最大35MPa（350気圧）の高圧水素ガスを充填している。しかしガソリン車と同程度の走行距離を得るには最大70MPa（700気圧）まで充填する必要があり，このような超高圧水素に対応する材料技術は確立していない。

　さて，DLC薄膜は酸素に対して優れたガス遮断性が認められ，飲料用容器へのコーティング技術が開発されている。また低摩擦係数，耐摩耗性のオイルフリーしゅう動材，潤滑剤としてもすでに広く応用されている。DLCのガス遮断性が水素ガスに対しても有効であるとすれば，高圧水素の貯蔵タンクや配管の材料，高圧水素の圧縮ポンプなどへのコーティング材料として応用が期待できる。金属や樹脂の基材にDLC薄膜をコーティングすることによって，外部から基材へ，水素の浸透拡散を防止できる。さらに，圧縮ポンプなどのピストンに応用すれば，DLCの優れた低摩擦・耐摩耗性が発揮される。

3.2　水素遮断性評価試料の作製

　水素遮断性を評価するためのDLC薄膜試料は容量結合型の高周波プラズマCVD装置を用いて，高分子シートの基材に成膜した[1]。高周波電極自体が基板ホルダーとなっていて，電極に基材を固定し，電極の周囲で放電プラズマを生成する。基材には高周波による自己バイアス電圧が印加される。高周波電極内部に冷却水を循環して，電極自体は室温程度に保たれる。

　基材に用いた高分子シートはPET（ポリエチレンテレフタレート）の一種で，筒中プラスチック工業㈱製のサンロイドペットエース（GAGEPG100W，0.5mm厚，直径75mmϕ，耐熱温度

---

[*] Akimitsu Hatta　高知工科大学　工学部　電子・光システム工学科　教授

第5章 次世代応用のためのDLC先端技術

表1 成膜方法と成膜条件

成膜方法	容量結合高周波プラズマCVD法
電力	200W（周波数13.56MHz）
原料ガス／流量	アセチレン（C_2H_2）／70sccm
ガス圧力	5〜6Pa
セルフバイアス	約−600V
成膜時間	30〜600秒（60秒以上の成膜では20秒成膜を繰り返し）

約65℃，通称PETG）である。PETGシートはA-PET層をPETG層で挟んだ3層の積層構造をしているが，ガス透過の解析においては1枚の高分子基材と考えてよい。

PETシートを基材に選ぶ理由は，基材自体の水素遮断性がむしろ悪いこと，およびPETボトルへのDLCコーティング技術に実績があることによる。基材自体の遮断性が良すぎると，コーティングの有無にかかわらずガスの透過量が少なく測定が困難となる。

基材のPETシートはアモルファス構造であるが，プラズマCVD処理の間にシート表面近傍が，プラズマ中のイオン照射や加熱によって結晶化する場合がある。基材が結晶化すると基材自体の水素透過特性が変化してしまい，コーティングした薄膜の遮断性を分離評価できないことから，結晶化を避けて室温付近での成膜が求められる。

高周波プラズマCVD法によるDLC薄膜作製の条件を表1に示す。原料ガスには，最も水素原子の比率が小さい炭化水素であるアセチレンガス（C_2H_2）を用いた。供給流量を70sccmとし，成膜容器内の圧力はターボ分子ポンプの排気をバルブで調整し，電離真空計（アネルバ，シュルツゲージ，LG-11S）を用いて表示値（空気に対する校正値，アセチレンガスに対する校正は行っていない）で5〜6Paに調整した。成膜中（放電中）の圧力は表示値で4Pa程度となった。

高周波電力は13.56MHz，200Wで一定とし，成膜中の自己バイアス電圧は−600Vとなった。膜厚によるガス遮断性の比較をするため，成膜時間を30〜600秒まで変化させて膜厚を制御した。基材は裏面の電極から冷却されるが基材自体の熱伝導性が乏しいため，表面はプラズマ照射によって加熱される。基材の温度上昇を抑制するためにはプラズマへ入射する高周波電力を低減すれば良いが，高周波電力を低減すればプラズマ密度が低下してしまうため，自己バイアス電圧が低下するなどにより膜質が劣化する。そこで，長時間の成膜では10秒，ないしは20秒の成膜と冷却を繰り返し，時間平均電力を下げることで基材の過熱を避けた。得られたDLC膜の膜厚はRF200Wの場合，断面のSEM観察から最も薄い30秒成膜で300〜400nm，最も厚い600秒成膜で1.7μmであり，成膜時間にほぼ比例していることを確認した。成膜した試料の写真を図1に示す。図1（a）が最も薄い30秒成膜，図1（b）は最も厚い600秒成膜で，水素透過量測定

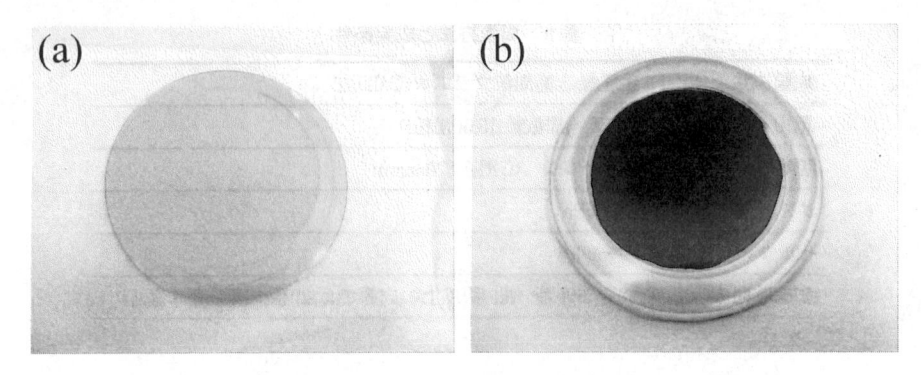

図1 PETシートに成膜したDLC薄膜
(a) RF200W30s 成膜，(b) 銅ガスケットに接着した RF200W600s 成膜試料

時にOリングの応力でクラックが生じるのを防ぐため，Oリングが接する部分に銅ガスケットを接着した試料である。30秒成膜した試料は薄い褐色で透明，600秒成膜した試料は黒色で不透明，表面には金属的な光沢がある。

3.3 透過法による水素遮断性の評価

透過法による水素遮断性評価装置を図2に示す。DLC薄膜をコーティングしたPETシートの片側に水素圧を加え，反対側を超高真空に排気して，水素リーク量（透過量）の時間的な挙動を測定し，DLCコートのない基材と比較する。

装置は2つの超高真空容器，下部のガス分析容器と上部のガス蓄積容器の間がゲートバルブで遮断できる構造となっている。高感度の四重極質量分析計とヌードイオンゲージを取りつけたガス分析容器は直列2段のターボ分子ポンプで常時，超高真空に排気し，容器内の水素分圧をモニターしている。

ターボ分子ポンプの排気速度が一定のとき，分析容器内の水素分圧は流入させた水素と壁からの放出水素の総流量に比例することから，逆に水素分圧を測定し，排気速度を用いると水素の流量が測定できる。汎用のターボ分子ポンプは，水素とヘリウムを除くガスについて実効的な排気速度がほぼ一定と考えて良いが，水素に対しては圧縮比が非常に小さい（$10^2 \sim 10^3$程度）ため排気速度が一定にならない。圧力が$10^{-3} \sim 10^{-4}$Pa程度の通常の高真空領域では，水素分圧は排気速度よりもむしろ圧縮比で決まると考えた方が良い。排気速度を一定にするためには水素に対する圧縮比の高いターボポンプを使用しなければならない。この装置では排気速度220L/s（大阪真空，TG220F）と50L/s（島津製作所，TMP-51G）の直列2段にすることで水素圧縮比の高い排気システムを構築した。圧縮比を高くすることにより，試料装着後1日程度の真空排気で水素に対する排気速度が安定になることを確認した。

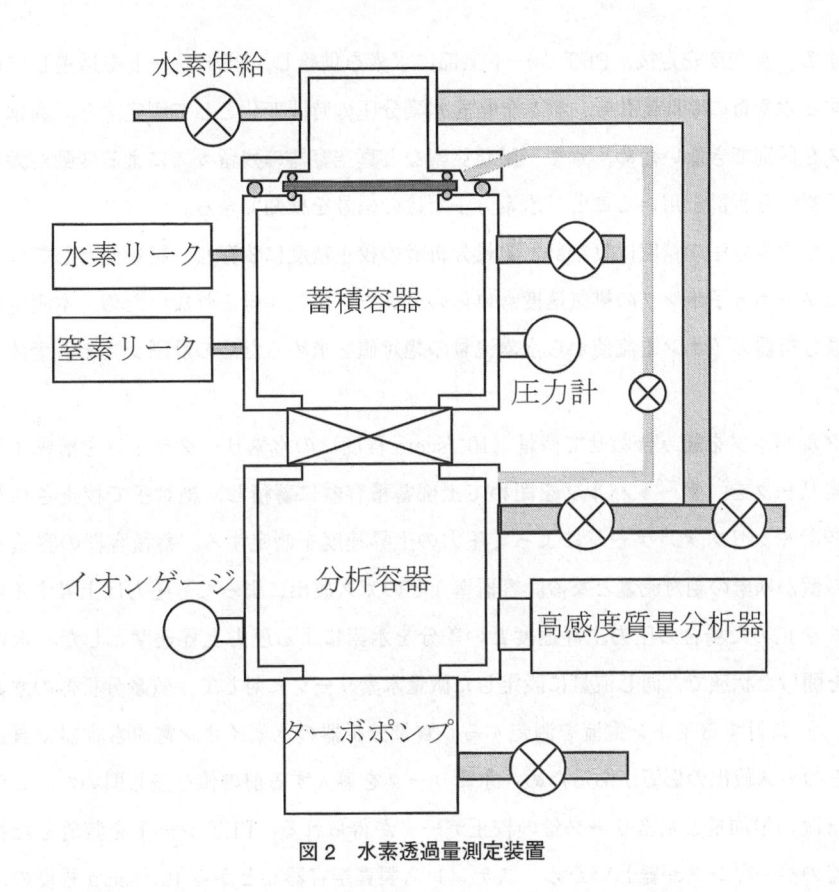

第 5 章　次世代応用のための DLC 先端技術

図 2　水素透過量測定装置

　蓄積容器の上面フランジにメッシュを設け，メッシュ上に試料の PET シートを装着する。PET シートは上下両側に O リングを挟んで，フランジの間に固定する。試料上面に水素を供給し，下面はメッシュを通して超高真空に排気する。O リングシールからの水素漏洩がないことを，O リングの中間部分を別経路から真空排気してガス分析により確認する。
　供給する水素の圧力は 0.25 気圧（25kPa）とした。PET シートはメッシュで支えられているものの，水素を大気圧（100kPa）まで供給すると，真空側との圧力差によって PET シートがメッシュ孔の周辺で変形し，変形に追随できない DLC コーティングにクラックが生じる。また，O リングを密着させるためにフランジをボルト締めすると，O リングとともに PET シート自身も少し変形してしまう。この場合も O リングが密着した部分では DLC コーティングにクラックが入ってしまう。クラックから水素が透過するのを避けるため，O リングのあたる部分に，あらかじめ銅のガスケットを真空用接着剤で貼り付け，O リングが DLC 膜に直接あたらない様にした試料が図 1 (b) である。
　PET シートは大気中で水分や空気を多量に吸っているため，真空排気開始後両面から 1 日程

度排気する。真空度安定後，PETシート上部に水素を供給し，PETシートを透過して真空容器へ漏洩する水素量の時間変化を，ガス分析室水素分圧の時間変化として測定する。通常の真空計ではガスを区別できないため，水や一酸化炭素など真空容器の残留ガスによる変動が大きく影響するが，質量分析計を用いることで水素分子だけの信号を検知できる。

測定した水素分圧の精度は真空計と質量分析計の校正精度に依存し，絶対値としては確度が低い。またターボ分子ポンプの排気速度も単体のカタログ値しか得られないため，本測定においては，質量分析器のイオン電流値から水素流量の絶対値を求めるための計測システム全体での校正を行った。

ニードルバルブを組み合わせて微量（10^{-3}sccm程度）の水素リークラインを構成する。この微量水素リークを，ゲートバルブを閉めて上部蓄積容器に蓄積し，絶対圧で校正されたバラトロン真空計やクリスタルゲージによって圧力の上昇速度を測定する。蓄積容器の容積と圧力上昇速度の積が水素の絶対流量となる。容器壁などのガス放出によっても圧力は上昇するため，水素リークを止めた場合の圧力上昇速度との差分を水素による圧力上昇速度とした。次にゲートバルブを開けた状態で，同じ流量に設定した微量水素リークに対して，質量分析器の水素イオン（m/e = 2）に対するイオン電流を測定する。質量分析器の水素イオン電流も容器や質量分析器自体からのガス放出の影響があるため，水素リークを導入する前の値を差し引いた。これによりイオン電流の増加量と水素リーク量の校正データが得られる。PETシートを装着した状態では真空容器のベーキングが難しいため，ステンレス製真空容器などから10^{-5}sccm程度の水素放出があり，これを一定と見なせる範囲で差し引くとして，システム全体の水素リーク量検出限界は10^{-7}sccm程度となる。

3.4 水素透過量測定結果

試料装着後，約1日高真空排気を行い，真空度が安定したところで0.25気圧（25kPa）の水素を供給した。図3は水素流量（シート透過量）の時間変化を示している。横軸は水素圧を供給してからの経過時間（秒），縦軸は質量分析器の水素イオン電流から求めた水素流量である。水素流量は水素供給時点（横軸の0）から数分遅れて立ち上り，1～数時間で一定の値に落ち着く（この値を飽和流量と呼ぶことにする）。この遅れ時間は水素がPETシートのバルク中を拡散して反対側に透過する過程である。水素流量が一定に達した後，供給していた水素を排気し，試料のPETシート上面を真空に排気した。供給している水素を排気しても，シート自身に浸透した水素はすぐには抜けないため，浸透していくときと同じ時定数で徐々に減少する。

DLCコーティングがない場合には水素飽和流量は約1×10^{-5}sccmであり，コーティング有りの場合は半分以下に低下する。図3は成膜時間を変化させてコーティングした試料の測定結果を

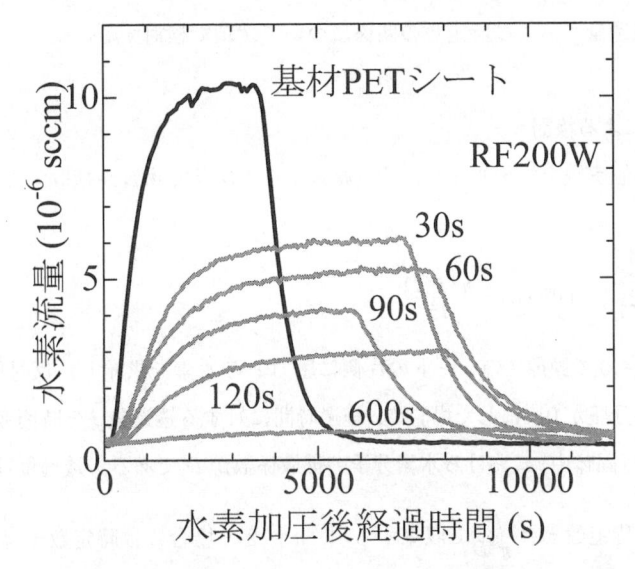

第5章　次世代応用のためのDLC先端技術

図3　試料に水素圧力（25kPa）を与えた後，経過時間と水素流量

示している。成膜時間を長くして膜厚を厚くするほど飽和流量が減少し，DLCを10分成膜したPETシートでは，桁違いに水素ガスの遮断性が向上している。ただしこの測定ではOリングの押さえつけによるクラックの影響が残っているため，銅ガスケットを用いてクラックを抑制した試料（図1（b））の場合にはさらに飽和流量の低下が確認された。

　シートや膜を気体が透過する透過量（毎秒あたり標準状態でcm^3）は，圧力（慣例的にcmHgを用いる）と試料の面積（cm^2）に比例して増加し，試料の厚さ（cm）に反比例して減少することから，定常状態での気体の透過量（飽和流量）を，試料の面積，気体（分圧）の差圧，試料の厚さで規格化した数値を気体透過係数と呼ぶ。基材のPETシートおよび，DLCを$1.7\mu m$コーティングしたPETシートについて気体透過係数を算出した。基材のPETシートについてはPETシート自身の厚さで計算し$1.5\times10^{-11}\left[\dfrac{cm^3(STP)\cdot cm}{cm^2\cdot sec\cdot cmHg}\right]$となった。一方，DLCコーティングしたPETシートの場合，気体の透過量はほとんどDLC層の厚さで決まることから，DLCの厚さだけを考えて気体透過係数を計算すると，基材を含まないDLC自体の気体透過係数は$1.0\times10^{-17}\left[\dfrac{cm^3(STP)\cdot cm}{cm^2\cdot sec\cdot cmHg}\right]$という極めて小さな値であることがわかった。

　つぎに，水素供給から飽和までの時定数，および，水素排気後，水素流量が減少する時定数を求めると，いずれの試料についても飽和までの時定数と排気の時定数がほぼ一致し，その時定数はDLCの膜厚が厚いほど長くなる傾向にある。これはガスの拡散係数が小さくなるためである。

拡散係数と飽和透過量，および時定数の関係について次項で検討する。

3.5 拡散方程式による検討

水素遮断性の評価実験をモデル化し，均質媒質中を1次元で物質が拡散する場合の拡散方程式の解を求めると，

$$J = \frac{DP}{l}\left\{1 + 2\sum_{n=1}^{\infty}(-1)^n \exp\left(-\frac{n^2\pi^2 D}{l^2}t\right)\right\} \qquad (1)$$

となる[2]。時刻 $t = 0$ で膜厚 l のシートの片側に圧力 P の水素を供給し，反対側は常に真空排気された状態（水素分圧が0）にした場合の，経過時間に対する透過量 J の時間変化を示している。シートのバルク中（固体中）における水素分子の拡散係数が D である。透過量は定数項に加えて，$n = 1$ の場合には時定数 $\tau = \frac{l^2}{\pi^2 D}$ で収束する項，$n = 2$ の場合には時定数 $\tau/4$，$n = 3$ の場合には時定数 $\tau/9$ で収束する項などの和で表される。十分に時間が経過すると指数関数の項はすべて0に収束する。時間的に最後に収束するのは $n = 1$，時定数 τ の項であり，これが収束すると定数項のみが残る。すなわちこの定数項 $J = \frac{DP}{l}$ が定常状態での透過量を示している。

定常状態に収束していく $n = 1$ の項の時定数 τ は，実験結果で得られたように時間変化を片対数でプロットすれば容易に得られる。さらにフィッティングで求めた $n = 1$ の項を差し引けば，$n = 2$ の項 $\tau/4$ で収束する項が現れるが，これは時刻 $t = 0$ で流量が0から立ち上がる時定数に相当する。

一般にガス透過性の測定は，微量な透過量を時間的に蓄積した積分値を用いることで感度を向上する。すなわち十分な積分時間にわたってガスを蓄積し，蓄積量を時間で割って透過量のみを算定する。これに対してこの時間変化測定では透過量と拡散の時定数という2つのデータが得られる。水素ガスの検出感度については分析チャンバーを超高真空に維持すること，および質量分析器の感度を高くすることで，通常の蓄積法と同じ程度の検出感度が得られているが，透過量は，流量の絶対換算や校正，感度再現性の不正確さを含んでいる。これに対して時定数はこれらの校正誤差の影響を含まない。したがって，飽和流量だけではなく，時定数によって遮断性を評価することが重要である。

PETシートのみの拡散とDLCコートしたPETシートという複合材料の拡散を単純に比較することはできないが，DLCコーティングによって試料の厚さ l はほとんど変らないことから，等価的に試料全体の拡散係数 D が変化したと仮定すると，飽和流量 $J = \frac{DP}{l}$ は拡散係数とともに

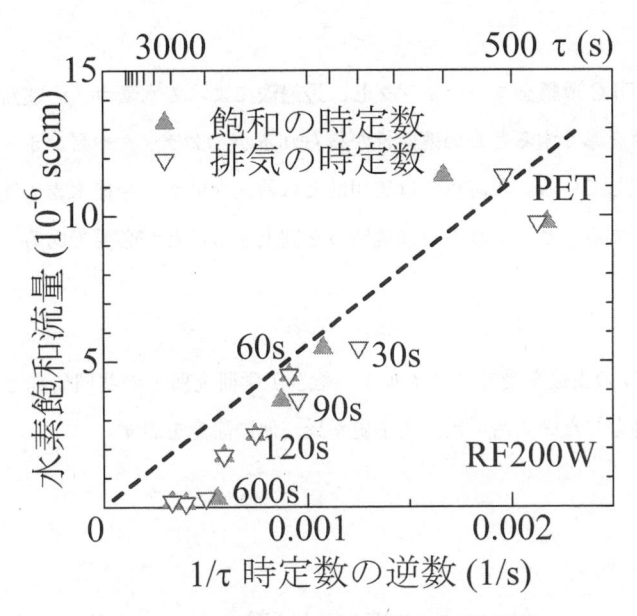

第 5 章　次世代応用のための DLC 先端技術

図 4　水素流量変化の時定数と飽和流量の関係

減少し，時定数 $\tau = \dfrac{l^2}{\pi^2 D}$ は拡散係数と反比例して増加する。時定数の逆数 $1/\tau$ と飽和流量 J は比例関係になると予想される。図 4 は成膜時間を変化させたすべての試料について，測定で得られた時定数の逆数 $1/\tau$ と水素の飽和流量 J との関係を示している。成膜時間を延長するほど水素の遮断性が向上し，飽和流量が減少するとともに，時定数が大きくなっている。

　拡散方程式による予想では時定数の逆数 $1/\tau$ と水素の飽和流量 J は原点を通る直線になるはずである。しかし測定で得られたデータはほぼ直線上にプロットされるものの原点を通らない。基材の PET シートは，飽和流量が 1×10^{-5} sccm，時定数は 500 秒程度である。最も飽和流量が小さくなった 600 秒成膜の試料では飽和流量が 2×10^{-7} sccm と約 1/50 に減少していることから，時定数は 25,000 秒程度に延びると予想されるが，実験結果は 3,000 秒程度に留まっている。これはコーティングにクラックやピンホールなど局所的にコーティングの薄い領域が存在するためであると考えられる。試料表面の大部分は遮断性の高いコーティングで覆われ，局所的に水素が漏洩しているとすれば，時定数は漏洩のルートに依存する。しかし，漏洩面積は試料面積に比べて非常に小さくなっているため，飽和流量は小さくなっている。

　このように飽和流量だけでなく時定数に着目した解析により，コーティングのクラックやピンホールの影響も含めて水素透過のメカニズムを理解し，遮断性の高い成膜方法や成膜条件を見いだすことが今後の課題である。

3.6 まとめ

PET シートに DLC 薄膜をコーティングし,透過法によって水素ガスの遮断性を評価した。電力を高くして膜厚を厚くすると高い遮断性が得られるが,クラックやピンホールによると考えられるリークが存在している。現時点では実用的とは言えないが,今後水素の透過メカニズムを検討し,物性を制御することによりさらに遮断性を向上することが必要である。

謝辞

本研究は NEDO の支援を受けてエネルギー総合工学研究所との共同研究として実施した。在学中,本研究に協力した松久治可氏,金子史幸氏,他に謝意を表す。

文　　献

1) A. Hatta, H. Matsuhisa, *New Diamond and Frontier Carbon Tech.*, **14** (6) (2004)
2) 深井有,拡散現象の物理,朝倉書店 (1988)

4 セグメント構造DLC膜の超音波モータの摩擦駆動面への応用

髙﨑正也*

4.1 はじめに

　超音波モータは取り出せる推力が大きい，保持力・保持トルクが大きい，磁場を発しない，減速機構を必要としないなどの様々な特長を有したアクチュエータである。その超音波モータの中でも，超音波振動の一種である弾性表面波（surface acoustic wave: SAW）を利用したモータの開発が行われている[1,2]。これまでにシリコンスライダが導入され[3,4]，高速，高推力，nmオーダーの精密位置決めが可能となり，数十mmのロングストローク，高エネルギー密度，支持が容易，小型化が可能といった数多くの特長を有していることが報告されている[5~7]。

　しかしながら，摩擦駆動という駆動原理に加え，ステータ振動子に利用している圧電材料$LiNbO_3$は硬脆材料であるため，接触している摩擦駆動面（ステータ振動子−スライダ間）に摩耗の問題が生じていた。そこで耐摩耗性材料であるDLC膜の摩擦駆動面への応用を検討した。摩擦駆動面にDLC膜をコーティングするにあたり，従来の弾性表面波リニアモータに用いられているシリコンスライダと同様の突起構造を有しているセグメント構造DLC（S-DLC）膜に着目した。DLC膜は基材変形時にひずみを生じ，クラックを発生するためコーティングした膜に破壊や剥離を生じやすいが，セグメント構造を採用することで基材変形時のひずみを低減でき，通常のDLC膜に比べ優れたトライボロジー特性を持たせることができる[8,9]。超音波モータでは弾性体振動を利用するため，基材変形にも対応できることが重要である。

4.2 弾性表面波リニアモータ

　弾性表面波の一種であるレイリー波の進行波を励振すると，図1に示すように弾性媒体表面

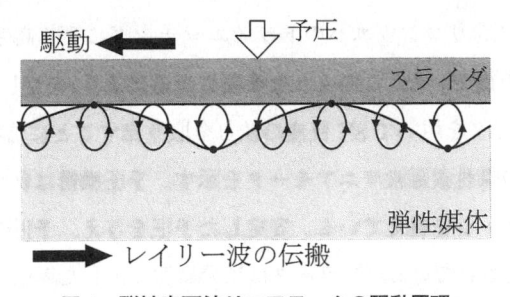

図1　弾性表面波リニアモータの駆動原理

---

*　Masaya Takasaki　埼玉大学　大学院理工学研究科　准教授

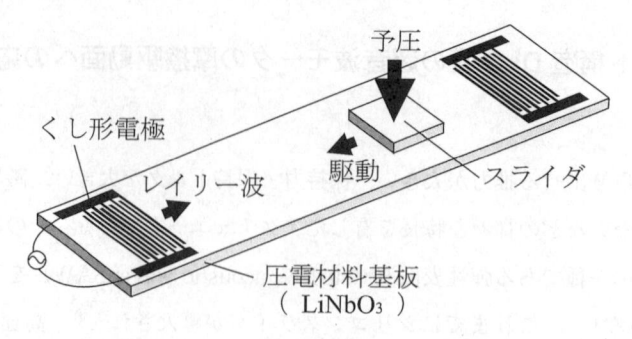

図2 レイリー波の伝搬とモータ基本構成

　は楕円軌道に沿って振動する。このとき，スライダに予圧を与えて接触させると進行波型の超音波モータと同じ原理で，表面の振動より摩擦を介して推力を得る。図2に示すように，弾性表面波リニアモータは圧電材料基板とスライダからなる。圧電材料基板にはLiNbO$_3$ 128°Y-cut基板を用い，弾性表面波振動子兼弾性媒体として使用する。基板表面にはくし形電極（interdigital transducer: IDT）が2組形成されている。くし形電極にその幾何形状で決定される周波数（電極幅100μm，電極間隔100μmの場合で9.6MHz）の交流電圧を印加すると，同じ周波数を持ったレイリー波が励振され，図中矢印の向きに伝搬する。進行波を得るためには基板端での反射を防ぐための吸音材の設置（くし形電極の背後に設置）が必要である。レイリー波の進行波により，スライダは波の進行方向と逆向きに駆動される。スライダ駆動方向を切り替えるには弾性表面波の伝搬方向を変えればよく，駆動電圧を印加するくし形電極を選択すればよい。大きな推力を得るためには予圧を与える機構が必要である。

　レイリー波の進行波中，弾性媒体の垂直方向の振動振幅は数十nm程度（駆動周波数を9.6MHzとした場合）である。このような微小な振動振幅のもとで安定的に推力を取り出すために，従来の弾性表面波リニアモータでは，写真1に示すような突起構造を備えたシリコンスライダを利用していた。シリコンウエハのドライエッチングにより高さ1μm程度，直径数十μm程度の突起の分布を得ていた。このような多接点構造により，安定した駆動を実現しており，4mm角のシリコンスライダを用いて8N程度の推力を取り出すことに成功している[10]。

　写真2に評価実験用の弾性表面波リニアモータを示す。予圧機構は板バネで構成され，予圧を測定するためのひずみゲージを備えている。安定した予圧を与え，予圧の大きさを測定・管理するために予圧機構は固定されている。スライダは半分に切り出した鋼球とリングを組み合わせたものを挟んで予圧機構に固定されており，予圧により圧電材料基板と平行姿勢を保つように工夫されている（ロール及びピッチに対する自由度を持たせている）。圧電材料基板はリニアガイドにより直線運動に案内されており，駆動に伴い移動する部分を移動テーブルと呼ぶ。この構成で

第 5 章　次世代応用のための DLC 先端技術

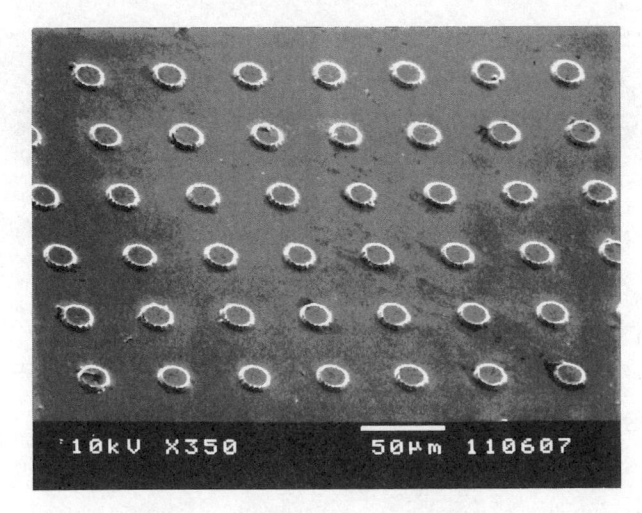

写真 1　シリコンスライダの突起構造例[7]

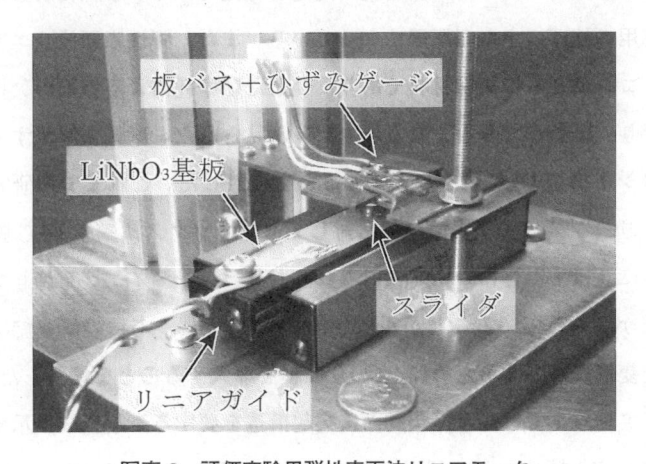

写真 2　評価実験用弾性表面波リニアモータ

は，圧電材料基板がモータの駆動により移動する構成となっている。また，従来の呼称と統一するために固定されていてもスライダと呼ぶ。弾性表面波リニアモータとして使用する圧電材料基板は駆動周波数が 9.6MHz であり，サイズは $17 \times 58 \times 1mm^3$，確保できるストロークは 34mm となっている。評価実験では，移動テーブルの速度をレーザドップラ速度計を用いて計測した。推力は最大加速度と移動テーブル等価質量の積により求めた。移動テーブルにボイスコイルモータを取付けて加振し，付加質量に伴う共振周波数の変化より移動テーブルの等価質量を同定し，86g を得た。

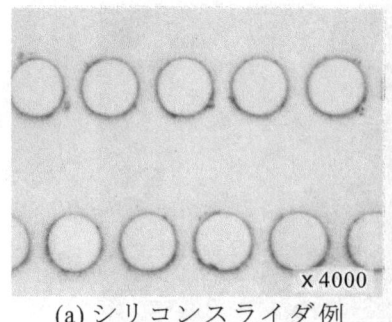

(a) シリコンスライダ例 ×4000　　(b)S-DLC膜 ×2000
（基材：シリコンウエハ）

写真3　シリコンスライダ表面とS-DLC膜の比較

4.3　DLC膜の導入

　超音波モータは摩擦駆動であるため，摩耗の問題を抱えている。摩耗による寿命の問題が超音波モータの産業応用の妨げの主たる原因になっている。また，弾性表面波リニアモータでは，圧電材料基板とシリコンはともに硬脆材料であり，ひとたび摩耗による表面の欠損が生じると，連鎖的に欠損が広がり，駆動ができなくなる現象が多々見られた。摩耗を解決する手段として，摩擦駆動面にセグメント構造DLC膜を導入することを検討した。これまでの研究で，弾性表面波リニアモータのシリコンスライダ表面全体に対してセラミックス薄膜やDLC膜をコーティングし，速度及び推力に及ぼす影響について検討されており，コーティングを施しても駆動性能を損なわず良好な結果が得られていることが報告されている[11～13]。本項の研究では，圧電材料基板やスライダの弾性変形に対応するために，S-DLC膜を導入することを検討した。

　弾性表面波リニアモータでは，摩擦駆動面に突起構造を要する。写真3に示すように，セグメント構造がそのまま突起構造として利用することができる。また，S-DLC膜を合成する面として，図3(a)に示すスライダ面と同(b)に示す圧電材料基板表面の2通りが考えられる。スライダ面に合成する場合，従来の突起構造を製作するためのドライエッチングが不要となり，シリコンウエハを基材として使用することができる。一方，圧電材料基板表面に合成する場合，スライダには突起構造が必要ないため，平坦な表面を持つものをスライダとして使用することができる。また，圧電材料基板がS-DLC膜により保護され，主にスライダが摩耗していく。スライダを取り替えることで新品同様の状態に戻すことも可能となる。つまり，簡便なメンテナンスによりアクチュエータの寿命を延ばすことができる。

4.4　駆動特性

　まず，シリコンウエハ表面にS-DLC膜を合成したものをスライダとして用い（サイズは

第5章　次世代応用のためのDLC先端技術

図3　S-DLC膜の合成面
(a) スライダ表面にS-DLC膜
(b) 圧電材料基板表面にS-DLC膜

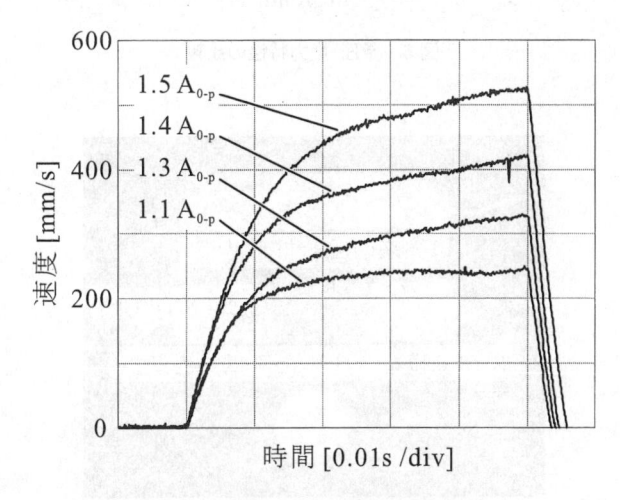

図4　移動テーブル速度の過渡応答
（スライダ面にS-DLC膜を合成した場合）

4mm角），圧電材料基板には従来のものを用いた。駆動周波数を9.61MHzとし，予圧は20Nとした。入力電流を1.1から1.5A_{0-p}まで変化させたときの移動テーブル速度の過渡応答を図4に示す。図より入力電流が大きいほど到達できる速度が速くなり，最大加速度も大きくなる傾向にあることがわかる。従来の弾性表面波リニアモータと同様の傾向を示した。入力電流を1.5A_{0-p}一定としたときの，スライダ予圧と推力の関係を図5に示す。従来のシリコンスライダを用いたものと比較すると，同程度の推力を得ることができた。S-DLC膜を突起構造として用いても，従来と同等の性能を得ることができる。

次に，写真4に示すように圧電材料基板の駆動面にS-DLC膜を合成したものを用いた。シリコンウエハを4mm角に切り出したものをスライダとして駆動を行った。入力電流を1.4A_{0-p}，

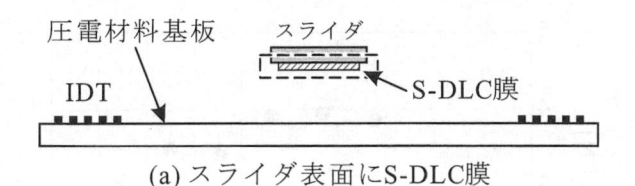

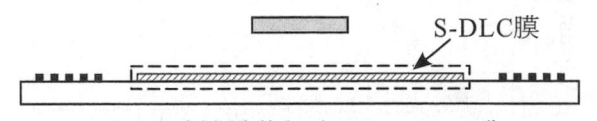

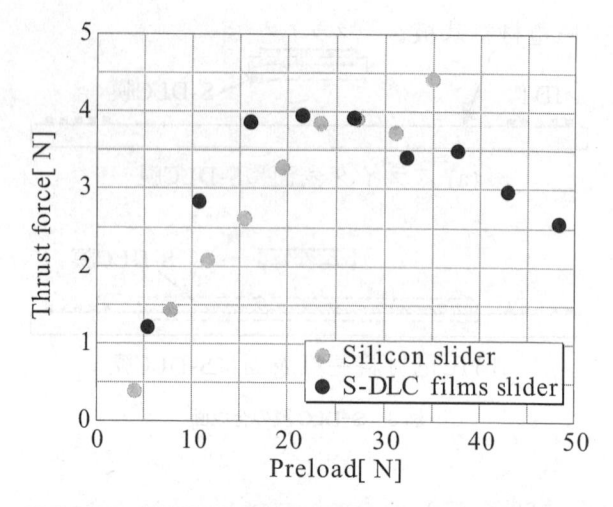

図5 予圧-推力特性の比較

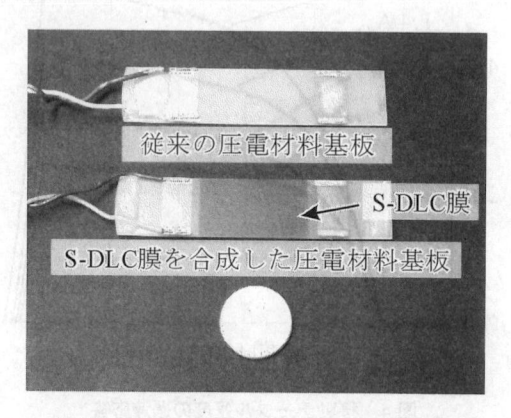

写真4 S-DLC膜を合成した圧電材料基板

予圧を50Nとしたときの移動テーブル速度の過渡応答を図6に示す。LiNbO$_3$基板表面へのS-DLC膜の合成が最良ではなく、セグメントの高さが揃っていないために駆動における十分な接触が得られず、推力・速度ともに十分に得られなかったと推察される。

4.5 おわりに

超音波モータの一種である弾性表面波リニアモータの摩擦駆動面にセグメント構造DLC膜を導入し、従来の性能を確保しつつ耐摩耗性を向上させることを検討した。シリコンウエハ表面にS-DLC膜を合成したものをスライダとして駆動させたところ、従来の弾性表面波リニアモータと同等の性能を得た。圧電材料基板表面にS-DLC膜を合成したものを用いた結果、駆動には成

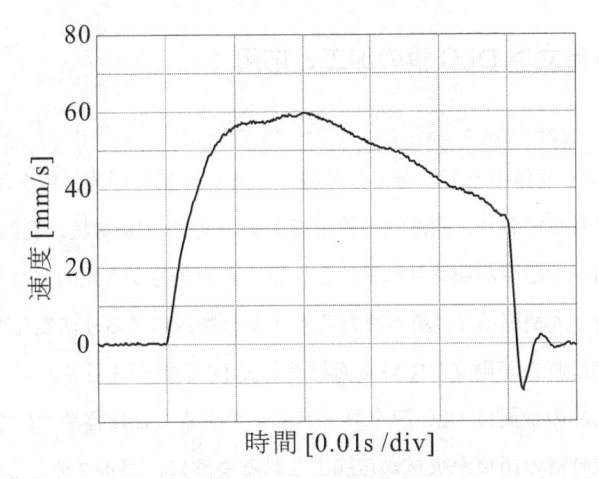

第 5 章　次世代応用のための DLC 先端技術

図 6　移動テーブル速度の過渡応答
（圧電材料基板表面に S-DLC 膜を合成した場合）

功したが，十分な性能を得ることができなかった。今後，$LiNbO_3$ 基板表面への S-DLC 膜の合成技術の確立と最適化がなされることで，駆動面の接触状態が改善されて性能が向上されることを期待する。

文　献

1) M. Kurosawa et al., *Ultrasonics,* **34**, 234-246（1996）
2) M. Kurosawa et al., *IEEE Tran. UFFC,* **43**, 901-906（1996）
3) 刑部尚樹ほか，ロボティクス・メカトロニクス講演会，2AII2-7（1998）
4) N. Osakabe et al., *Proc. IEEE MEMS,* 390-395（1998）
5) T. Shigematsu et al., *IEEE Tran. UFFC,* **50**, 376-385（2003）
6) T. Shigematsu et al., 電気学会論文誌 E，**126**，166-167（2006）
7) 高﨑正也ほか，精密工学会誌，**71**，990-994（2005）
8) Y. Aoki et al., *Tribology International,* **37**, 941-947（2004）
9) 青木佑一ほか，精密工学会誌，**71**，1558-1562（2005）
10) M. Kurosawa et al., Proc. MEMS, 252-255（2001）
11) Y. Nakamura et al., *Proc. IEEE Ultrasonics Symposium,* 1766-1769（2003）
12) 中村勇太ほか，日本音響学会講演論文集，1061-1062（2003）
13) 黒澤実ほか，電子情報通信学会信学技報，US2003-91，37-42（2003）

5 FIB による自立体 DLC 膜の加工と応用

竹内貞雄*

5.1 はじめに

　DLC 膜は，真空から液体中までの全ての環境下において低い摩擦係数を示すなどの優れたトライボロジー特性を有しており，潤滑油が使用できない真空・宇宙環境，食品や医療関係の機器，マイクロマシン部品への応用が期待されている。特に表面張力が支配的となり油潤滑が困難なマイクロマシンの場合，大型部品では許容されるわずかな摩滅による寸法変化が問題になり，優れた耐摩耗性と固体潤滑特性が両立している素材として DLC 膜が注目されている。しかし，ミクロンサイズの微小部品の全面に DLC 膜をコーティングすることは容易ではない。このような微小部品の場合，機械時計の歯車が板材から加工されるように，バルク体としての DLC 板から加工する方法が有効であろう。このプロセスを実現するためには，素材としての厚さ $40 \sim 50 \mu m$ 程度の DLC 板を自立体で得ることが前提となる。このためには厚膜化を阻害している DLC 膜中の高い内部応力を低減する合成技術を確立する必要がある。次にミクロンオーダーの形状を精密に仕上げる加工技術が必要となる。さらに，実際に機械として機能するためには，複数の部品を組み立てるハンドリング技術の確立も不可欠である。ここでは，内部応力を低減し，自立板としての取扱いが可能な DLC 膜の合成方法を示し，DLC 自立体から FIB（フォーカスドイオンビーム）加工機により軸と歯車を切出し，組み立てまで行った事例を紹介する。

5.2 内部応力を低減した DLC 自立体の製作

　DLC 膜の合成は原料ガスにメタンを用いた RF プラズマ CVD 合成装置により行った。DLC 膜の内部応力を低減するための工夫は膜中への Si 添加と膜構造の多層化である。具体的には，合成雰囲気中に TMS：$Si(CH_3)_4$ を供給することで行った。表1に合成条件を示す。

　TMS 添加量を変えて合成した DLC 膜の残留応力の測定結果を表2に示す。なお，膜中の残

表1　DLC 膜の合成条件

CH_4 流量（cc/min）	60
TMS 流量（cc/min）	$0 \sim 6$
合成圧力（Pa）	10
RF 出力（kW）	$1.2 \sim 1.4$
バイアス電圧（V）	$-750 \sim -850$
基板温度（℃）	$180 \sim 200$

表2　DLC 膜中の Si 含有量と残留応力の関係

膜中の Si 含有量（atm%）	膜中の応力（GPa）
0	-1.54
4.5	-1.34
13.5	-1.26
18.0	-1.20

---

* Sadao Takeuchi　日本工業大学　先端材料技術研究センター　教授

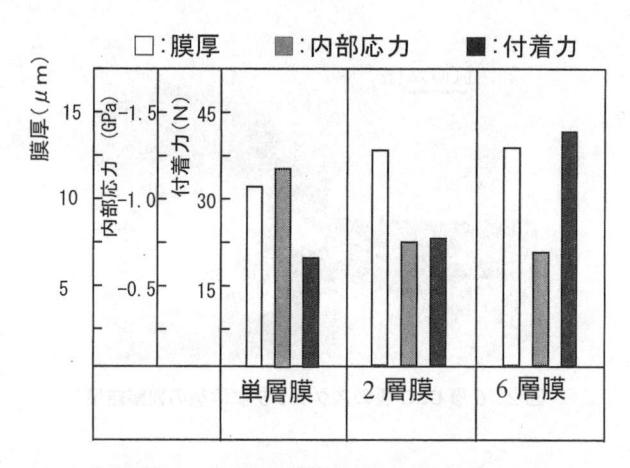

第 5 章　次世代応用のための DLC 先端技術

図1　多層構造 DLC 膜の機械的特性評価結果（Si：18atm％）

留応力は「そり法」により測定した。Si を含まない DLC 膜が －1.54GPa の圧縮応力を示すのに対して，18atm％の Si を含む Si-DLC 膜は －1.20GPa まで減少することがわかる。しかしながら －1GPa を越える DLC 膜を自立体として取扱うことは困難であった。そこで多層化による応力の低減を併用することにした。多層化は最も低い応力が得られた Si を 18atm％含む膜について合成中のプラズマの ON/OFF を繰り返すことで行い，1 層の膜厚を 1.5〜4μm 程度として任意の回数を繰り返すことで，膜厚 10μm 程度の単層膜，2 層膜，6 層膜を合成した[1, 2]。

図1に合成した単層膜，2層膜，6層膜の膜厚，内部応力と付着力の測定結果を示す。膜厚は 10〜13μm とほぼ等しく，硬さについても HV：1800〜2000 程度を示し，際だった違いは認められなかった。すなわち，硬さ，膜厚がほぼ等しい 3 種類の膜が得られた。膜中の内部応力は，いずれも圧縮応力で単層膜が －1.2GPa と最も高い値を示し，2 層膜が －0.72GPa，5 層膜で －0.67GPa と多層化するにつれて減少する傾向が認められた。さらに内部応力の減少に伴い，付着力は SKH 基板にコーティングした場合で 20N（単層膜）から 42N（6 層膜）まで向上した。

図2に6層膜のスクラッチ試験により生じた膜の破壊状況の観察結果を示す[3]。脆性材料特有の貝殻状の破面が認められる。この部分を詳細に観察すると，層構造に対応した界面が観察されるとともに，層間での剥離の痕跡は認められない。すなわち，今回合成した多層 DLC 膜は低い内部応力と十分な層間結合力が得られている。

次に，多層化により，顕著な内部応力の低減が実現したメカニズムについて検討を行った[3]。図3に 40min × 6 回の合成で得られた 6 層膜（t＝13μm）の膜断面のオージェ（AES）分析結果を示す。なお，断面は 10 度の角度で研磨してある。シリコン濃度が傾斜的に変化した膜が積層されていることがわかる。それぞれの単層膜について観察すると，合成初期のシリコン量は

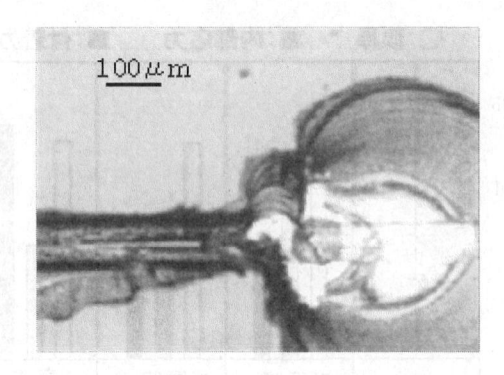

図2　6層DLC膜のスクラッチ試験後の観察結果

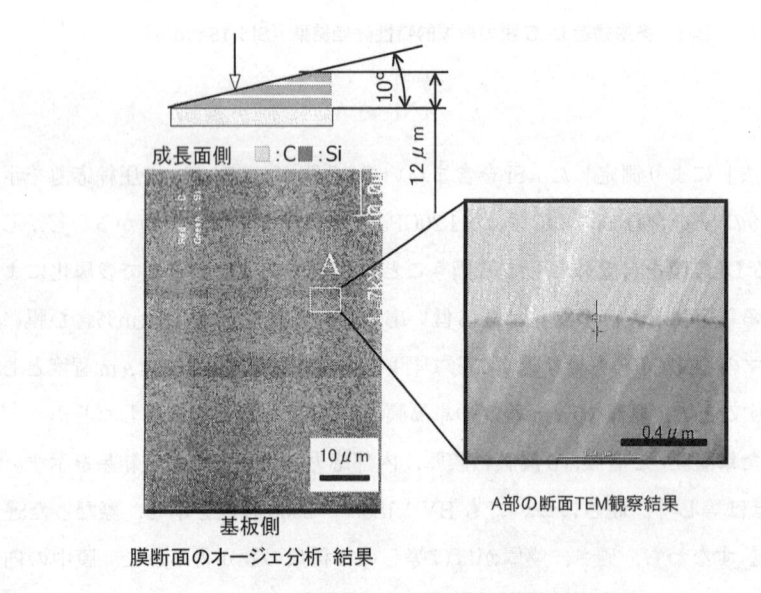

図3　多層化したDLC膜の断面観察結果

16atm%であるのに対し，時間の経過とともに23atm%まで増加している．シリコンの供給源であるTMSの流量は一定であったにもかかわらず傾斜組成構造となった理由は以下のように考えている．TMSの分子量（55.228）がCH$_4$（16.042）に比べ大きいために，合成初期はTMSが十分に分解されず，結果的に膜中に取り込まれるシリコン量が減少したためと推測される．このように，傾斜組成を有する膜が積層された結果，応力が緩和されたと考えられる．

　DLC自立体は，シリコン基板に厚さ40μm（5μm×8層）の多層膜を合成した後，YAGレーザによりDLC膜部をφ0.5mmで輪郭切断した．DLC膜の切断条件は酸素をアシストガスに用い，平均出力：1.5kW，周波数：100kHz，切断速度：5mm/minである．その後，化学的に基板を溶かし自立板を得た．図4に（a）レーザ切断後と（b）基板除去後の観察結果を示す．内

第5章　次世代応用のためのDLC先端技術

(a) レーザ切断後　　　　(b) 基板除去後

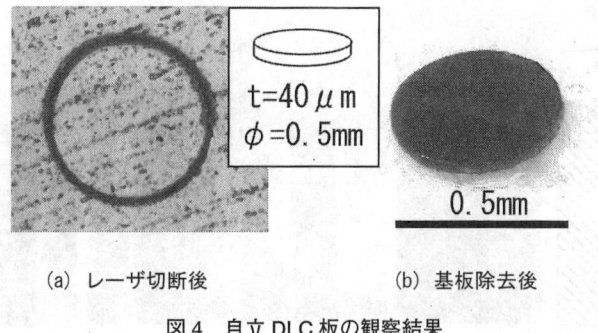

図4　自立DLC板の観察結果

部応力を低減した結果，任意形状の自立体として厚さ40μmのDLC板を得ることが可能となった[3]。

5.3　DLC自立体の加工特性

　電気的な絶縁体で，脆性的な機械的特性を有するDLC膜は単純な平面や曲面であれば研磨加工，切断や溝加工は，YAGレーザ，エキシマレーザ加工が可能である。しかし複雑な3次元形状を精密加工できるのは，ガリウムイオンを用いる集束イオンビーム（FIB：Focused Ion Beam）加工に限定されてしまう。同加工装置は，ガリウム液体金属イオン源からイオンビームを取出し5～10nmに集束させて試料に照射するもので，単なるスパッタリング作用だけでなく，イオン照射により発生する2次電子の検出器を備え，SIM（Scanning Ion Microscope）像の観察を可能にした装置の総称である。具体的には低いビーム電流で試料表面を走査させながら発生する2次電子を捕えることで，走査型電子顕微鏡と同様に試料表面の観察が可能である。絞りの選択によりビーム電流を増大させることでスパッタ効果が高まり効率的な除去加工が可能となる。イオンビームの照射範囲を制御することで，任意形状の加工が可能となるだけでなく，2次電子の検出を併用することで，加工状況を観察しながら作業を進めることができる。さらに，ガス銃から試料に$C_{14}H_{10}$ガス（フェナントレンガス）や$W(CO)_6$ガス（タングステンヘキサカルボニルガス）を吹き付けながらビーム照射することで，カーボンやタングステン膜を照射領域に堆積させることも可能である。このようなデポ機能は，もともと半導体の配線修理を目的として本装置が開発された経緯があるためである。さらにマイクロプローブによるサンプリング機構の併用によりLSIの故障解析のための断面TEM試料作製への応用技術が確立され，急速に普及している。

　DLC板の加工には日立製の集束イオンビーム加工機（FB2100）を用いた。加工条件はガリウムイオンビームの加速電圧を40kV一定として，ビーム電流は0.4～30nAの範囲で変化させた。

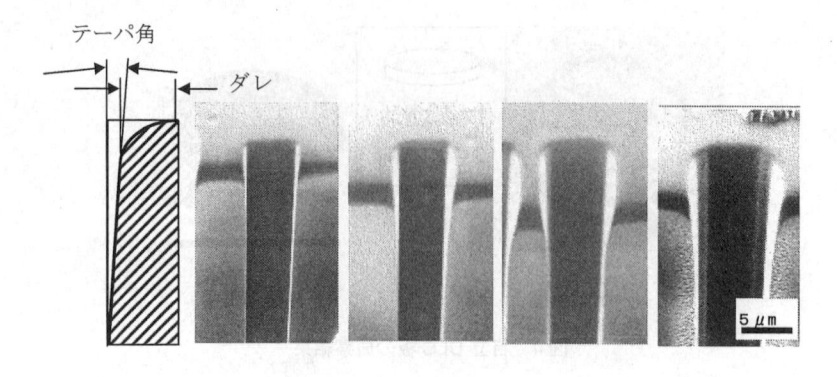

	(a)	(b)	(c)	(d)
ビーム電流（nA）	0.43	1.8	7.3	30.1
テーパ角（deg.）	0.64	1.64	2.29	2.63
ダレ（μm）	0.30	0.52	1.56	0.84

図5 DLC自立体の解放された溝加工におけるテーパ角とダレに及ぼすビーム電流の効果

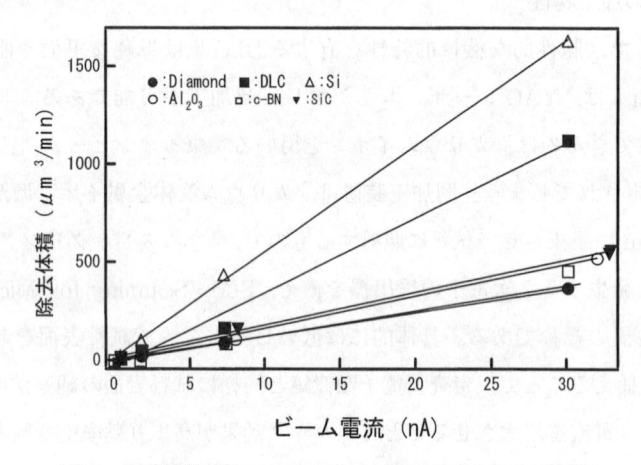

図6 各種硬質材料におけるビーム電流と除去体積の関係

ビームスキャンは，ラスターモード（スキャンピッチ：7.8nm 一定），スキャン速度は2.6mm/sである。なお，加工に際してはチャージアップ防止のため，試料表面に金をスパッタした。はじめに，ビーム電流の違いが，加工溝の形成（テーパー角やダレ）に及ぼす影響について述べる。図5にDLC板について，板厚方向にビームを貫通させた時の断面観察結果を示す[4]。ビーム電流が大きくなるにしたがい，加工溝のテーパー角とダレが増大することがわかる。

次に，ビーム電流と加工効率の関係について述べる。図6にダイヤモンド，DLCと各種硬質材料におけるビーム電流と除去体積の関係を示す[4]。いずれの試料においてもビーム電流に比例して除去体積が増大することがわかる。DLCの加工特性は，単結晶シリコンよりは加工効率は

第 5 章　次世代応用のための DLC 先端技術

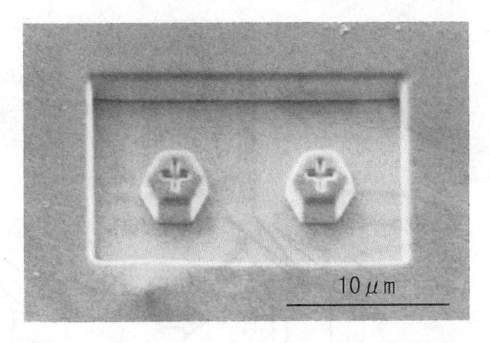

図7　DLC 自立体へのボルトヘッドの加工例

劣るものの，硬質セラミックスである Al_2O_3 や SiC よりは加工しやすいことがわかる。

このように FIB 加工においては，加工時のビーム電流（Max：30nA）を増大させれば，加工効率は向上するものの加工精度が低下する。そこで，図7に加工精度を優先したビーム電流 1.7nA の条件で高さ 2μm の 6 角ボルトをくり抜いた結果を示す。この場合の加工時間は 10min である。すなわち，DLC 自立体へのマイクロメートルオーダーの加工では，加工精度と加工効率の両立が可能であることがわかる。

5.4　FIB によるマイクロギヤの加工と組み立て

マイクロギヤの加工と組み立ては，DLC 膜をコーティングした Si 基板上に自立体から切出した DLC 軸を固定し，さらに DLC ギヤをその軸に挿入するという手順で行った。図8に DLC 板からの軸の加工とベース基板への固定の概略を示す。(a) には軸の切出しの観察結果も示してある。自立板の端部（折損面）も同時に観察され，8 層構造になっていることがわかる。この観察結果はドーナツ状にビームを貫通させた後，手前の壁面を除去加工した結果である。軸の先端部に大きなダレが認められる。したがって精度を高めるためには，軸を固定した後に二次加工を行うことが不可欠であり，このための取りしろを見込んでおく必要がある。なお，切出しに要した時間は 55min である。(b) には DLC を 5μm コーティングした Si 基板に穴加工を行い，軸を挿入した結果を示す。基板との固定は隙間にタングステンを充填することで行った。具体的には $W(CO)_6$ ガス（タングステンヘキサカルボニルガス）を導入し Ga イオンの照射箇所にタングステンを堆積させた。

図9にギヤの加工と，軸への挿入の概略を示す。(a) はモジュール 1.5μm，歯数 10 枚，ピッチ円直径 15μm のインボリュート平歯車の加工結果を示す。ギヤの加工時間は 350min であった。加工精度の高いビーム電流 0.43nA で加工を行ったものの，シャープなエッジは得られず，最終仕上げ加工が不可欠であることがわかる。(b) に得られた DLC ギヤを軸に挿入し DLC マイク

DLCの応用技術

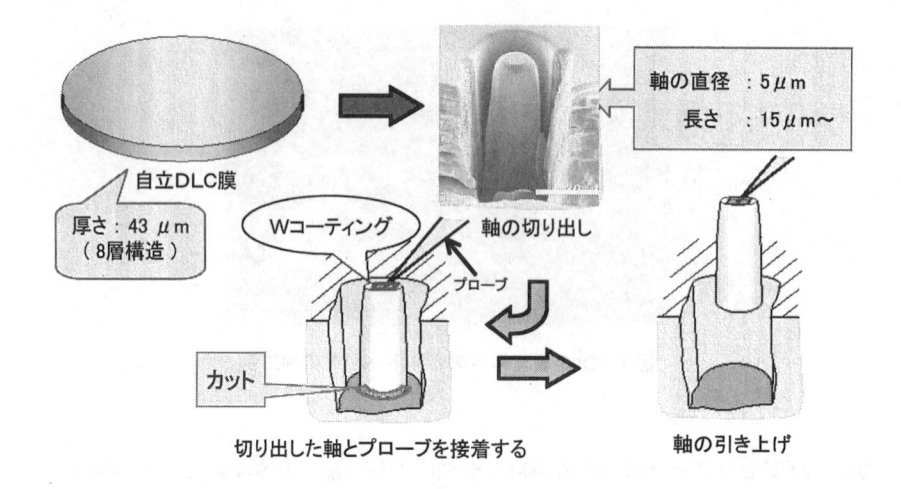

(a) マイクロ軸の加工手順

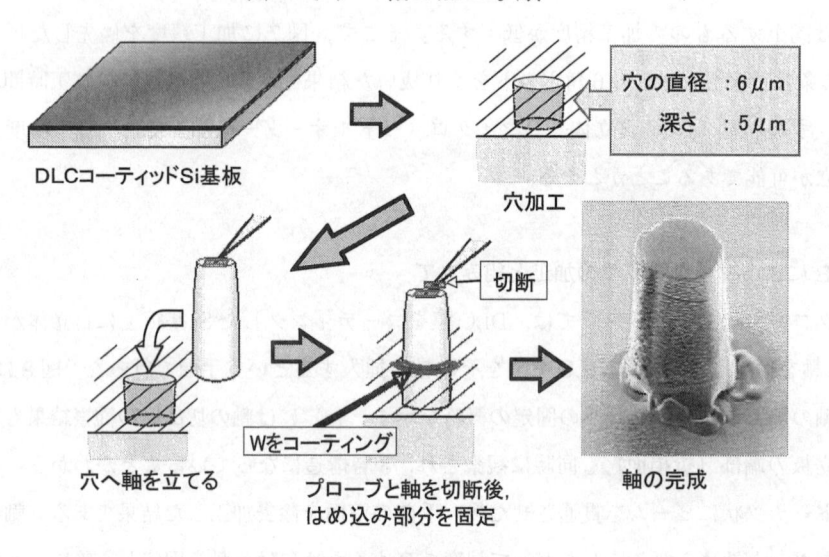

(b) マイクロ軸の固定手順

図8　マイクロ軸の加工と固定方法の概略

ロ部品の固定と組み立てが完了した結果を示す。トータル加工時間は約450min程度であった。

　これらの結果よりDLC素材を用いたマイクロメカニズム構築の要素技術である任意形状加工，ハンドリング，固定の各技術が有効に機能することが確認できた。

第5章　次世代応用のためのDLC先端技術

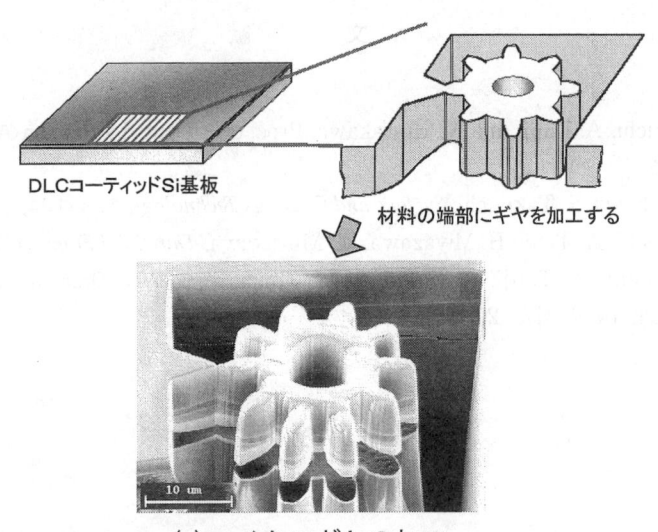

DLCコーティッドSi基板　　材料の端部にギヤを加工する

(a) マイクロギヤの加工

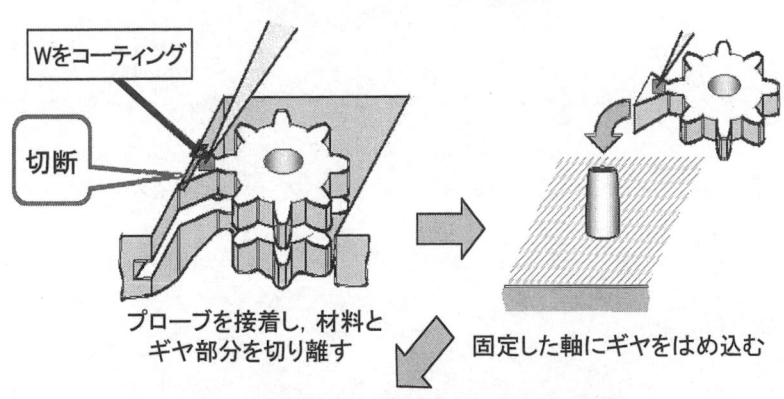

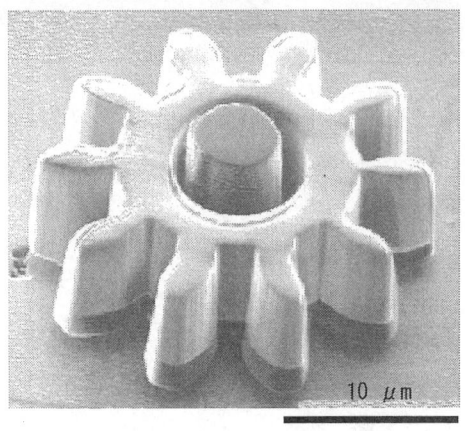

Wをコーティング
切断
プローブを接着し，材料と
ギヤ部分を切り離す
固定した軸にギヤをはめ込む

プローブ接着部とギヤを切離して完成

(b) ギヤのハンドリングと組立て

図9　ギヤの加工と組立て方法の概略

291

文　　献

1) S. Takeuchi, A. Tanji and M. Murakawa, Proc. of 9th Int. Sympo. on Advanced Materials, 47 (2002)
2) M. Murakawa, S. Takeuchi, *Surface and Coatings Technology*, **163-164**, 561 (2003)
3) S. Takeuchi, A. Tanji, H. Miyazawa, M. Murakawa, *Thin Solid Films*, **447-448**, 208 (2004)
4) S. Takeuchi, A. Tanji, K. Matsuno, M. Murakawa, *New Diamond and Frontier Carbon Technology*, **14-4**, 217 (2004)

6 集束イオンビームによる立体ナノ構造形成技術とその応用

松井真二*

キーワード：集束イオンビーム，ビーム励起プロセス，3次元微細構造，空中配線，静電ナノマニピュレータ，ナノコイル，バイオナノマニピュレータ，モルフォ蝶

6.1 はじめに

　半導体製造技術プロセスの研究開発の進展とともに，2次元超微細加工技術の発展はめざましく，電子ビーム（EB: Electron Beam），集束イオンビームを用いて10nmリソグラフィが可能となり，50nm以下の極微細ゲートMOSデバイスや，単電子トランジスター等の10nmレベルの量子効果デバイス作製へ応用展開されている[1,2]。図1に，ポイント電子ビーム露光装置で露光したパターンの一例を示す。図1（a）は，高分解能レジスト「カリックスアレン」を用いて形成した線幅10nmのパターンである[3]。図1（b）は，ネガレジストHSQ（hydrogen silsequioxane: Dow Corning Co.）を用いて作製した線幅7nmのパターンである[4]。ウイルスの直径が70nm程度であるので，ウイルスの10分の1の大きさのパターン形成が達成されている。このように，2次元での超微細加工技術は研究開発レベルではほぼ確立されている。今後の超微細加工技術の研究開発方向は，2次元から3次元への多次元化であり，これに伴う多機能化・高性能化さらにこれまで実現できなかった新機能デバイスの研究開発である。ナノメートルレベルの3次元構造作製には，2次元と同様に分解能が優れている集束イオンビームおよび電子ビームを利用することが必要である。集束イオンビームを用いて，柱状（ピラー）および壁状の構造体

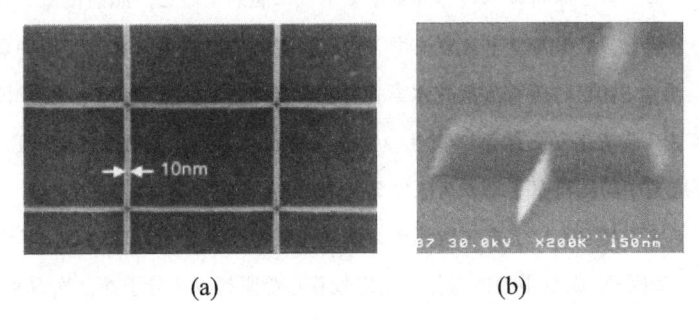

(a)　　　　　　　　　(b)

図1　電子ビーム露光による線幅10nmの超微細パターン
(a) カリックスアレンレジスト，(b) HSQレジスト

＊　Shinji Matsui　兵庫県立大学　高度産業科学技術研究所　教授

形成および電子ビームを用いてフィールドエミッターやフォトニック結晶構造作製が報告されている[5,6]。しかし，これまでの報告は，任意の3次元構造を実現したものではない。集束イオンビームによる化学気相成長（FIB-CVD: Focused Ion Beam-Chemical Vapor Deposition）を用いて，これまで達成されていなかった100 nm以下の任意の3次元立体構造体を実現する世界初のオリジナル技術を開発した[7,8]。この超微細立体構造製造技術は，10nm程度に収束したGa$^+$集束イオンビームを，堆積すべき材料を含んだ原料ガス中で，計算機制御された電磁界偏向により，ビームをナノメートルレベルの精度で立体走査する事によって気相反応により，原料ガス選定による任意の材料創生，3次元CADからの電磁場偏向ビーム立体走査による100nm以下の超微細立体構造製造を可能にする。ミクロンからナノメートルサイズの高精度かつ任意の超微細立体構造を，ソースガス選定による任意の材料で製造することができる3次元ナノテクノロジー技術であり，本超微細立体構造体は，マイクロメカニクス，マイクロ光学，マイクロ磁気デバイス，バイオマイクロ計測等へ，サイズおよび形状の任意性から見て，現状技術を越えた，機能素子としての用途展開が可能である。それとともに，計算機制御により任意の超微細立体構造製造が可能であるため，これまで不可能と考えられていた無機，有機，バイオ材料ナノスペースでの3次元部品，機能素子製造が可能となる。

6.2 立体ナノ構造形成方法

本実験では，Ga$^+$集束イオンビーム装置（エスアイアイ・ナノテクノロジー㈱：SMI9200）を用いて，カーボン系ガス（フェナントレン：$C_{14}H_{10}$）気相中で，励起反応により微細立体構造を作製した。堆積材料はラマン分光により，ダイヤモンドライクカーボン（DLC）であることを確認した[7]。Ga$^+$イオンのエネルギーは30keV，照射イオン電流は1pA〜1nA程度である。このGa$^+$集束イオンビームを原料ガスの雰囲気中で基板に照射すると，照射位置に吸着されている原料ガス分子が分解し，アモルファスカーボンが成長する。原料ガスとして用いるフェナントレンは融点99℃，沸点340℃の芳香族炭化水素化合物である。これを約70〜80℃に加熱し，得られる蒸気をガスノズル先端から基板に吹きつける。装置の真空度は約1×10^{-5}Pa程度，アモルファスカーボン成長中の試料室平均ガス圧は5×10^{-5}Pa程度である。

図2は，集束イオンビームによる3次元ナノ構造作製の原理を示している。イオン照射による化学気相成長は，基板や，成長中の構造体表面に吸着した原料ガス分子が2次電子によって分解・堆積する事で進行する。一般に荷電ビームが照射されると，1次イオンが基板や堆積物中に進入する際の弾性・非弾性散乱の相互作用過程で2次電子が放出される。30keVのGa$^+$イオンの場合飛程は約20nm程度である。つまり，ビーム照射位置からこの半径約20nmの飛程の範囲に1次イオンが散乱され，さらにこの散乱領域から2次電子が放出される。基板表面に飛び出してきた

第 5 章　次世代応用のための DLC 先端技術

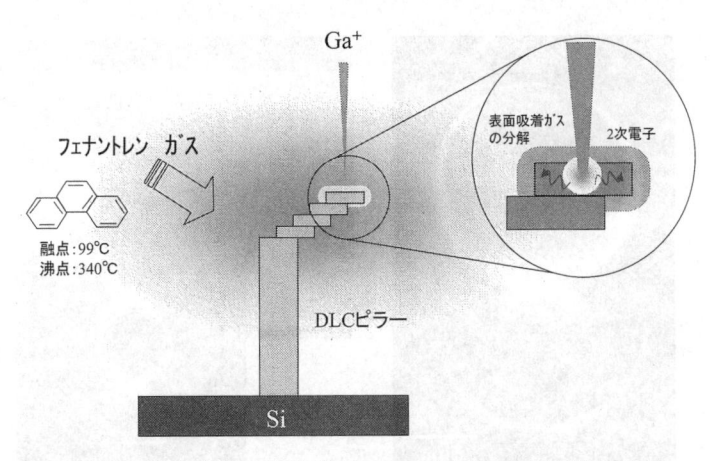

図 2　集束イオンビーム励起反応による 3 次元ナノ構造作製プロセス

比較的エネルギーの低い 2 次電子は，その反応断面積が大きいためにすぐに吸着ガス分子に捕捉され，ガス分子を分解することでアモルファスカーボンが成長する。イオンビーム照射位置を固定しておくと，ビーム方向にアモルファスカーボンのピラーが成長していく。ここで，ビーム照射位置をわずかに横にシフトさせると 2 次電子の発生領域も同時にシフトする。つまり，シフトした方向（図では右側）のピラー側壁での 2 次電子が増える事で，横方向にカーボンの成長が始まる。このとき，Ga^+ イオンの飛程が短いので，イオンは張り出した枝を突き抜けない。つまり枝の先端から効率よく 2 次電子が発生し，枝先端での分解・堆積反応が継続することで横方向にオーバーハングした枝の成長が可能となっている。イオンビームの走査速度と成長速度をバランスさせる事で，斜め上方や真横の成長，さらには，斜め下方への成長を制御する事が可能である。Ga^+ イオンビーム電流は 0.4pA を用いた。図 3 は実際のワイングラスの 2 万分の 1 の大きさである，外形 2.75μm，高さ 12μm の世界最小のダイヤモンドワイングラスを（a）シリコン基板上および，（b）毛髪の上に作製した走査イオン顕微鏡（SIM: Scanning Ion Microscope）像を示している。その造形精度は 3 次元曲面に示されている様にナノスケールオーダである。

6.3　ナノエレクトロメカニクスへの応用

6.3.1　空中配線の作製と評価

　集束イオンビーム装置に計算機制御パターン描画発生装置（CPG: Computer-controlled Pattern Generator, ㈱クレステック：CPG1000）を付加してビームのスキャン方向と速度，ブランキングを制御することにより，ナノスケールの空間内に堆積物を成長させる 3 次元ナノ配線作製を行った。この空中配線の実現により，これまでの 2 次元積層構造体の電子デバイスとは異なる，新多機能デバイスを作製することができる。さらに，各デバイス間を空中配線で相互接続す

DLC の応用技術

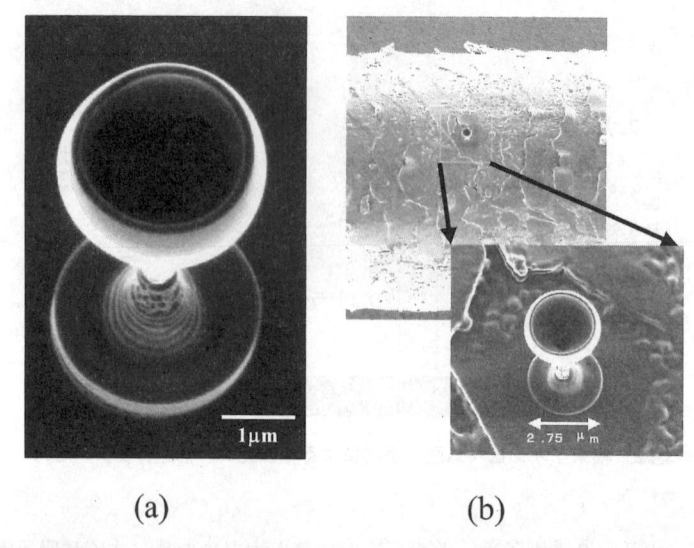

図3 集束イオンビーム励起反応によって作製された (a) シリコン基板上, および (b) 髪の毛に作製されたナノワイングラス
(外径: 2.75 μm, 高さ: 12 μm)

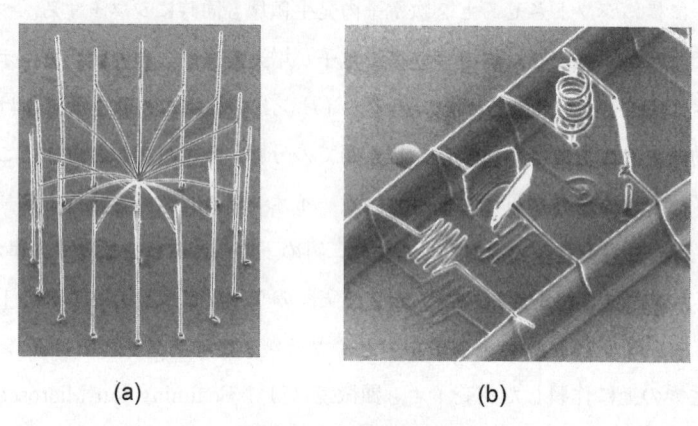

図4 空中配線作製例
線径: 0.1 μm (a) 放射状空中配線, (b) L, C, R 空中配線

ることで, 3次元情報ネットワークの実現が可能である。本実験では, アモルファスカーボンの堆積ソースガスである, フェナントレンを用いて, クロスバー配線や積層配線, 任意方向に成長させた配線やリレースイッチ配線, LCR 回路配線やフィルター回路配線等, 様々な配線の作製を行った[9]。

図4に, 作製した (a) 放射状空中配線および (b) L, C, R 空中配線の3次元ナノ配線作製例を示す。配線径は, 約 100 nm である。作製した3次元ナノ配線の組成と構造を調べるために,

第5章 次世代応用のためのDLC先端技術

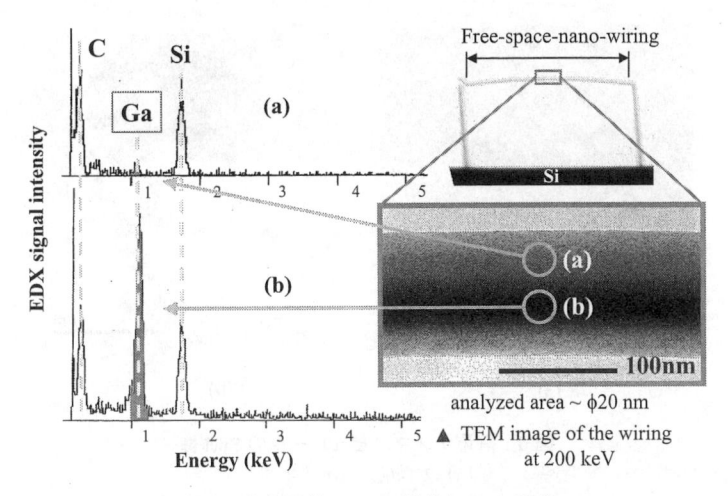

図5 空中配線のTEM観察とEDX測定

図5に示すTEM-EDX（Transmission Electron Microscope-Energy Dispersive X-ray）による観測を行った。TEM-EDXの測定結果から，配線部のコア部がGa，クラッド部がアモルファスCで構成されており，3次元ナノ配線内部のGaとCの分布および位置を特定することができた。またGaクラッド部の中心位置は配線中心部より20nm下方に位置していることがわかった。20nmは作製に用いた30keVGaのイオンレンジに対応している。さらに，作製した3次元ナノ配線の電気特性を調べる実験を行った。この際，ソースガスとして，配線の抵抗率を下げるためにフェナントレンガスとともに，有機金属ガスであるタングステンカルボニル（$W(CO)_6$）ガスを同時供給した混合ガスを用いた。フェナントレンガスのみで作製した配線の抵抗率は100 Ωcmであるのに対し，タングステンカルボニルガスを同時供給して作製した配線の抵抗率は0.02 Ωcmまで下げることができた。つまり，タングステンカルボニルガスを供給することで，1/10000まで抵抗率に可変範囲を持たせた配線の作製が可能である。さらに，その抵抗率変化が配線内の構造変化と，どの様に対応しているのかを調べるためにSEM（Scanning Electron Microscope）-EDX電子線スポットビームにより，配線内部の元素含有量を調べる実験を行った。測定の結果，タングステンカルボニルのガス密度を高めることにより，金属元素であるGaとWの含有量が増加し，3次元ナノ配線の抵抗率が減少することが明らかとなった。タングステンカルボニルガスのみでの抵抗率は$4 \times 10^{-4}\Omega$cmであり，金属Wの約100倍の抵抗率である。

6.3.2 静電ナノマニピュレータ

ナノ空間においてナノ部品のマニピュレーションや組み込み，そしてバイオ分野での細胞内操作等を目的として，ガラスキャピラリー上での立体ナノマニピュレータの作製を行った。

まず，図6（a）に示す立体的な2本の爪を持った静電ナノマニピュレータを作製した。この

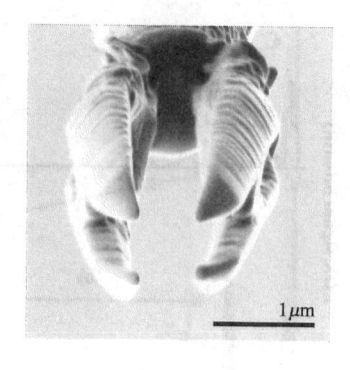

図6 静電ナノマニピュレータの SIM 像
(a) 2本爪, (b) 4本爪

マニピュレータの2本の爪に電圧を印加することで,蓄積電荷による反発力により2本の爪が駆動する。電圧を印加すると爪が開き,電圧を印加しない状態では爪は閉じた状態となる。また,この静電ナノマニピュレータは静電反発力を利用した単極駆動であるために,マニピュレーションを行うターゲットの材質に関係なく,ターゲットを捕獲することができる。例えば,金属球をつかんでも電気的にマニピュレータがショートすることはない。この2本爪マニピュレータの作製に要した時間は,ビーム電流約 7pA で約 30 分であった。さらに,その動作確認を行った。実験の結果,3.3nm/V の変化率で2本の爪の間隔を制御することができた。図6 (b) は,マイクロビーズをつかむ実験に用いた4本爪のナノマニピュレータである。2本ずつの爪が結合され,球体もしっかりとつかめる構造になっている。2本の爪で球体をつかむことは困難が予想されるが,人間の手のように何本かの指がマニピュレータについていれば球体をつかむことが可能になる。この4本爪マニピュレータを用いて,空気中で 1μm 径のポリスチレンマイクロビーズの捕獲を光学顕微鏡下で行った[10]。マイクロビーズ近接時にナノマニピュレータに電圧を印加することにより爪を開き,マイクロビーズ捕獲後,電圧印加を OFF にする。これら一連のプロセスにより,マイクロビーズが,ナノマニピュレータ内に捕獲できた。

6.3.3 ナノスプリング

コイルは微小機械システムの構成部品として重要である。カーボンソースであるフェナントレンガス気相雰囲気中で,Ga 集束イオンビームを円状に走査し,その走査速度を制御することにより,DLC ナノスプリングを作製した。図7の挿入写真に,FIB-CVD により作製した,直径 380nm,線材の太さ 130nm,巻数6のナノスプリングの電子顕微鏡写真を示している。このように,FIB-CVD を用いて精緻な DLC ナノスプリングを作製することができ,作製条件を変えることにより,直径,高さ等,任意形状のナノスプリング作製が可能である。原子間力顕微鏡に

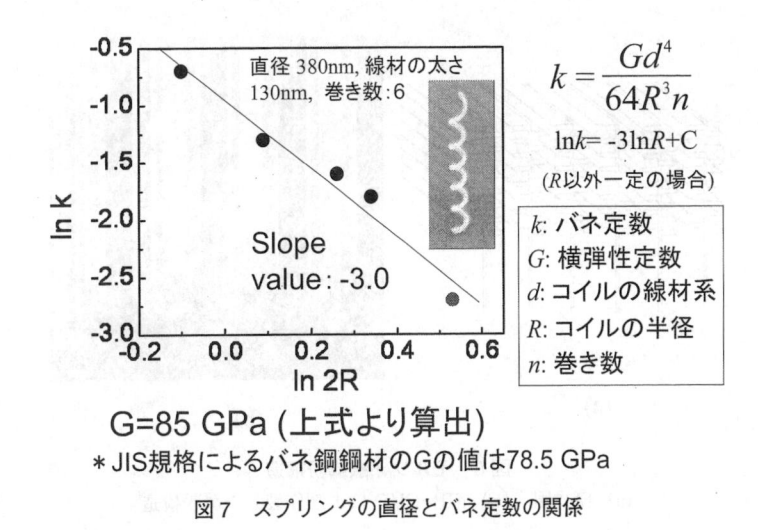

第5章　次世代応用のためのDLC先端技術

$$k = \frac{Gd^4}{64R^3n}$$

$\ln k = -3\ln R + C$
(R以外一定の場合)

k: バネ定数
G: 横弾性定数
d: コイルの線材系
R: コイルの半径
n: 巻き数

直径 380nm, 線材の太さ 130nm, 巻き数: 6
Slope value: -3.0

G=85 GPa (上式より算出)
＊JIS規格によるバネ鋼鋼材のGの値は78.5 GPa

図7　スプリングの直径とバネ定数の関係

用いられるシリコンカンチレバー上に作製したDLCナノスプリングの動作確認を，光学顕微鏡観察によって行った[11]。光学顕微鏡観察下で，2本のシリコンカンチレバーを近接させ，一方のシリコンカンチレバー上にDLCナノスプリングを作製し，他方のシリコンカンチレバーでDLCナノスプリングを機械的に伸縮動作させることにより，DLCナノスプリングがマクロスケールのスプリングと同様な伸縮動作をすることを確認した。さらに，伸びテストから，作製したナノスプリングのバネ定数を算出した。これは，相手側のシリコンカンチレバーのバネ定数が既知であるため，スプリングを伸ばした際のスプリングとシリコンカンチレバーとの変位の比を光学顕微鏡観察から読み取り，フックの法則から，ナノスプリングのバネ定数を算出した。図7は，ナノスプリングの直径とバネ定数との関係の測定結果を示している。バネ定数と直径の関係は図7に示された式で与えられる。対数表示すると，その傾きは理論計算式から期待される値である－3と良い一致を示している。この実験結果から弾性定数Gの値は85GPaと計算され，JIS規格によるバネ鋼鋼材のGの値78.5GPaと近い値を示している。

6.4　ナノオプティクス（自然生物の擬似ナノ構造作製とその光学的評価）

生物的自然は，自己集積によって極めて精緻にできている[12]。モルフォ蝶の羽根の美しさや蛾の複眼等の高度な働きは，自然の自己ナノ集積による。これまでのトップダウン方式による2次元微細加工技術では，このような自然の自己ナノ集積構造を作製することはできなかった。FIB-CVDによる立体ナノ構造形成技術を利用することにより，蛾の複眼表面の無反射微粒子構造およびモルフォ蝶の鱗粉構造の造形を行い，自然の自己ナノ集積に近い立体ナノ構造の作製が可能であることを示した。

DLC の応用技術

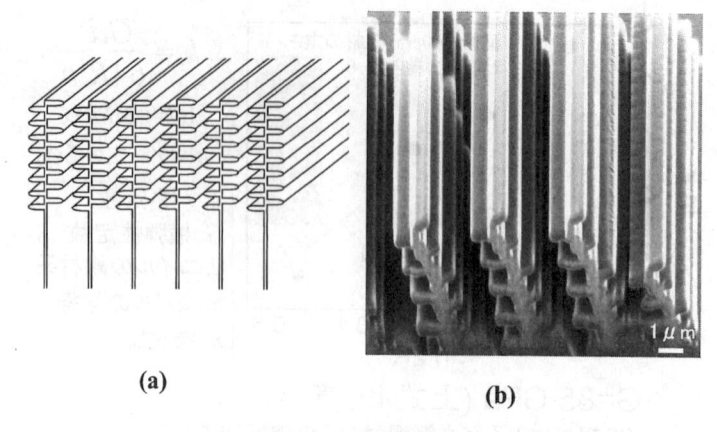

図8　モルフォ蝶鱗粉構造
(a) 模式図, (b) FIB-CVD により作製した鱗粉構造

　モルフォ蝶は南米に住む蝶で,その羽は眩いブルーである。モルフォ（Morpho）の和訳は,「構造」であり,モルフォ蝶は正に構造色を持つ蝶という意味を持つ。構造色の場合は,多種多様な物理現象を用いた色を出すことができる。羽から反射される青色は,色素による色では無く,蝶の鱗粉上に並んだ微細構造からの干渉光である。通常,回折格子による反射波長は,入射光の入射角度によって決定されるが,モルフォ蝶の羽から反射される光はどの角度から入射した光であっても青色波長の光しか反射しない。これは,鱗粉上に図8（a）に示す3次元ナノ構造を持つためである[13]。この構造は,切れ切れになった多層膜構造をしており,高さが2μm,幅が0.7μm,襞ピッチは0.2μmである。この構造が無数に並んでいることによってどの角度から入射した光に対しても青色波長の干渉光を放つのであるが,一つ一つの構造の高さがnmオーダーでランダムな差を持つために,反射される光は隣の構造から反射される光との相関が少ないと考えられる。構造色についての研究は世界中で行われており,構造と光の関係の基礎研究だけでなく,モルフォテックス布地や,自動車のボディーなどに応用されている。しかし,ほとんどが2次元プロセスの応用でモルフォ蝶鱗粉擬似構造を作っており,3次元ナノ構造の完璧な再現と,その物理現象の詳細な解明は為されていない。図8（b）に,フェナントレンガスソースを用いて,FIB-CVDにより作製したモルフォ蝶擬似鱗粉構造を示す。この構造は,高さが3μm,幅が0.6μm,襞ピッチは0.2μmである。この擬似鱗粉構造に対して,白色光（400～800nm）を入射角5～45°で照射し,反射光の観測を行った[14]。その結果,入射角度に依存せず,ほぼモルフォ蝶と同様の青色の反射光を観測できた。

　次に,モルフォ蝶およびFIB-CVDで作製した擬似鱗粉構造の反射スペクトルを測定し,両者の比較を行った。図9（a）は,モルフォ蝶に対する反射スペクトルの測定結果であり,白色光

第5章 次世代応用のための DLC 先端技術

(a) Menelaus morpho

(b) FIB-CVDで作成した構造体

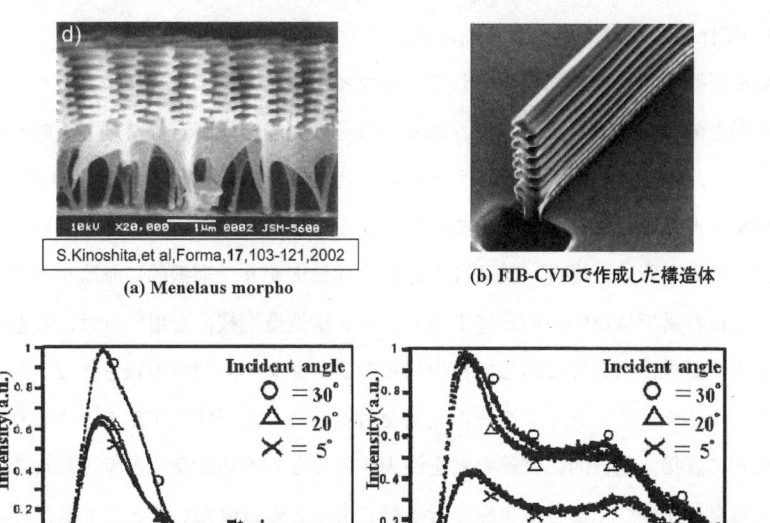

図9 白色光入射角度に対する反射強度の測定
(a) モルフォ蝶の鱗粉構造，(b) FIB-CVD により作製した擬似鱗粉構造

の入射角度に依存せず，反射スペクトルのピーク波長は440nmであることを示している。図9(b)は，FIB-CVDによるモルフォ蝶擬似構造の反射光スペクトルの測定結果であり，モルフォ蝶と同様に，白色光の入射角度に依存せず，反射スペクトルのピーク波長は440nmであることを示している。モルフォ蝶の反射スペクトルとの比較を行うと，擬似鱗粉構造からの反射スペクトルは，ピーク波長のバンド幅も広いことがわかる。今後さらにモルフォ蝶に近い光学特性を得るために，擬似鱗粉構造作製の改善を行う。

このように，FIB-CVDによる立体ナノ構造体造形を用いることにより，これまで造形できなかった自然生物の擬似ナノ構造が造形できるようになり，擬似ナノ構造の光学的測定等を通じて，自然生物の自己集積化による高度な機能の科学的探索を進めることができ，さらに多くの事象を自然生物から学び得ることが期待できる。これらの実験結果は，FIB-CVDを用いて，様々な3次元フォトニック結晶の作製が可能であることを示している。

6.5 ナノバイオへの応用

ナノ空間において高い機能性を持ったナノメカニカルデバイスを自由に創りだす事ができれば，高機能ナノツールを用いた細胞操作や生体現象の分析を行う事ができる。ここでは，FIB-

CVDを用いて作製したバイオ・ナノインジェクターについて述べる。

生物実験や医療等で一般的に使用されているマイクロインジェクターは，ガラスキャピラリーを熱により引き伸ばし作製したものや，あるいはその先端を研磨石等で削り先端を尖らせたものである。しかし，熱で引き伸ばしただけや研磨石で先端を加工するだけでは，形状に限界があり，先端の形状やサイズを目的に合わせ自由に作製することは困難である。そのため，そのインジェクターを使い注入を行った場合，試薬は細胞内全体に広がり，選択的に細胞小器官などを個別に観察することは容易ではない。FIBによる立体ナノ構造造形技術を用いれば，任意の形状を自由に作製する事ができ，用途等に応じて自由にインジェクター先端の形状を作製・加工することができる。バイオ・ナノインジェクターの先端を目的に合った形状にすることにより，細胞内の細胞小器官などに直接，選択的に試薬などを注入することも可能になると考えられる。さらに細胞や細胞小器官などが傷つくことは実験を行う際にもっとも避けたいことであり，バイオ・ナノインジェクターを使用することにより，細胞に対して先端の形状を選択でき，細胞にかかるメカニカル・ストレスを少なくできるという利点もある。さらに，バイオ・ナノインジェクターを注入器としてではなく細胞内から細胞小器官などを固定したり取り出したりすることのできる吸引器として用いれば，細胞内から細胞小器官を取り出し，個別で観察したり，またはそれを別の細胞の中に移しその細胞の変化を観察することも可能となってくる。このように，バイオ・ナノインジェクターは注入，吸引プロセスを細胞小器官の大きさや形状に合わせ精確に作製できるので，実験精度の向上が期待できる。

図10 (a) に，実際に作製したバイオ・ナノインジェクターのSIM画像を示す[15]。図10 (b) は，FIBエッチングによりその断面を観察したものである。ガラスキャピラリー先端の空洞とFIB-CVDにより作製したノズル構造がしっかり接着していることがわかる。図8 (c) は，FIB-CVDによって作製したバイオ・ナノインジェクターを使用した，カタユウレイボヤの卵母細胞への注入実験を示している。

6.6 まとめ

最小ビーム径が5nmに達している集束イオンビーム技術は，エッチング，デポジション，ドーピング等の多機能プロセスを実現する実用的なナノテクノロジーである。集束イオンビームを用いた立体ナノ構造形成技術は，三次元ナノテクノロジーとして期待される技術である。本技術は，以下の特徴を有する。①集束イオンビームのビーム径が5nm程度まで収束可能であるので，3次元CADデータを用いて，数10nmレベルの立体ナノ構造形成が可能である。②ソースガスを変えることにより，金属，半導体，絶縁体等，多種の材料で，3次元ナノ構造形成が可能である。もちろん，一つの立体構造体で，部分的に材料を変える複合立体構造も可能である。集束イ

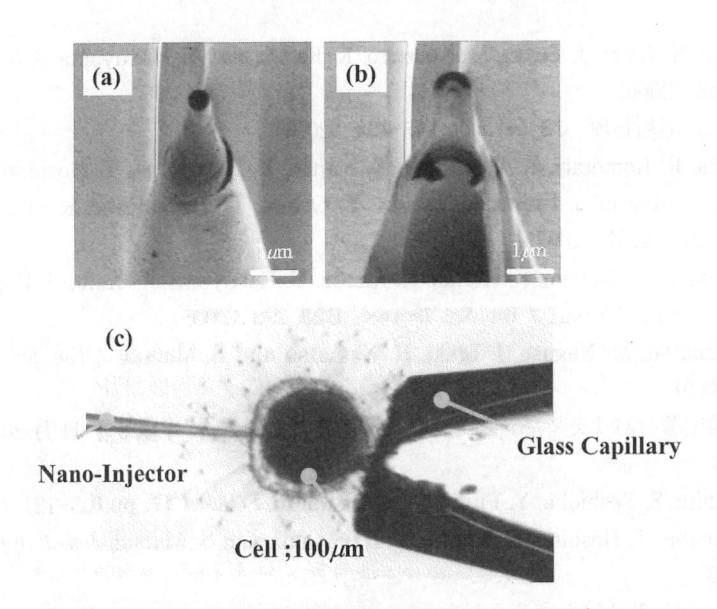

第 5 章　次世代応用のための DLC 先端技術

図 10　ガラスキャピラリーの先端部に作製したナノインジェクター
(a) SIM 像，(b) 断面 SIM 像，(c) ナノインジェクターによるカタユウレイボヤ卵母細胞への注入

オンビームによる立体ナノ構造造形技術を用いることで，これまで実現できなかった空中配線技術，バイオナノインジェクターおよび静電ナノマニピュレータ等の立体ナノツールを非常に簡便なプロセスで作製することに成功した．さらに，モルフォ蝶の羽の擬似鱗粉構造を FIB-CVD により造形できた．FIB-CVD を用いた，任意形状の立体ナノ構造形成技術が，IT エレクトロニクスからバイオテクノロジーまで広い範囲にわたるナノテクノロジー中核技術の一つとして今後さらに発展することを確信している．

文　　献

1) S. Matsui and Y. Ochiai, *Nanotechnology*, **7**, 247 (1996)
2) S. Matsui, *Proceedings of the IEEE*, **85**, 629 (1997)
3) J. Fujita, Y. Ohnishi, Y. Ochiai and S. Matsui, *Appl. Phys. Lett.*, **68**, 1297 (1996)
4) H. Namatsu, Y. Takahashi, K. Yamazaki, T. Yamaguchi, M. Nagase and K. Kurihara, *J. Vac. Sci. Technol.*, **B16**, 69 (1998)
5) H. W.Koops, *Jpn. J. Appl. Phys.*, Part1 **33**, 7099 (1994)
6) P.G. Blauner, Proceedings International Micropurocess Conference, p.309 (1991)

7) S. Matsui, K. Kaito, J. Fujita, M. Komuro, K. Kanda and Y. Haruyama, *J. Vac. Sci. Technol.*, **B18**, 3168 (2000)
8) 松井真二, 応用物理 **73** (4), pp.445-454 (2004)
9) T. Morita, R. Kometani, K. Watanabe, K. Kanda, Y. Haruyama, T. Hoshino, K. Kondo, T. Kaito, T. Ichihashi, J. Fujita, M. Ishida, Y. Ochiai, T. Tajima and S. Matsui, *J. Vac. Sci. Technol.*, **B21**, 2737 (2003)
10) R. Kometani, T. Hoshino, K. Kondo, K. Kanda, Y. Haruyama, T. Kaito, J. Fujita, M. Ishida, Y. Ochiai and S. Matsui, *J. Vac. Sci. Technol.*, **B23**, 298 (2005)
11) K. Nakamatsu, M. Nagase, J. Igaki, H. Namatsu and S. Matsui, *J. Vac. Sci. Technol.*, **B23**, 2801 (2005)
12) 永山國開昭著, パリティブック「自己集積の自然と科学」, 平成9年11月30日発行, 丸善㈱
13) S. Kinoshita, S. Yoshioka, Y. Fujii and N. Okamoto, *FORMA* **17**, pp.103-121 (2002)
14) K. Watanabe, T. Hoshino, K. Kanda, Y. Haruyama and S. Matsui, *Jpn. J. Appl. Phys.*, **44**, L 48 (2005)
15) R. Kometani, T. Morita, K. Watanabe, K. Kanda, Y. Haruyama, T. Kaito, J. Fujita, M. Ishida, Y. Ochiai and S. Matsui, *Jpn. J. Appl. Phys.*, **42**, 1407 (2003)

第6章　総括

大竹尚登*

1　DLCの未来

　DLC応用技術の小旅行は如何なものであったろうか．トライボ応用については，大分DLCも良くなったという声も聞かれそうだし，これだけ多くの技術があるとどれが良いのかわからないという意見もありそうだ．

　DLCの面白いのは，鉄鋼材料と似て機械的特性に大きい幅のあることである．鉄鋼材料では降伏応力で10倍程度の広がりがあるが，DLCもまた硬さで10倍程度の幅がある．鉄鋼材料を設計に応じて選択するように，DLCも用途に応じて選択する時代に入っている．さらには，鉄中への不純物添加（炭素以外でも）によって様々な特性が発現するように，DLCに不純物添加するのは魅力的な考えである．本書中でもSiなど様々な元素を入れたり，DLCと他の材料とを組み合わせたりすることが提案されている．これらの方向は"my DLC"の方向で，自分自身の目的とする機能を発現するDLCを設計し，つくってゆくことで，結果として製品製造における独自のキー技術に育つもので，目指すべき研究開発の方向と思う．

　最後にDLCの未来について述べたい．第4章，第5章の次世代応用のための基盤技術・先端技術はまさにDLCの未来を予見させる内容であるが，筆者の見方も入れて図にまとめる．合成法としてはCVD，PVDそれぞれが特徴を生かした進化を遂げてゆくものと思われる．ブレークスルー技術としては大気圧成膜が挙げられる．コスト面で従来のめっきと比較したり浸炭と比較したりされるが，現在のDLC成膜技術ではそこまで低減できていない．DLCを採用するかどうかは性能との兼ね合いということになろう．社内での環境活動や法規制が動機に成ることもあり得る．評価法としてはDLCの標準化が重要であり，一方では現場でDLCの品質評価をどのように行うかが重要となろう．1章3節で述べたが，現在のところはラマン分光，硬さ試験，スクラッチ試験が主な手法となろう．

　応用については本書中で取り上げられている通りで，機械的応用の進展がまず挙げられる．ついで機能のハイブリッド化，すなわちDLCの特性と他の材料の特性をハイブリッド化することが挙げられる．"my DLC"の流れである．さらに，ガスバリア，生体応用は既に立ち上がって

＊　Naoto Ohtake　名古屋大学　大学院工学研究科　マテリアル理工学専攻　准教授

```
┌─────────────────────────────────┐  ┌─────────────────────────────┐
│ 合成法  耐摩耗性,付着力,耐熱性,破壊じん性 │  │ 評価法                      │
│ ・極めて高強度で安定な膜→PVD    │  │ ・sp³/sp²等の簡便な測定     │
│ ・より低コストで高性能な膜→CVD  │  │ ・詳細な構造解析            │
│ ・機能の複合化→PVD,CVD          │  │ ・DLCの標準化               │
│ ・環境調和性,低コスト→大気圧CVD │  │                             │
└─────────────────────────────────┘  └─────────────────────────────┘
                ↓                                    ↓
┌──────────────────────────── 応 用 ──────────────────────────────┐
│ 1. 機械的応用の進展                                              │
│       自動車部材等への適用の拡大                                 │
│ 2. 機械的機能と他の機能との複合化                                │
│       化学的特性,光学的特性,ガスバリア性など                     │
│ 3. 生体機能材料としてのDLCの地位の確立                           │
│       生体親和性,高血栓性など                                    │
│ 4. 電気・電子材料としての可能性の検討                            │
│       欠陥,不純物制御,バンドギャップ制御,low-k(<2.0)など          │
└──────────────────────────────────────────────────────────────────┘
```

図1　DLCの合成と応用の潮流

きており，μ-TASなどのマイクロ・ナノ技術と融合することで近い将来かなりの勢いを示しそうだ。4章11節に見事に記されているように，DLCは生体親和性の良い材料だからである。

　最後の希望は電気・電子素子への応用である。実際に研究してみるとa-C:H（ここではDLCとは呼ばない）の電気・電子応用は欠陥制御をはじめとして難問だらけで現状では素子として即用いるのは難しい。合成技術に立ち戻って欠陥の少ないa-C:Hを合成すること，または一部の半導体のように欠陥が多くてもキャリアが消滅しないような構造を発見することが望まれる。炭素系の太陽電池で20％の効率が出ればノーベル賞も夢ではない。これは旧国研や大学の仕事かもしれないが，20年後辺りにこの本と同じ名称の本が出版された折りには，そんな夢が実現していることを期待したい。その頃には自動車のかなりの摺動部分がDLCになっていることを確信しつつ筆を置く。

DLC の応用技術
―進化するダイヤモンドライクカーボンの
　産業応用と未来技術―《普及版》(B1046)

2007年12月17日　初　版　第1刷発行
2013年 8月 8日　普及版　第1刷発行

監　修	大竹尚登	Printed in Japan
発行者	辻　賢司	
発行所	株式会社シーエムシー出版	
	東京都千代田区内神田1-13-1	
	電話 03(3293)2061	
	大阪市中央区内平野町1-3-12	
	電話 06(4794)8234	
	http://www.cmcbooks.co.jp/	

〔印刷　倉敷印刷株式会社〕　　　　　　© N. Ohtake, 2013

落丁・乱丁本はお取替えいたします。

本書の内容の一部あるいは全部を無断で複写（コピー）することは，法律で認められた場合を除き，著作者および出版社の権利の侵害になります。

ISBN978-4-7813-0728-2　C3058　¥4800E